普通高等学校网络工程专业教材

网络互联技术实验教程
（基于思科设备）

唐灯平 编著

清華大學出版社
北京

内 容 简 介

本书旨在培养学生实践能力。主要实验内容包括：网络互联技术实验环境搭建，详细讲解了 Packet Tracer、GNS3 以及 EVE-NG 这 3 种仿真软件的安装及使用；网络互联设备及互联介质，详细介绍了常见的网络互联设备交换机、路由器、防火墙以及网络互联介质双绞线的制作；网络设备基本配置，包括配置模式、配置命令、配置方式等；交换机广播隔离及网络健壮性增强技术，具体包括 VLAN 技术、端口聚合技术等；直连与静态路由技术，包括直连路由与静态路由的配置；动态路由技术，包括 RIP、OSPF、EIGRP 等动态路由协议的配置过程；三层交换、VLAN 间通信及 DHCP 技术，包括三层交换及 VLAN 间通信配置过程；访问控制列表及端口安全技术，包括访问控制列表及端口安全配置过程；网络地址转换（NAT）技术；广域网技术；大型校园网组建。

本书适合作为高等院校计算机科学与技术、网络工程、物联网工程专业高年级专科生或应用型本科生教材，同时可供企事业单位从事网络管理的人员、广大科技工作者和研究人员参考。

图书在版编目（CIP）数据

网络互联技术实验教程：基于思科设备/唐灯平编著. --北京：清华大学出版社，2024.6
普通高等学校网络工程专业教材
ISBN 978-7-302-66458-1

Ⅰ. ①网… Ⅱ. ①唐… Ⅲ. ①互联网络－高等学校－教材 Ⅳ. ①TP393.4

中国国家版本馆 CIP 数据核字（2024）第 109741 号

责任编辑：张　玥
封面设计：常雪影
责任校对：刘惠林
责任印制：杨　艳

出版发行：清华大学出版社
网　　址：https://www.tup.com.cn，https://www.wqxuetang.com
地　　址：北京清华大学学研大厦 A 座　　**邮　　编**：100084
社 总 机：010-83470000　　**邮　　购**：010-62786544
投稿与读者服务：010-62776969，c-service@tup.tsinghua.edu.cn
质量反馈：010-62772015，zhiliang@tup.tsinghua.edu.cn
课件下载：https://www.tup.com.cn，010-83470236
印 装 者：三河市铭诚印务有限公司
经　　销：全国新华书店
开　　本：185mm×260mm　　**印　　张**：19.75　　**字　　数**：479 千字
版　　次：2024 年 7 月第 1 版　　**印　　次**：2024 年 7 月第 1 次印刷
定　　价：66.00 元

产品编号：103175-01

前　言

为主动应对新一轮科技革命与产业变革，支撑服务创新驱动发展、“中国制造2025”等一系列国家战略，自2017年2月以来，教育部积极推进新工科建设，先后形成了“复旦共识”“天大行动”和“北京指南”，并发布了《关于开展新工科研究与实践的通知》《关于推进新工科研究与实践项目的通知》，着力探索形成领跑全球工程教育的中国模式、中国经验，助力高等教育强国建设。

新工科建设要求创新工程教育方式与手段。落实以学生为中心的理念，增强师生互动，改革教学方法和考核方式，形成以学习者为中心的工程教育模式。推进信息技术和教育教学深度融合，充分利用虚拟仿真等技术创新工程实践教学方式。

本书以此为指导思想编写，培养学生实践能力。本书为教材《网络互联技术与实践》(第2版)配套实验教材，主要实验内容包括：网络互联技术实验环境搭建，详细讲解了Packet Tracer、GNS3以及EVE-NG这3种仿真软件的安装及使用；网络互联设备及互联介质，详细介绍了常见的网络互联设备交换机、路由器、防火墙以及网络互联介质双绞线的制作；网络设备基本配置，包括配置模式、配置命令、配置方式等；交换机广播隔离及网络健壮性增强技术，具体包括VLAN技术、端口聚合技术等；直连与静态路由技术，包括直连路由与静态路由的配置；动态路由技术，包括RIP、OSPF、EIGRP等动态路由协议的配置过程；三层交换、VLAN间通信及DHCP技术，包括三层交换及VLAN间通信配置过程；访问控制列表及端口安全技术，包括访问控制列表及端口安全配置过程；网络地址转换(NAT)技术；广域网技术；大型校园网组建。

本书具有以下特点。

(1) 每个实践项目都有详细的配置过程以及相关命令行的解释。

(2) 通过搭建虚拟仿真实验环境提高学生的实践能力。

(3) 以校园网组建这一大型网络互联项目为依托，贯穿整个教材的编写。

(4) 仿真实现了一定数量的课外实践项目，提高学生的工程实践能力，使得学生能够满足当前网络工程相关行业的需求。

“网络互联技术与实践”课程被立项为2018—2019年度江苏省在线开放课程，并于2021年被认定为首批江苏省一流本科课程，并推荐申报第二批国家级一流本科课程。课程在中国大学MOOC开课网址为https://www.icourse163.org/

course/SDWZ-1449867161，中国大学 MOOC 平台提供 700 分钟在线视频及全套的学习资源，包括作业、单元练习、单元测验、讨论以及考试等。基于虚拟仿真方面的课程教学成果，获得 2020 年第五届江苏省教育科学优秀成果奖二等奖、2019 年江苏省高等教育学会 2018 年度高等教育科学研究成果二等奖，同时获得 2018 年苏州市教育教学成果二等奖。基于以上情况，作者最终决定出版该课程配套实验教材。

本书由唐灯平编著。在编写过程中听取了苏州大学计算机科学与技术学院各位同仁的意见和建议，并得到了苏州城市学院领导的鼓励和帮助，还得到了清华大学出版社的大力支持，在此表示诚挚的感谢。本书同时也是苏州城市学院江苏省产教融合品牌专业物联网工程专业建设成果；苏州城市学院江苏省一流本科专业、卓越工程师教育培养计划 2.0 专业建设点计算机科学与技术专业建设成果，以及苏州城市学院物联网工程专业课程思政示范专业建设成果。

由于作者水平有限，书中难免有不足和疏漏之处，恳请各位专家、同仁和读者不吝赐教和批评指正，并与笔者讨论。

中国大学 MOOC 平台本课程网站入口

作　者

2024 年 2 月

CONTENTS

目 录

第1章 网络互联技术实验环境搭建 …… 1
1.1 实验一：安装并熟悉 Packet Tracer 仿真环境 …… 1
1.2 实验二：安装并熟悉 GNS3 仿真环境 …… 16
1.3 实验三：安装并熟悉 EVE-NG 仿真环境 …… 31

第2章 网络互联设备及互联介质 …… 36
2.1 实验一：认识网络互联设备思科交换机 …… 36
2.2 实验二：认识网络互联设备思科路由器 …… 37
2.3 实验三：认识网络互联设备思科防火墙 …… 41
2.4 实验四：网络互联介质双绞线的制作 …… 41

第3章 网络设备基本配置 …… 45
3.1 实验一：利用 Console 口对网络设备进行配置 …… 45
3.2 实验二：网络设备常见配置模式 …… 49
3.3 实验三：网络设备常见配置命令 …… 55
3.4 实验四：利用 Telnet 对路由器进行远程配置 …… 68
3.5 实验五：利用 Telnet 对交换机进行远程配置 …… 71
3.6 实验六：利用 Web 对路由器进行配置 …… 73
3.7 实验七：利用 Web 对交换机进行配置 …… 74
3.8 实验八：思科发现协议(CDP)实验 …… 75

第4章 交换机广播隔离及网络健壮性增强技术 …… 81
4.1 实验一：同一台交换机基于端口 VLAN 的基本划分 …… 81
4.2 实验二：同一台交换机将连续多个端口划分到一个 VLAN …… 84
4.3 实验三：同一台交换机不连续多个端口划分到一个 VLAN …… 85
4.4 实验四：同一台交换机部分连续部分不连续端口划分到一个 VLAN …… 87

CONTENTS

4.5 实验五：跨交换机基于端口 VLAN 划分 …… 88
4.6 实验六：交换机 VTP 配置 …… 95
4.7 实验七：生成树协议(STP)基本实验 …… 99
4.8 实验八：EVE-NG 仿真环境下利用 PVST 实现网络负载均衡 …… 102
4.9 实验九：交换机端口聚合配置 …… 111

第 5 章 直连与静态路由技术 …… 116
5.1 实验一：直连路由 …… 116
5.2 实验二：静态路由配置 …… 118
5.3 实验三：浮动静态路由配置 …… 121
5.4 实验四：默认路由配置 …… 125

第 6 章 动态路由技术 …… 129
6.1 实验一：RIPv1 路由配置 …… 129
6.2 实验二：验证 RIPv1 局限性 …… 132
6.3 实验三：RIP 计时器工作过程验证实验 …… 136
6.4 实验四：RIPv2 基本路由配置 …… 140
6.5 实验五：RIPv2 下的不连续子网路由配置 …… 141
6.6 实验六：RIPv2 下的 VLSM 路由配置 …… 145
6.7 实验七：RIP 路由协议综合实验 …… 147
6.8 实验八：RIPv2 下的手动汇总路由配置 …… 153
6.9 实验九：RIPv2 下的路由验证配置 …… 157
6.10 实验十：RIPv1 与 RIPv2 混合路由配置 …… 160
6.11 实验十一：OSPF 基本路由配置 …… 164
6.12 实验十二：配置 OSPF 默认路由传播 …… 168
6.13 实验十三：OSPF 认证配置 …… 170
6.14 实验十四：EIGRP 基本路由配置 …… 176
6.15 实验十五：配置 EIGRP 负载均衡 …… 189
6.16 实验十六：配置关闭 EIGRP 路由自动汇总 …… 194
6.17 实验十七：配置 EIGRP 邻居认证 …… 201

CONTENTS

6.18　实验十八：配置混合路由协议 …… 205

第7章　三层交换、VLAN间通信及DHCP技术 …… 210
7.1　实验一：利用路由器实现VLAN间通信 …… 210
7.2　实验二：配置单臂路由 …… 213
7.3　实验三：配置三层交换机实现VLAN间通信 …… 217
7.4　实验四：配置DHCP服务器 …… 227

第8章　访问控制列表及端口安全技术 …… 232
8.1　实验一：配置标准编号访问控制列表 …… 232
8.2　实验二：配置路由器扩展编号访问控制列表过滤ICMP流量 …… 237
8.3　实验三：配置路由器扩展编号访问控制列表限制相关应用 …… 241
8.4　实验四：配置三层交换机扩展编号访问控制列表 …… 247
8.5　实验五：配置命名访问控制列表 …… 254
8.6　实验六：设置交换机端口最大连接数的安全配置 …… 260
8.7　实验七：交换机端口地址绑定安全配置 …… 261

第9章　网络地址转换(NAT)技术 …… 265
9.1　实验一：配置静态NAT …… 265
9.2　实验二：配置动态NAT …… 269
9.3　实验三：配置PAT …… 270

第10章　广域网技术 …… 273
10.1　实验一：配置PAP单向认证 …… 273
10.2　实验二：配置PAP双向认证 …… 275
10.3　实验三：CHAP单向认证配置 …… 277
10.4　实验四：CHAP双向认证配置 …… 278
10.5　实验五：帧中继配置 …… 280
10.6　实验六：IPSec VPN配置 …… 285
10.7　实验七：GRE over IPSec VPN配置 …… 289

第 11 章　大型校园网组建 ……………………………………………… 294

11.1　实验一：IPv4 校园网组建配置 ……………………………… 294

11.2　实验二：IPv6 校园网组建配置 ……………………………… 299

参考文献 ………………………………………………………………… 304

第 1 章　网络互联技术实验环境搭建

1.1　实验一：安装并熟悉 Packet Tracer 仿真环境

实验要求

以 Packet Tracer 5 版本为例，安装 Packet Tracer 仿真环境，并熟悉其使用。

实验过程

1. 软件的安装

根据安装提示，通过鼠标单击 Next 按钮即可完成软件的安装，安装完成后如图 1.1 所示。

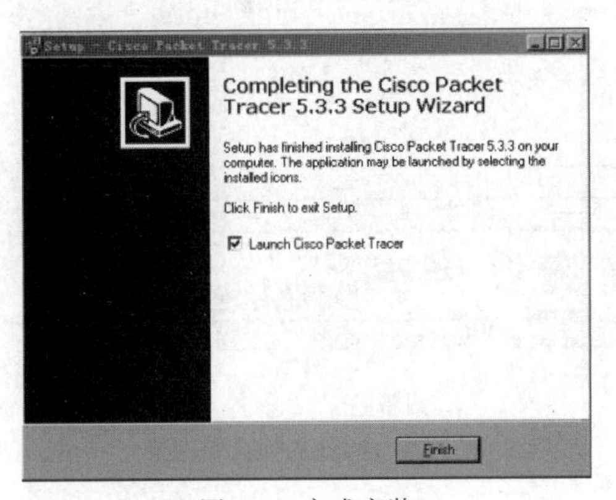

图 1.1　完成安装

软件的运行界面如图 1.2 所示。

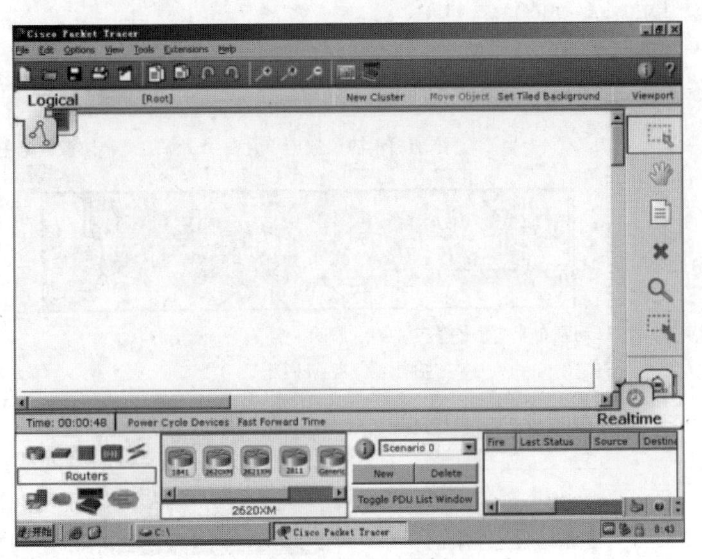

图 1.2　软件的运行界面

2. 软件界面介绍

软件界面大致分为4个区域,分别为菜单栏区域、视图栏、设备区以及工作区,具体如图1.3所示。

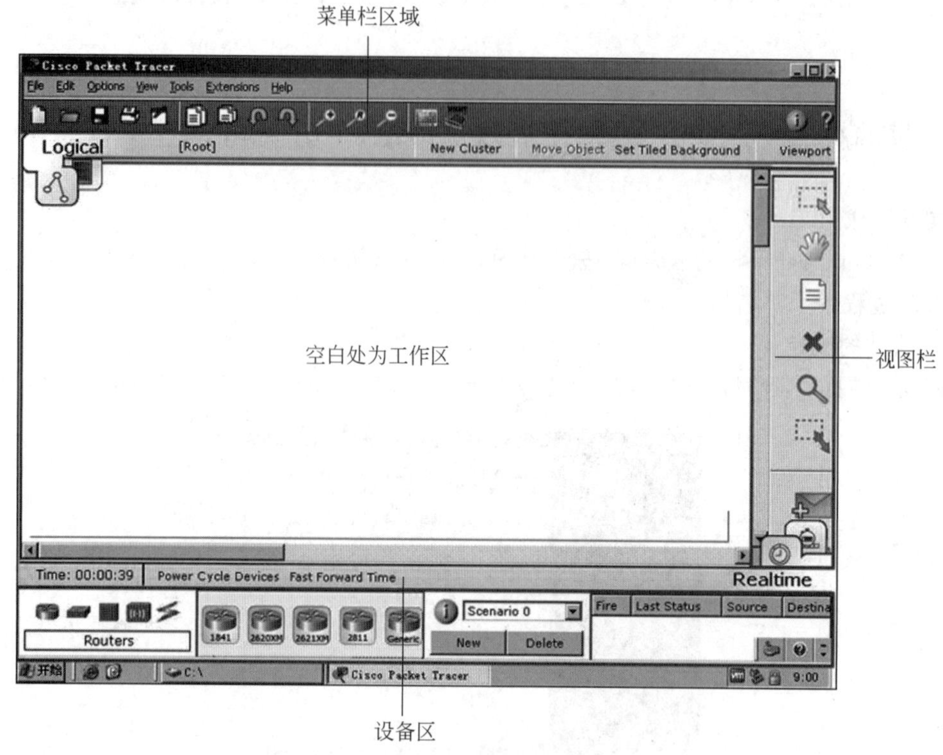

图1.3 软件界面区域分布

1) 菜单栏

菜单栏包括新建、打开、保存、打印、活动向导、复制、粘贴、撤销、重做、放大、重置、缩小、绘图调色板以及自定设备对话框等命令。

2) 视图栏

视图栏中各图标的含义如图1.4和图1.5所示。

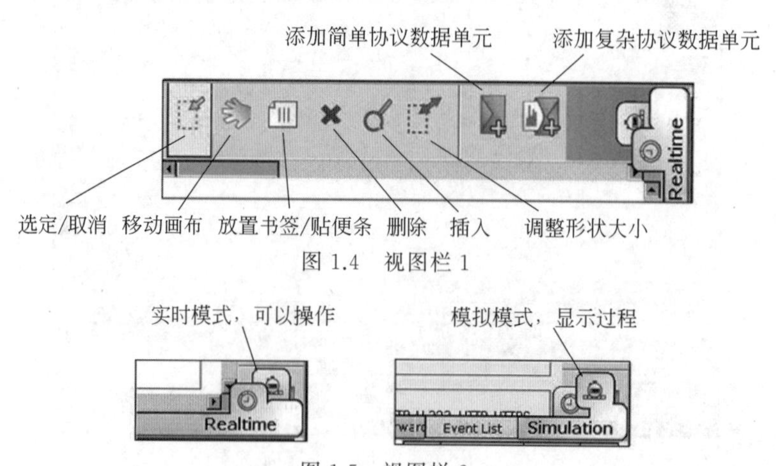

图1.4 视图栏1

图1.5 视图栏2

3）设备区

如图 1.6 所示左边部分为不同种类的网络互联设备，右边部分为同一互联设备的不同型号。其中，如图 1.6 所示的右边部分为路由器的不同型号。图 1.7～图 1.11 分别表示交换机不同型号、集线器不同型号、无线设备不同型号、传输介质具体情况以及终端设备具体情况。

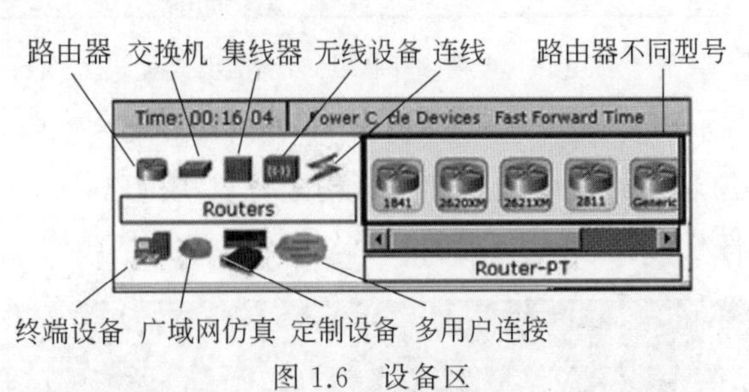

图 1.6　设备区

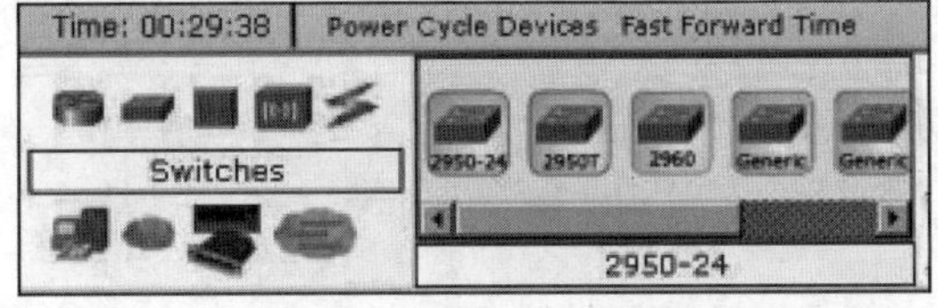

图 1.7　交换机不同型号

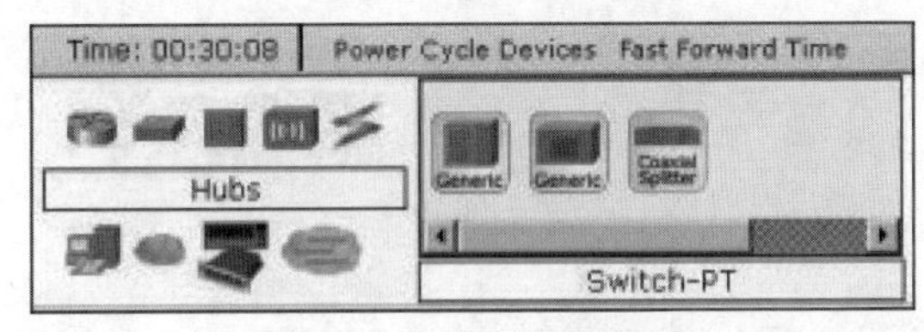

图 1.8　集线器不同型号

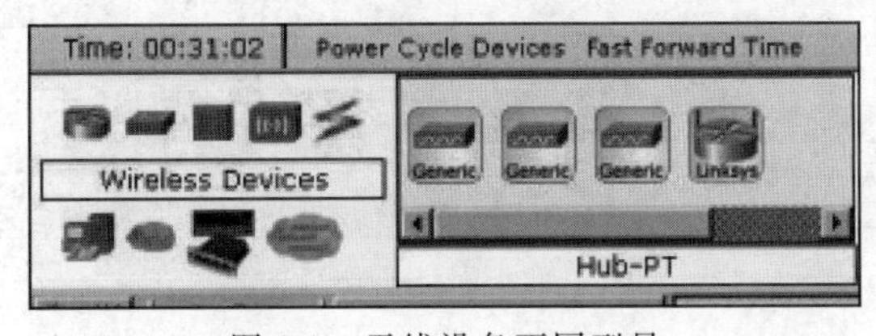

图 1.9　无线设备不同型号

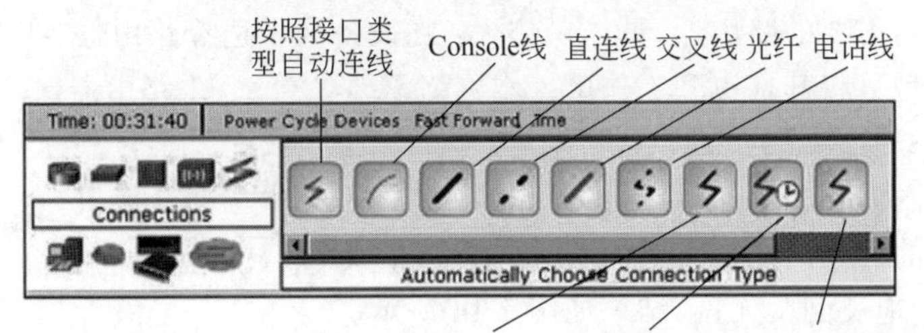

图 1.10　传输介质具体情况

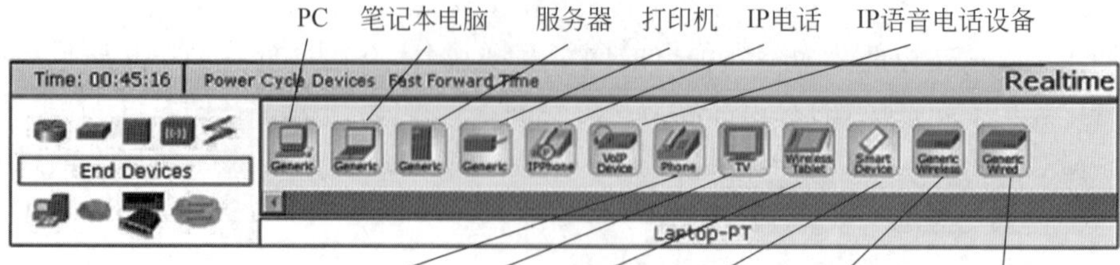

图 1.11　终端设备具体情况

3. 在工作区添加思科网络设备及终端设备构建计算机网络

要求利用仿真软件构建如图 1.12 所示的网络拓扑结构,具体构建过程如下。

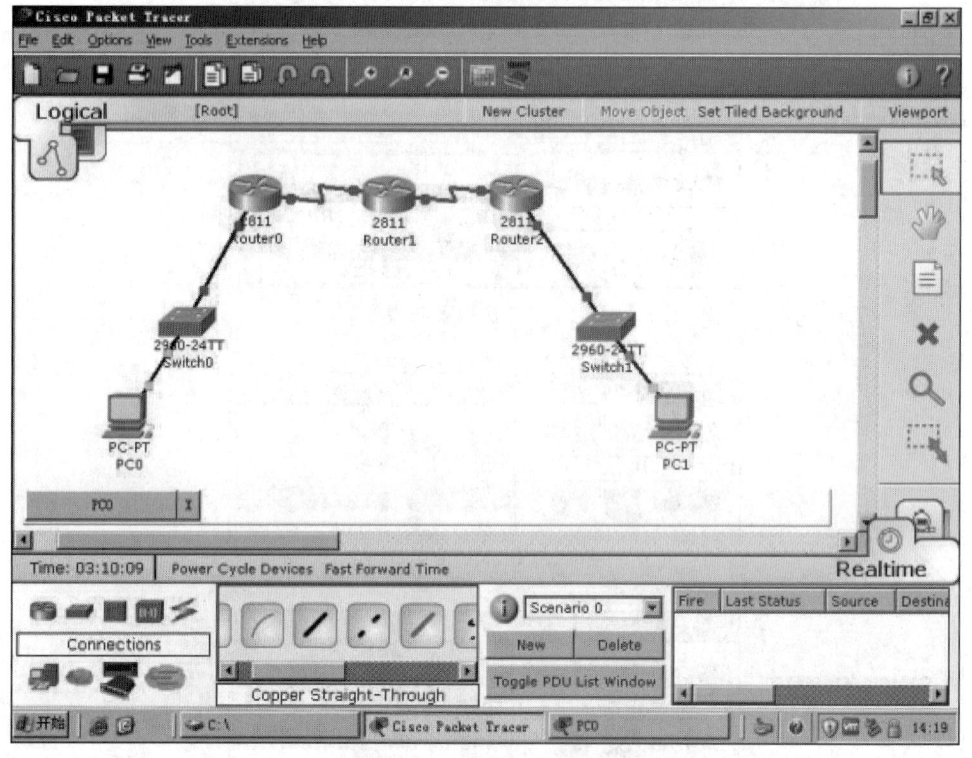

图 1.12　网络拓扑结构

1）在设备区选择组网需要的网络设备将其拖曳到工作区

首先选择组网需要的路由器,具体操作为:在设备区中选择路由器,在右边窗口中选择需要的路由器的型号将其拖曳到工作区。本网络需要 3 台 2811 路由器,将它们拖曳到工作区,结果如图 1.13 所示。

其次选择组网需要的交换机,具体操作为:在设备区中选择交换机,在右边窗口中显示可使用的交换机的种类。选择需要的型号并将其拖曳到工作区。本网络需要两台 2960 交换机,因此将它们拖曳到工作区,结果如图 1.14 所示。

接下来选择组网需要的终端设备,具体操作为:在设备区中选择终端设备,在右边窗口中显示可以使用的终端设备的种类。选择需要的终端设备将其拖曳到工作区。本网络需要两台计算机,因此将它们拖曳到工作区,结果如图 1.15 所示。

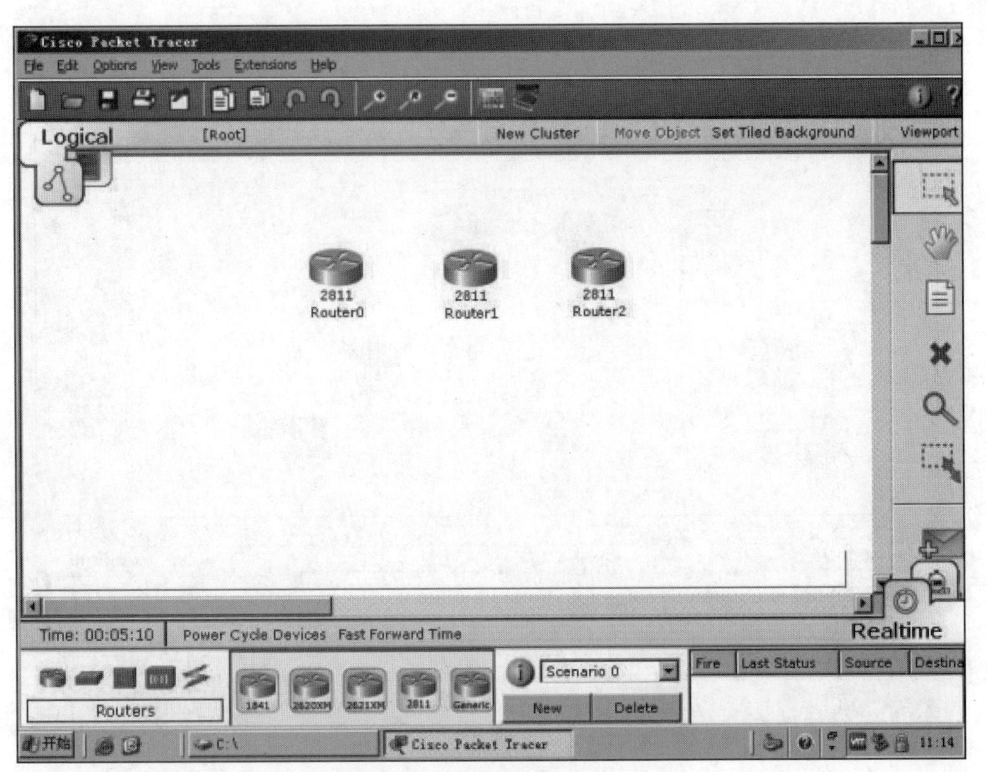

图 1.13　拖曳路由器到工作区

图 1.14　拖曳交换机到工作区

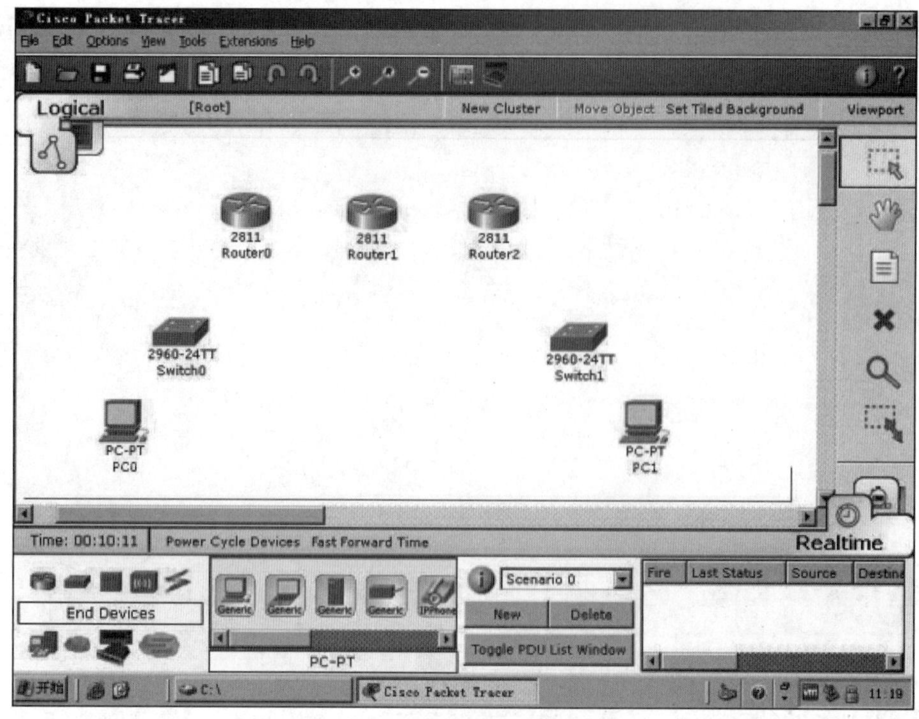

图 1.15　拖曳终端设备到工作区

2）熟悉仿真设备的可视化界面

首先探讨仿真设备路由器的可视化界面，单击路由器图标弹出如图 1.16 所示的路由器

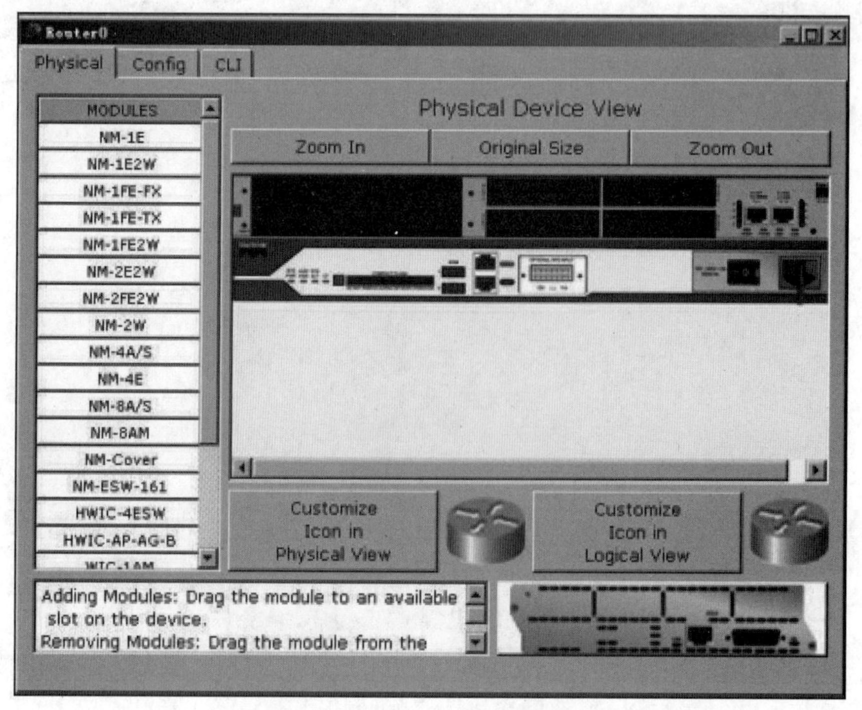

图 1.16　路由器设备可视化界面

可视化界面。图 1.17 为路由器物理界面结构图，图 1.18 为路由器可视化配置界面，图 1.19 为路由器命令行配置界面。

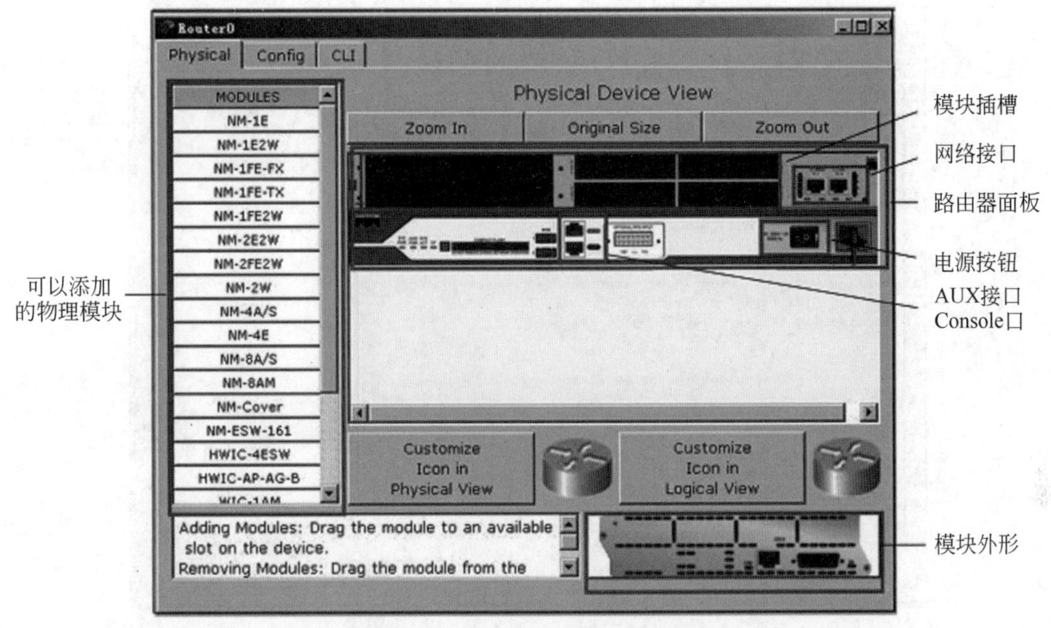

图 1.17　路由器物理界面结构图

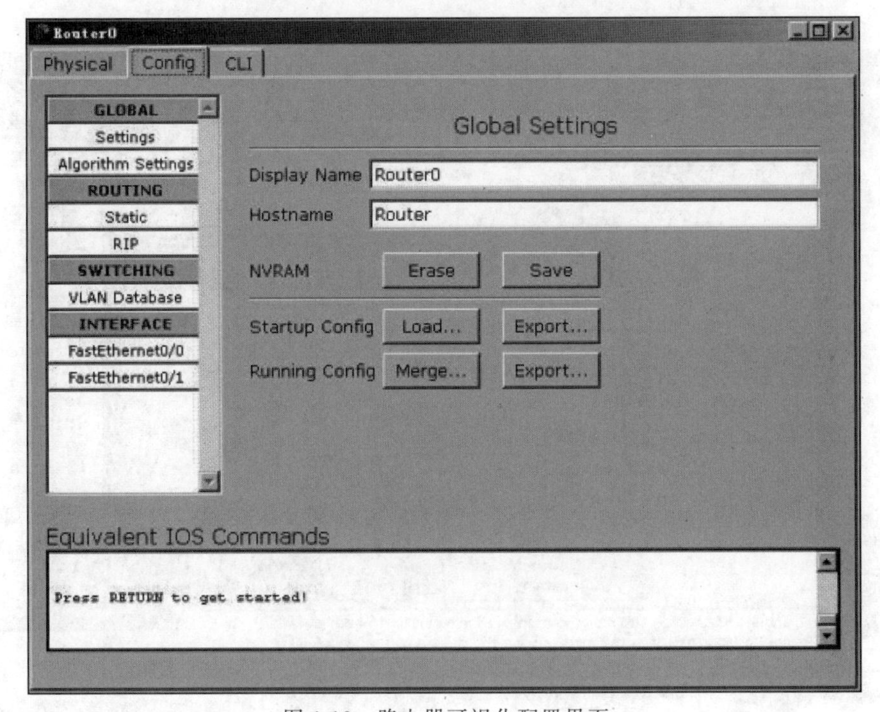

图 1.18　路由器可视化配置界面

其次探讨仿真设备交换机的可视化界面。图 1.20 为交换机可视化物理界面，图 1.21 为交换机可视化物理配置界面，图 1.22 为交换机可视化命令行配置界面。

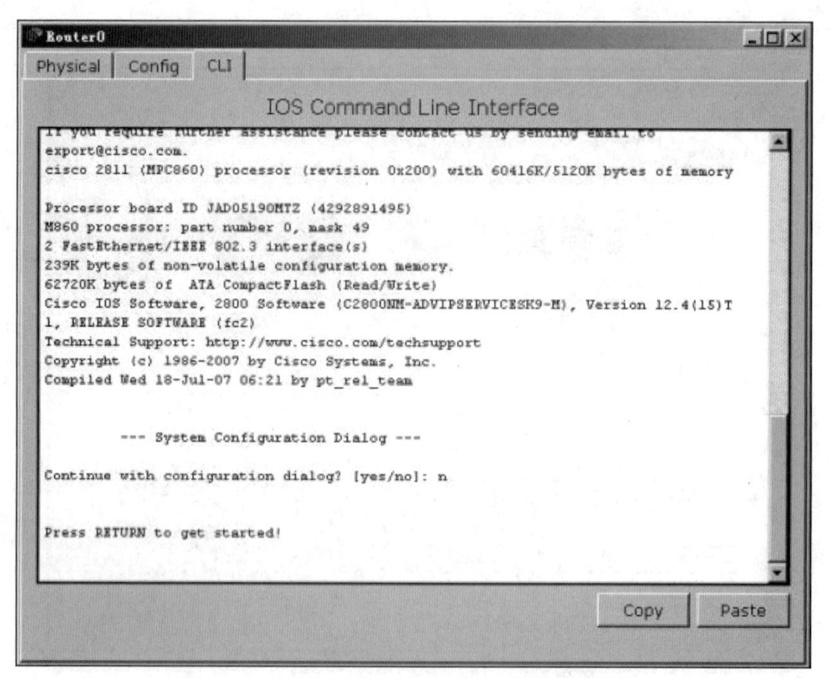

图 1.19　路由器命令行配置界面

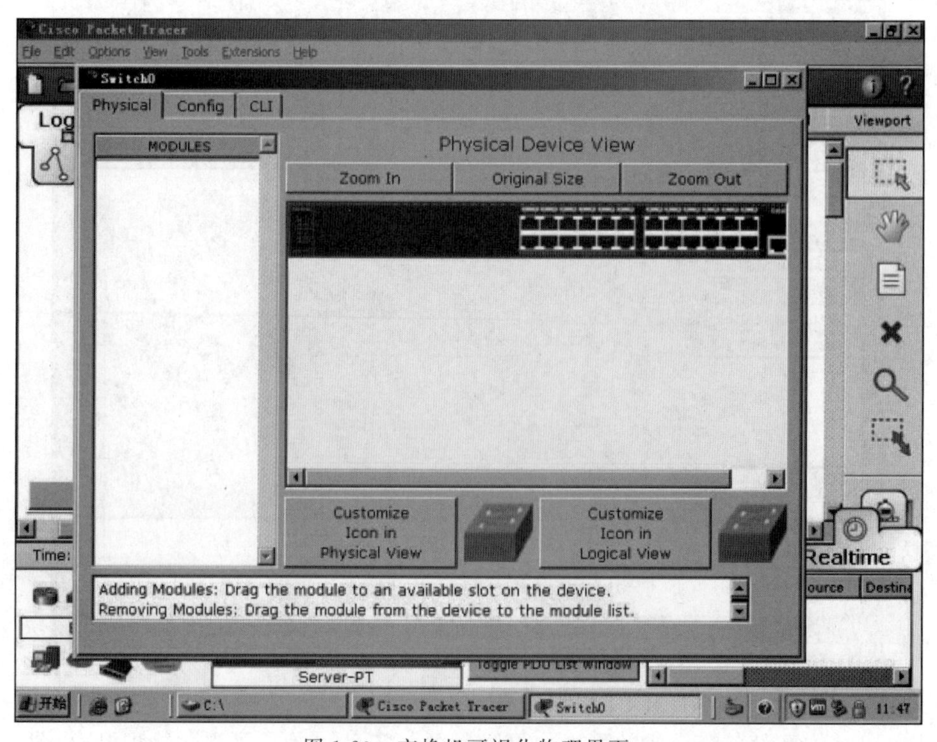

图 1.20　交换机可视化物理界面

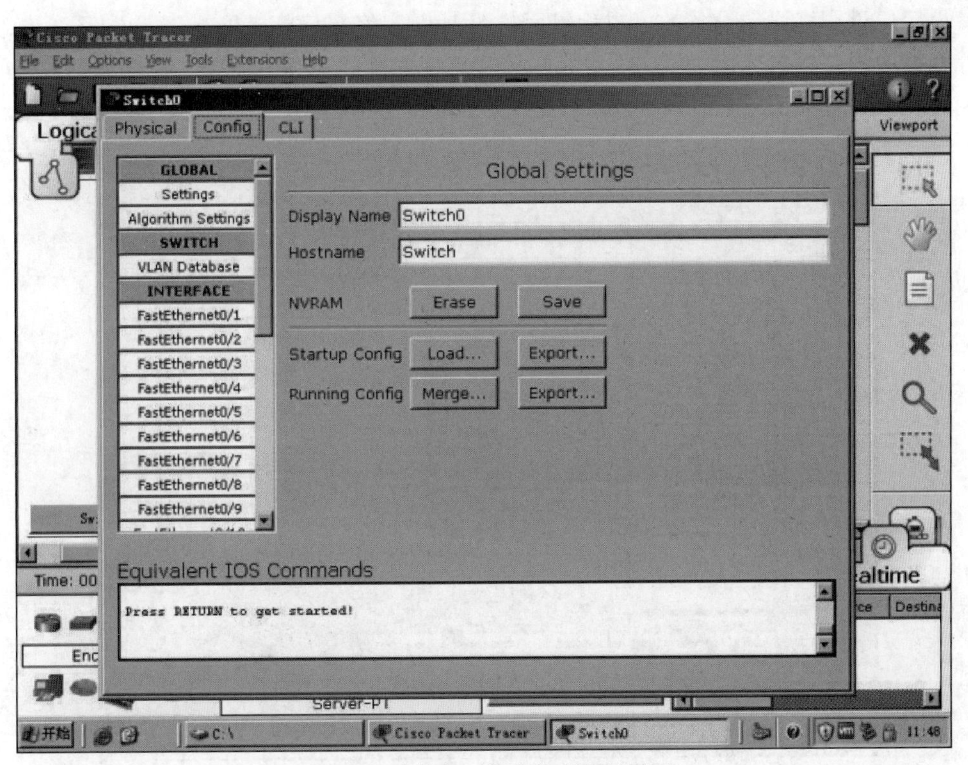

图 1.21　交换机可视化物理配置界面

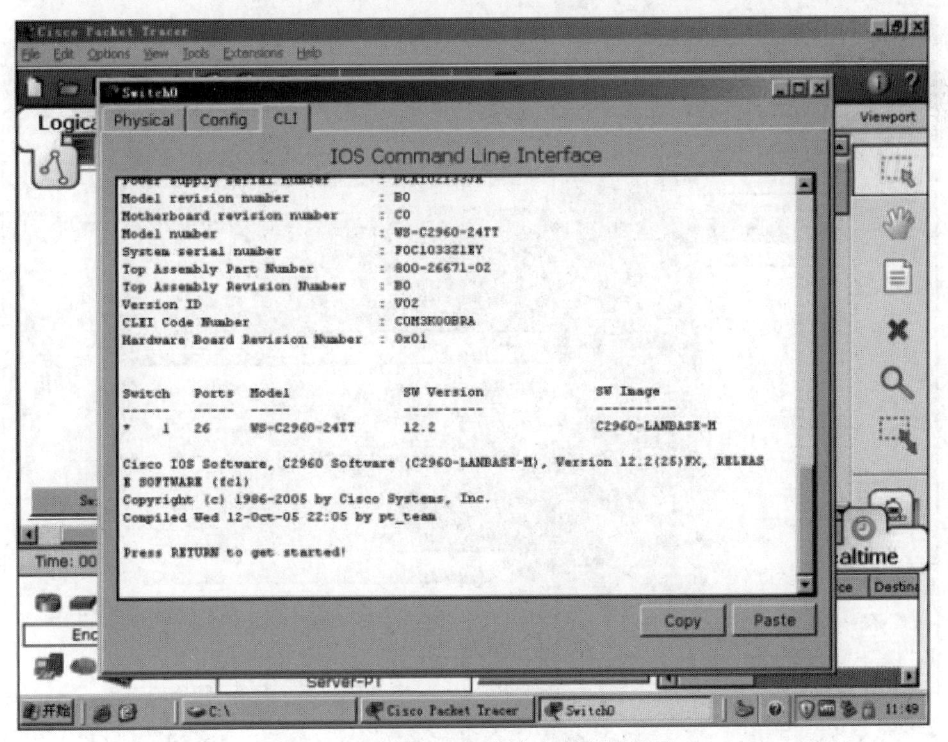

图 1.22　交换机可视化命令行配置界面

最后探讨仿真终端设备的可视化界面。图 1.23 为终端计算机可视化界面,图 1.24 为终端计算机可视化配置界面,图 1.25 为终端计算机桌面配置界面,图 1.26 为终端计算机可视化网络参数配置界面。

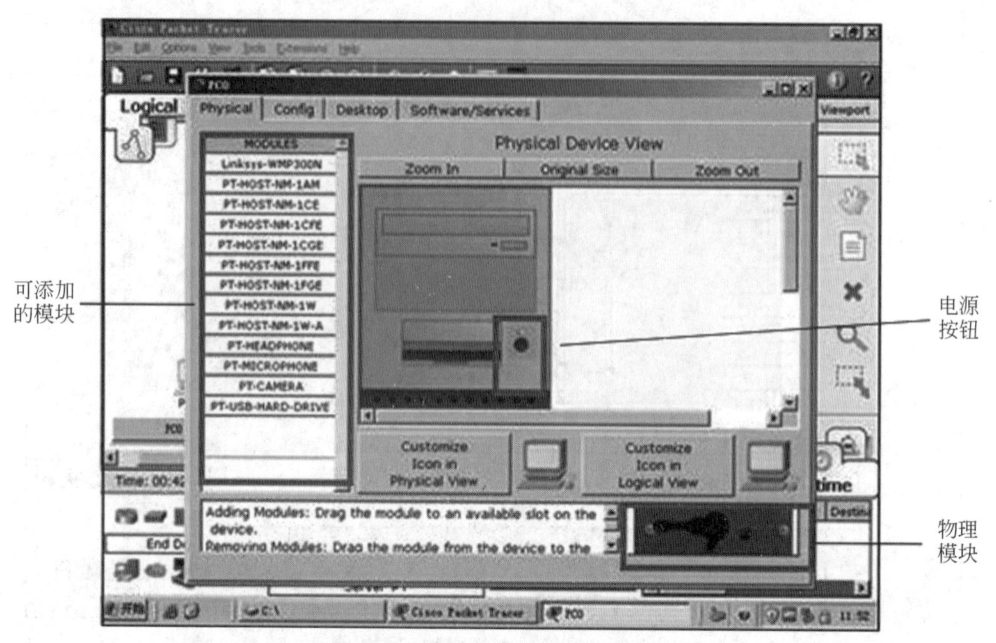

图 1.23　终端计算机可视化界面

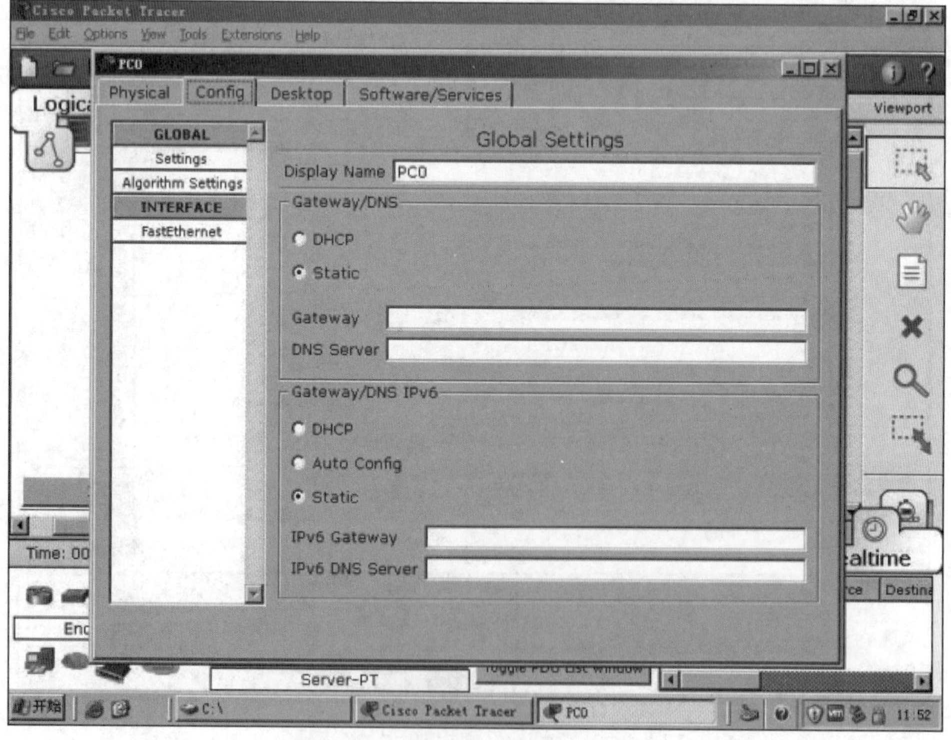

图 1.24　终端计算机可视化配置界面

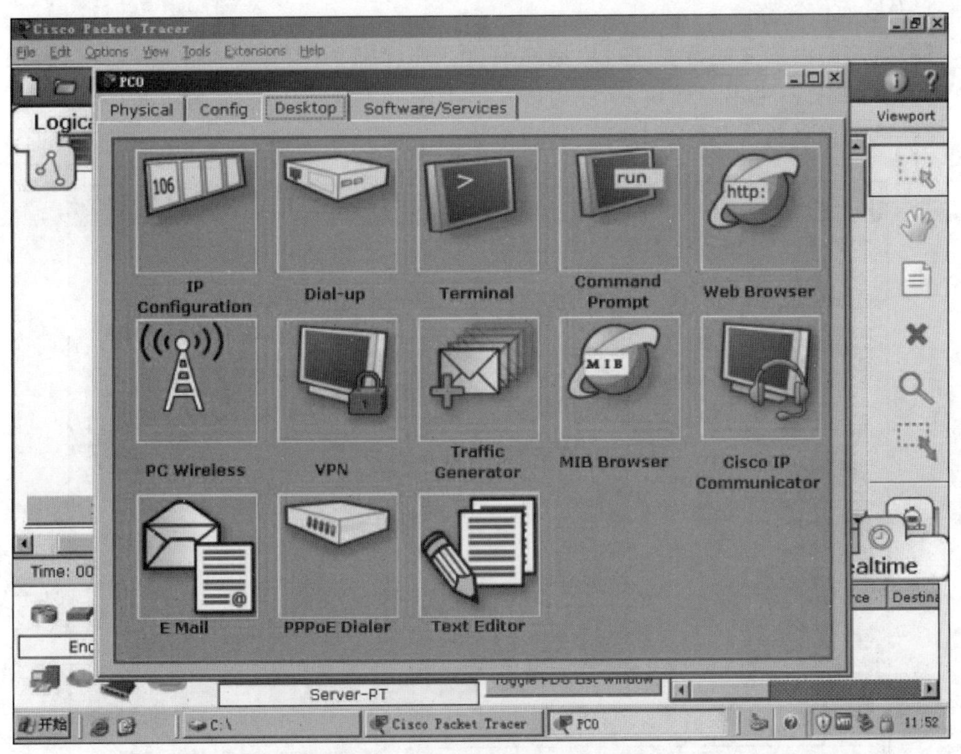

图 1.25　终端计算机桌面配置界面

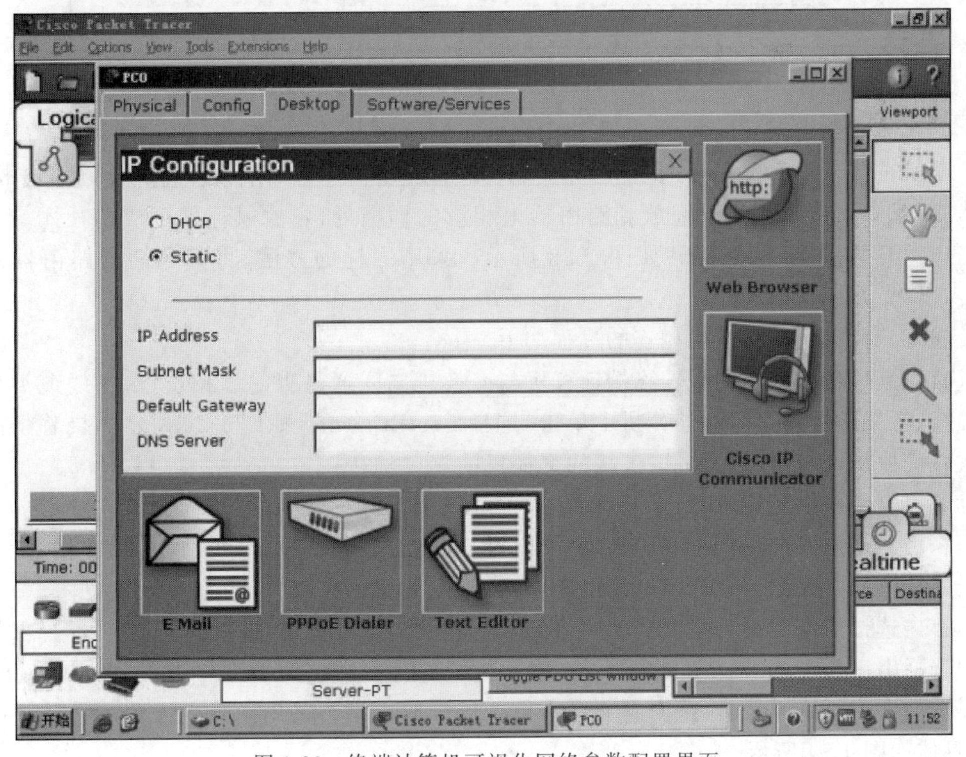

图 1.26　终端计算机可视化网络参数配置界面

3) 连接通信链路

路由器与路由器之间若要通过广域网串口互连起来,需要相应的网络端口。由于默认思科路由器 2811 不带串口模块,因此需要在路由器上添加该模块,过程如下。

首先单击思科路由器 2811 的图标,弹出如图 1.27 所示的路由器可视化配置界面。

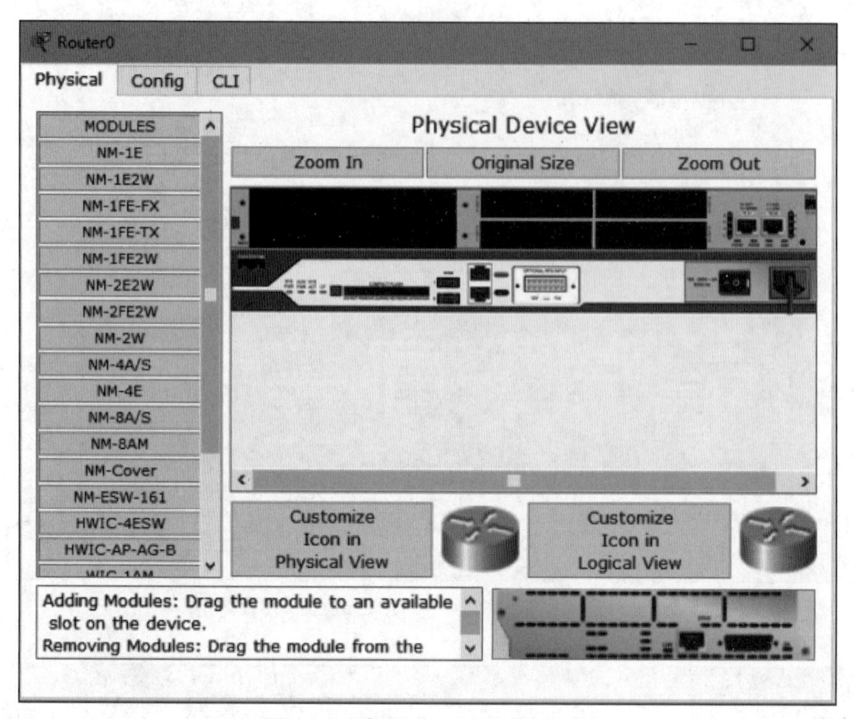

图 1.27　路由器可视化配置界面

其次关闭路由器的电源开关,使路由器处于断电状态。

最后选择左边 Physical 选项卡中的 WIC-2T 模块,概述为两端口串行广域网端口卡,支持 V.35 端口。将该端口卡拖放到路由器上相应的插槽处,释放鼠标即可成功插入。通过单击电源开关从而打开电源,如图 1.28 所示。采用同样的方法,将其他两台路由器添加 WIC-2T 模块。

将终端计算机与交换机相连的过程如下。

首先选择传输介质类型。终端计算机与交换机之间通过直通线相连,单击线缆类型为直通线,将鼠标放置在终端计算机上单击,选择 FastEthernet,如图 1.29 所示。接着将鼠标放置在交换机上单击,弹出可以连接的交换机的端口,如图 1.30 所示。选择一个端口,将终端计算机与交换机相连,如图 1.31 所示。

采用同样的方法,将交换机与路由器通过 FastEthernet 端口相连,如图 1.32 所示。

将路由器与路由器通过串口连接起来,具体操作如下。

首先选择线缆类型为路由器的串口 DCE 端或者 DTE 端,在路由器上单击,在弹出的窗口中选择串口类型,如图 1.33 所示。将鼠标放置在另一台路由器上单击,在弹出的窗口中同样选择串口。这样,两台路由器通过串口就连接起来了。采用同样的方法连接其他路由器,具体如图 1.34 所示。

利用同样的方法将其他设备间连接起来,最终效果如图 1.12 所示。

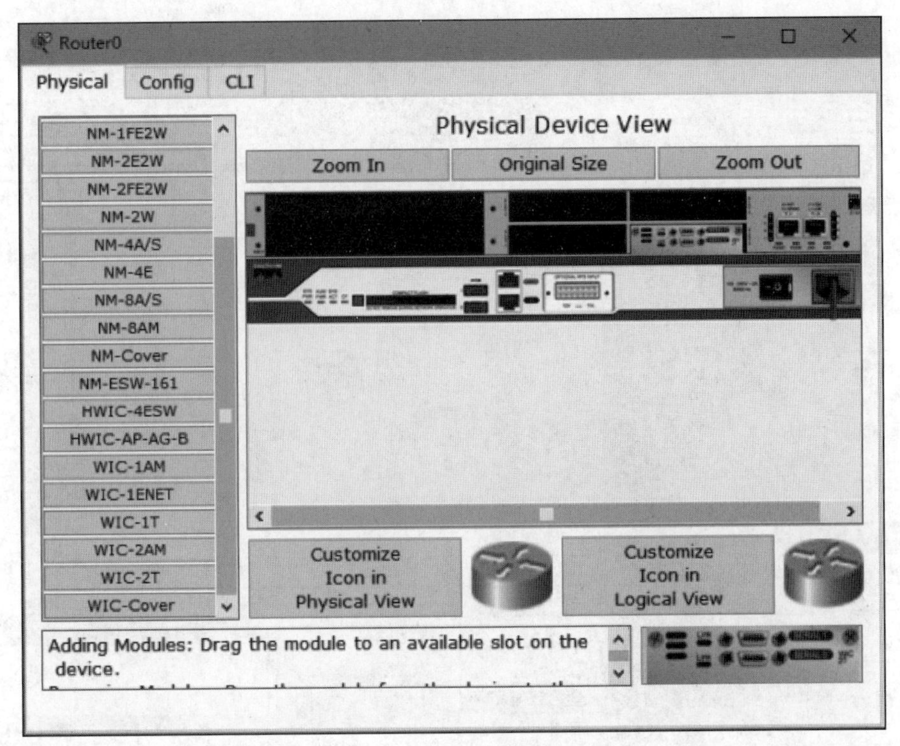

图 1.28　插入模块界面

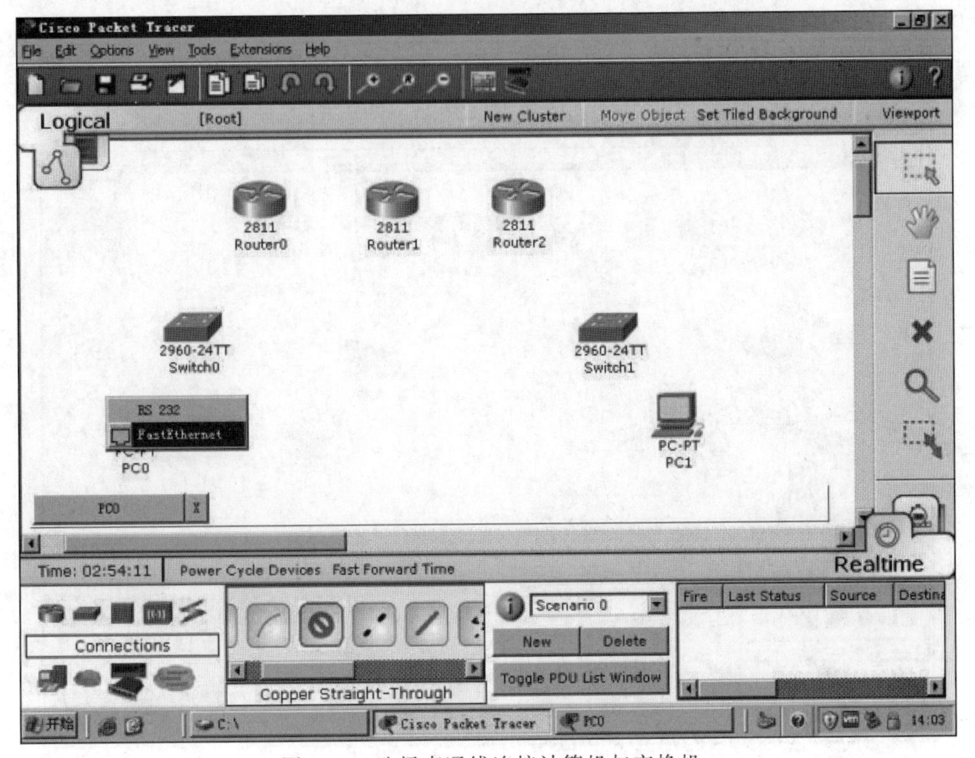

图 1.29　选择直通线连接计算机与交换机

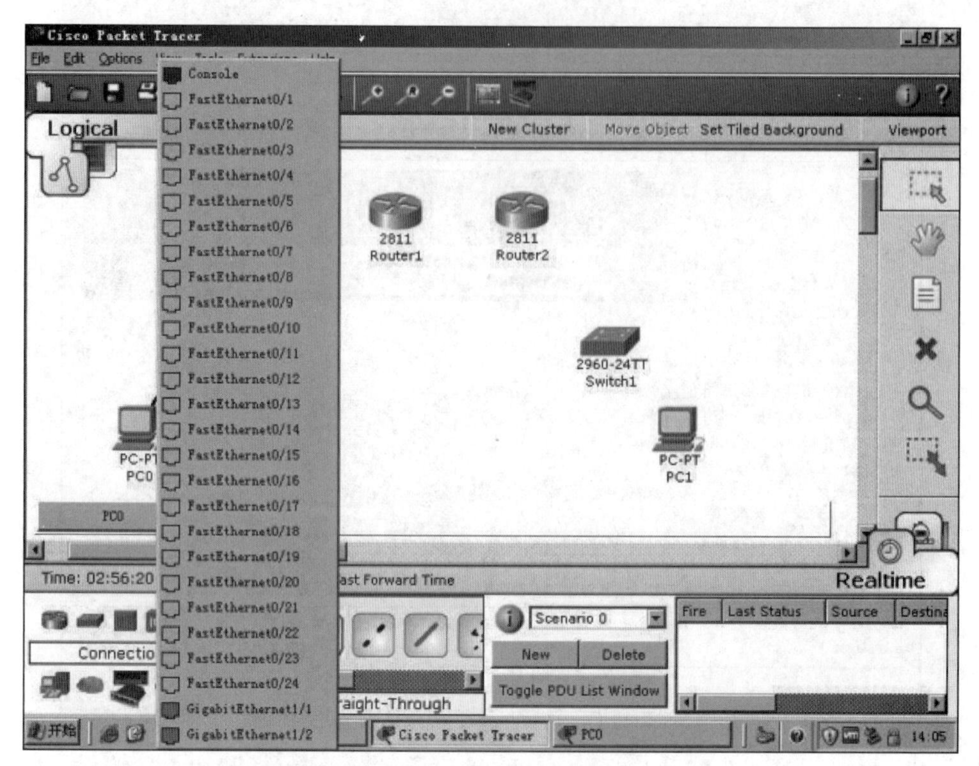

图 1.30　交换机可使用端口

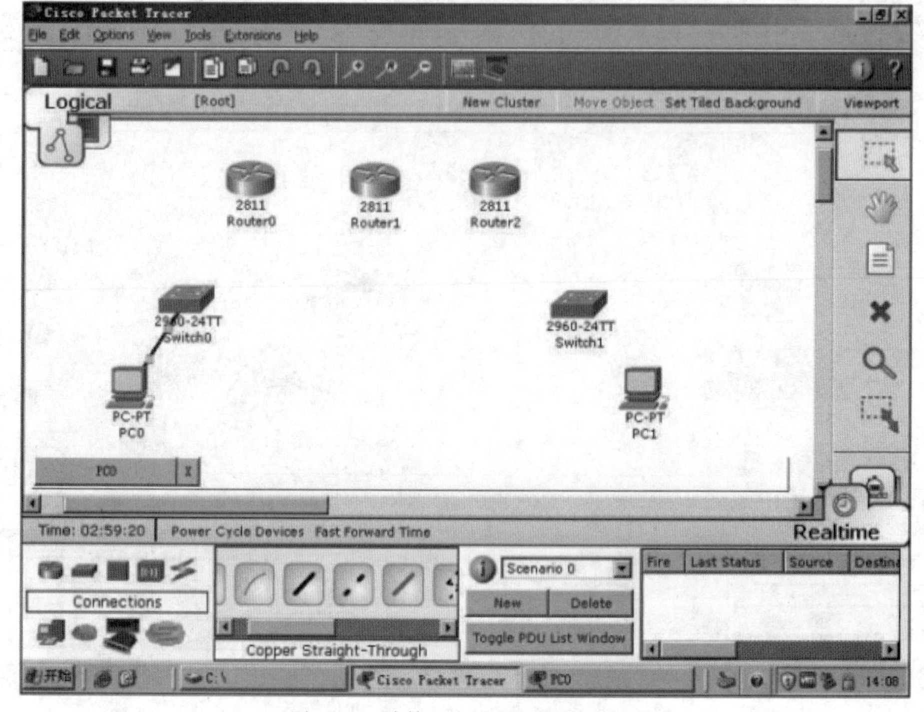

图 1.31　计算机与交换机连接成功

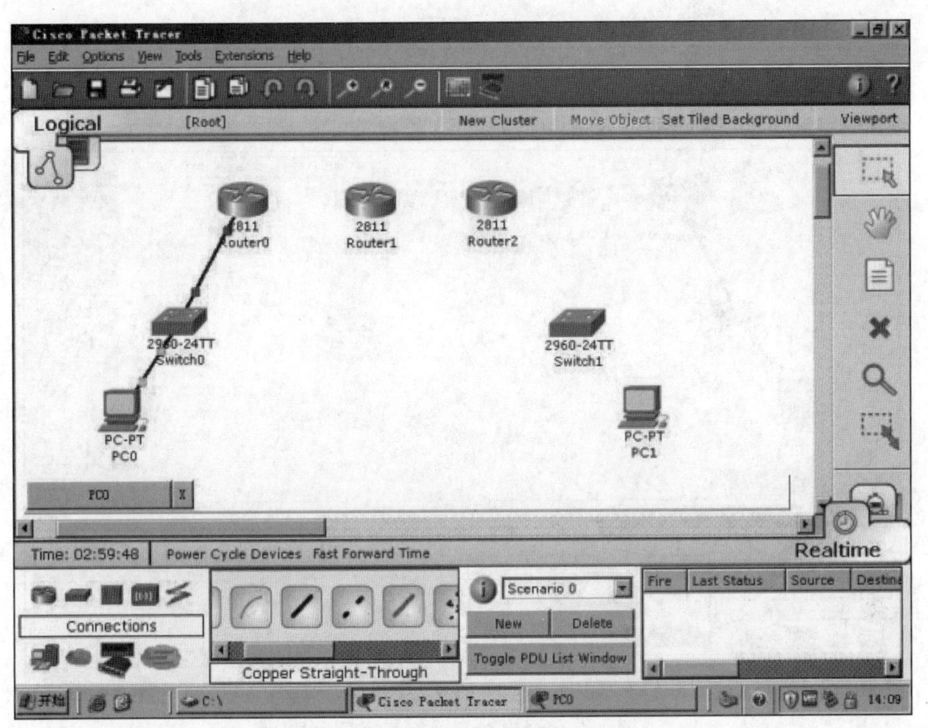

图 1.32　交换机与路由器连接成功

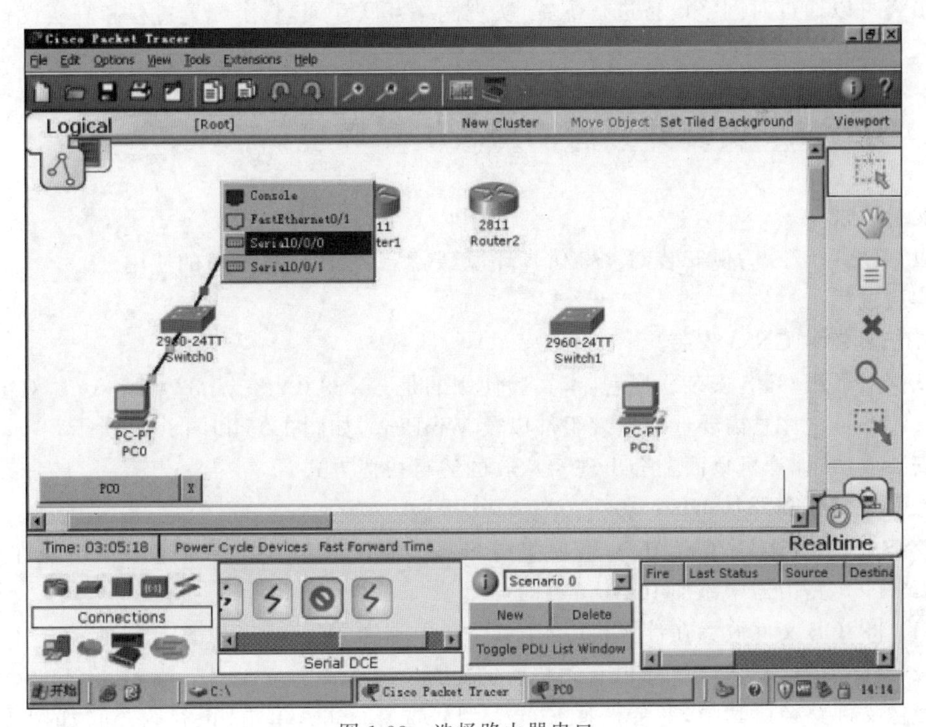

图 1.33　选择路由器串口

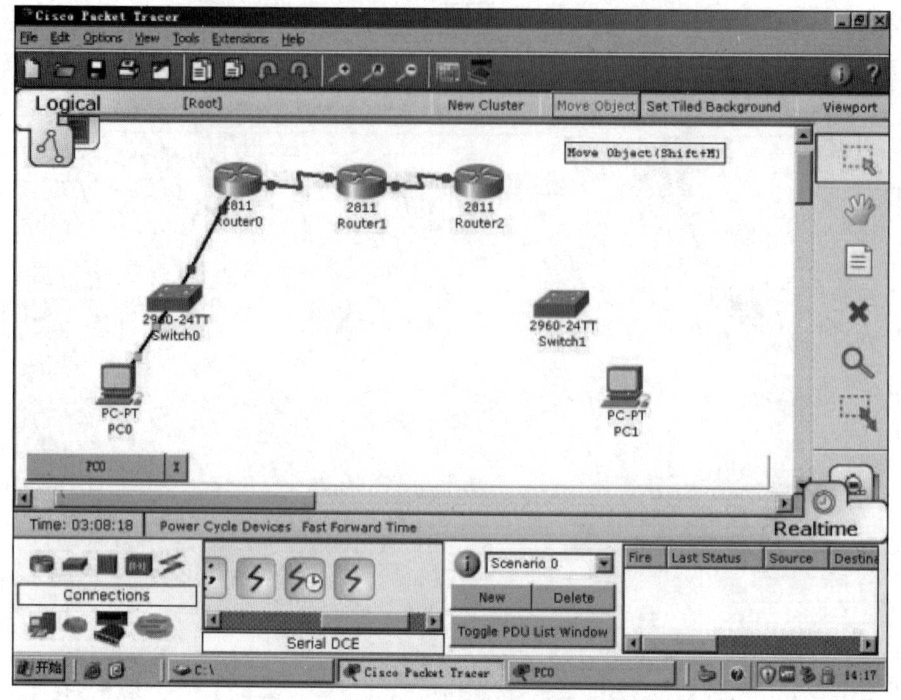

图 1.34　路由器与路由器连接成功

最终可以通过对网络设备进行配置,实现网络互联互通,整个配置过程和真实设备几乎一样。

1.2　实验二:安装并熟悉 GNS3 仿真环境

实验要求

以 GNS3-0.7.3 为例安装 GNS3 仿真环境,熟悉 GNS3 仿真环境的使用。

实验过程

1. 仿真软件 GNS3 安装

从网上下载 GNS 安装程序包,本实验使用的是 GNS3-0.7.3-win32-all-in-one,双击程序进行安装即可。注意需要选择安装组件以及 WinPcap,如图 1.35 和图 1.36 所示。

安装成功,计算机桌面上会出现 GNS3 的运行快捷方式。

2. 为网络设备添加 IOS

GNS3 程序本身不带有 IOS,需要另外准备 Cisco IOS 文件。通过以下步骤在 Cisco Router c3660 路由器中添加 IOS。

(1) 将 IOS 文件放置在计算机中,注意路径中不含中文字符,如图 1.37 所示。

(2) 单击 GNS3 窗口中的 Edit 菜单,选择 IOS images and hypervisors,在 IOS 设置中选择镜像文件路径。其中,平台选择 c3600,型号选择 3660,单击“保存”按钮,如图 1.38～图 1.40 所示。

(3) 测试 Dynamips 运行路径。具体操作如下:选择 Edit→Preferences→Dynamips→Test,如果出现“Dynamips successfully started”,则说明 Dynamips 运行环境正常,如图 1.41 所示。

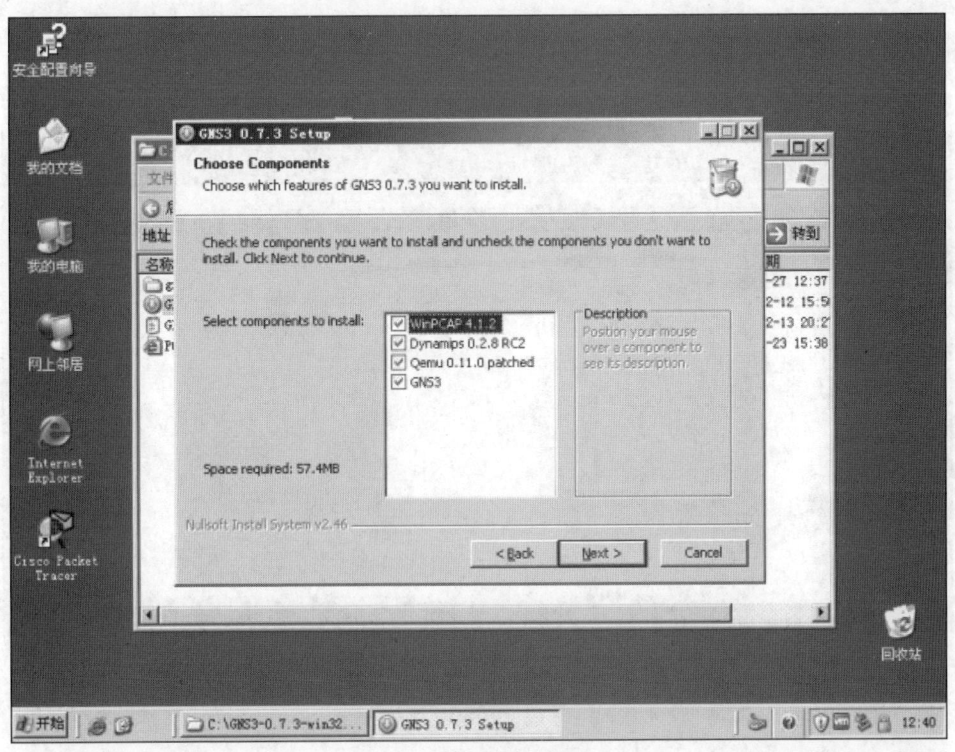

图 1.35　选择安装组件

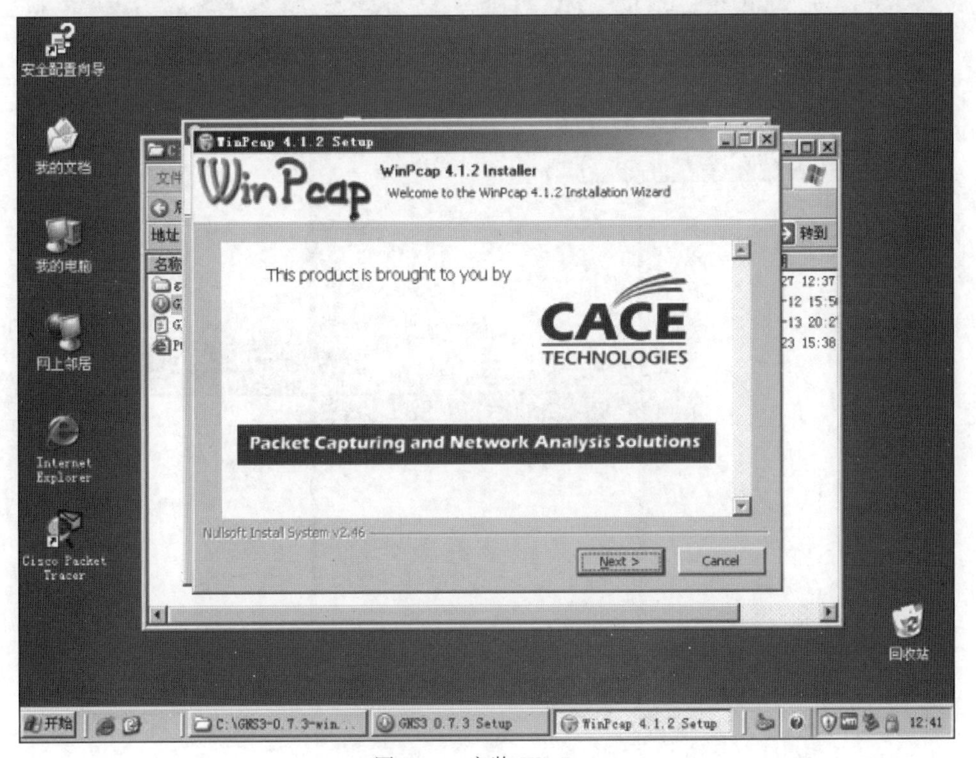

图 1.36　安装 WinPcap

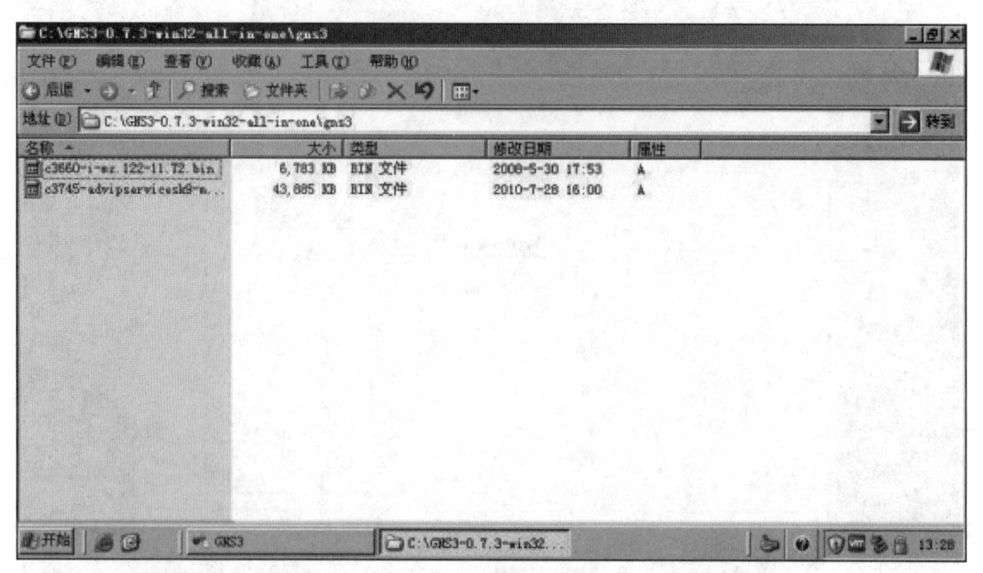

图 1.37　将 IOS 文件放置在计算机的 C 盘中

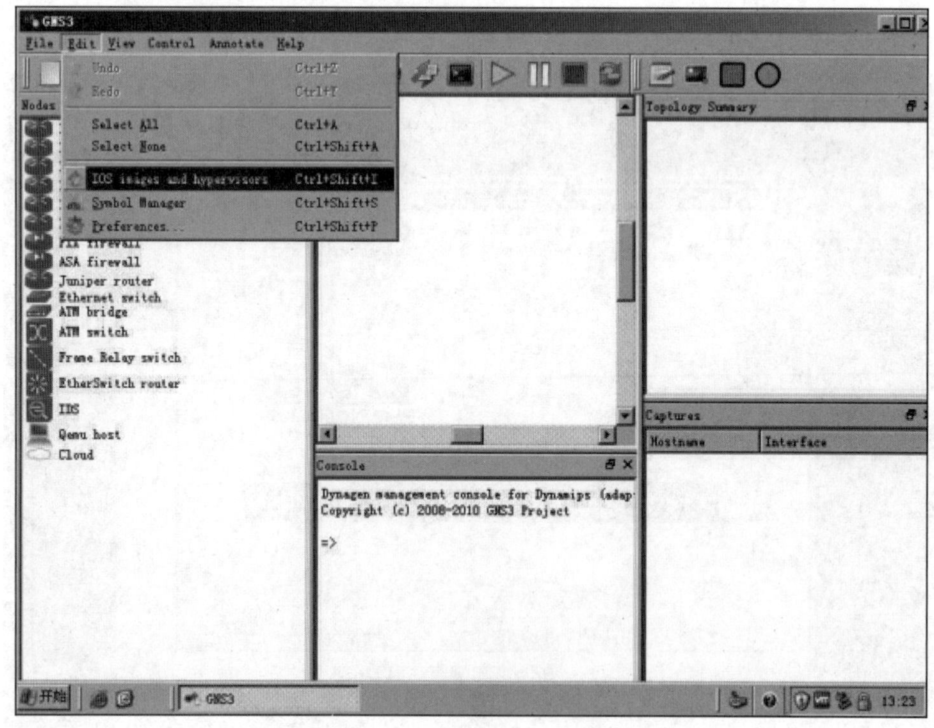

图 1.38　进入添加 IOS 界面

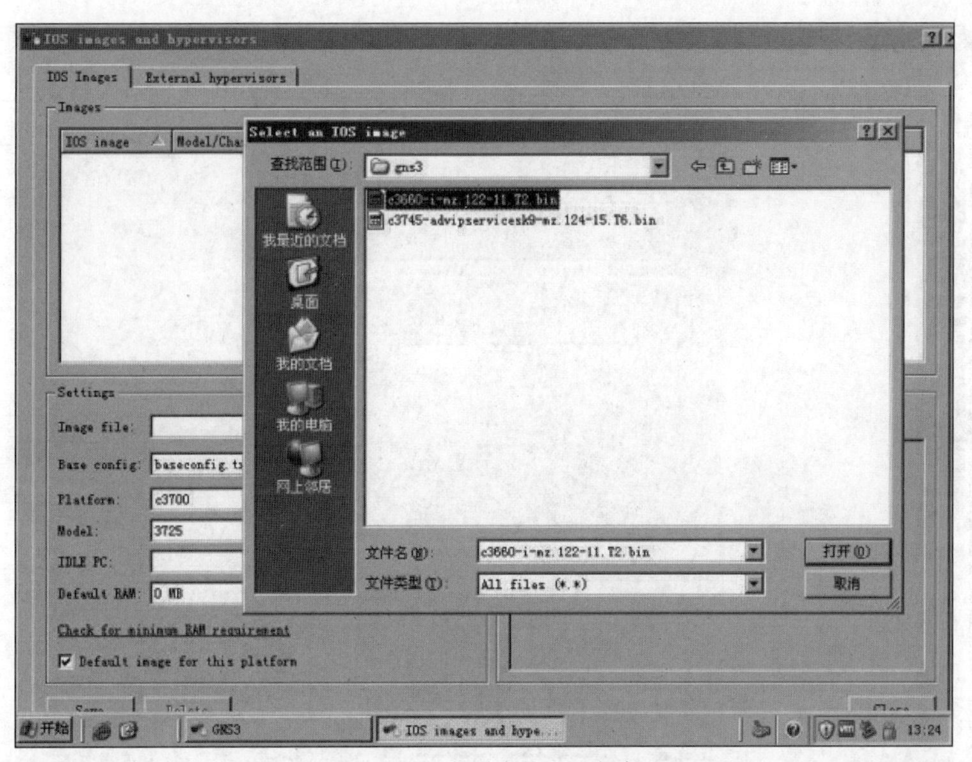

图 1.39　选择对应的 IOS 版本

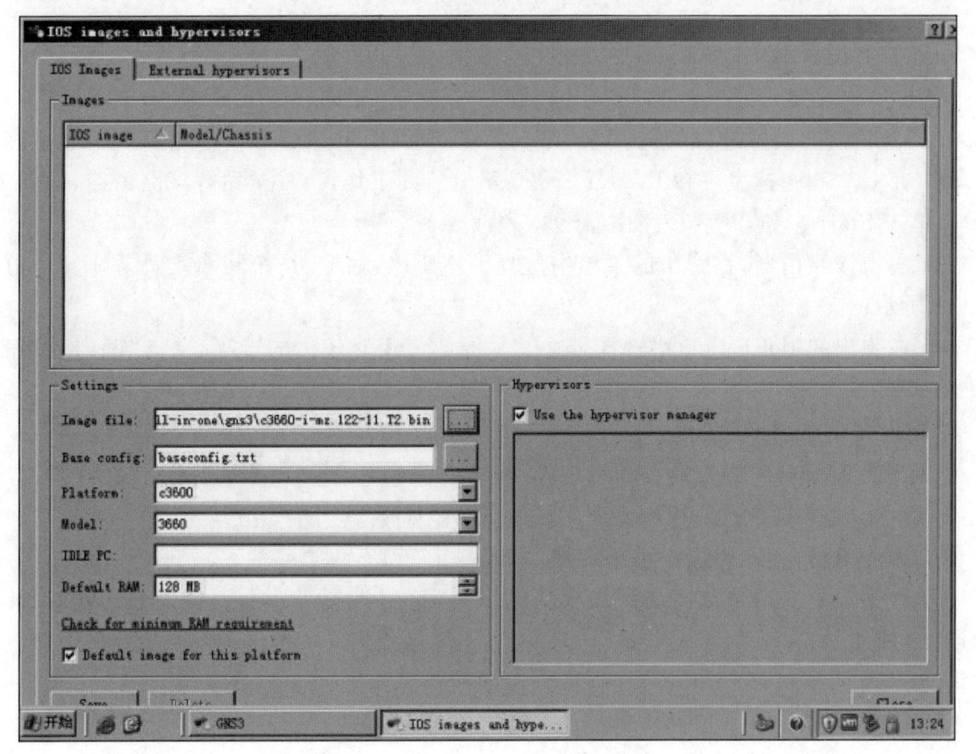

图 1.40　选择 Image file 以及平台

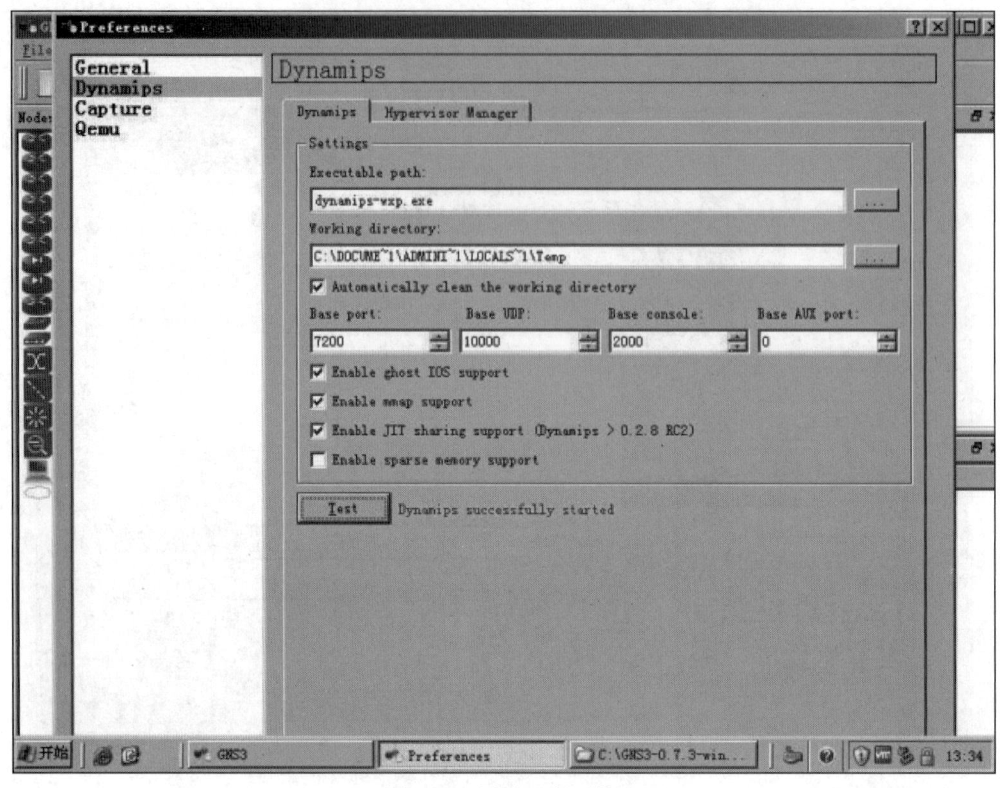

图 1.41　测试运行环境

3. 计算并设置 IDLE 值(选择性完成)

IDLE 值的设置是为了减少 CPU 的利用率。不合理的设置将使 CPU 的使用率达到 100%。IDLE 值的设置过程如下。

(1) 在 GNS3 中拖曳一台 Router c3600 路由器到工作窗口中,运行该路由器,如图 1.42 所示。单击 Start 按钮,开启该路由器。

(2) 右击该路由器,在弹出的菜单中选择 IDLE PC 命令,系统将自动计算 IDLE 值,如图 1.43 所示。

(3) 在弹出的 IDLE 窗口中选择带"*"号的数值相对较大的选项,单击"确定"按钮,如图 1.44 所示。

4. 在设备中添加模块

组网时有时设备中没有需要的端口,就需要在设备中添加模块,以扩充设备的端口,如图 1.45 所示,需要在路由器中添加模块。具体操作如下。

(1) 首先双击设备,弹出设备配置界面,如图 1.46 所示。

(2) 在窗口的左边选择需要添加模块的设备,这里选择 R1,在窗口的右边选择 Slots,如图 1.47 所示。

选择添加的模块,单击 OK 按钮,在相应的设备上添加相应的模块。

5. 构建网络拓扑完成网络实验

首先将网络设备拖曳到工作窗口中,如图 1.48 所示,拖曳 3 台路由器到工作窗口中。

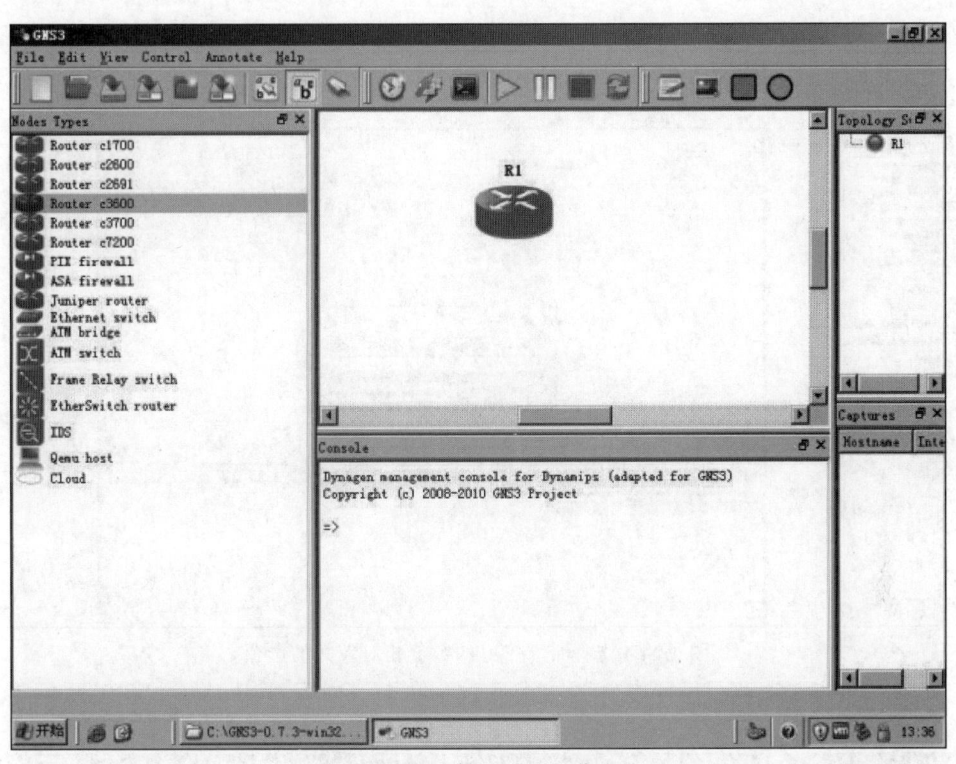

图 1.42　拖曳路由器到工作窗口

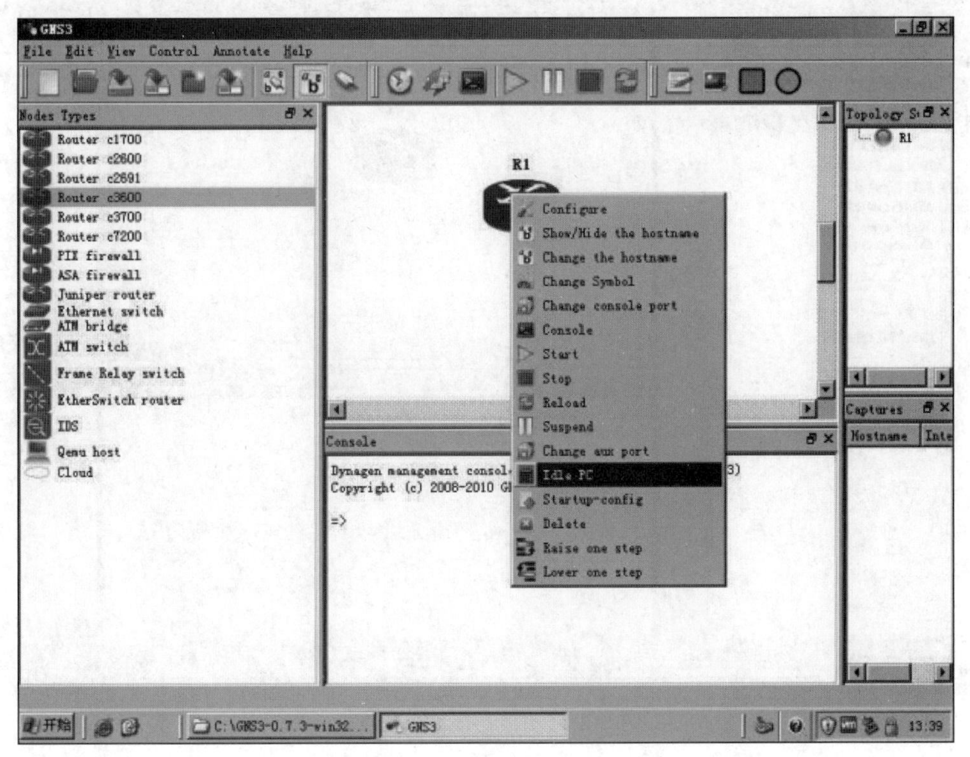

图 1.43　计算 IDLE 值

图 1.45 需要添加模块的设备

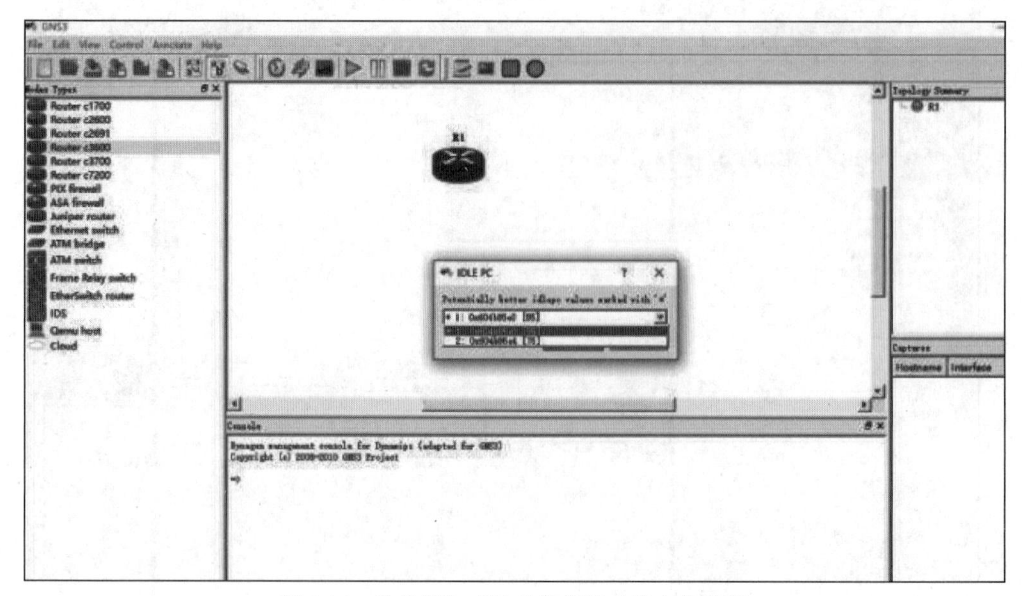

图 1.44 选择带“ * ”号的数值相对较大的选项

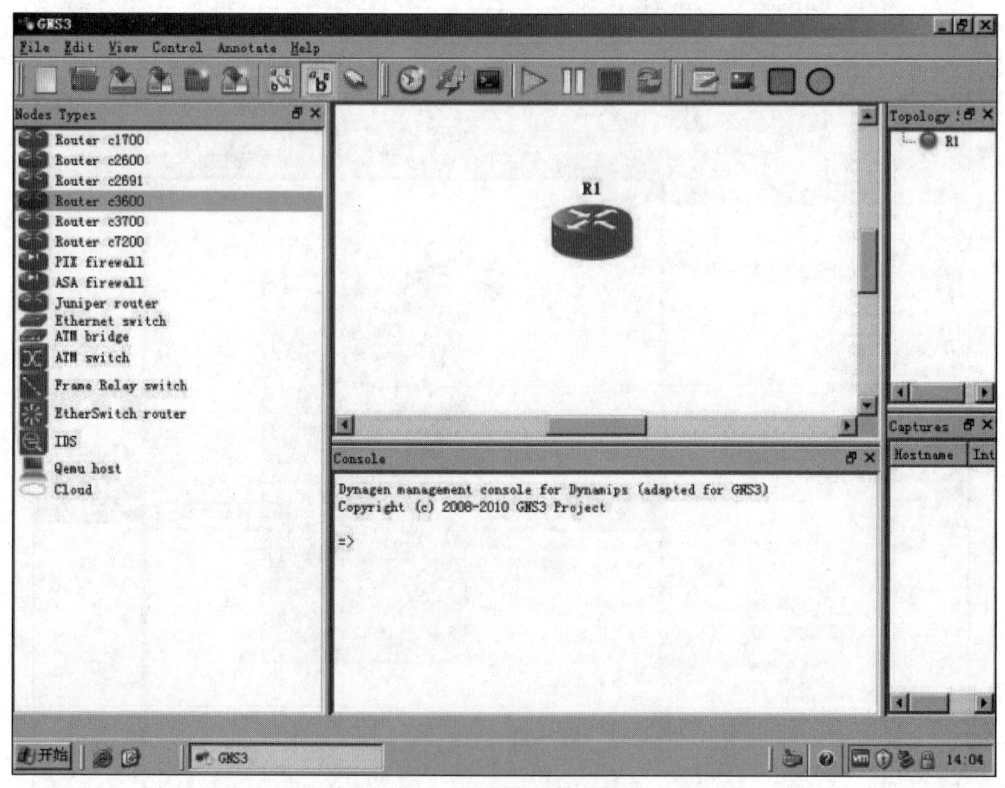

图 1.45 需要添加模块的设备

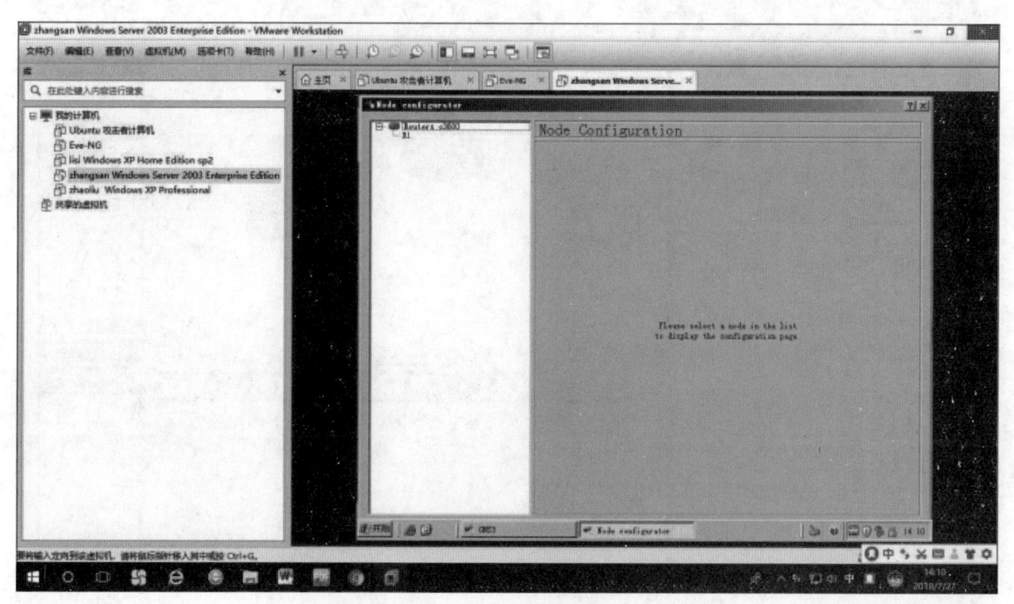

图 1.46　设备配置界面

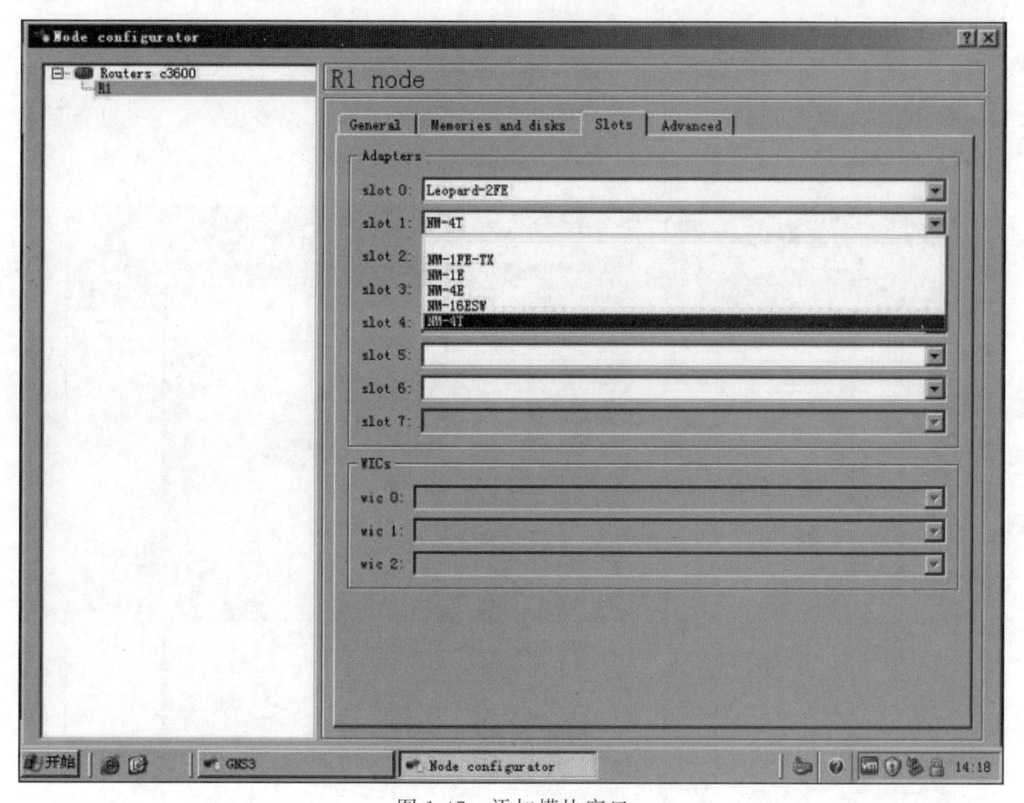

图 1.47　添加模块窗口

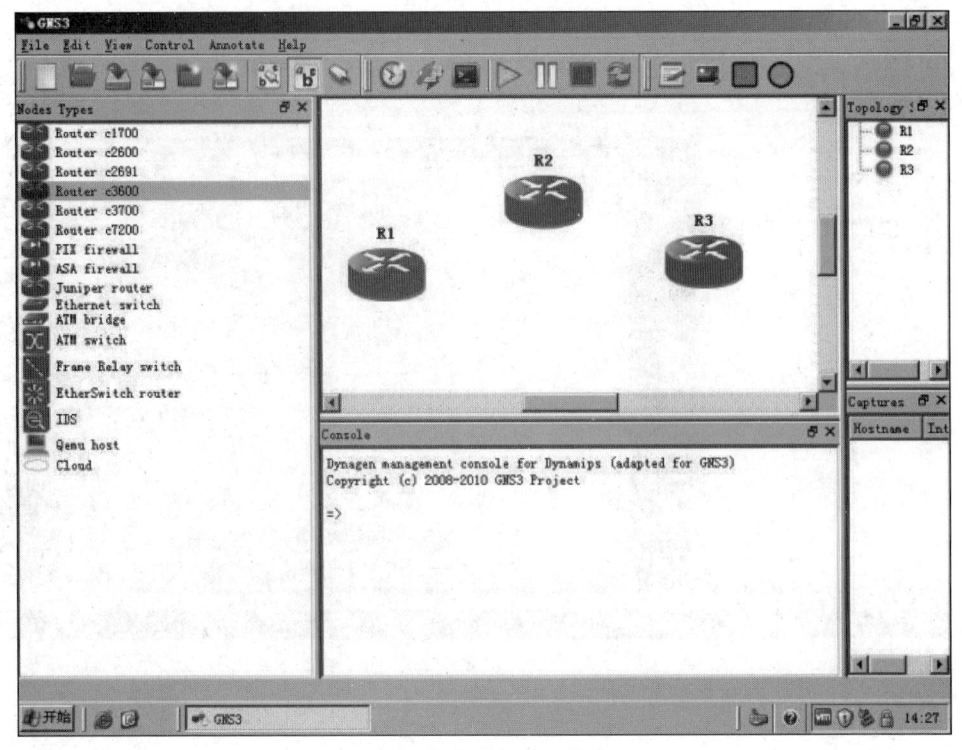

图 1.48　拖曳设备至工作窗口

将设备连接起来,具体操作为:选择菜单中的 Add a link 命令,在弹出的窗口中选择连接的链路类型,这里选择 Serial,如图 1.49 所示。将鼠标放置于设备上单击,将设备连接起来,如图 1.50 所示。

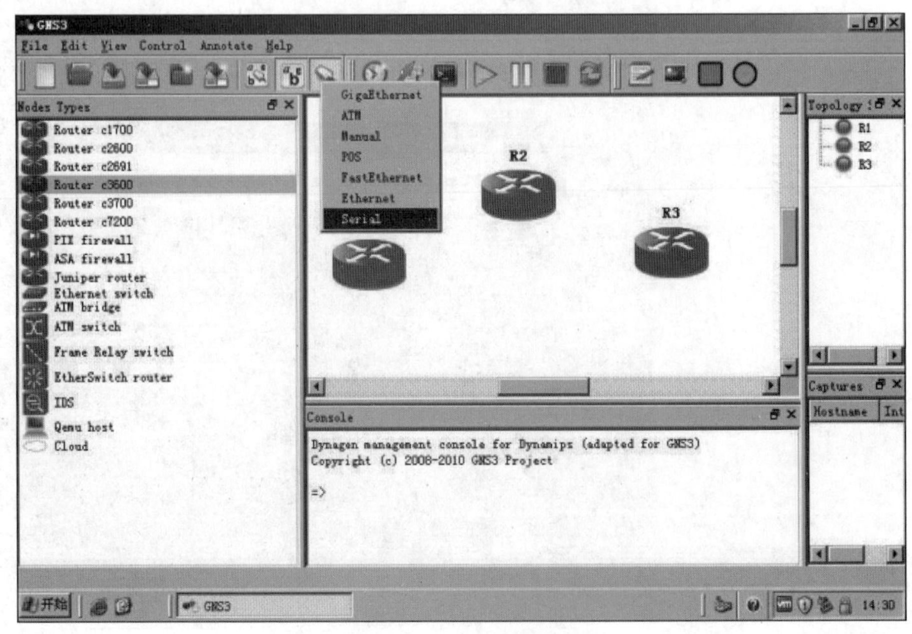

图 1.49　选择连线类型

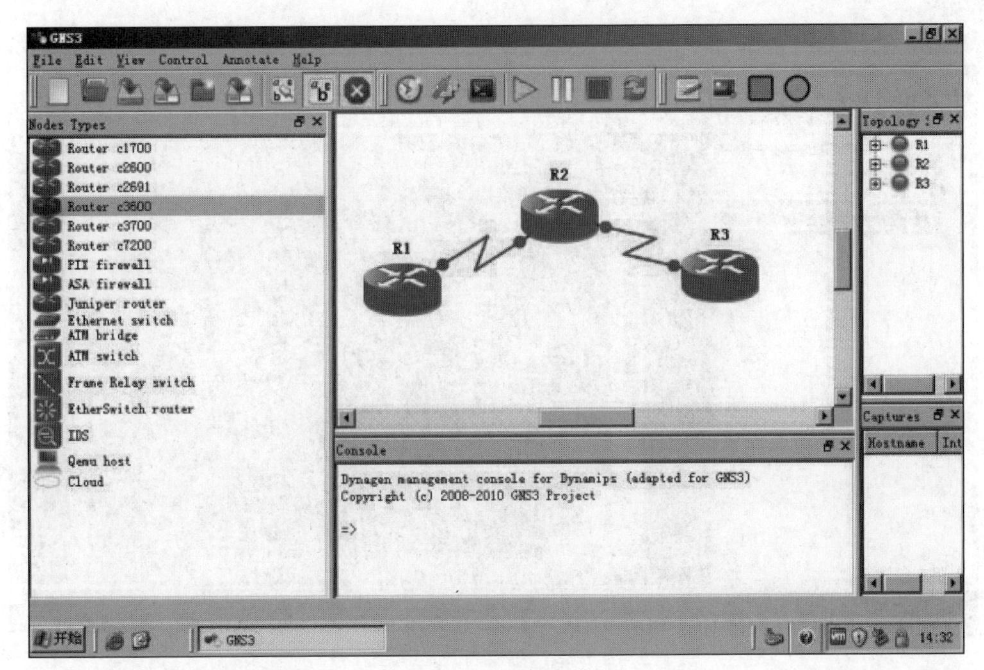

图 1.50　设备连线

单击菜单栏中的 Start 按钮开启设备，如图 1.51 所示。

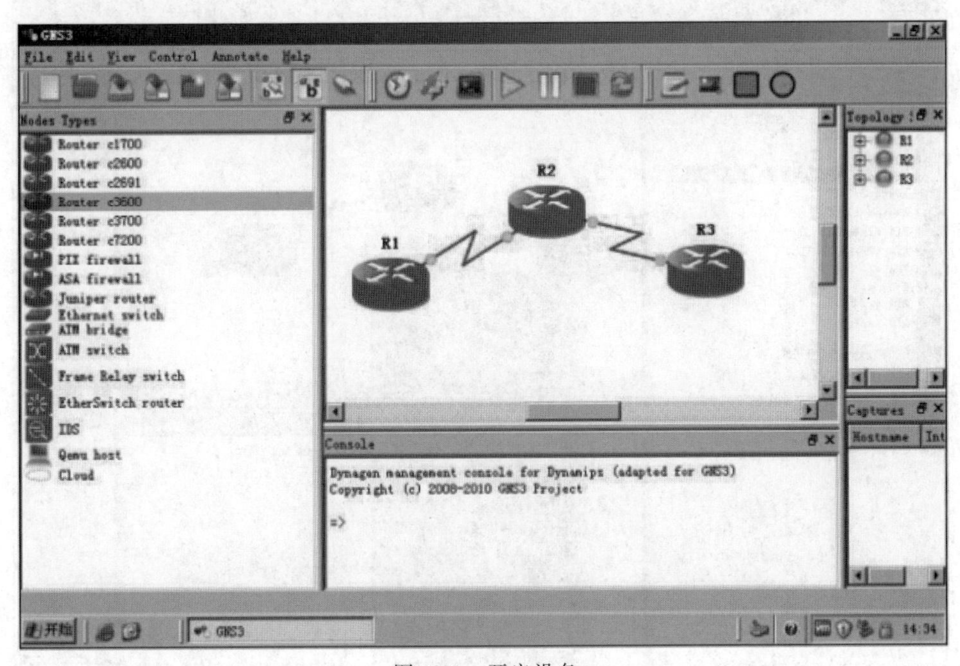

图 1.51　开启设备

通过双击网络设备，可以对设备进行配置，如图 1.52 所示。

对网络设备的配置可以借助 SecureCRT 软件进行，具体操作过程如下。

首先查看网络设备端口号，方法如下：右击设备，在弹出的菜单中选择 Change console port 命令，如图 1.53 和图 1.54 所示。

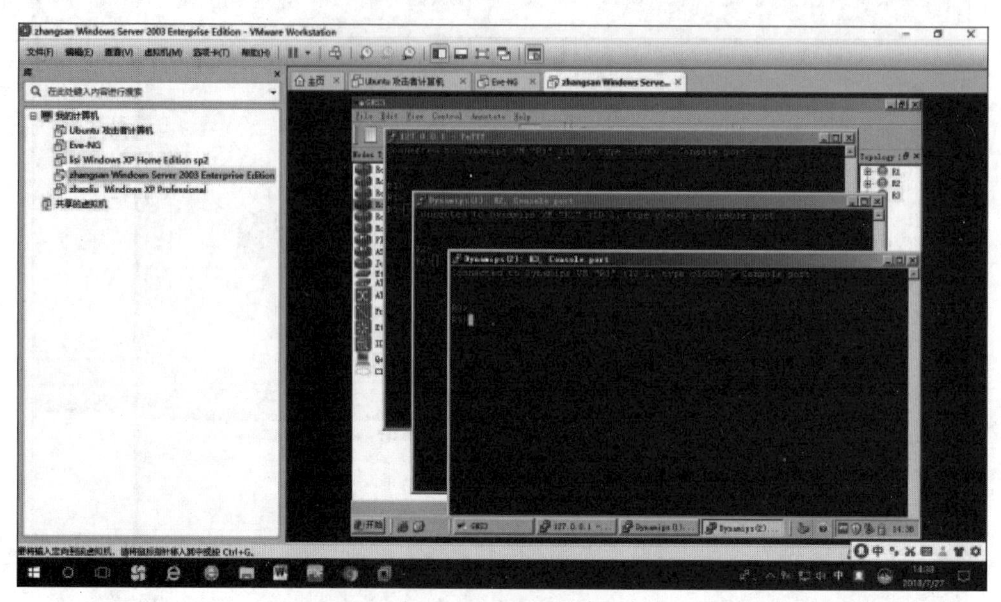

图 1.52　对设备进行配置

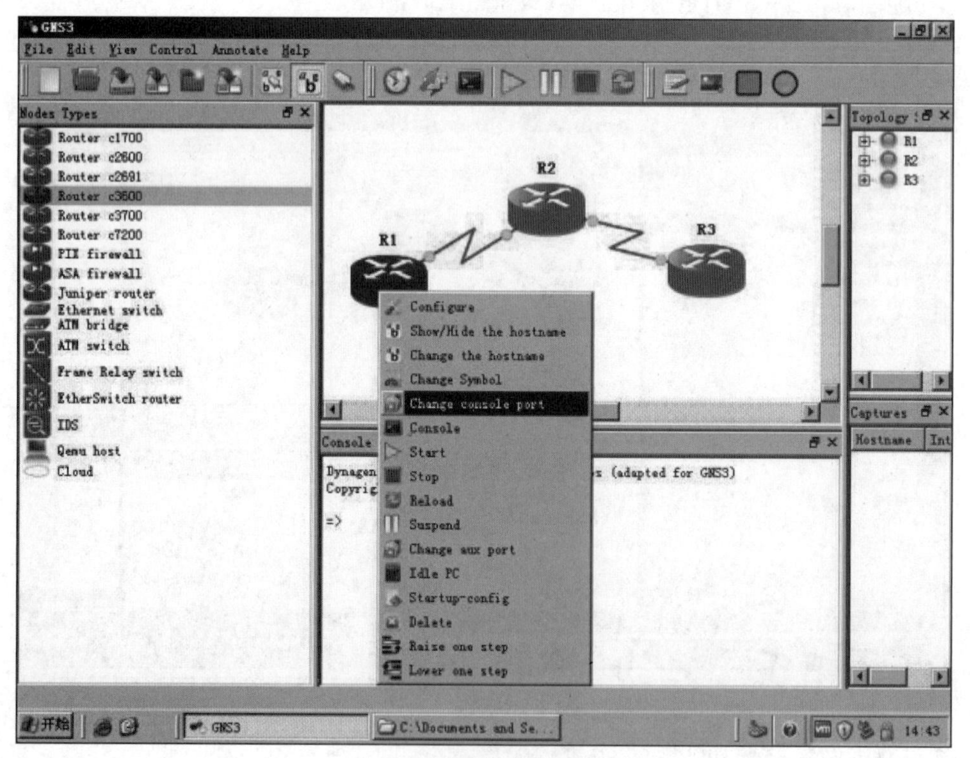

图 1.53　查看设备端口号 1

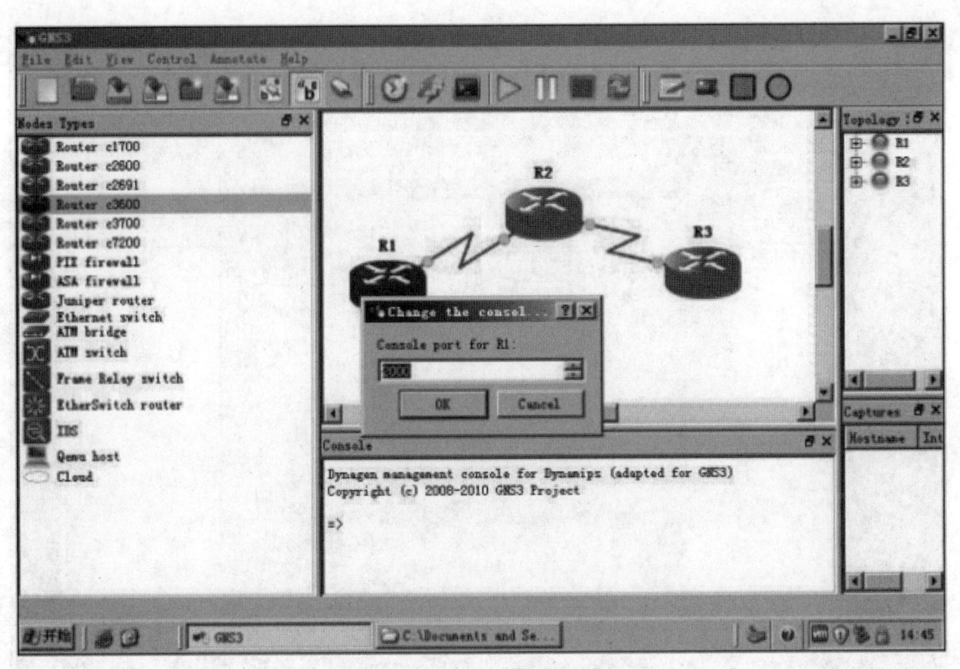

图 1.54　查看设备端口号 2

采用同样的方法查看其他两台设备的端口分别为 2001 和 2002。运行 SecureCRT 软件，参数设置如图 1.55～图 1.57 所示。

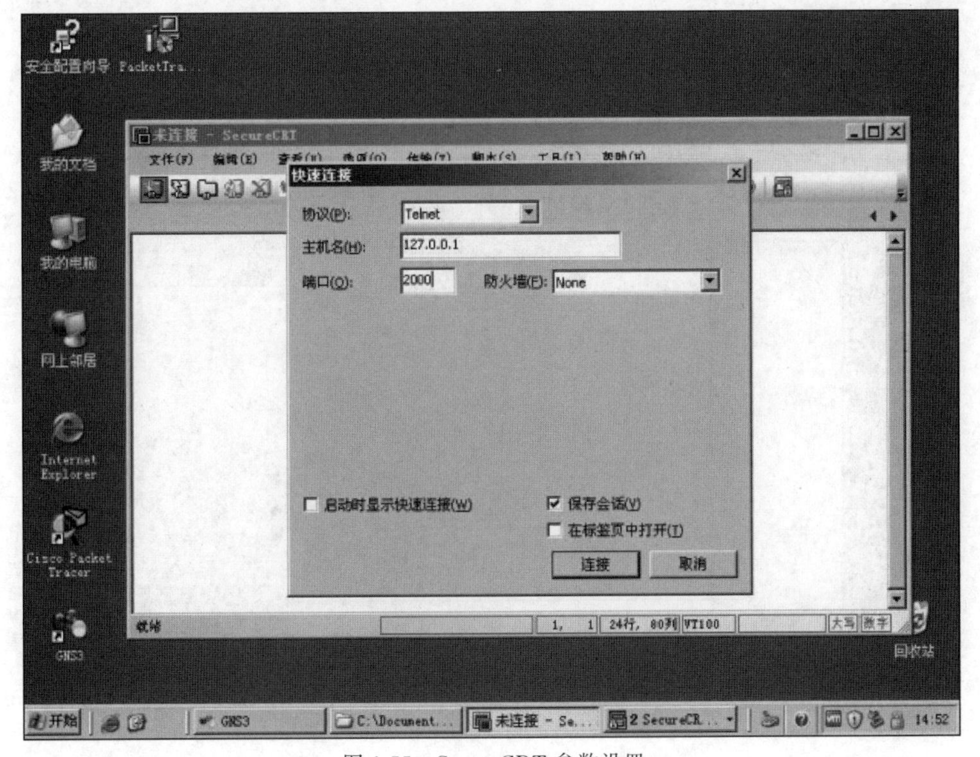

图 1.55　SecureCRT 参数设置

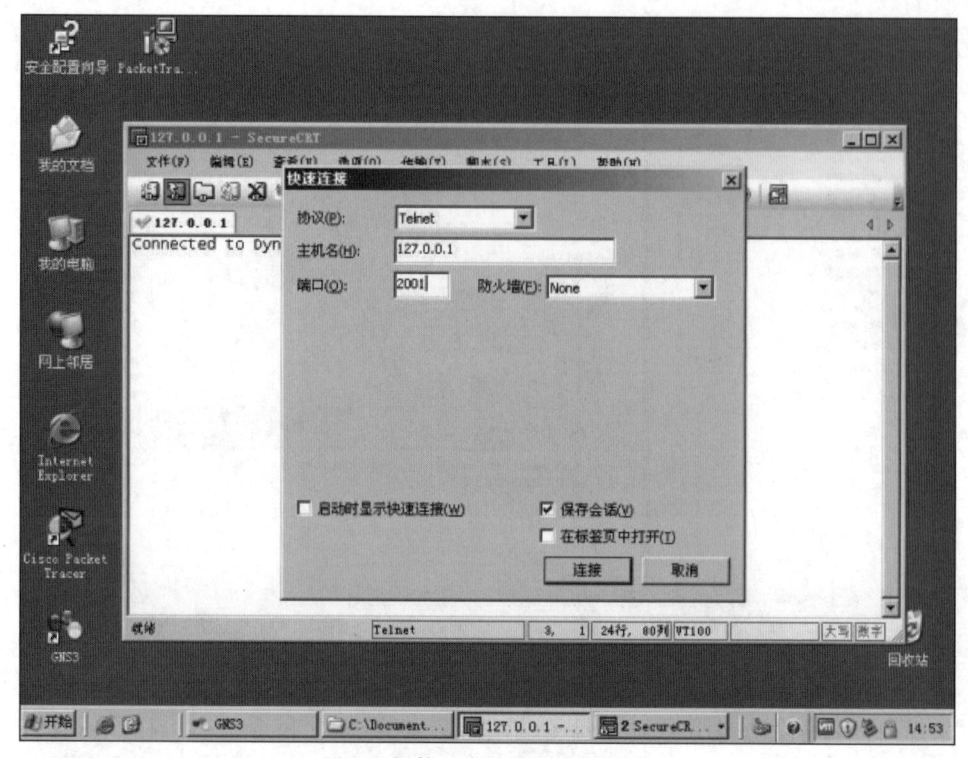

图 1.56　第二台路由器参数配置

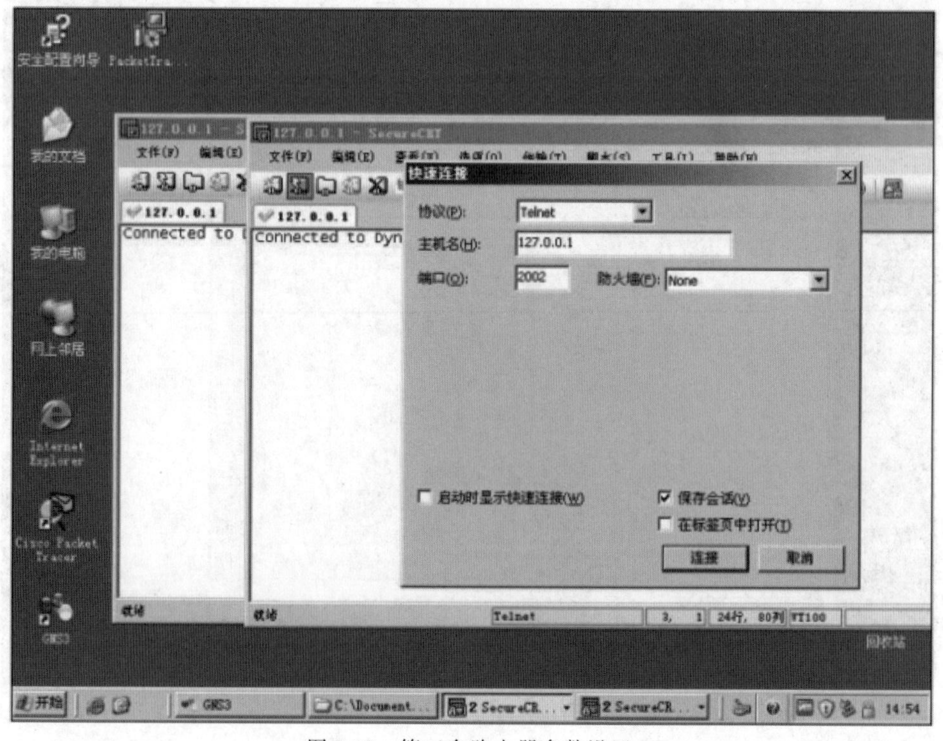

图 1.57　第三台路由器参数设置

最终通过 SecureCRT 软件对设备进行配置，如图 1.58 所示。

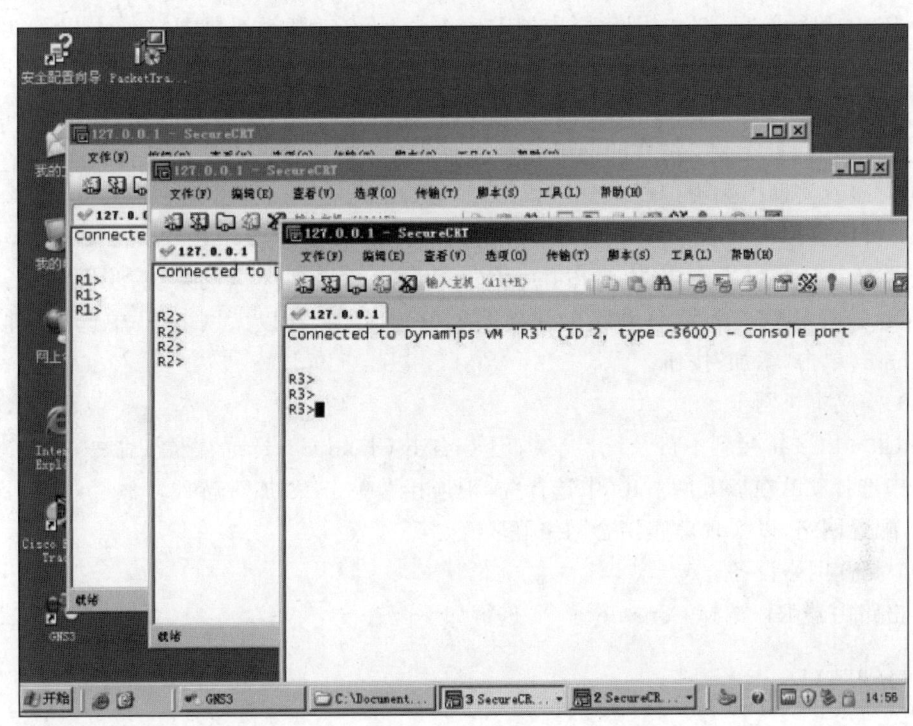

图 1.58　SecureCRT 对设备进行配置

6. 整合 GNS3 和 VMware 组建虚实结合的综合网络实训平台（该部分为补充实验，需要在学习完路由后完成）

1）安装 VMware 虚拟机软件

下载安装 VMware 虚拟机软件，并在 VMware 中安装网络操作系统 Windows Server 2003。

2）构建网络技术综合实训拓扑结构

实训拓扑的构建涉及思科路由器、本机操作系统和虚拟机操作系统，现构建一个简单的网络拓扑，包括 3 台 c3660 路由器、本机系统和虚拟机系统，具体如图 1.59 所示。

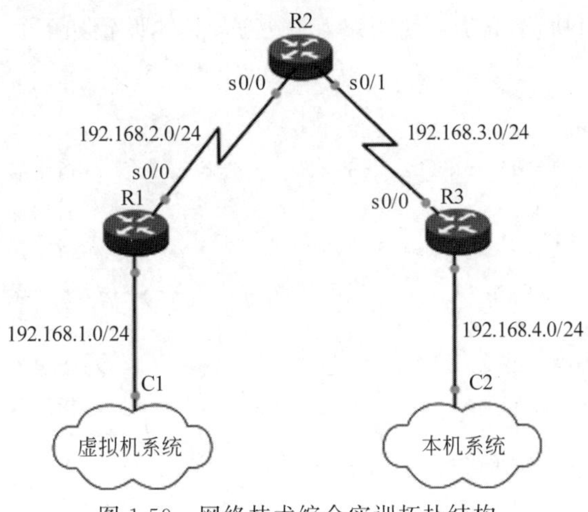

图 1.59　网络技术综合实训拓扑结构

路由器 R1 和路由器 R2 之间通过串行链路 s0/0 相连，路由器 R2 的串行端口 s0/1 和路由器 R3 的串行端口 s0/0 相连，路由器 R1 的端口 fa0/0 和虚拟机 VMware 相连，也就是和 VMware 中安装的 Windows Server 2003 相连；路由器 R3 的端口 fa0/0 和本机相连。通过进行相关网络配置，最终达到本机真实操作系统和 VMware 中的操作系统通过仿真软件 GNS3 进行通信，实现虚实结合的网络综合实训平台的搭建。

3）桥接真实网卡和虚拟网卡

(1) 桥接虚拟机网卡。

按照图 1.59 在 GNS3 中构建拓扑，将 Cloud C1 桥接到虚拟机系统，步骤如下：右击 Cloud C1，选择“配置”命令，在弹出的快捷菜单中选择 C1，在以太网 NIO 中选择虚拟机网卡 VMnet8，单击“添加”按钮。

(2) 桥接本机网卡。

将 Cloud C2 桥接到本机系统，步骤如下：右击 Cloud C2，选择“配置”命令，在弹出的快捷菜单中选择 C2，在以太网 NIO 中选择“本地连接”，单击“添加”按钮。

4）配置网络，以实现虚实结合网络互联互通

(1) 配置网络设备。

右击路由器 R1，选择 Console 命令，进行如下配置。

```
R1#config t                                        //进入全局配置模式
R1(config)#interface fastEthernet 0/0              //进入路由器的端口 fa0/0
R1(config-if)#ip address 192.168.1.1 255.255.255.0 //配置 IP 地址
R1(config-if)#no shu                               //激活
R1(config-if)#exit                                 //退出
R1(config)#interface serial 0/0                    //进入串行端口 s0/0
R1(config-if)#ip address 192.168.2.1 255.255.255.0 //配置 IP 地址
R1(config-if)#no shu                               //激活
```

采用同样的方法设置路由器 R2，将路由器 R2 的端口 s0/0 的 IP 地址设置为 192.168.2.2；端口 s0/1 的 IP 地址设置为 192.168.3.1。将路由器 R3 的端口 s0/0 的 IP 地址设置为 192.168.3.2；端口 fa0/0 的 IP 地址设置为 192.168.4.1。

(2) 配置动态路由协议(RIP)，使网络互联互通，具体设置如下。

```
R1(config)#router rip                       //运行动态路由协议(RIP)
R1(config-router)#network 192.168.1.0       //指定参与路由选择进程的端口
R1(config-router)#network 192.168.2.0       //指定参与路由选择进程的端口
R2(config)#router rip                       //启用动态路由协议(RIP)
R2(config-router)#network 192.168.2.0       //指定参与路由选择进程的端口
R2(config-router)#network 192.168.3.0       //指定参与路由选择进程的端口
R3(config)#router rip                       //启用动态路由协议(RIP)
R3(config-router)#network 192.168.3.0       //指定参与路由选择进程的端口
R3(config-router)#network 192.168.4.0       //指定参与路由选择进程的端口
```

(3) 通过 show ip route 命令查看路由器的路由表。

```
R1#show ip route                            //查看路由表
```

```
Gateway of last resort is not set
R    192.168.4.0/24 [120/1] via 192.168.2.2, 00:00:21, Serial0/0
C    192.168.1.0/24 is directly connected, FastEthernet0/0
C    192.168.2.0/24 is directly connected, Serial0/0
R    192.168.3.0/24 [120/1] via 192.168.2.2, 00:00:21, Serial0/0
```

采用同样的方法查看路由器 R2 和路由器 R3 的路由表，结果显示路由器的路由表正常。

（4）配置终端计算机。

设置虚拟机操作系统和本机操作系统的网络参数配置，见表 1.1。

表 1.1　网络参数配置

操作系统	IP 地址	子网掩码	默认网关
虚拟机操作系统	192.168.1.2	255.255.255.0	192.168.1.1
本机操作系统	192.168.4.2	255.255.255.0	192.168.4.1

（5）虚实结合网络综合实训平台网络连通性测试。

通过 ping 命令测试本机和虚拟主机的网络连通性。由于经过了 3 台路由器，所以返回的结果应该为 125。

下面是利用本机 ping 虚拟主机的测试结果。

```
C:\Documents and Settings\Administrator>ping 192.168.1.2
Pinging 192.168.1.2 with 32 bytes of data:
Reply from 192.168.1.2: bytes=32 time=41ms TTL=125
Reply from 192.168.1.2: bytes=32 time=39ms TTL=125
Reply from 192.168.1.2: bytes=32 time=41ms TTL=125
Reply from 192.168.1.2: bytes=32 time=40ms TTL=125
Ping statistics for 192.168.1.2:
   Packets: Sent =4, Received =4, Lost =0 (0% loss),
Approximate round trip times in milli-seconds:
Minimum =39ms, Maximum =41ms, Average =40ms
```

结果显示，网络是连通的。

1.3　实验三：安装并熟悉 EVE-NG 仿真环境

实验要求

以 EVE-NG2.0.3-66 为例安装 EVE-NG 仿真环境，熟悉 EVE-NG 仿真环境的使用。

实验过程

1. 在服务器上安装 EVE-NG

目前，EVE-NG 提供了两种安装方式：①ISO 安装盘；②ova 虚拟机模板。采用 ova 虚拟机模板无论是安装还是维护，均较为方便。首先在网络中下载 EVE-NG 虚拟机 ova 模板文件 Eve-NG Community Unofficial Edition 2.0.3-66；其次在服务器上安装虚拟机软件 VMware；最后在虚拟机软件 VMware 中通过“文件”→“打开”命令找到 ova 模板文件，导入 EVE-NG 虚拟机。

由于内存、CPU、硬盘资源对实验环境的作用影响较大,所以想要导入成功首先需要对虚拟机资源的内存、CPU以及硬盘进行设置,以满足虚拟机运行环境的要求。另外,设置CPU虚拟化,类似于在BIOS中开启CPU虚拟化。具体操作为:“虚拟机设置”→“处理器”→“在虚拟化引擎中将虚拟化Intel VT-x/EPT或AMD-V/RVI(V)”。

2. 初始化EVE-NG

开启虚拟机,运行后的界面如图1.60所示,默认账户为Ubuntu系统登录账户,用户名为root,密码为eve,登录后提示修改密码,密码修改完,提示输入DNS domain name,接着出现Use DHCP/Static IP ADDRESS界面,设置动态获得IP还是手动指定IP地址。基本设置完成后,重新启动系统。

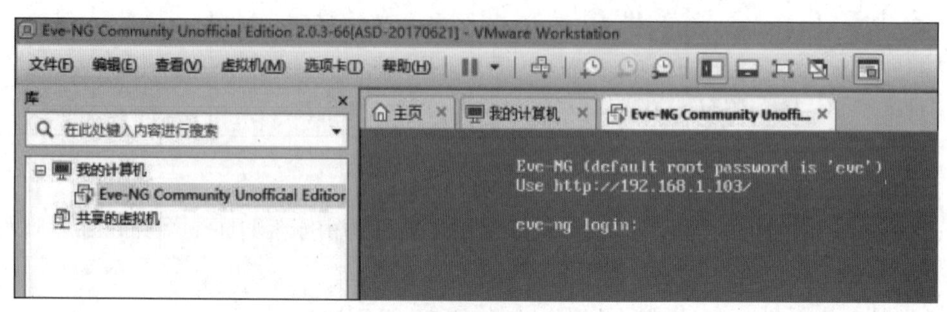

图1.60 初次运行EVE-NG界面

3. 通过客户端Web浏览器登录EVE-NG

建议客户端采用Chrome浏览器根据EVE-NG提示的IP地址登录EVE-NG,这里默认IP地址为192.168.1.103,客户端登录界面如图1.61所示。采用默认用户名admin,密码eve,选择HTML5 Console登录系统,登录系统后的界面如图1.62所示。在System菜单下,可以查看系统状态。在Management菜单下,可以添加、删除登录用户。在Main菜单的新建Folder下,可以创建新的实验案例。初始状态下几乎没有可用的设备,需要导入相应的镜像文件,使这些设备可以使用。

4. EVE-NG导入Dynamips和IOL

Dynamips的原名为Cisco 7200 Simulator,目的是模拟路由器Cisco7200。目前该模拟器能够支持多个路由器平台。IOL的全称是Cisco IOS on Linux,可以在基于x86平台的任意Linux发行版系统上加载IOU。

首先下载Dynamips的镜像文件c3725-adventerprisek9-mz.124-15.T14.image和c7200-adventerprisek9-mz.152-4.S6.imag,IOL镜像文件i86bi_linux-l3-adventerpr-isek-15.4.2T.bin、i86bi-linux-L2-advipservicesk9-M-15.1-20140814bin以及CiscoIOUKeygen.py。将Dynamips镜像上传到\opt\unetlab\addons\dynamips目录下,用SSH登录到EVE,运行命令/opt/unetlab/wrappers/unl_wrapper -a fixpermissions,修正镜像权限。

将IOL镜像文件全部上传到\opt\unetlab\addons\iol\bin目录下,生成并编写license,首先确保CiscoIOUKeygen.py已经上传,执行命令cd/opt/unetlab/addons/iol/bin/;python CiscoIOUKeygen.py。

客户端Web登录EVE-NG,通过左边的菜单Add an object-node看到可以使用的设备情况,如图1.63所示。

图 1.61 客户端登录界面

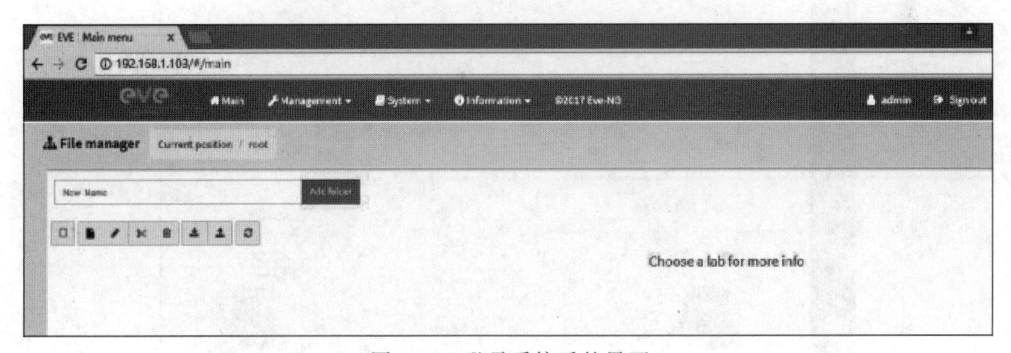

图 1.62 登录系统后的界面

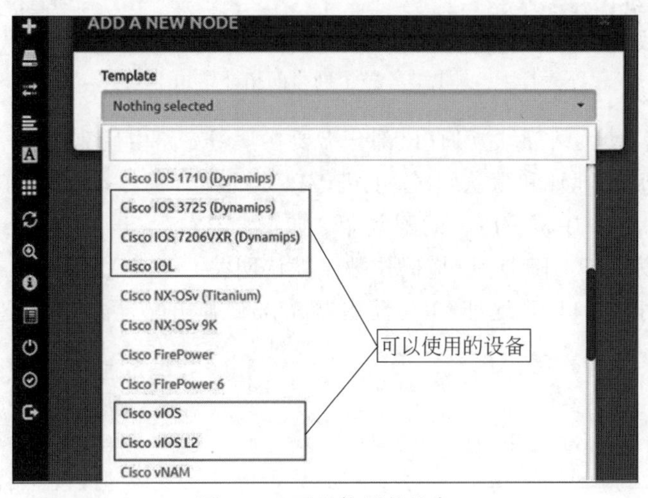

图 1.63 可以使用的设备

经过以上步骤，仿真平台搭建基本完成。同一网络的终端客户利用 Web 浏览器通过添加的账户信息登录到平台，进行相关实验练习。

静态路由是用户或网络管理员手动配置的路由信息。配置静态路由需要了解网络的拓扑结构,便于正确设置静态路由信息。利用静态路由实验演示系统使用过程如下。

(1) 构建拓扑结构。

完成该实验至少需要两台路由器和两台测试用计算机。终端计算机通过 IP 地址在浏览器中登录 EVE-NG,单击左边的菜单 Add an object-node,在弹出的窗口中选择 Cisco IOS 3725(dynamips),在随后弹出的 ADD A NEW NODE 窗口中将 Number of nodes to add 设置为"2",即选择两台路由器,其他选项默认即可,最后单击窗口下方的 Save 按钮,于是在工作台窗口中新生成两台路由器。采用同样的方法,在 ADD A NEW NODE 窗口中选择 VirtualPC(VPCS),添加两台计算机。通过鼠标拖拉连线连接设备。接着为网络拓扑规划 IP 地址。整个网络的拓扑结构如图 1.64 所示。

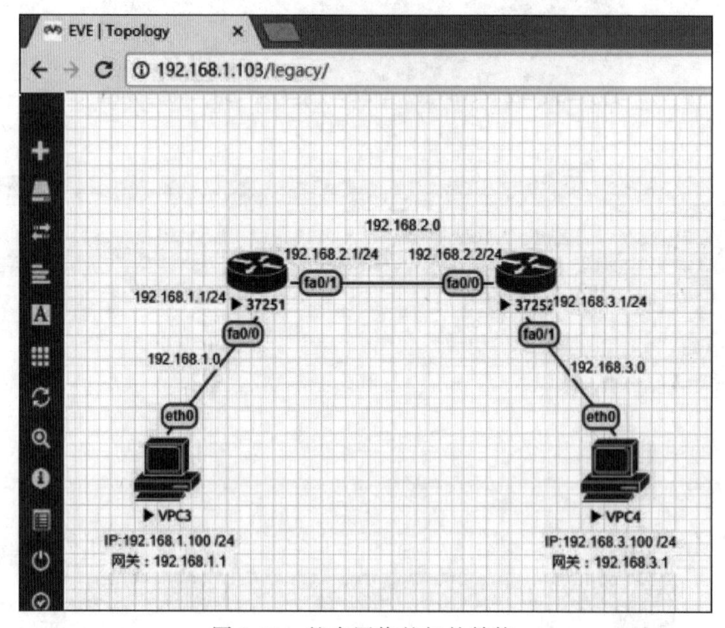

图 1.64　整个网络的拓扑结构

(2) 配置设备,使网络互联互通(该部分需要在学习完路由后完成)。

首先配置主机 IP 地址和默认网关,主机 VPC3 的配置命令如下:VPCS> ip 192.168.1.100/24 192.168.1.1。主机 VPC4 的配置命令如下:VPCS> ip 192.168.3.100/24 192.168.3.1。该命令格式为:IP+IP 地址/掩码位数+默认网关。

其次配置路由器端口 IP 地址,单击路由器 37251,弹出配置窗口,配置命令如下。

```
Router>en                                          //进入特权模式
Router#config t                                    //进入全局配置模式
Router(config)#hostname R1                         //给设备命名
R1(config)#interface fastEthernet 0/0              //进入该路由器的端口 fa0/0
R1(config-if)#ip address 192.168.1.1 255.255.255.0 //配置 IP 地址
R1(config-if)#no shu                               //激活
R1(config-if)#exit                                 //退出
R1(config)#interface fastEthernet 0/1              //进入路由器的端口 fa0/1
```

```
R1(config-if)#ip address 192.168.2.1 255.255.255.0  //配置 IP 地址
R1(config-if)#no shu                                 //激活
```

采用同样的方法配置路由器 37252，将端口 fa0/0 配置 IP 地址 192.168.2.2/24，将端口 fa0/1 配置 IP 地址 192.168.3.1/24。

接着配置静态路由，使网络互联互通。路由器 R1 和路由器 R2 的静态路由配置如下。

```
R1(config)#ip route 192.168.3.0 255.255.255.0 192.168.2.2    //为路由器 R1 配置静态路由
R2(config)#ip route 192.168.1.0 255.255.255.0 192.168.2.1    //为路由器 R2 配置静态路由
```

(3) 测试网络连通性。

```
VPCS>ping 192.168.3.100
84 bytes from 192.168.3.100 icmp_seq=1 ttl=62 time=30.261 ms
84 bytes from 192.168.3.100 icmp_seq=2 ttl=62 time=24.441 ms
84 bytes from 192.168.3.100 icmp_seq=3 ttl=62 time=22.989 ms
84 bytes from 192.168.3.100 icmp_seq=4 ttl=62 time=31.865 ms
84 bytes from 192.168.3.100 icmp_seq=5 ttl=62 time=23.291 ms
```

结果表明，整个网络是连通的。

第2章　网络互联设备及互联介质

2.1　实验一：认识网络互联设备思科交换机

思科交换机产品以“Catalyst”为商标，包含1900、2800、2900、3500、4000、5000、5500、6000、8500等十多个系列，这些交换机分为两类，一类是固定配置交换机，另一类是模块化交换机。

固定配置交换机包括3500及以下的大部分型号，常见的有Catalyst 3500系列、Catalyst 2900系列以及Catalyst 1900系列。Catalyst 3500系列包括Catalyst 3512-XL、Catalyst 3524-XL、Catalyst 3548-XL、Catalyst 3508G；Catalyst 2900系列包括Catalyst 2948G、Catalyst 2912-XL、Catalyst 2924-XL；Catalyst 1900系列包括Catalyst 1912、Catalyst 1924、Catalyst 1924C。Catalyst 1924是24口10M以太交换机，带两个100M上行端口。这类交换机不能进行硬件扩展，但能进行有限的软件升级。

模块化交换机主要指4000及以上机型。在工程项目中，会根据网络需求选择不同数目和型号的接口板、电源模块及相应的软件。常见的模块化配置交换机有Catalyst 8500系列、Catalyst 6000系列、Catalyst 5000系列以及Catalyst 4000系列。Catalyst 8500系列包括Catalyst 8540、Catalyst 8510；Catalyst 6000系列包括Catalyst 6006、Catalyst 6009、Catalyst 6506、Catalyst 6509；Catalyst 5000系列包括Catalyst 5000、Catalyst 5505、Catalyst 5509、Catalyst 5500；Catalyst 4000系列包括Catalyst 4003、Catalyst 4006。

目前网络集成项目中常见的思科交换机有1900/2900系列、3500系列以及6500系列。它们分别属于低端、中端和高端产品。

1. 低端产品

典型的低端产品包括1900和2900系列。1900交换机适用于网络末端的桌面计算机接入，是一款典型的低端产品。它提供12或24个10M端口及2个100M端口，其中，100M端口支持全双工通信，可提供高达200Mb/s的端口带宽，提供的背板带宽是320Mb/s。带企业版软件的1900支持VLAN和ISL Trunking，最多支持4个VLAN。

与1900相比，2900最大的特点是速度增加，它的背板速度最高达3.2Gb/s，提供10/100M自适应端口，所有端口均支持全双工通信，使桌面接入的速度大大提高。2900可以划分1024个VLAN，支持ISL Trunking协议。2900系列的产品线中，有些是普通10/100BaseTx交换机，如C2912、C2924等；有些带光纤端口，如C2924C带两个100BaseFx口；有些是模块化的，如C2924M带两个扩展槽。扩展槽的插卡可以放置100BaseTx模块、100BaseFx模块，甚至可以插ATM模块和千兆以太接口卡。

2. 中端产品

中端产品中3500系列使用广泛，具有代表性。C3500系列交换机的基本特性包括背板带宽高达10Gb/s，转发速率为7.5Mb/s，它支持250个VLAN，支持IEEE 802.1Q和ISL

Trunking。

千兆特性方面，C3500全面支持千兆接口卡。千兆接口卡有3种：1000BaseSx适用于多模光纤，最长距离为550m；1000BaseLX/LH，多模/单模光纤都适用，最长距离为10km；100BaseZX适用于单模光纤，最长距离为100km。

3. 高端产品

对于企业数据网来说，C6000系列替代了原有的C5000系列，是最常用的产品。Catalyst 6000系列交换机为园区网提供了高性能、多层交换的解决方案，专门为需要千兆扩展、可用性高、多层交换的应用环境设计，主要面向园区骨干连接等场合。

Catalyst 6000系列由Catalyst 6000和Catalyst 6500两种型号的交换机构成，都包含6个或9个插槽型号，分别为6006、6009、6506和6509，其中，6509使用最为广泛。Catalyst 6000系列交换机的主要特性包括端口密度大、速度快、多层交换、容错性能好以及丰富的软件特性。

(1) 端口密度大：支持多达384个10/100BaseTx自适应以太网口，192个100BaseFx光纤快速以太网口以及130个千兆以太网端口。

(2) 速度快：C6500的交换背板可扩展到256Gb/s，多层交换速度可扩展到150Mb/s。C6000的交换背板带宽为32Gb/s，多层交换速率为30Mb/s。支持多达8个100M/1000M以太网口，利用以太网通道技术Fast Ethernet Channel(FEC)或Gigabit Ether Channel(GEC)连接，在逻辑上实现了16Gb/s的端口速率，还可以跨模块进行端口聚合实现。

(3) 多层交换：C6000系列的多层交换模块可以进行线速的IP、IPX和IP-multicast路由。

(4) 容错性好：C6000系列带有冗余超级引擎、冗余负载均衡电源、冗余风扇、冗余系统时钟、冗余上连、冗余的交换背板(仅对C6500系列)，实现了系统的高可用性。

(5) 丰富的软件特性：C6000软件支持丰富的协议，包括NetFlow、VTP、ISL Trunking、HSRP等。

2.2 实验二：认识网络互联设备思科路由器

思科路由器的命名规则是以Cisco开头，如Cisco1841、Cisco2801、Cisco2901、Cisco3745等。后面的数字中，前两位是系列号，后两位是具体的型号。思科路由器分为模块化路由器和固定配置路由器两种。

模块化路由器有Cisco1700系列、Cisco2600系列、Cisco3600系列、Cisco4500系列、Cisco7200系列、Cisco7500系列以及Cisco12000系列等。Cisco1700系列包括Cisco1720、Cisco1750；Cisco2600系列包括Cisco2610、Cisco2611、Cisco2620、Cisco2621；Cisco3600系列包括Cisco3620、Cisco3640、Cisco3661、Cisco3662；Cisco4500系列包括Cisco4500M、Cisco4700M；Cisco7200系列包括Cisco7204、Cisco7206；Cisco7500系列包括Cisco7505、Cisco7507、Cisco7513、Cisco7576；Cisco12000系列包括Cisco12008、Cisco12012、Cisco12016。

固定配置路由器有Cisco2500系列以及Cisco800系列。

思科路由器具体介绍如下。

Cisco1700系列：属于灵活、安全的模块化访问路由器，常见的型号有Cisco1720、

Cisco1721、Cisco1751、Cisco1760 等。具体特点如下。

(1) 1FE,即一个快速以太网接口。

(2) 模块化插槽支持广泛的广域网和模拟语音接口卡。

(3) 支持安全的 Internet、LAN、WAN 访问以及 VPN、VoIP 和宽带应用。

Cisco2600 系列:属于模块化访问路由器,包括 Cisco2610、Cisco2611、Cisco2620、Cisco2621、Cisco2651 等。具体特点如下。

(1) 一个或两个以太网接口,产品代码尾数是 1 的路由器,一般有两个以太网口,分别命名为 Ethernet0 和 Ethernet1,如 Cisco2611XM、Cisco2621XM。

(2) 支持的局域网接口类型包括以太网、快速以太网、令牌环。

(3) 支持的广域网接口类型包括同步串口、异步串口、同步或异步自适应串口、ISDN BRI、ISDN PRI、ATM 等。

(4) 可支持多种网络协议,包括 IP、Novell IPX、AppleTalk 和 DECnet 等。

(5) 可支持多达 60 路 VoIP,实现数据网络与语音网络的融合。固定端口与插槽情况见表 2.1。

表 2.1　Cisco2600 固定端口及插槽情况

系列产品	固定端口(LAN)	广域网插槽(WIC)	网络模块插槽(NM)	高级集成模块(AIM)
Cisco2610	1 个以太网	2	1	1
Cisco2611	2 个以太网	2	1	1
Cisco2612	1 个以太网/1 个令牌环	2	1	1
Cisco2613	1 个令牌环	2	1	1
Cisco2620	1 个 10/100M 自适应以太网	2	1	1
Cisco2621	2 个 10/100M 自适应以太网	2	1	1

Cisco2600 系列 NM 模块情况如表 2.2 所示。

表 2.2　NM 模块

名　称	说　明
NM-1E	1 口以太网模块
NM-1FE-FX	1 口快速以太网模块 FX 光纤接口
NM-1FE-TX	1 口快速以太网模块 TX 双绞线接口
NM-1V	1 个 Voice/fax 语音卡(VIC)插槽
NM-2V	2 个 Voice/fax 语音卡(VIC)插槽
NM-HDV-1E1-30E	单口 30 Enhanced Channel E1 Voice/fax 网络模块
NM-HDV-2E1-60	双口 60 Enhanced Channel E1 Voice/fax 网络模块
NM-4A/S	4 口同步/异步串口
NM-4B-S/T	4 口 ISDN-BRI

续表

名 称	说 明
NM-8A/S	8口同步/异步串口网络模块
NM-8AM	8口模拟 Modem 网络模块
NM-8B-S/T	8口 ISDN-BRI 网络模块
NM-1CE1B	1口 Channelized E1/ISDN-PRI 平衡式
NM-1CE1U	1口 Channelized E1/ISDN-PRI 非平衡式
NM-2CE1B	2口 Channelized E1/ISDN-PRI 平衡式
NM-2CE1U	2口 Channelized E1/ISDN-PRI 非平衡式
NM-4E	4口以太网
NM-16A	16口异步模块
NM-16AM	16口模拟 Modem
NM-32A	32口异步模块
NM-1ATM-25	1口 ATM 25Mb/s
NM-COMPR2	压缩模块

语音接口卡(VIC)情况如表2.3所示。

表2.3 语音接口卡(VIC)

名 称	说 明
VIC-2E/M	2口语音接口卡-E&M
VIC-2FXO	2口语音接口卡-FXO
VIC-2FXS	2口语音接口卡-FXS
VIC-2BRI-S/T-TE	2口语音接口卡-BRI(terminal)
VWIC-IMFT-E1	1口 RJ-48Multiflex Trunk-E1
VWIC-2MFT-E1	2口 RJ-48Multiflex Trunk-E1
VWIC-2MFT-E1-DI	2口 RJ-48Multiflex Trunk-E1 With Drop and Insert

广域网接口卡(WIC)如表2.4所示。

表2.4 广域网接口卡(WIC)

名 称	说 明
WIC-1T	1口广域网串口卡
WIC-1B-S/T	1口 ISDN BRI S/T 广域网串口卡(拨号及专线)
WIC-2A/S	2口同步/异步串口
WIC-2T	2口高速同步串口

Cisco3600 系列属于模块化高密度访问路由器,包括 Cisco3620、Cisco3640、Cisco3660等,具体特点如下。

(1) 2、4、6 插槽型路由器。

(2) 广泛的介质支持,包括异步和同步串行、ISDN、多路 T1/E1、以太网、快速以太网、令牌环网、数字调制解调器和 ATM。

(3) 通过 IP 或帧中继提供语音/传真。

Cisco3700 系列路由器包括 Cisco3725、Cisco3745 等,具体特点如下。

(1) 两个集成化 10/100Mb/s 的 LAN 端口。

(2) 两个集成化高级集成模块(AIM)插槽。

(3) 三个集成化 WAN 接口卡(WIC)插槽。

(4) 两个(Cisco3725)或四个(Cisco3745)网络模块(NM)插槽。

(5) 一个(Cisco3725)或两个(Cisco3745)高密度服务模块(HDSM)功能插槽。

(6) 可支持所有主要的 WAN 协议和传输介质,具体包括 FR、ISDN、X.25、ATM、部分 T1/E1、xDSL 等。

Cisco3800 系列路由器包括 Cisco3825、Cisco3845 等。

Cisco7200 系列提供智能服务、模块化、高性能和可伸缩性的广域网边缘路由器,具体包括 Cisco7204、Cisco7206、Cisco7204VXR、Cisco7206VXR,这些都是机箱式,使用当中需要引擎的支持和业务模块的支持,具体特点如下。

(1) 完全模块化、机箱式。

(2) 4 或 6 插槽模型,可以选择三种系统处理器。

(3) 广泛的局域网和广域网选项,包括以太网、快速以太网、令牌环网、FDDI、串行、ISDN、ATM 等。

Cisco7500 系列路由器为高端服务启动的核心及广域网集合路由器,适合企业及服务供应商应用中的语音、视频和数据,包括 Cisco7507、Cisco7513,同样需要引擎的支持和业务模块的支持,具体特点如下。

(1) 5、7 和 13 插槽模型。

(2) 1、2 或 4 个总线模型,提供 1Gb/s、2Gb/s 或 4Gb/s 模板。

(3) 广泛的局域网和广域网选项,包括以太网、快速以太网、千兆以太网、令牌环网、FDDI、串行、ISDN、ATM 等。

Cisco12000 系列路由器包括 Cisco12008、Cisco12016,同样需要引擎和业务模块的支持。

Cisco2500 系列路由器常见的型号有 Cisco2501、Cisco2502 等,具体特点如下。

(1) 一个或两个高速同步串口(最高速率至 2.048Mb/s),可通过 DDN 专线、Frame Relay、X.25 等接入广域网。

(2) 单口、双口型号均提供 AUI,可接各种类型以太网。

(3) Cisco2509、Cisco2511 的异步口是 1/2 个 68 针 SCSI,提供 8/16 个异步串口,工作在同步方式时,最高速率为 128kb/s;工作在同步方式时,最高速率为 115.2kb/s。

图 2.1 为思科路由器。

图 2.1　思科路由器

2.3　实验三：认识网络互联设备思科防火墙

典型的思科防火墙产品是 PIX Firewall 系列硬件防火墙，包括 PIX515、PIX520。PIX515(包括 515R 和 515UR)适合在中小型企业应用，最大可提供 128 000 同时连接数。网络接口卡最大可支持 6 个以太网网卡。其机箱上带有两个固定的 10/100M 以太网网卡，并带有两个扩展插槽。

PIX520 具有很强的扩展性，适合在电信行业和大型企业中应用，最大能提供 256 000 个同时连接数。最多提供 6 个以太网接口、3 个令牌环接口和 2 个 FDDI 网络接口，并且以太网接口卡只能和令牌环接口混合使用，FDDI 接口卡单独使用。PIX520 机箱上没有固定配置的接口卡，但带有 4 个扩展插槽。

Cisco PIX 防火墙是采用集成的软硬件平台的专用的防火墙。它使用高性能的 Intel 处理器以及嵌入式操作系统，该操作系统不是开放的 UNIX 或 NT，而是专有、实时的 IOS 操作系统。其保护方案基于自适应安全算法(ASA)，可以确保最高的安全性。在安全性能和数据流的处理性能等方面要高于路由器防火墙和软件防火墙。它提供全面的防火墙保护，对外部世界完全隐藏内部网络体系结构。图形化的用户界面简化了配置和管理。用户选择防火墙时，若更多考虑的是网络的安全性和产品性能时，应采用专用的 PIX 防火墙。当用户对产品价格更为关心时，则可以采用经济有效的基于 Cisco IOS 防火墙特性的路由器防火墙产品。

2.4　实验四：网络互联介质双绞线的制作

实验要求

掌握网络互联介质双绞线的制作过程。

实验过程

双绞线制作过程大致经过以下几个步骤：①认识工具和材料；②懂得网线制作标准；③具体网线的制作过程；④测试制作好的网线。

1. 认识双绞线制作工具和材料

制作双绞线需要涉及以下一些工具及材料：①双绞线(如图 2.2 所示)；②RJ45 水晶头(如图 2.3 所示)；③压线钳(如图 2.4 所示)；④网线测试仪(如图 2.5 所示)。

2. 双绞线制作步骤

以制作 EIA/TIA-568B 直通线为例，制作过程经过以下几个步骤：①剪断；②剥皮；③排序；④剪齐；⑤插入；⑥压制。

图 2.2　双绞线

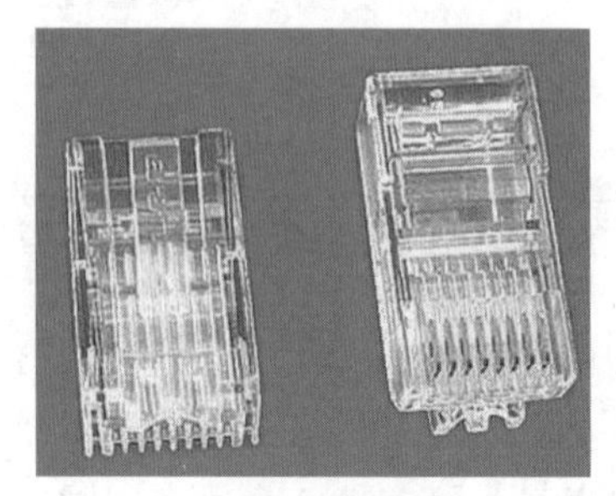

图 2.3　水晶头

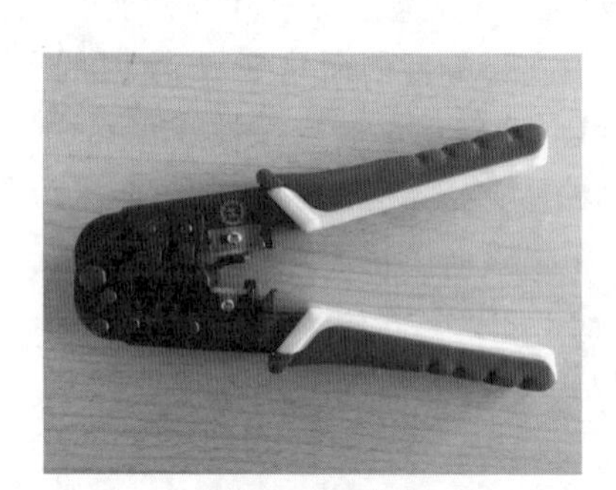

图 2.4　压线钳

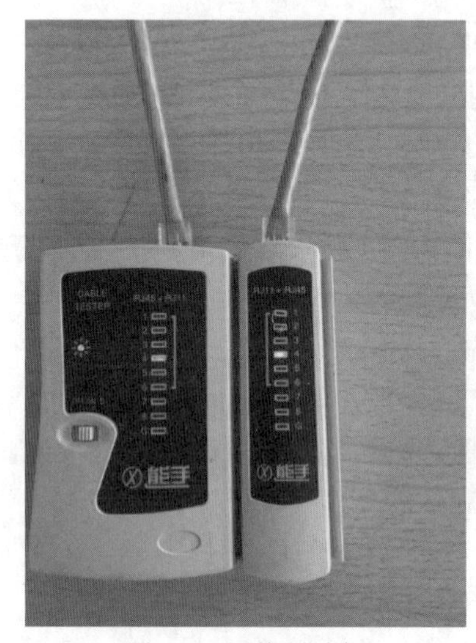

图 2.5　网线测试仪

具体如下。

(1) 剪断,如图 2.6 所示。

(2) 剥皮,如图 2.7 所示。

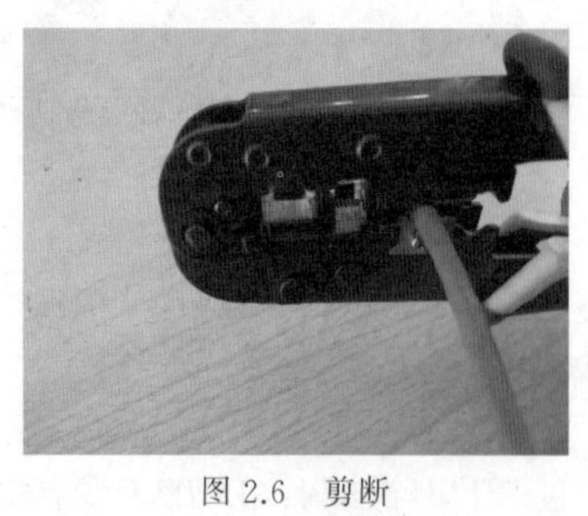

图 2.6　剪断

图 2.7　剥皮

(3) 排序，如图 2.8 所示。

按照 EIA/TIA-T568B 的顺序进行排序。具体线序如下：白橙，橙，白绿，蓝，白蓝，绿，白棕，棕。

(4) 剪齐，如图 2.9 所示。

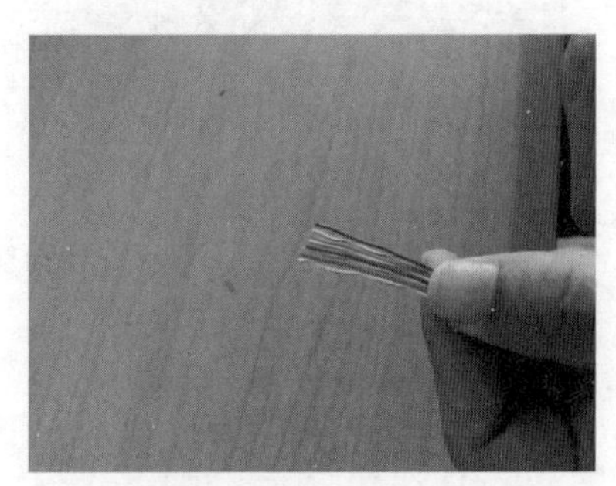

图 2.8　排序

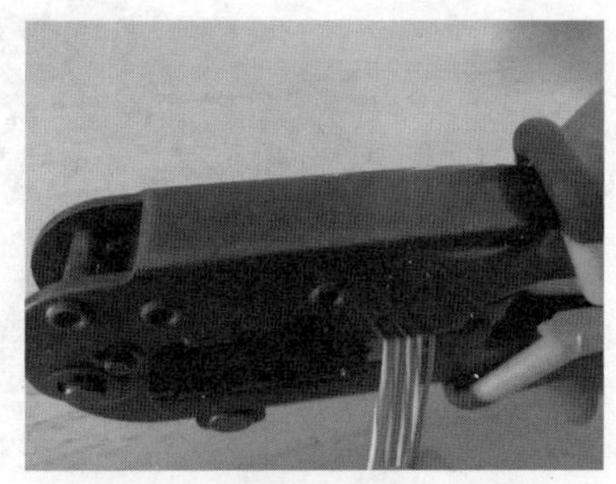

图 2.9　剪齐

把每根线都捋直后，再使用压线钳进行剪齐，使得露在保护层皮外的网线长度约为 1.5cm。

(5) 插入，如图 2.10 所示。

右手手指掐住线，左手拿水晶头，塑料弹簧片朝下，把网线插入水晶头。注意：务必把外层的皮插入水晶头内，否则水晶头容易松动。图 2.11 为不标准的做法。

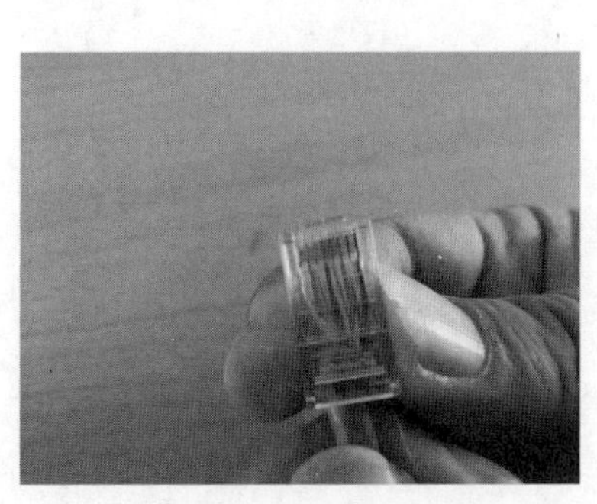

图 2.10　插入

图 2.11　不标准的做法

在水晶头末端检查双绞线插入的情况(如图 2.12 所示)，要求每根线都要能紧紧地顶在水晶头的末端。

(6) 压制，如图 2.13 所示。

把水晶头完全插入，用力压紧，能听到"咔嚓"声，可重复压制多次。

3. 测试

将做好的双绞线的两头分别插入双绞线的测试仪中，并启动开关，如图 2.14 所示，如果两边的指示灯同步亮，则表示双绞线制作成功。

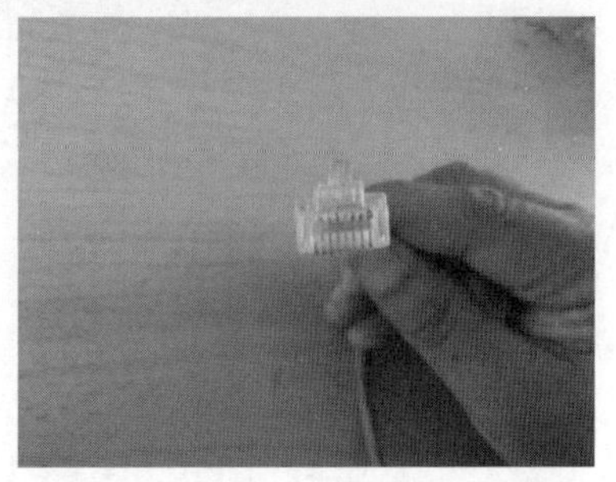

图 2.12　检查水晶头末端插入情况

图 2.13　压制

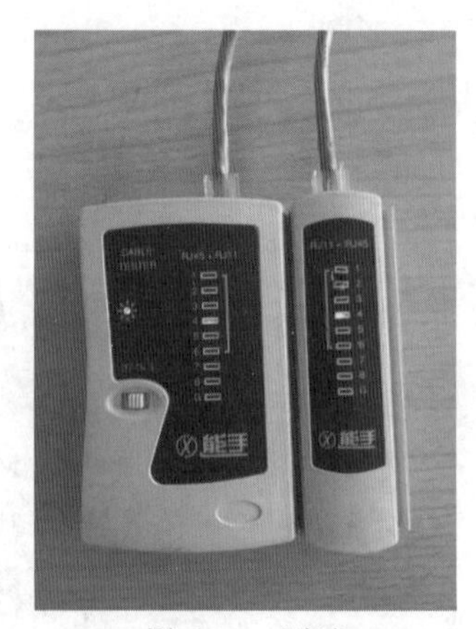

图 2.14　测试

双绞线制作注意事项如下。

(1) 剥皮时不可太用力,否则容易把双绞线剪断。

(2) 一定要把每根线捋直,排列整齐。

(3) 把双绞线插入水晶头时,8 根线头每一根都要紧紧地顶到水晶头的末端,否则可能不通。

(4) 捋线时不要太用力,以免把双绞线弄断。

第3章　网络设备基本配置

3.1　实验一：利用 Console 口对网络设备进行配置

1. 利用终端仿真程序 SecureCRT 对真实网络设备进行配置

实验要求

利用 Console 口对路由器进行配置。

实验器材

Cisco 路由器1台，笔记本电脑1台，配置线1根。

实验过程

由于操作系统 Windows 7 之后不自带超级终端程序，因此常常利用终端仿真程序 SecureCRT 进行。以 Windows 10 操作系统为例，对真实网络设备配置的具体操作过程如下。

(1) 打开设备管理器。

具体操作为：右击"此电脑"→"属性"，弹出"设置"窗口，在该窗口的右侧"相关设置"中单击"设备管理器"，弹出"设备管理器"窗口。

(2) 查看 COM 口编号。

将配置线的 USB 插头插入计算机的 USB 口，在计算机上安装 RS232 或 USB 控制线驱动(通常会自动安装)，通过计算机的"设备管理器"查看 COM 口的编号，如图3.1所示。

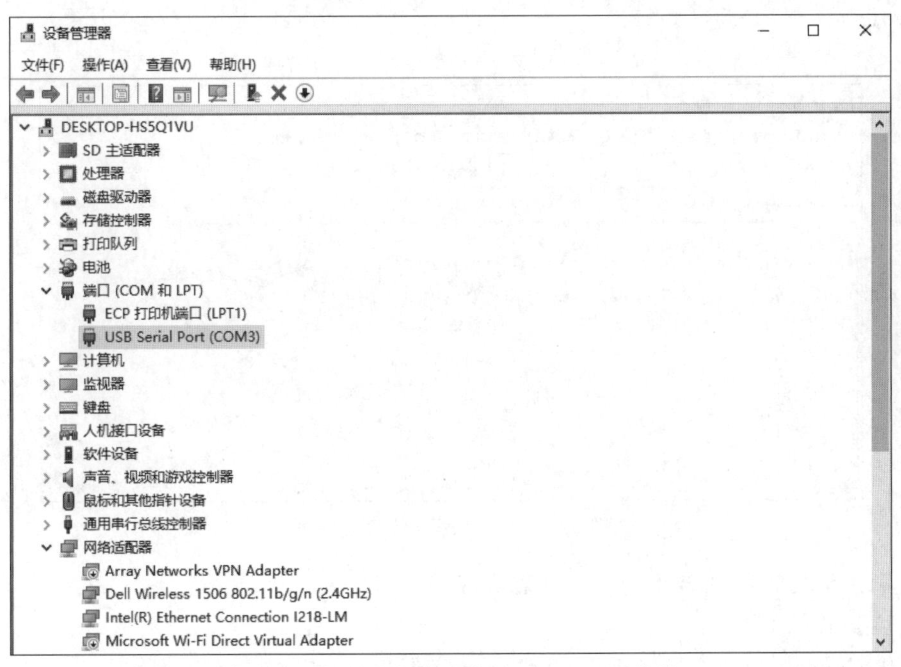

图3.1　通过"设备管理器"查看 COM 口编号

(3) 将配置线 RJ45 插头与网络设备的 Console 口相连。

将配置线的 RJ45 插头插入网络设备的 Console 口,打开网络设备的电源,如图 3.2 所示。

(4) 运行 SecureCRT 软件,进行基本参数设置。

单击"文件"→"快速连接",进入快速连接界面进行参数设置。以本地连接路由器为例参数设置如下:"协议"选择 Serial,"端口"选择 COM3 USB Serial Port,"波特率"选择 9600,不勾选流量控制"RTS/CTS",如图 3.3 所示。单击"连接"按钮,进入网络设备的通信界面,如图 3.4 所示。

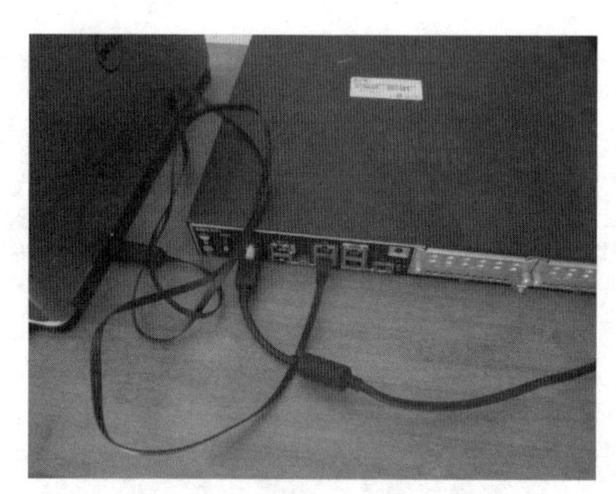

图 3.2　配置线的物理连接

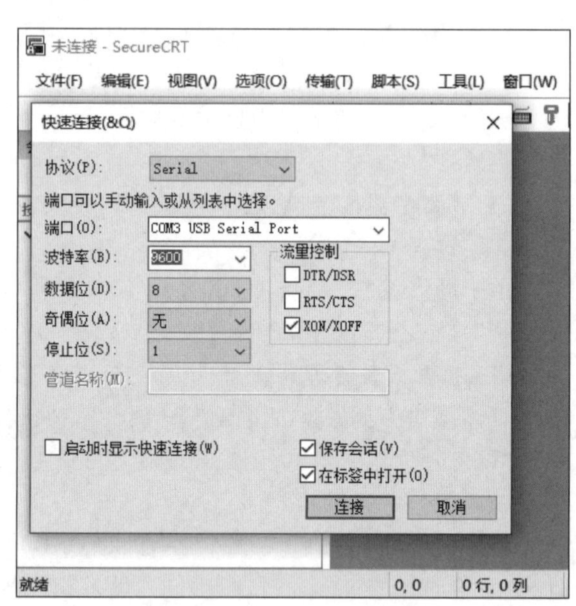

图 3.3　快速连接参数设置

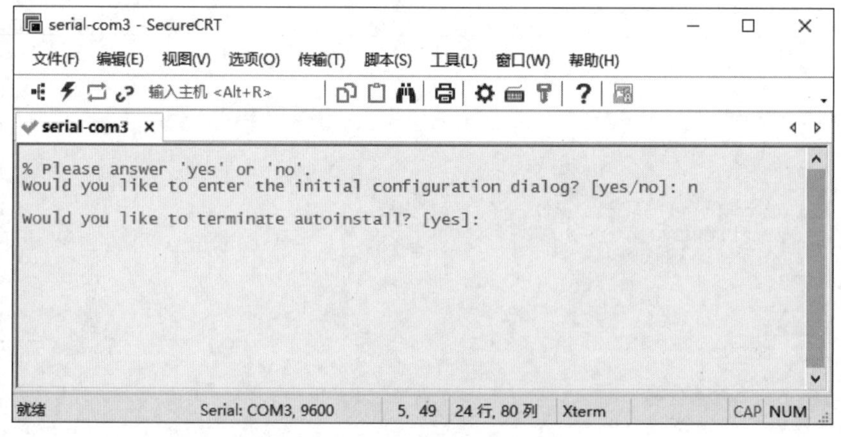

图 3.4　进入网络设备通信界面

2. 利用仿真软件 Packet Tracer 仿真实现

实验要求

利用 Console 口对交换机进行配置,该实验在 Packet Tracer 仿真环境下完成。

实验过程

(1) 选择设备。

在 Packet Tracer 仿真软件中，拖取一台交换机和一台计算机，如图 3.5 所示。

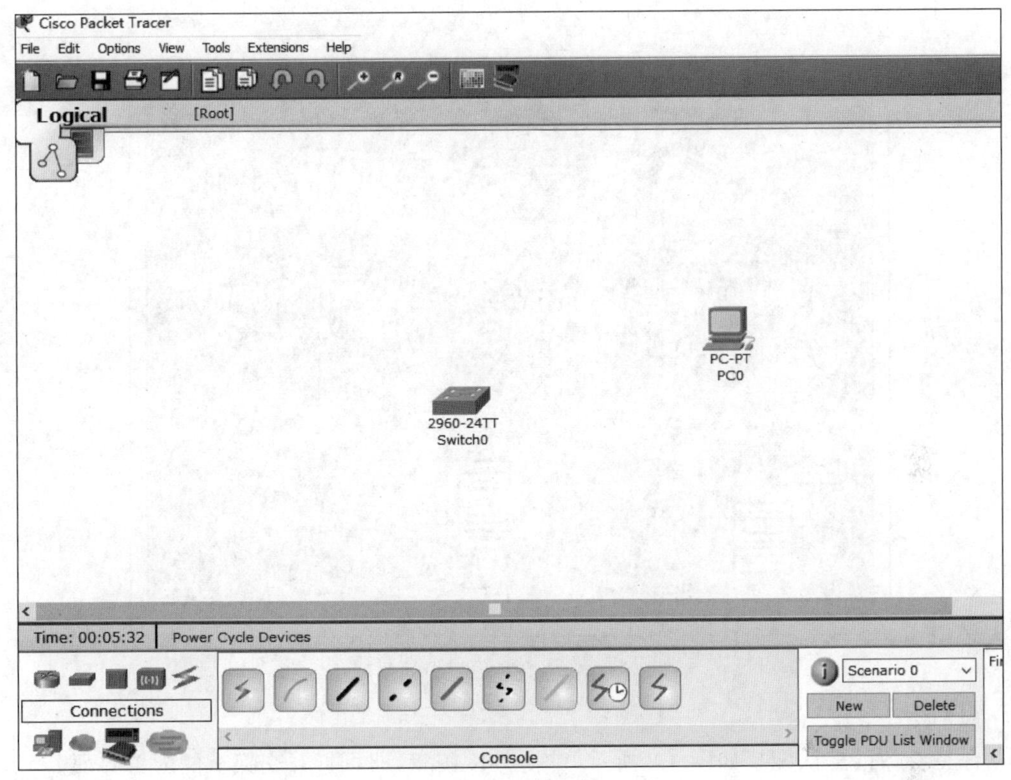

图 3.5　选择设备

(2) 连线。

在连接线缆中选择 Console 连接线，将该线缆的一端连接交换机的 Console 口，另一端连接计算机的 RS232 口，如图 3.6 所示。

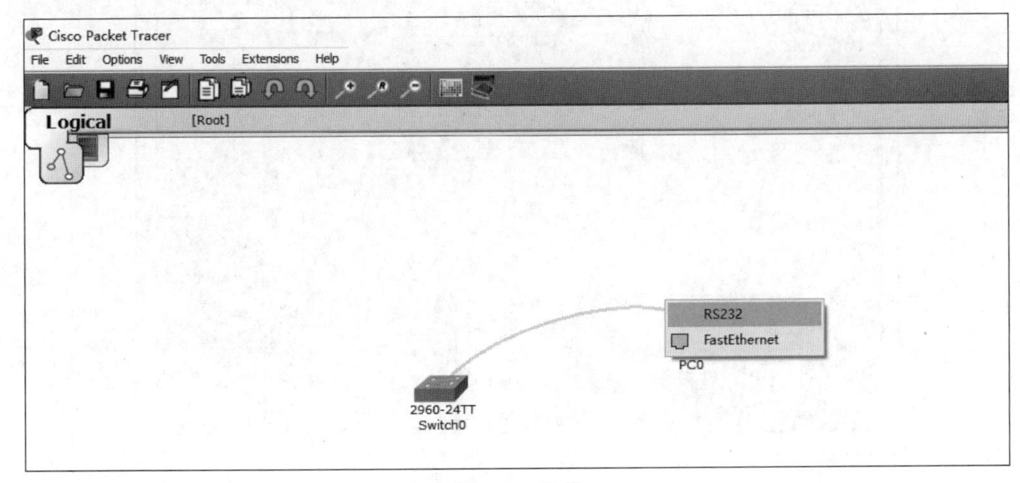

图 3.6　连线

(3) 选择 Terminal 应用程序。

打开计算机的控制界面,选择 Desktop,在 Desktop 中选择 Terminal 应用程序,如图 3.7 所示。

图 3.7　选择 Terminal 应用程序

(4) 设置参数。

保持参数的默认配置如图 3.8 所示,单击 OK 按钮,即可打开交换机的配置界面。

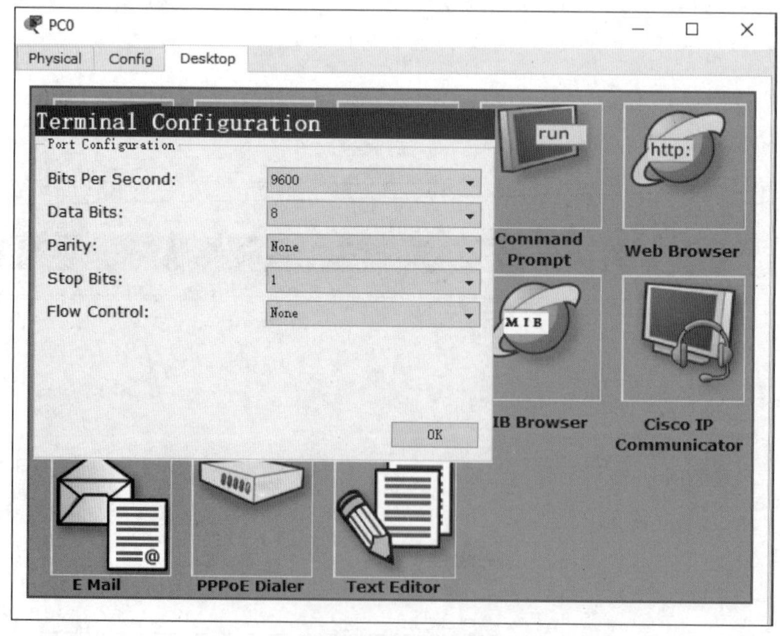

图 3.8　参数设置

(5) 进入交换机的配置界面。

进入交换机的配置界面,如图 3.9 所示。在该界面中,实现利用 Console 口对交换机进行配置。

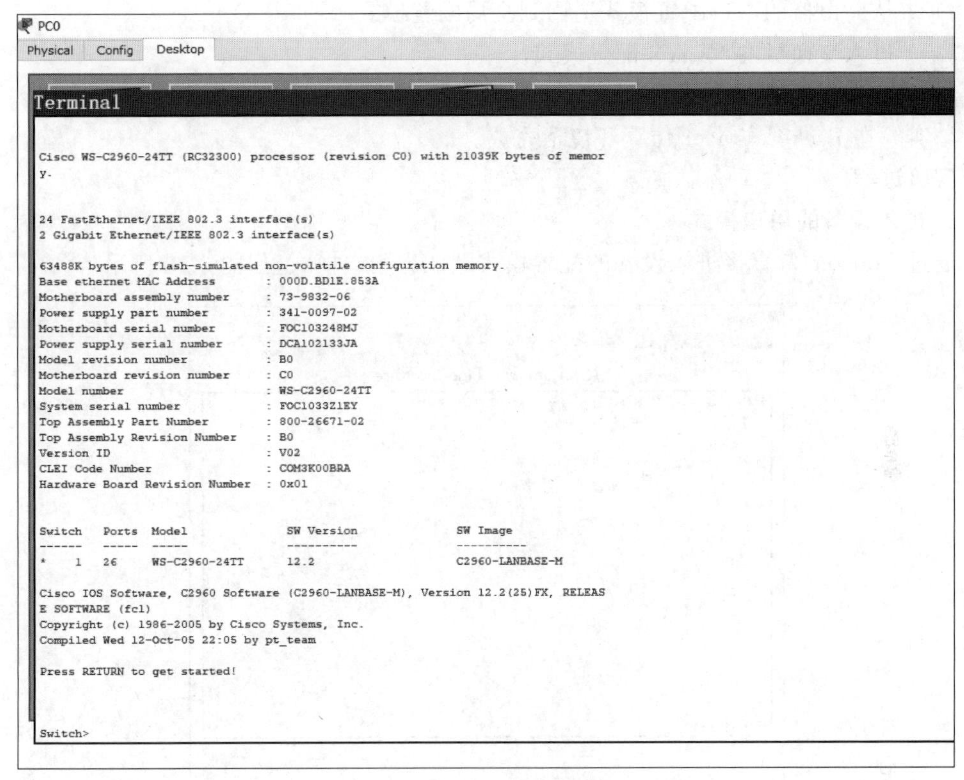

图 3.9　进入配置界面

利用同样的方法可以实现利用 Console 口对路由器进行配置。

在后续 Packet Tracer 的仿真实验中,为了方便,可以直接进入 CLI 模式对设备进行配置。

3.2　实验二:网络设备常见配置模式

实验要求

为网络设备执行以下操作。

(1) 进入设备的用户模式。

(2) 进入设备的特权模式。

(3) 从特权模式退回到用户模式。

(4) 进入设备的全局配置模式。

(5) 从全局配置模式退回到特权模式。

(6) 进入设备的控制台配置模式。

(7) 从控制台配置模式退回到全局配置模式。

(8) 进入设备的虚拟终端配置模式。

(9) 从虚拟终端配置模式退回到全局配置模式。

(10) 进入路由器的以太网端口配置模式。
(11) 从路由器的以太网配置模式退回到全局配置模式。
(12) 进入路由器的串口配置模式。
(13) 从路由器的串口配置模式退回到全局配置模式。
(14) 进入交换机的 VLAN 配置模式。
(15) 从交换机的 VLAN 配置模式退回到全局配置模式。

该实验在 Packet Tracer 仿真环境下完成。

实验过程

1. 进入设备的用户模式

通过 Console 口直接进入设备的配置模式默认为用户模式,如图 3.10 所示。

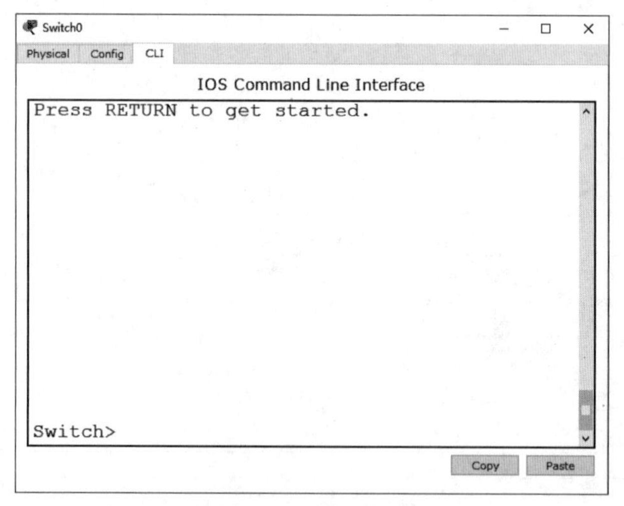

图 3.10　用户模式

2. 进入设备的特权模式

在用户模式下输入"enable"命令即可进入特权模式,如图 3.11 所示。

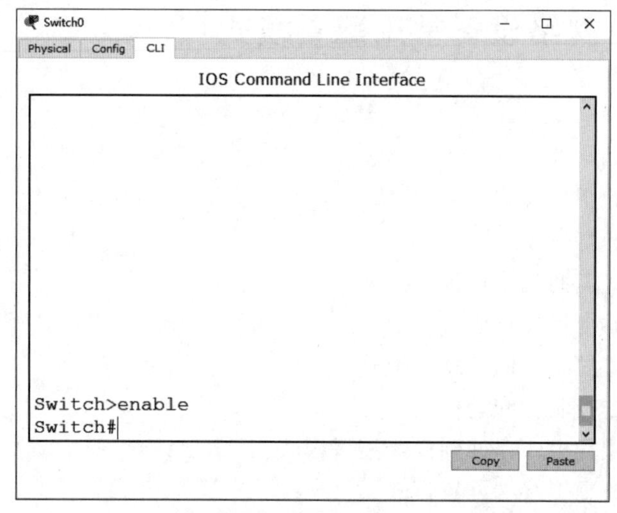

图 3.11　特权模式

3. 从特权模式退回到用户模式

在特权模式下输入“exit”或者“logout”命令即可退回到用户模式。

4. 进入设备的全局配置模式

在特权模式下输入“configure terminal”命令即可进入全局配置模式，如图 3.12 所示。

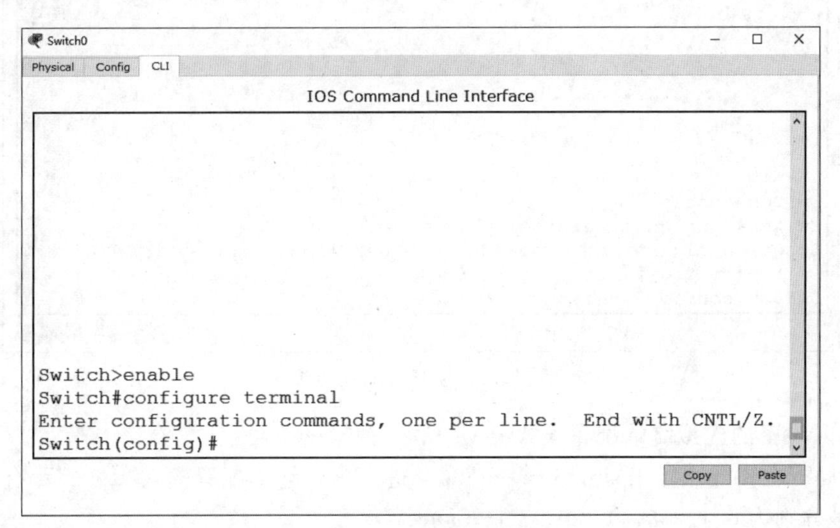

图 3.12　全局配置模式

5. 从全局配置模式退回到特权模式

在全局配置模式下输入“exit”命令即可退回到特权模式，如图 3.13 所示。

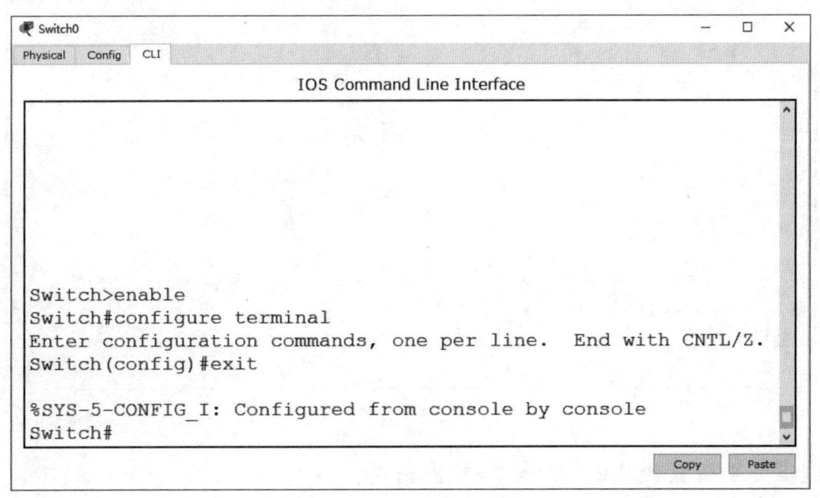

图 3.13　退回到特权模式

6. 进入设备的控制台配置模式

在全局配置模式下输入“line console 0”命令即可进入控制台配置模式，如图 3.14 所示。

7. 从控制台配置模式退回到全局配置模式

在控制台配置模式下输入“exit”命令退回到全局配置模式。

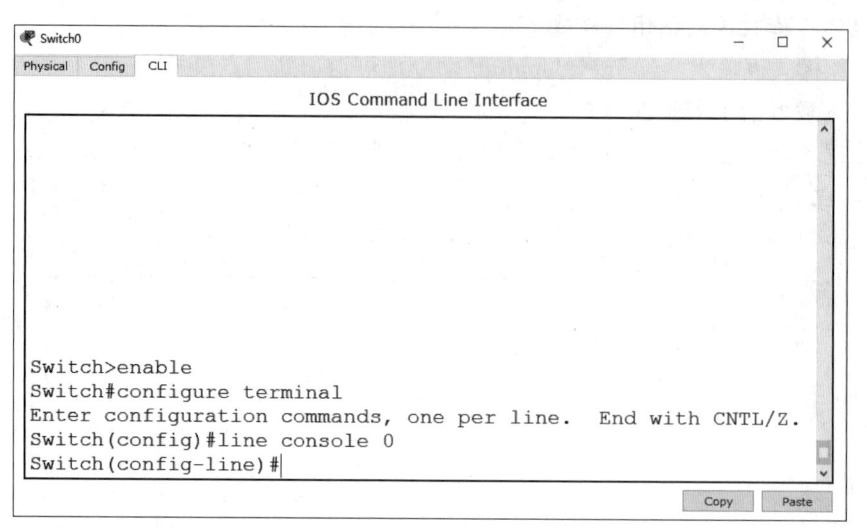

图 3.14 控制台配置模式

8. 进入设备的虚拟终端配置模式

在全局配置模式下输入“line vty 0 4”命令进入虚拟终端配置模式(0 4 表示有 5 条虚拟终端,编号分别为 0、1、2、3、4),如图 3.15 所示。

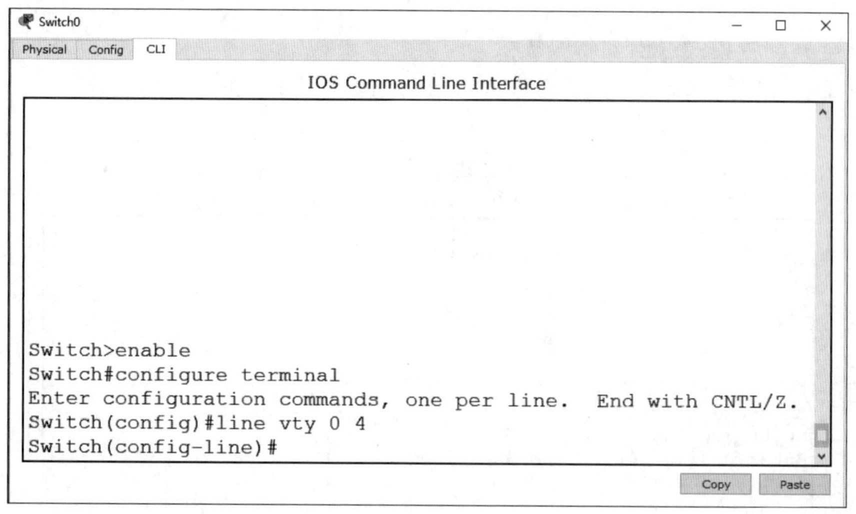

图 3.15 虚拟终端配置模式

9. 从虚拟终端配置模式退回到全局配置模式

在虚拟终端配置模式下输入“exit”命令退回到全局配置模式。

10. 进入路由器的以太网端口配置模式

利用 Console 口对路由器进行配置时,会出现如图 3.16 所示的界面,询问是否选择使用对话模式对设备进行配置。通常输入“no”,即不选用对话配置模式而采用自主配置模式。

在路由器的全局配置模式下输入“interface interface-list”命令即可进入相应的端口配置模式,进入路由器以太网端口 fastethernet 0/0 的配置如图 3.17 所示。

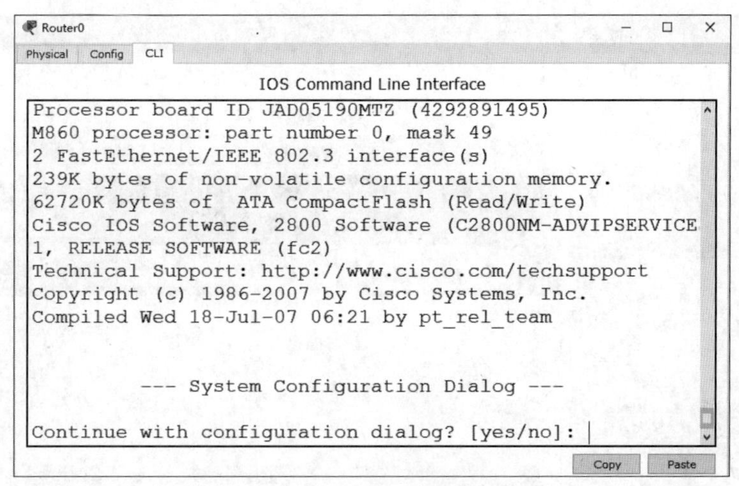

图 3.16　路由器操作系统界面

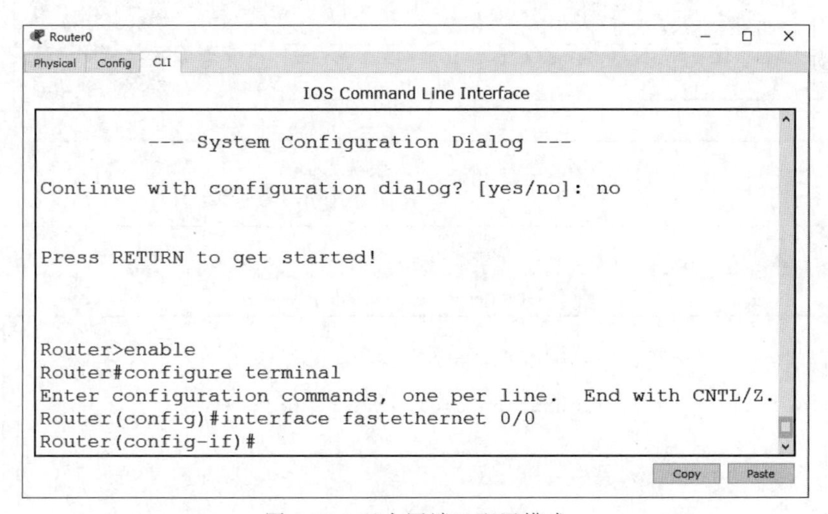

图 3.17　以太网端口配置模式

11. 从路由器的以太网配置模式退回到全局配置模式

在路由器以太网配置模式下输入“exit”命令退回到全局配置模式。

12. 进入路由器的串口配置模式

Cisco 路由器 2811 默认不带串口，需要插入串口模块。具体过程如下。

(1) 关闭路由器的电源开关，使路由器处于断电状态。

(2) 选择左边 Physical 选项卡中的 WIC-2T 模块，将该模块拖曳到路由器上空插槽处，松开鼠标，即可插入模块，如图 3.18 所示。

(3) 单击电源开关，打开电源。

在路由器的全局配置模式下输入“interface interface-list”命令即可进入相应的端口配置模式，进入路由器串口 serial 0/0/0 的配置如图 3.19 所示。

13. 从路由器的串口配置模式退回到全局配置模式

在路由器串口配置模式下输入“exit”命令退回到全局配置模式。

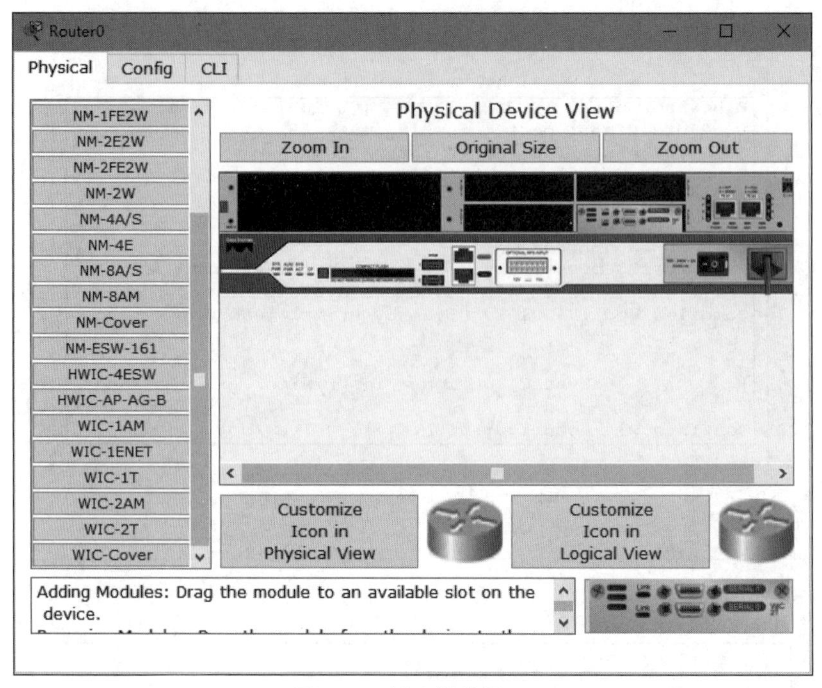

图 3.18　插入模块界面

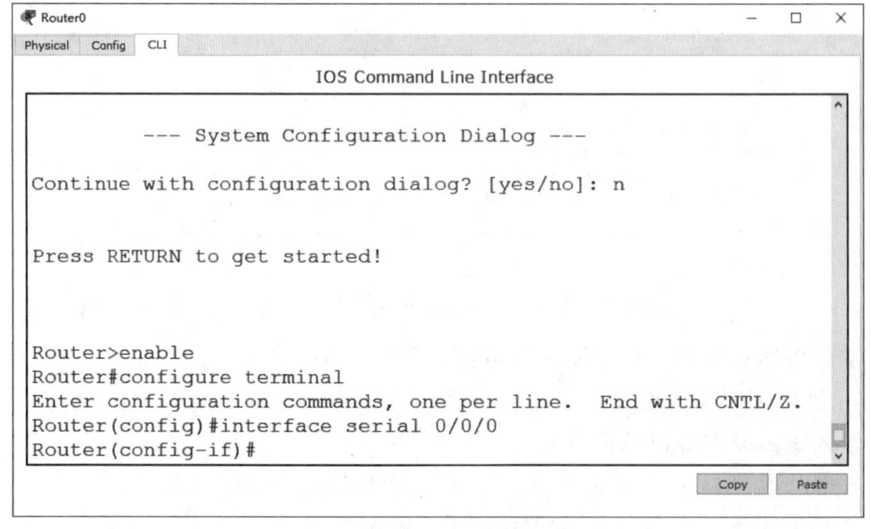

图 3.19　路由器串口配置模式

14. 进入交换机的 VLAN 配置模式

在交换机的全局配置模式下输入“VLAN VLAN-number”命令即可进入交换机的 VLAN 配置模式，具体配置如图 3.20 所示。

15. 从交换机的 VLAN 配置模式退回到全局配置模式

在交换机的 VLAN 配置模式下输入“exit”命令退回到全局配置模式。

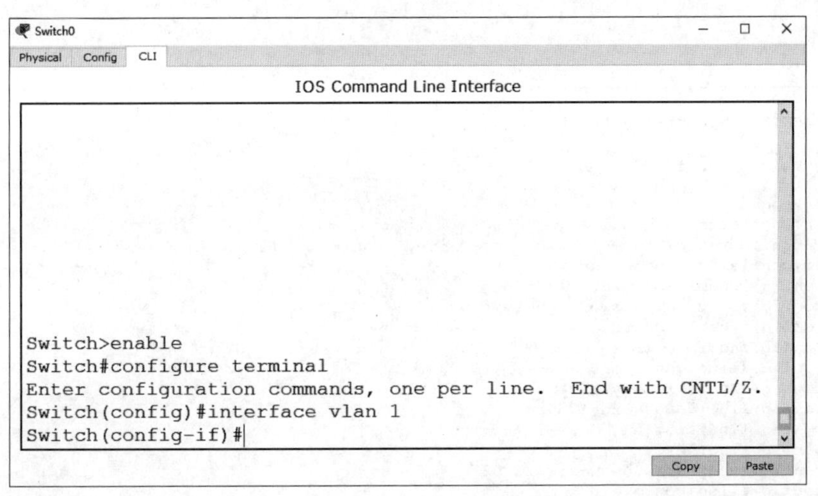

图 3.20　交换机 VLAN 配置模式

3.3　实验三：网络设备常见配置命令

实验要求

为网络设备执行以下操作。

(1) 为路由器配置主机名，名称为操作者姓名汉语拼音的全拼，为交换机配置主机名，名称为操作者姓名汉语拼音首字母的缩写。

(2) 设置路由器的使能口令为 123，并对使能口令进行加密。

(3) 设置交换机的使能加密口令为 321。

(4) 取消使能加密口令。

(5) 取消域名解析功能。

(6) 激活路由器的端口。

(7) 设置路由器的历史记录为 10 条。

(8) 设置路由器的控制台口令为 123456。

(9) 设置路由器的控制台用户名为操作者姓名的拼音，口令为 321。

(10) 开启交换机日志同步。

(11) 设置路由器控制台会话超时时间为 1min30s。

(12) 为交换机设置标语：Warning! Please don't touch my equipment!!!。

(13) 为路由器的端口 fa0/0 设置 IP 地址为 192.168.1.1，子网掩码为 255.255.255.0。

(14) 为交换机的 VLAN 1 设置 IP 地址为 192.168.1.1，子网掩码为 255.255.255.0。

(15) 保存配置信息。

(16) 通过命令查看配置信息，包括内存正在执行的和保存的配置信息。

(17) 在路由器上，通过命令简写对如图 3.21 所示的命令进行批量处理。

该实验在 Packet Tracer 仿真环境下完成。

实验过程

(1) 为路由器配置主机名，名称为操作者姓名汉语拼音的全拼；为交换机配置主机名，

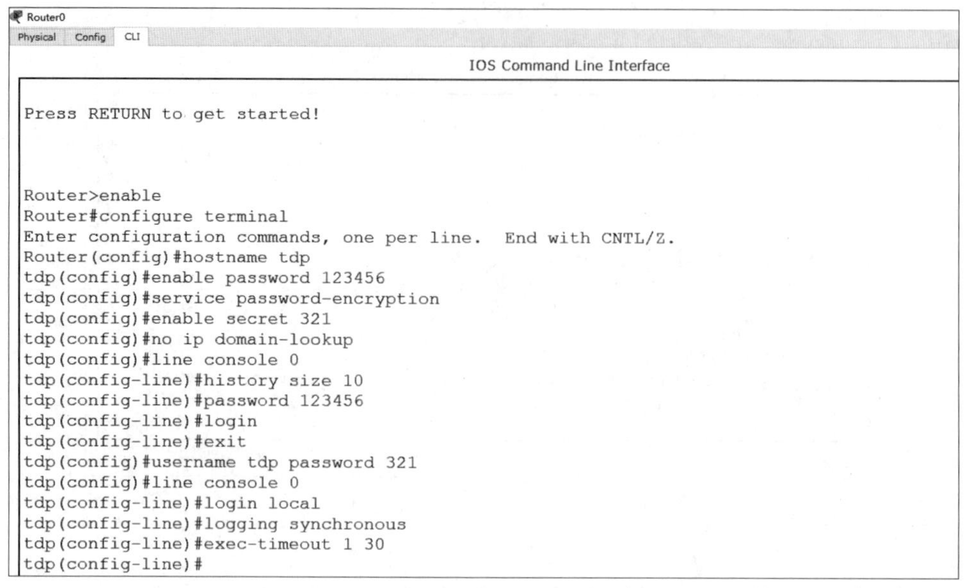

图 3.21　需要批量处理的配置命令

名称为操作者姓名汉语拼音首字母的缩写。

在网络设备的全局配置模式下执行“hostname”命令为设备改名,具体配置如图 3.22 和图 3.23 所示。

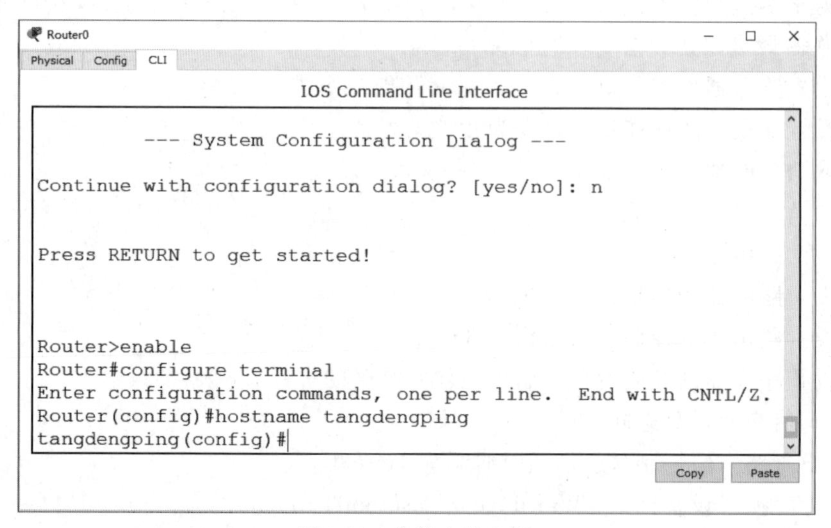

图 3.22　为路由器命名

(2) 设置路由器的使能口令为 123,并对使能口令进行加密。

在设备的全局配置模式下执行“enable password+口令”命令为设备配置使能口令,具体配置如图 3.24 所示。

通过执行“exit”命令退回到特权模式,再次输入“exit”命令退回到用户模式。在用户模式下再次输入“enable”命令进入特权模式时需要输入口令才能进入,如图 3.25 所示。

通过输入口令进入特权模式后,在特权模式下执行“show running-config”命令可以查

Switch0
Physical
Config
CLI
IOS Command Line Interface
Cisco IOS Software, C2960 Software (C2960-LANBASE-M), Version 1
E SOFTWARE (fc1)
Copyright (c) 1986-2005 by Cisco Systems, Inc.
Compiled Wed 12-Oct-05 22:05 by pt_team
Press RETURN to get started!
Switch>enable
Switch#configure terminal
Enter configuration commands, one per line. End with CNTL/Z.
Switch(config)#hostname tdp
tdp(config)#
Copy
Paste

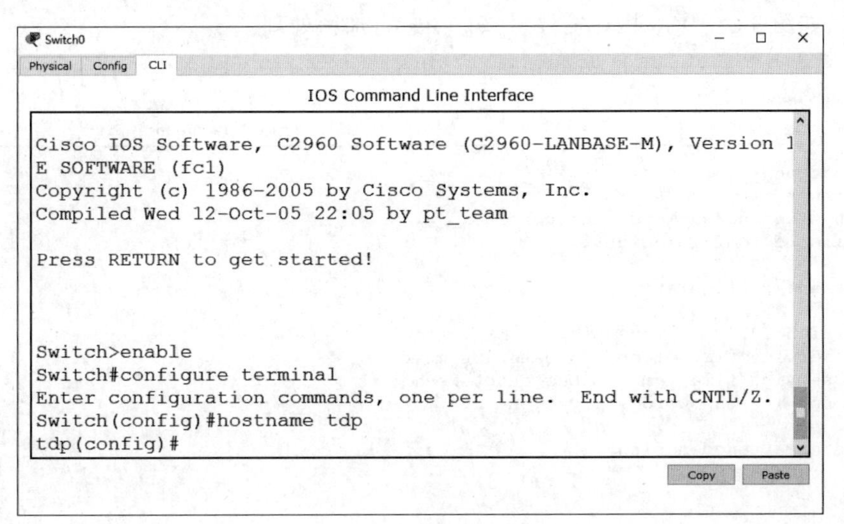

图 3.23　为交换机命名

Router0
Physical
Config
CLI
IOS Command Line Interface
--- System Configuration Dialog ---
Continue with configuration dialog? [yes/no]: n
Press RETURN to get started!
Router>enable
Router#configure terminal
Enter configuration commands, one per line. End with CNTL/Z.
Router(config)#hostname tangdengping
tangdengping(config)#enable password 123
tangdengping(config)#
Copy
Paste

图 3.24　配置使能口令

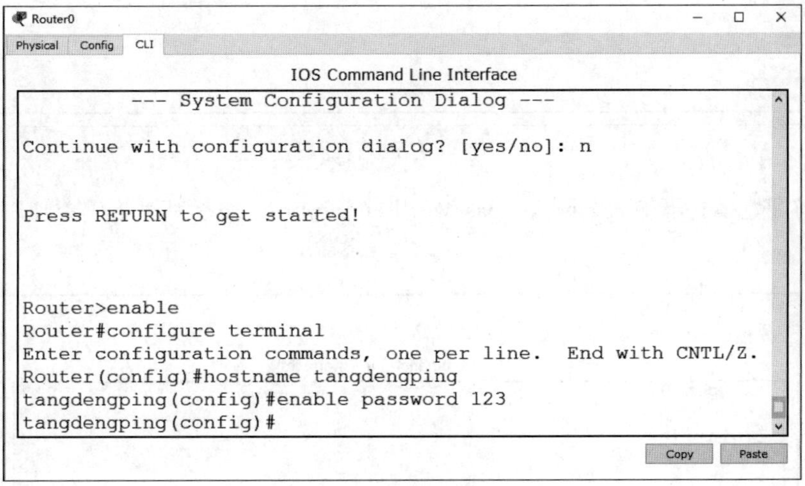

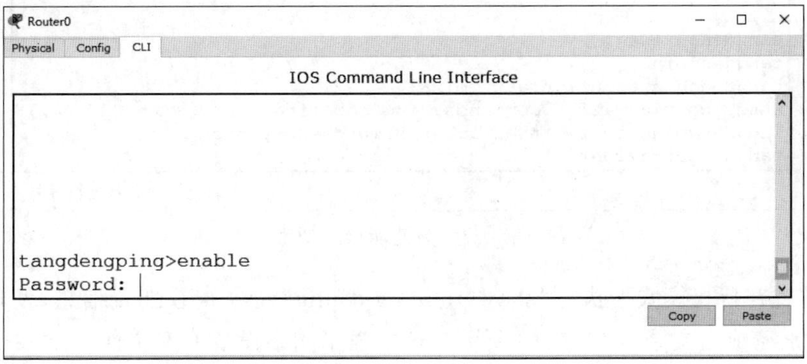

Router0
Physical
Config
CLI
IOS Command Line Interface
tangdengping>enable
Password:
Copy
Paste

图 3.25　需要输入使能口令界面

看设备的配置信息，在配置信息中可以发现设置的使能口令是以明文方式显示的，这带来了安全隐患,如图 3.26 所示,因此需要对该口令进行加密处理。

```
Router0
Physical  Config  CLI
IOS Command Line Interface

tangdengping>enable
Password:
tangdengping#show running-config
Building configuration...

Current configuration : 478 bytes
!
version 12.4
no service timestamps log datetime msec
no service timestamps debug datetime msec
no service password-encryption
!
hostname tangdengping
!
!
!
enable password 123
!
!
!
!
!
!
```

图 3.26　查看正在运行的配置信息

在全局配置模式下输入“service password-encryption”命令为使能口令加密,如图 3.27 所示。

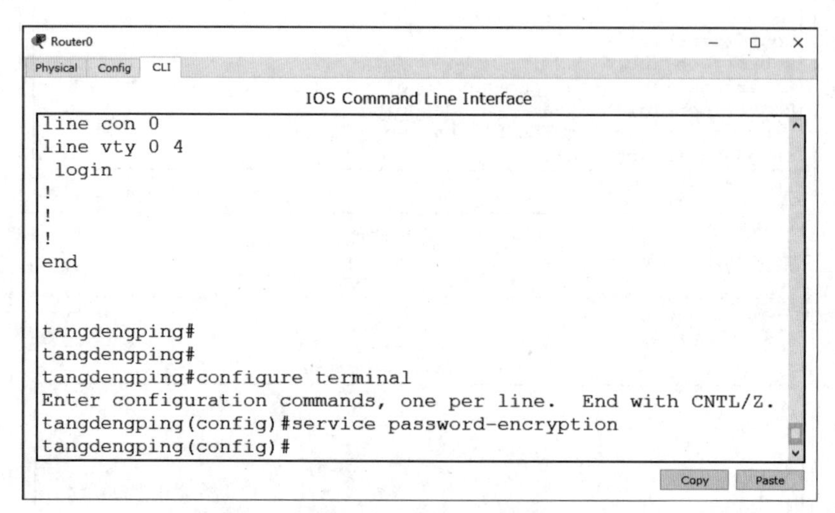

图 3.27　为使能口令加密

再次通过在特权模式下执行“show running-config”命令查看配置信息,发现明文口令 123 已经被加密成密文了,如图 3.28 所示。这增强了网络设备的安全性。

(3) 设置交换机的使能秘密口令为 321。

在设备的全局配置模式下执行“enable secret+口令”命令为设备配置使能秘密口令,具体配置如图 3.29 所示。

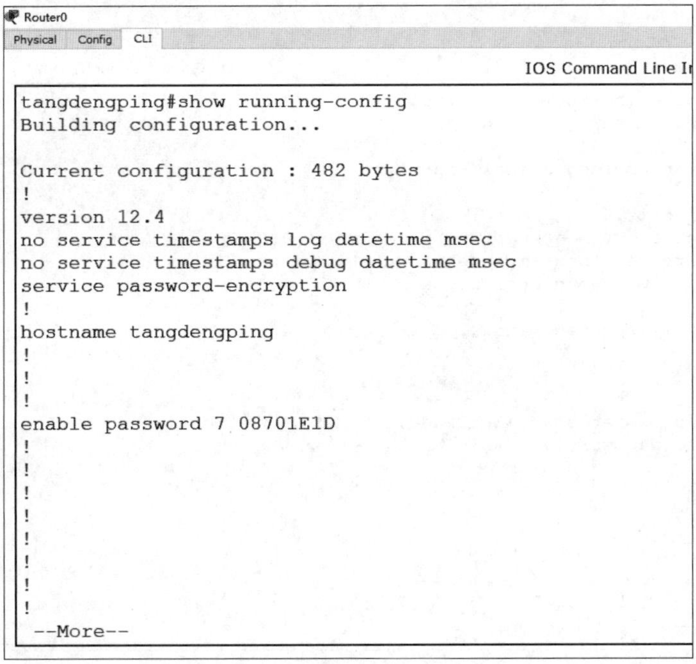

```
Router0
Physical  Config  CLI
IOS Command Line In
tangdengping#show running-config
Building configuration...

Current configuration : 482 bytes
!
version 12.4
no service timestamps log datetime msec
no service timestamps debug datetime msec
service password-encryption
!
hostname tangdengping
!
!
!
enable password 7 08701E1D
!
!
!
!
!
!
!
!
 --More--
```

图 3.28 使能口令加密成密文

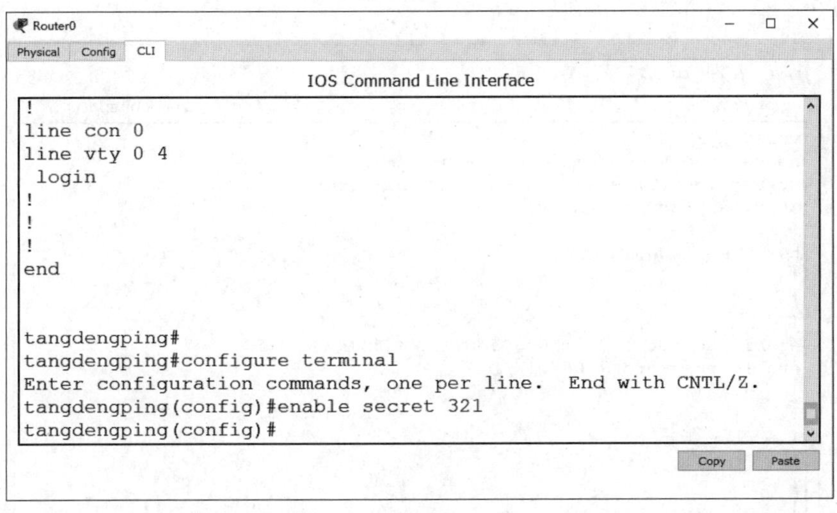

图 3.29 设置使能秘密口令

通过在特权模式下执行“show running-config”命令，可以看到该口令是以 MD5 加密的形式出现的，如图 3.30 所示。

现在在该设备上设置了两个口令，分别是使能口令“123”和使能秘密口令“321”，由于使能秘密口令更安全，其优先级高于使能口令，因此需要输入使能秘密口令“321”才能从用户模式进入特权模式。当然，如果使能秘密口令“321”被删除了，再次从用户模式进入特权模式时需要输入使能口令“123”。

(4) 取消使能秘密口令。

在设备的全局配置模式下执行“no enable secret”命令取消使能秘密口令，具体配置如

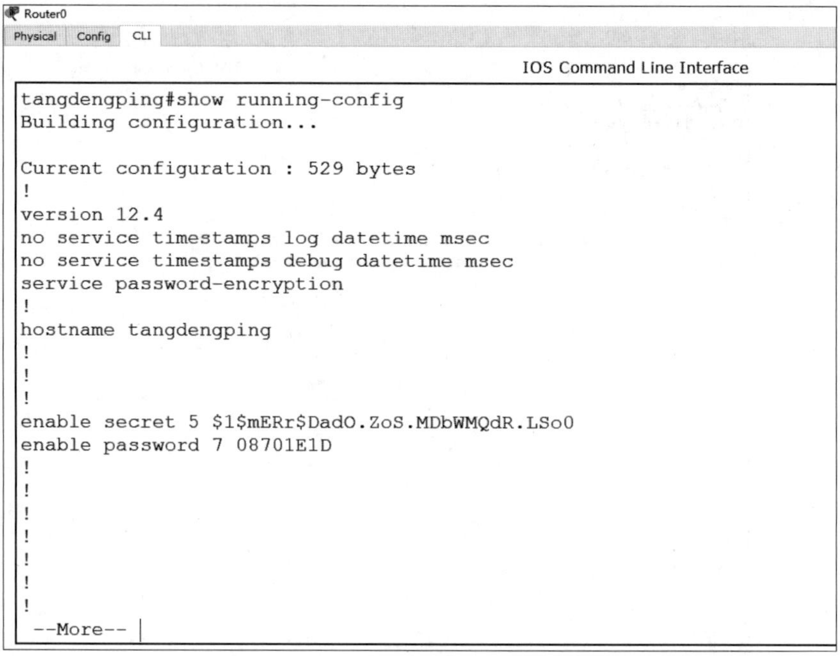

Router0
Physical Config CLI
IOS Command Line Interface

```
tangdengping#show running-config
Building configuration...

Current configuration : 529 bytes
!
version 12.4
no service timestamps log datetime msec
no service timestamps debug datetime msec
service password-encryption
!
hostname tangdengping
!
!
!
enable secret 5 $1$mERr$DadO.ZoS.MDbWMQdR.LSo0
enable password 7 08701E1D
!
!
!
!
!
!
!
 --More--
```

图 3.30　使能秘密口令被 MD5 加密

图 3.31 所示。

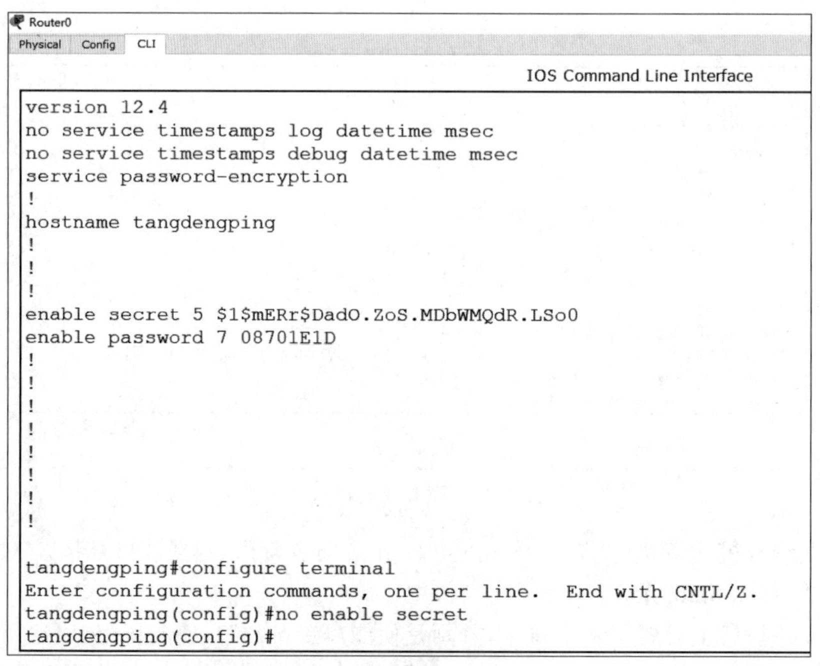

图 3.31　取消使能秘密口令

取消其他命令的配置方式类似,只需要使用“no”命令即可。

(5) 取消域名解析功能。

在设备的全局配置模式下执行“no ip domain-lookup”命令即可取消域名解析功能,具体配置如图 3.32 所示。

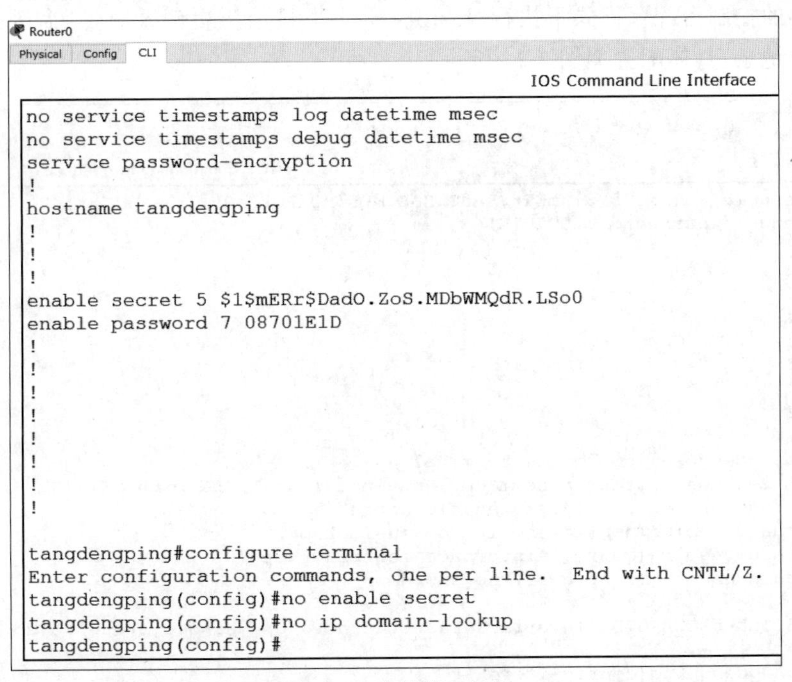
Router0
Physical　Config　CLI
IOS Command Line Interface

```
no service timestamps log datetime msec
no service timestamps debug datetime msec
service password-encryption
!
hostname tangdengping
!
!
!
enable secret 5 $1$mERr$DadO.ZoS.MDbWMQdR.LSo0
enable password 7 08701E1D
!
!
!
!
!
!
!
!


tangdengping#configure terminal
Enter configuration commands, one per line.  End with CNTL/Z.
tangdengping(config)#no enable secret
tangdengping(config)#no ip domain-lookup
tangdengping(config)#
```

图 3.32　取消域名解析

（6）激活路由器的端口。

在设备的端口配置模式下执行“no shutdown”命令即可激活该端口，具体配置如图 3.33 所示。

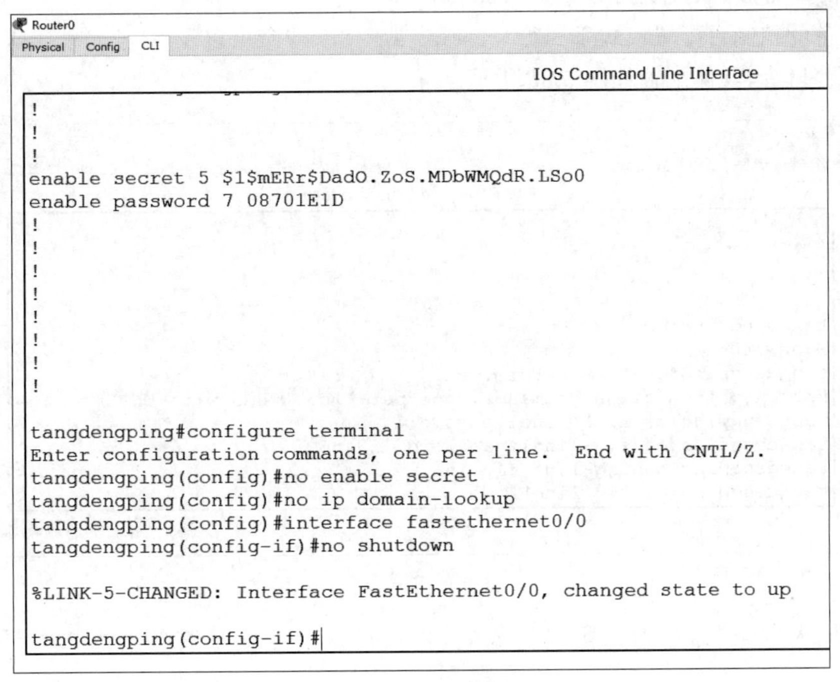
Router0
Physical　Config　CLI
IOS Command Line Interface

```
!
!
!
enable secret 5 $1$mERr$DadO.ZoS.MDbWMQdR.LSo0
enable password 7 08701E1D
!
!
!
!
!
!
!
!


tangdengping#configure terminal
Enter configuration commands, one per line.  End with CNTL/Z.
tangdengping(config)#no enable secret
tangdengping(config)#no ip domain-lookup
tangdengping(config)#interface fastethernet0/0
tangdengping(config-if)#no shutdown

%LINK-5-CHANGED: Interface FastEthernet0/0, changed state to up

tangdengping(config-if)#
```

图 3.33　激活端口

(7) 设置路由器的历史记录为10条。

在设备的控制台配置模式下执行"history size +显示历史记录数量"命令即可设置路由器的历史记录,具体配置如图3.34所示。

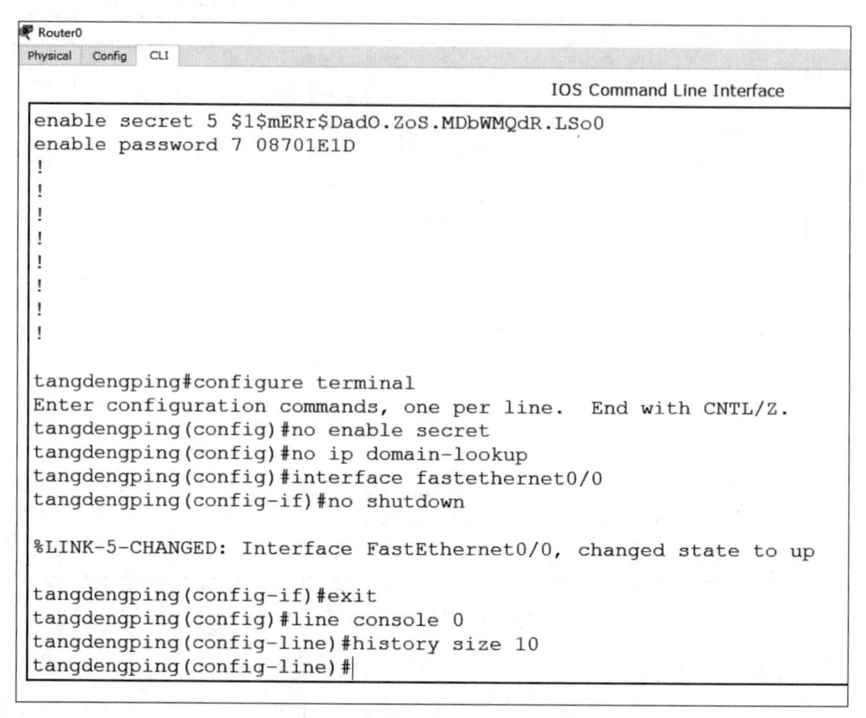

图3.34 设置历史记录条数

(8) 设置路由器的控制台口令为123456。

在设备的控制台配置模式下执行"password +口令"命令以及"login"命令即可设置路由器控制台口令,具体配置如图3.35所示。

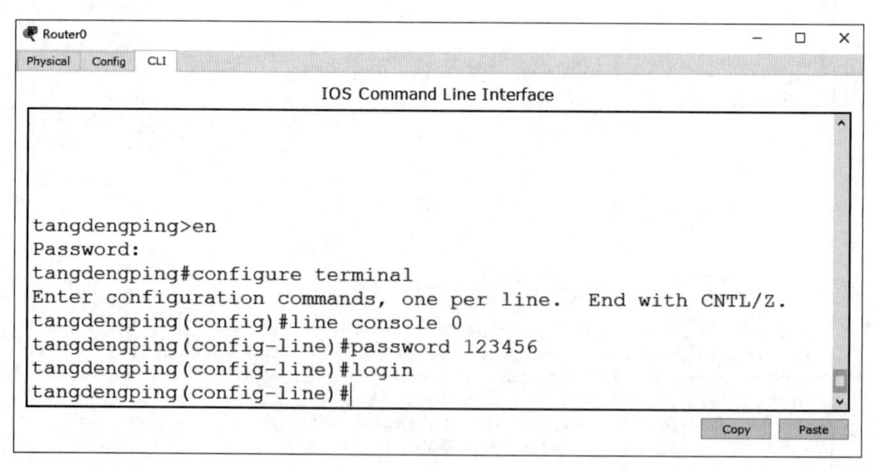

图3.35 设置路由器的控制台口令

连续输入"exit"命令退出配置模式后,再次进入时会提示需要输入口令,如图3.36所示。

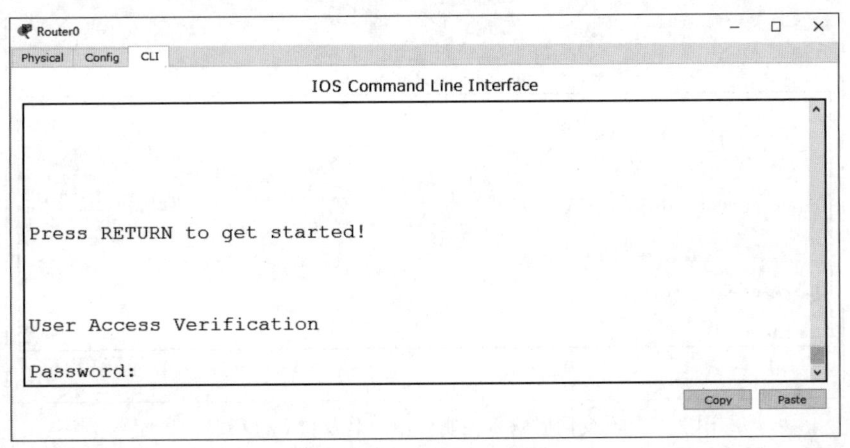

图 3.36　需要输入控制台口令界面

(9) 设置路由器的控制台的用户名为操作者姓名的拼音，口令为 321。

在设备的全局配置模式下执行“username＋用户名＋password＋口令”命令创建用户名和口令，在控制台模式下执行“login local”命令，即可设置通过用户名和口令验证后对设备进行配置，具体配置如图 3.37 所示。

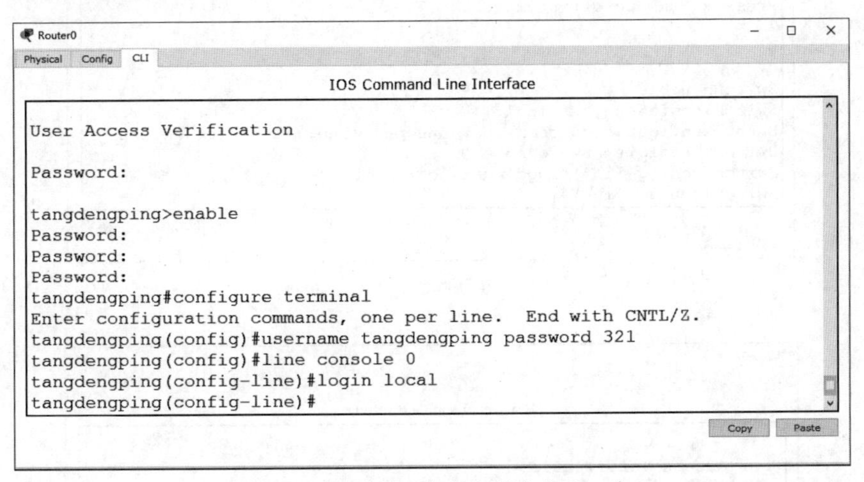

图 3.37　同时设置控制台用户名及口令

通过连续执行“exit”命令退出，再次进入设备时会提示需要输入用户名和口令才能登录，如图 3.38 所示。

(10) 开启交换机日志同步。

在设备的控制台模式下执行“logging synchronous”命令即可开启交换机日志同步功能，如图 3.39 所示。

(11) 设置路由器控制台会话超时时间为 1min30s。

在设备的控制台模式下执行“exec-timeout＋分＋秒”命令，即可设置路由器控制台超时时间，如图 3.40 所示。设置为 0min0s 表示永不超时。

(12) 为交换机设置标语：Warning! Please don't touch my equipment!!!。

在设备的全局配置模式下执行“banner motd＋结束标志符”命令，即可设置设备的标

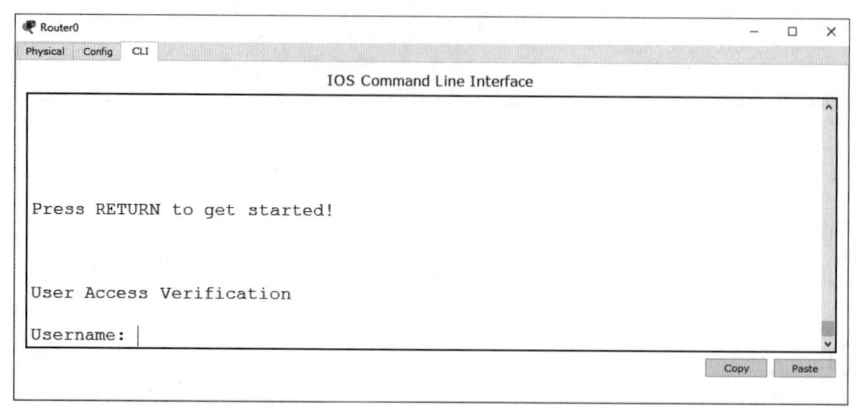

图 3.38 需要同时输入控制台用户名及口令进行验证界面

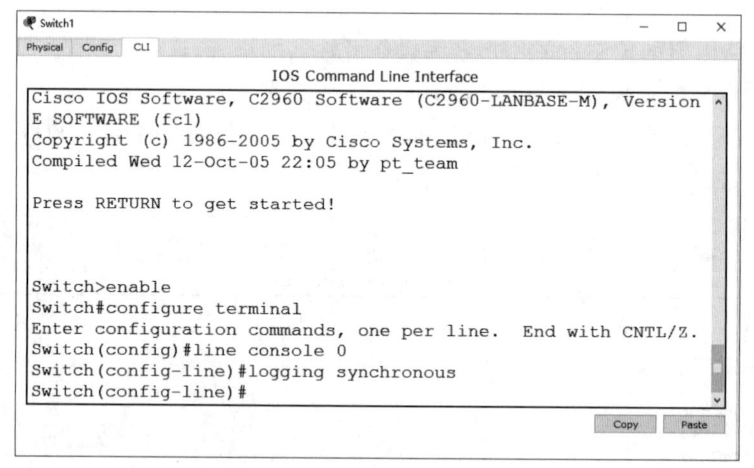

图 3.39 开启交换机日志同步

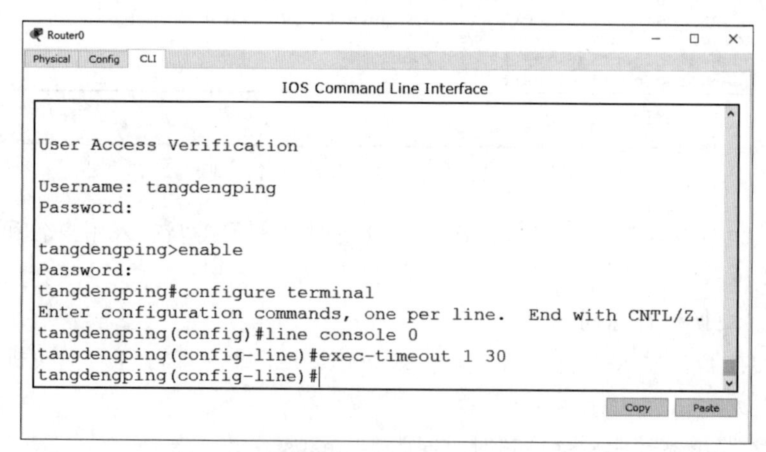

图 3.40 设置路由器控制台会话超时时间

语,如图 3.41 所示。

通过执行“exit”命令退出,再次进入设备时可以看到标语信息,如图 3.42 所示。

(13) 为路由器的端口 fa0/0 设置 IP 地址为 192.168.1.1,子网掩码为 255.255.255.0。

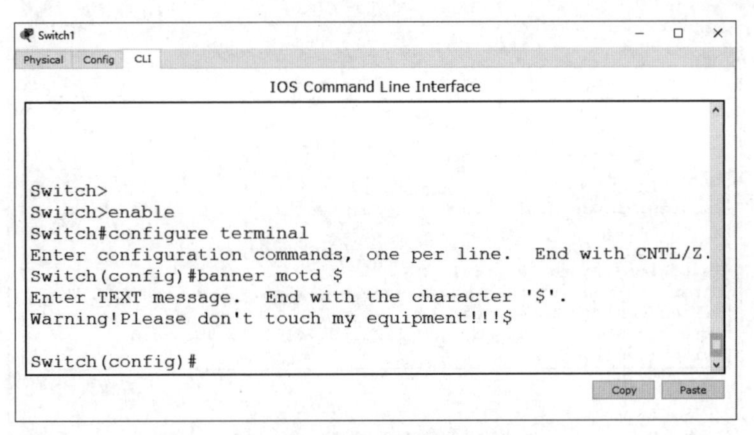

图 3.41　设置标语

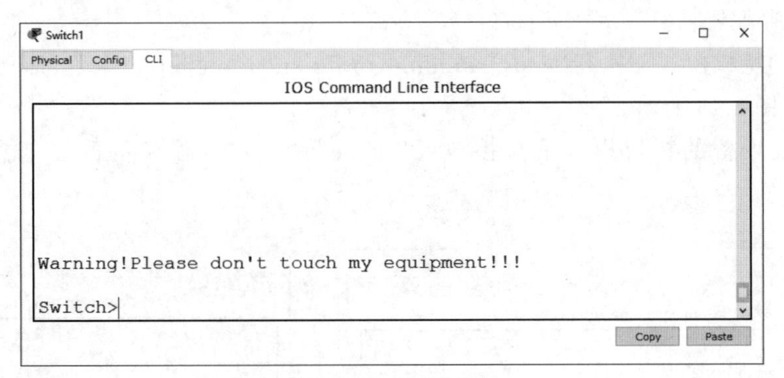

图 3.42　显示标语

在设备的端口配置模式下执行“ip address＋地址＋子网掩码”命令，即可为设备的端口设置 IP 地址信息，如图 3.43 所示。

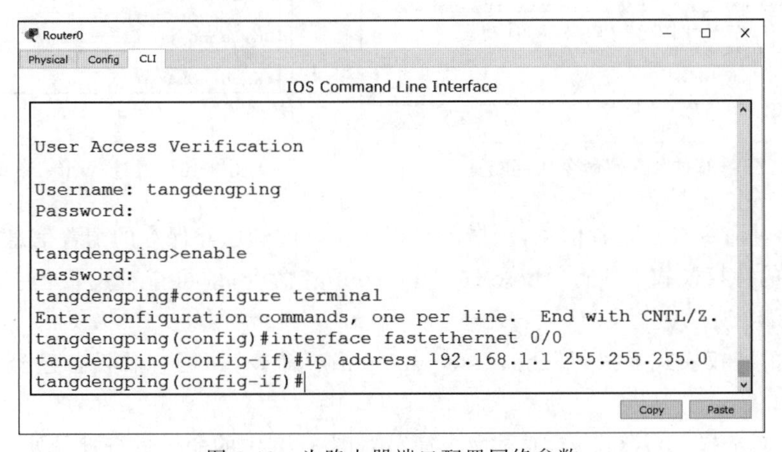

图 3.43　为路由器端口配置网络参数

(14) 为交换机的 VLAN 1 设置 IP 地址为 192.168.1.1，子网掩码为 255.255.255.0。

在交换机的 VLAN 配置模式下执行“ip address＋地址＋子网掩码”命令，即可为交换机的 SVI 端口设置 IP 地址信息，如图 3.44 所示。

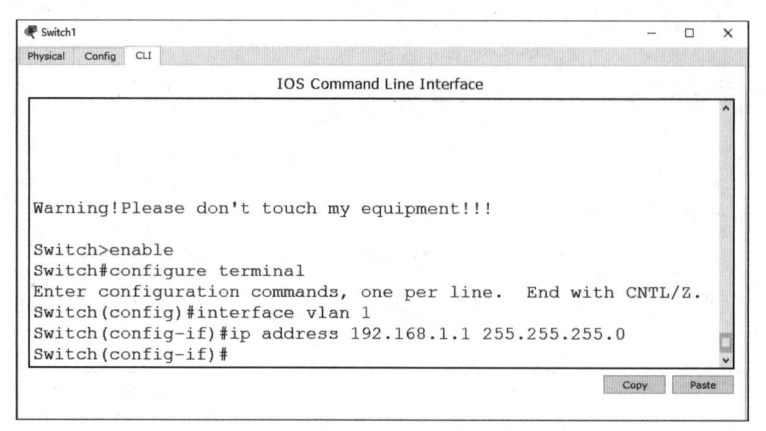

图 3.44　为交换机的 VLAN 1 配置网络参数

(15) 保存配置信息。

在设备的特权模式下执行“copy running-config startup-config”命令,即可为设备保存配置信息,如图 3.45 所示。

也可以在设备的特权模式下直接执行“write”命令保存设备的配置信息,如图 3.46 所示。

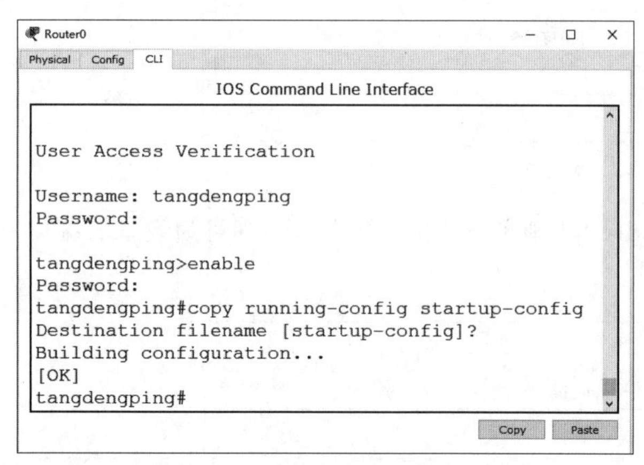

图 3.45　通过“copy”命令保存配置

图 3.46　通过“write”命令保存配置

(16) 通过命令查看配置信息,包括内存正在执行的和已经保存的配置信息。

在设备的特权模式下执行“show running-config”命令,即可查看设备正在执行的配置信息,如图 3.47 所示。

在设备的特权模式下执行“show startup-config”命令,即可查看设备已经保存的配置信息。

(17) 重新选择一台路由器,通过命令简写对图 3.48 中的命令进行批量处理。

新建一个记事本文件,在记事本中输入命令,如图 3.49 所示。

复制记事本文档内容,粘贴到路由器的用户配置模式下,如图 3.50 所示。

批量处理执行命令结果如图 3.51 所示。

```
Router0
Physical  Config  CLI
IOS Command Line Interface
tangdengping#show running-config
Building configuration...

Current configuration : 649 bytes
!
version 12.4
no service timestamps log datetime msec
no service timestamps debug datetime msec
service password-encryption
!
hostname tangdengping
!
!
!
enable secret 5 $1$mERr$DadO.ZoS.MDbWMQdR.LSo0
enable password 7 08701E1D
!
!
!
!
!
!
username tangdengping password 7 08721E1F
 --More--
Copy  Paste
```

图 3.47 查看配置信息

```
Router0
Physical  Config  CLI
IOS Command Line Interface

Press RETURN to get started!


Router>enable
Router#configure terminal
Enter configuration commands, one per line.  End with CNTL/Z.
Router(config)#hostname tdp
tdp(config)#enable password 123456
tdp(config)#service password-encryption
tdp(config)#enable secret 321
tdp(config)#no ip domain-lookup
tdp(config)#line console 0
tdp(config-line)#history size 10
tdp(config-line)#password 123456
tdp(config-line)#login
tdp(config-line)#exit
tdp(config)#username tdp password 321
tdp(config)#line console 0
tdp(config-line)#login local
tdp(config-line)#logging synchronous
tdp(config-line)#exec-timeout 1 30
tdp(config-line)#
```

图 3.48 需要批量处理的命令

```
*无标题 - 记事本
文件(F) 编辑(E) 格式(O) 查看(V) 帮助(H)
en
config t
host tdp
ena pass 123456
servi password-enc
enable sec 321
no ip domain-lookup
line cons 0
his size 10
pass 123456
login
exit
user tdp pass 321
line con 0
login local
logging syn
exec-time 1 30
```

图 3.49 在记事本中输入批量处理的命令

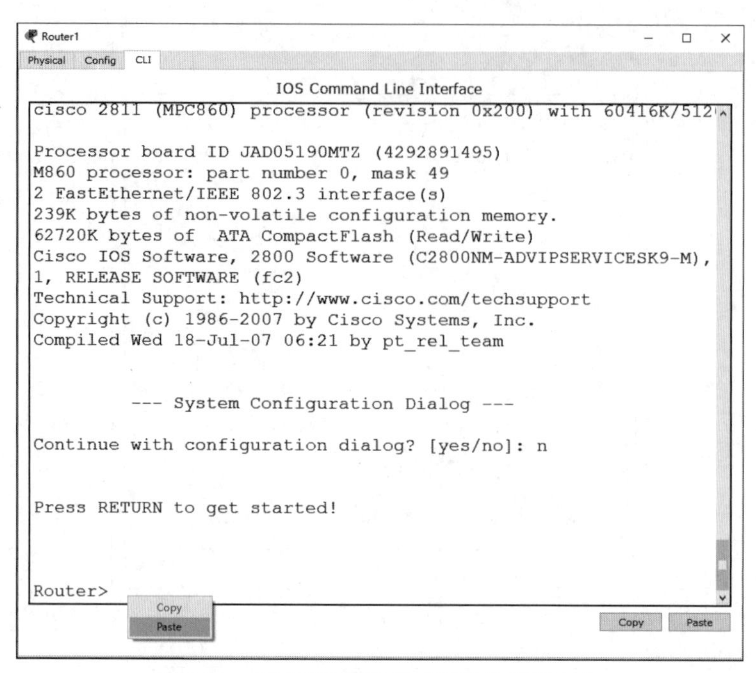

图 3.50　在适当的配置模式下粘贴配置命令

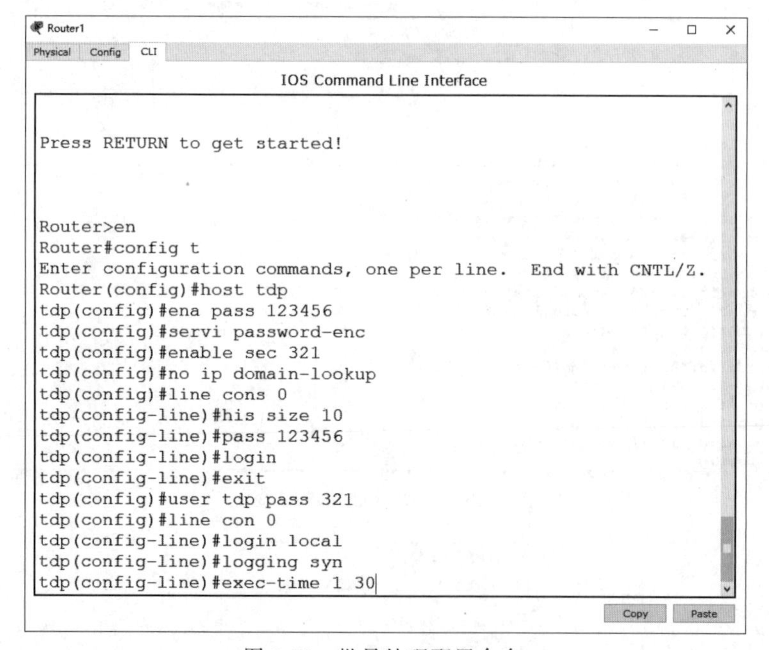

图 3.51　批量处理配置命令

3.4　实验四：利用 Telnet 对路由器进行远程配置

实验要求

构建如图 3.52 所示网络拓扑结构，笔记本电脑利用路由器控制台 Console 口对其进行初始化配置。计算机 PC0、交换机及路由器处于同一个网络中。通过配置网络环境使计算机能够远程登录(Telnet)路由器,从而对路由器进行配置。该实验在 Packet Tracer 仿真环境下完成。

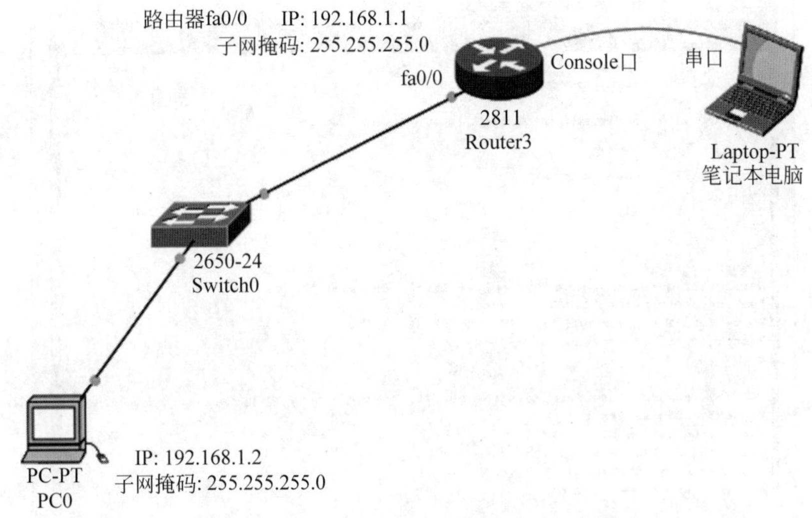

图 3.52　利用 Telnet 对路由器进行远程配置

实验过程

首先在笔记本电脑上执行超级终端程序利用路由器控制台对其进行基本配置。配置路由器端口 fa0/0 的网络地址,若通过 Telnet 对网络设备进行配置,需要配置设备的使能口令,如图 3.53 所示。

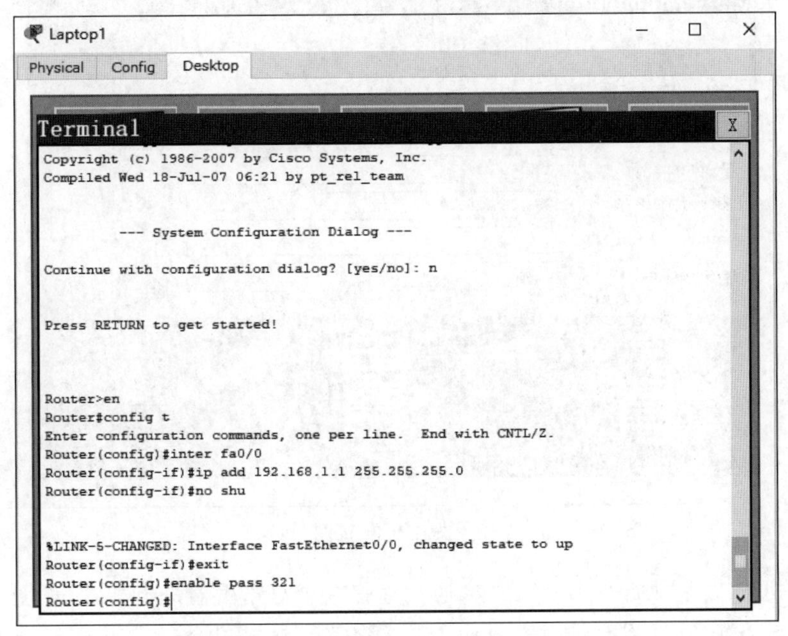

图 3.53　配置端口地址及使能口令

另外,需要在虚拟终端配置模式下配置远程登录线路口令,如图 3.54 所示。

接下来,如图 3.55 所示配置终端计算机 PC0 网络地址参数。

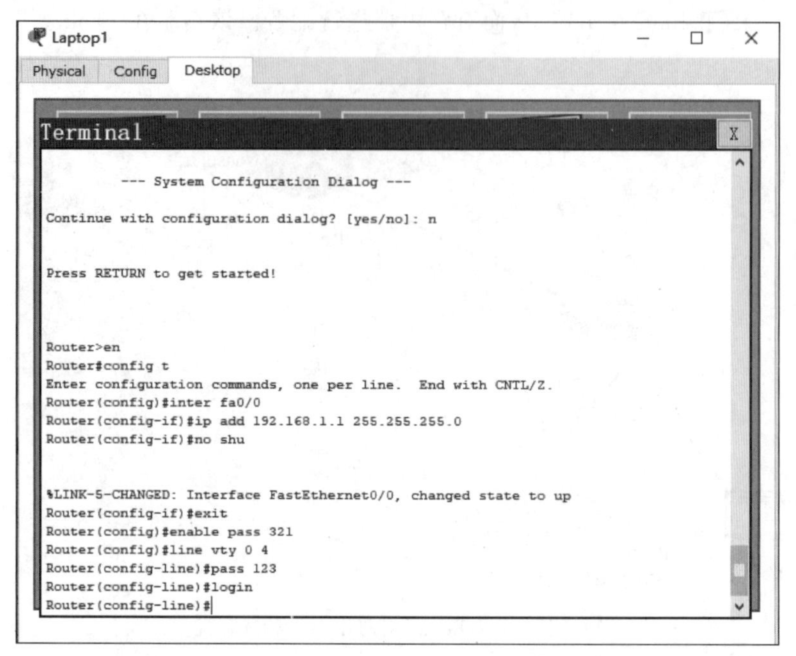

图 3.54 虚拟终端配置模式下配置远程登录线路口令

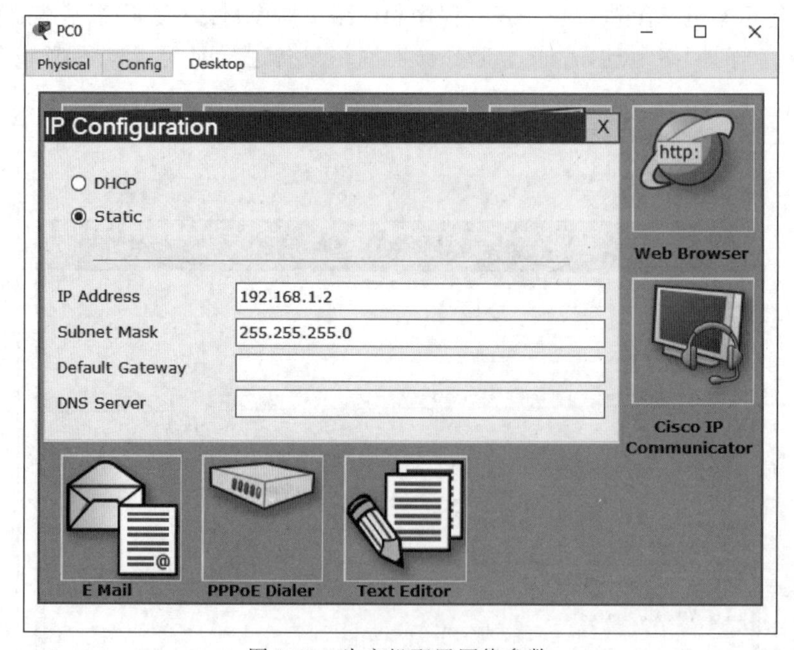

图 3.55 为主机配置网络参数

在计算机 PC0 上执行“telnet”命令，通过远程登录对路由器进行配置，如图 3.56 所示。

如果需要在 PC0 远程登录时既要输入用户名又要输入口令来进行验证，此时需要通过控制台对路由器做如下配置。

```
Router(config)#username tdp password 123
Router(config)#line vty 0 4
```

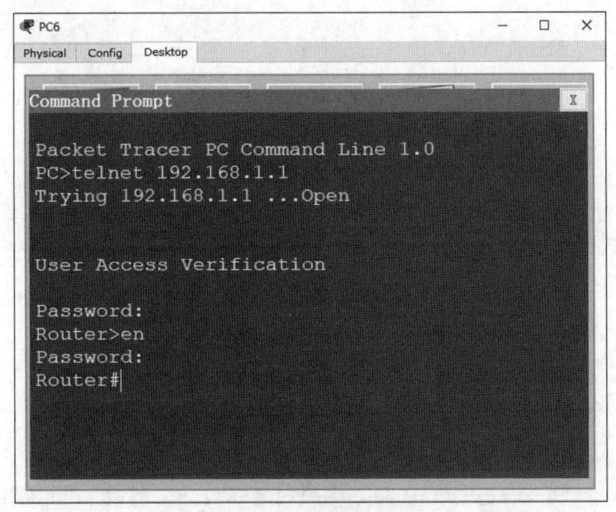

图 3.56　通过远程登录对路由器进行配置

```
Router(config-line)#login local
```

再次验证通过 PC0 远程登录路由器对路由器进行配置的过程如下。

```
PC>telnet 192.168.1.1
Trying 192.168.1.1 ...Open
Warning Don't configure my device, and if configured, you're going to be responsible
for the consequences!!!
User Access Verification
Username: tdp                                        //输入用户名 tdp
Password:                                            //输入口令 123
Router>en
Password:                                            //输入特权口令 321
Router#
```

3.5　实验五：利用 Telnet 对交换机进行远程配置

实验要求

构建如图 3.57 所示的网络拓扑结构，笔记本电脑利用交换机控制台 Console 口对交换机进行初始化配置。计算机 PC1、交换机处于同一个网络中。要求配置该网络环境，可以通过计算机远程登录(Telnet)交换机从而对交换机进行配置。该实验在 Packet Tracer 仿真环境下完成。

实验过程

第一步，在笔记本电脑上利用交换机控制台 Console 口对交换机进行基本配置，包括配置交换机管理接口地址——VLAN 1 地址。

配置交换机 VLAN 1 网络地址，命令如下。

```
Switch#configure terminal                            //进入全局配置模式
Switch(config)#interface vlan 1                      //进入交换机的 SVI 口
```

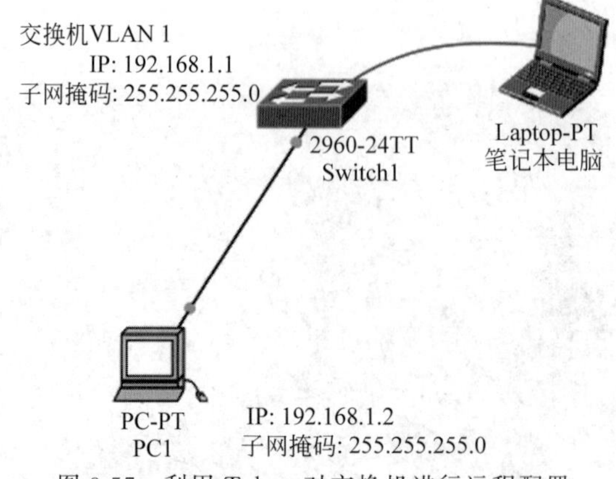

图 3.57　利用 Telnet 对交换机进行远程配置

```
Switch(config-if)#ip address 192.168.1.1 255.255.255.0    //配置 IP 地址
Switch(config-if)#no shu                                  //激活端口
```

第二步，为 Telnet 用户配置登录口令，命令如下。

```
Switch(config)#line vty 0 4                  //进入交换机的虚拟终端
Switch(config-line)#password 123             //设置远程登录访问密码
Switch(config-line)#login                 //要求口令验证，打开登录认证功能
Switch(config-line)#exit
Switch(config)#enable password 321           //设置使能口令
```

第三步，为计算机 PC1 配置网络地址，其 IP 地址为 192.168.1.2，子网掩码为 255.255.255.0。

第四步，通过计算机远程登录交换机，具体如下。

```
PC>telnet 192.168.1.1
Trying 192.168.1.1 ...Open
User Access Verification
Password:                                    //输入口令 123
Switch>enable
Password:                                    //输入使能口令 321
Switch#
```

第五步，若同时需要使用用户名和密码进行登录验证，需要进行如下配置。

```
Switch(config)#username tdp password 123     //设置登录用户名和口令
Switch(config)#line vty 0 4
Switch(config-line)#login local
```

第六步，通过计算机远程登录交换机，具体如下。

```
PC>telnet 192.168.1.1
Trying 192.168.1.1 ...Open
User Access Verification
Username: tdp
```

```
Password:                                    //输入口令 123
Switch>en
Password:                                    //输入使能口令 321
Switch#
```

3.6　实验六：利用 Web 对路由器进行配置

实验要求

构建如图 3.58 所示网络拓扑结构图，在该拓扑结构图中，计算机的以太网口和路由器的以太网口相连，计算机的 USB 口和路由器的 Console 口相连，利用 USB 转串口连接线解决计算机无串口的问题，实验要求利用 Web 对路由器进行配置。该实验在真实环境下完成。

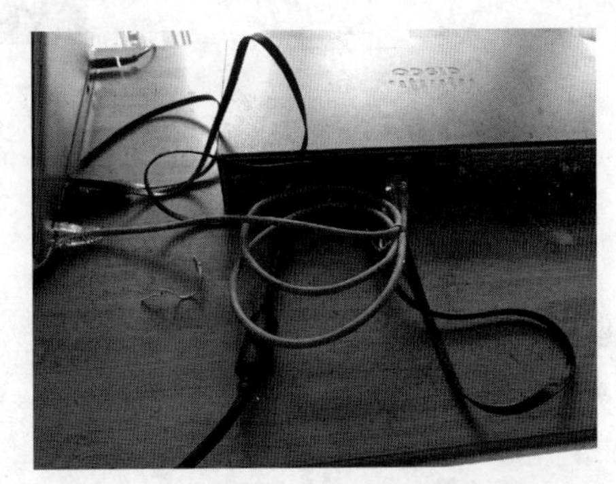

图 3.58　利用 Web 对路由器进行配置

实验器材

Cisco 路由器 1 台，笔记本电脑 1 台，配置线 1 根，双绞线 1 根。

实验过程

利用 Web 对路由器进行配置，需要完成基本配置。

首先执行本章实验一利用 Console 口对网络设备进行配置，利用终端仿真程序 SecureCRT 对真实网络设备进行配置的实验过程，从而进入路由器的配置界面。对路由器进行基本配置如下。

```
Router#configure terminal
Router(config)#ip http server          //在路由器配置模式下执行 ip http server 命令
Router(config)#ip http authentication local
                      //同在配置模式下，使用"ip http authentication" 命令选择认证方式
Router(config)#interface gigabitEthernet 0
Router(config-if)#ip address 192.168.1.1 255.255.255.0    //为路由器配置端口 IP 地址
Router(config-if)#no shu
Router(config-if)#exit
Router(config)#username t privilege 15 password 0 123
                                          //设置本地认证需要的用户名和密码
```

接下来对计算机进行相关操作，设置计算机的 IP 地址为 192.168.1.2，子网掩码为 255.255.255.0，在确保计算机和路由器正常通信的情况下，在计算机的 Google 浏览器地址栏中输入路由器端口 IP 地址(192.168.1.1)并按回车键，出现如图 3.59 所示的路由器配置登录界面。

在路由器的登录界面窗口中，输入设置好的用户名“t”，密码“123”后，成功登录路由器的配置界面，如图 3.60 所示。

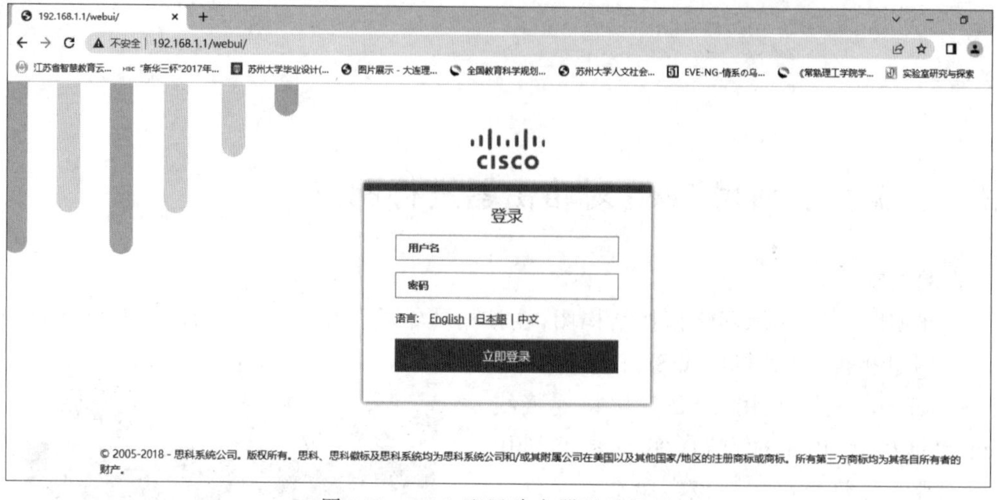

图 3.59　Web 配置路由器登录界面

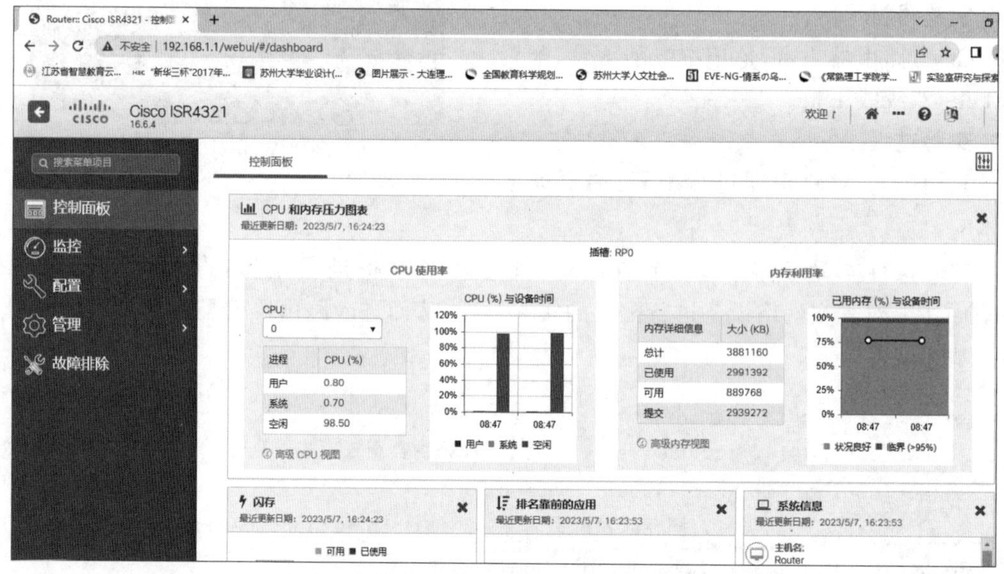

图 3.60　成功登录后的路由器配置界面

3.7　实验七：利用 Web 对交换机进行配置

实验要求

利用 Web 对交换机进行配置。

实验器材

Cisco 交换机 1 台，笔记本电脑 1 台，配置线 1 根，双绞线 1 根。

实验过程

利用 Web 配置交换机，需要完成如下基本操作，首先对交换机进行基本配置，具体配置过程如下。

(1) 在交换机配置模式下执行“ip http server”命令。

(2) 同在配置模式下,使用“ip http authentication”命令选择认证方式。

(3) 为交换机配置管理 IP 地址。

接下来对计算机进行相关操作,设置计算机的 IP 地址、子网掩码,在确保计算机和交换机正常通信的情况下,在计算机的 Google 浏览器地址栏中输入交换机管理 IP 并按回车键。

3.8　实验八:思科发现协议(CDP)实验

实验要求

构建如图 3.61 所示的网络拓扑结构,该拓扑结构由一台路由器、两台交换机以及一台计算机组成。实验要求在未知网络设备组成、网络拓扑结构的情况下,通过思科发现协议(CDP)发现组成网络的详细信息。该实验在 Packet Tracer 仿真环境下完成。

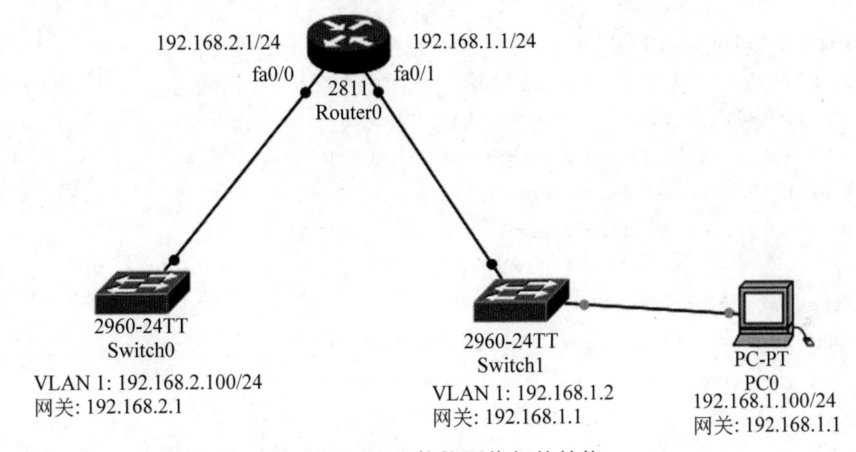

图 3.61　CDP 协议网络拓扑结构

实验过程

1. 配置网络使网络互联互通

1) 配置路由器 Router0

```
Router0(config)#interface fastEthernet 0/0                 //进入接口 fa0/0
Router0(config-if)#ip address 192.168.2.1 255.255.255.0    //配置 IP 地址
Router0(config-if)#no shu                                   //激活该接口
Router0(config-if)#exit                                     //退出
Router0(config)#interface fastEthernet 0/1                 //进入接口 fa0/1
Router0(config-if)#ip address 192.168.1.1 255.255.255.0    //配置 IP 地址
Router0(config-if)#no shu                                   //激活接口
```

2) 配置交换机 Switch0

```
Switch0(config)#interface vlan 1                        //进入交换机管理接口 VLAN 1
Switch0(config-if)#ip address 192.168.2.100 255.255.255.0   //配置 IP 地址
Switch0(config-if)#no shu                                   //激活
```

```
Switch0(config-if)#exit                                   //退出
Switch0(config)#ip default-gateway 192.168.2.1            //配置默认网关
```

3）配置交换机 Switch1

```
Switch1(config)#interface vlan 1                          //进入管理接口 VLAN 1
Switch1(config-if)#ip address 192.168.1.2 255.255.255.0   //配置 IP 地址
Switch1(config-if)#no shu                                 //激活
Switch1(config-if)#exit                                   //退出
Switch1(config)#ip default-gateway 192.168.1.1            //配置默认网关
```

4）配置计算机 PC0

设置计算机 PC0 的 IP 地址为 192.168.1.100，子网掩码配置为 255.255.255.0，网关为 192.168.1.1。

5）测试网络连通性

通过计算机 PC0 ping 交换机 Switch0 测试网络连通性，结果如下。

```
C:\>ping 192.168.2.100
Pinging 192.168.2.100 with 32 bytes of data:
Reply from 192.168.2.100: bytes=32 time<1ms TTL=254
Reply from 192.168.2.100: bytes=32 time<1ms TTL=254
Reply from 192.168.2.100: bytes=32 time<1ms TTL=254
Reply from 192.168.2.100: bytes=32 time<1ms TTL=254

Ping statistics for 192.168.2.100:
Packets: Sent =4, Received =4, Lost =0 (0% loss),
Approximate round trip times in milli-seconds:
Minimum =0ms, Maximum =0ms, Average =0ms
C:\>
```

结果显示网络互联互通。

2. 对交换机和路由器进行配置，使它们满足远程登录的要求

1）配置交换机 Switch1

```
Switch1(config)#username t1 password 123                  //设置用户名和密码
Switch1(config)#enable password 321                       //配置使能密码
Switch1(config)#line vty 0 4
Switch1(config-line)#login local
Switch1(config-line)#exit
```

2）配置路由器 Router0

```
Router0(config)#username t2 password 1234                 //配置用户名和密码
Router0(config)#line vty 0 4
Router0(config-line)#login local
Router0(config-line)#exit
Router0(config)#enable password 4321                      //配置使能口令
```

3）配置交换机 Switch0

```
Switch0(config)#username t3 password 12345                //配置用户名和密码
Switch0(config)#line vty 0 4
Switch0(config-line)#login local
Switch0(config-line)#exit
Switch0(config)#enable password 54321                     //配置使能口令
```

3. 利用 CDP 命令发现网络拓扑结构

1）在计算机 PC0 上通过“telnet”命令登录交换机 Switch1

```
C:\>telnet 192.168.1.2
Trying 192.168.1.2 ...Open
User Access Verification
Username: t1
Password:
Switch1>en
Password:
Switch1#
```

2）在交换机 Switch1 上通过执行“cdp”命令查看邻居设备情况

通过“show cdp neighbors”命令发现交换机 Switch1 的邻居情况，结果如下。

```
Switch1#show cdp neighbors
Capability Codes: R -Router, T -Trans Bridge, B -Source Route Bridge
S -Switch, H -Host, I -IGMP, r -Repeater, P -Phone
Device ID Local Intrfce Holdtme Capability Platform Port ID
Router0     fas 0/1    139         R      C2800     fas 0/1
Switch1#
```

结果显示邻居设备 ID 为 Router0，通过本地设备端口 fa0/1 与邻居设备端口 Router0fa0/1 相连，邻居设备型号为 C2800。

通过“show cdp entry”命令查看邻居设备详细信息，结果如下。

```
Switch1#show cdp entry *
Device ID: Router0
Entry address(es):
IP address : 192.168.1.1
Platform: cisco C2800, Capabilities: Router
Interface: FastEthernet0/1, Port ID (outgoing port): FastEthernet0/1
Holdtime: 156
Version:
Cisco IOS Software, 2800 Software (C2800NM-ADVIPSERVICESK9-M), Version 12.4(15)
T1, RELEASE SOFTWARE (fc2)
Technical Support: http://www.cisco.com/techsupport
Copyright (c) 1986-2007 by Cisco Systems, Inc.
Compiled Wed 18-Jul-07 06:21 by pt_rel_team
advertisement version: 2
```

```
Duplex: full
Switch1#
```

可以发现邻居设备端口 fa0/1 的 IP 地址为 192.168.1.1。

3）进一步通过“telnet”命令登录到路由器 Router0

```
Switch1#telnet 192.168.1.1
Trying 192.168.1.1 ...Open
User Access Verification
Username: t2
Password:
Router0>en
Password:
Router0#
```

4）在路由器 Router0 上通过执行“cdp”命令查看邻居设备情况

通过“show cdp neighbors”命令发现路由器 Router0 的邻居情况，结果如下。

```
Router0#show cdp neighbors
Capability Codes: R -Router, T -Trans Bridge, B -Source Route Bridge
S -Switch, H -Host, I -IGMP, r -Repeater, P -Phone
Device ID  Local Intrfce  Holdtme  Capability  Platform  Port ID
Switch0       fas0/0        138         s          2960     fas0/1
Switch1       fas0/1        129         s          2960     fas0/1
Router0#
```

通过“cdp”命令可以查看到路由器 Router0 的邻居设备有两个，分别为交换机 Switch0 和交换机 Switch1，其中，交换机 Switch1 已知，交换机 Switch0 为路由器 Router0 连接的另一台设备。具体情况为：邻居设备的 ID 为 Switch0，其设备型号为 2960，本设备 Router0 的端口 fa0/0 与邻居设备的端口 fa0/1 相连。

通过“show cdp entry”命令可以查看邻居设备的具体情况，查看结果如下。

```
Router0#show cdp entry *
Device ID: Switch0
Entry address(es):
IP address: 192.168.2.100
Platform: cisco 2960, Capabilities: Switch
Interface: FastEthernet0/0, Port ID (outgoing port): FastEthernet0/1
Holdtime: 151
Version:
Cisco IOS Software, C2960 Software (C2960-LANBASE-M), Version 12.2(25)FX, RELEASE
SOFTWARE (fc1)
Copyright (c) 1986-2005 by Cisco Systems, Inc.
Compiled Wed 12-Oct-05 22:05 by pt_team
advertisement version: 2
Duplex: full
---------------------------
```

```
Device ID: Switch1
Entry address(es):
IP address: 192.168.1.2
Platform: cisco 2960, Capabilities: Switch
Interface: FastEthernet0/1, Port ID (outgoing port): FastEthernet0/1
Holdtime: 141
Version:
Cisco IOS Software, C2960 Software (C2960-LANBASE-M), Version 12.2(25)FX, RELEASE
SOFTWARE (fc1)
Copyright (c) 1986-2005 by Cisco Systems, Inc.
Compiled Wed 12-Oct-05 22:05 by pt_team
advertisement version: 2
Duplex: full
Router0#
```

可以发现，邻居设备 Switch0 的 IP 地址为 192.168.2.100。

5）进一步通过"telnet"命令登录到交换机 Switch0

```
Switch1#telnet 192.168.2.100
Trying 192.168.1.1 ...Open
User Access Verification
Username: t3
Password:
Router0>en
Password:
Router0#
```

6）在交换机 Switch0 上通过执行"cdp"命令查看邻居设备情况

```
Switch0#show cdp neighbors
Capability Codes: R -Router, T -Trans Bridge, B -Source Route Bridge
                  S -Switch, H -Host, I -IGMP, r -Repeater, P -Phone
Device ID  Local Intrfce  Holdtme  Capability  Platform  Port ID
Router0       fas0/1        175        R         C2800    fas0/0
```

通过"cdp"命令可以查看到交换机 Switch0 的邻居设备只有一个为路由器 Router0，具体情况为：邻居设备的 ID 为 Router0，其设备型号为 C2800，本设备 Switch0 的端口 fa0/1 与邻居设备的端口 fa0/0 相连。

以上结果表明交换机 Switch0 为本网络拓扑的最后一台设备，不再延伸连接其他设备。

在实际练习过程中，往往通过将网络拓扑隐藏的方式通过"cdp"命令来一步步探索出整个网络的拓扑结构。隐藏后的网络拓扑如图 3.62 所示。

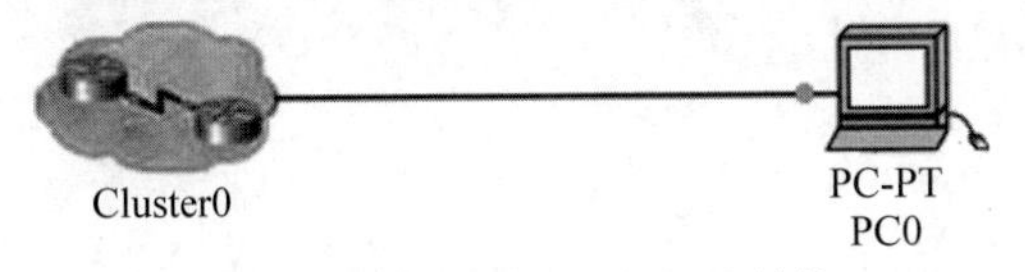

图 3.62 隐藏后的网络拓扑结构

默认情况下,设备CDP功能是开启的,关闭或打开CDP相关功能的配置如下。

```
Router0(config)#no cdp run                              //全局关闭 CDP
Router0(config)#cdp run                                 //全局启用 CDP
Router0(config)#interface fastEthernet 0/0
Router0(config-if)#no cdp enable                        //端口关闭 CDP
Router0(config-if)#cdp enable                           //端口启用 CDP
```

第 4 章　交换机广播隔离及网络健壮性增强技术

4.1　实验一：同一台交换机基于端口 VLAN 的基本划分

实验要求

构建如图 4.1 所示的网络拓扑结构，该拓扑结构由 1 台交换机以及 4 台计算机组成。实验要求将交换机的端口 fa0/1 和 fa0/2 划分到 VLAN 10、交换机的端口 fa0/10 划分到 VLAN 20、交换机的端口 fa0/20 划分到 VLAN 30，见表 4.1。该实验在 Packet Tracer 仿真环境下完成。

表 4.1　同一台交换机基于端口 VLAN 的基本划分

VLAN 10	VLAN 20	VLAN 30
fa0/1、fa0/2	fa0/10	fa0/20

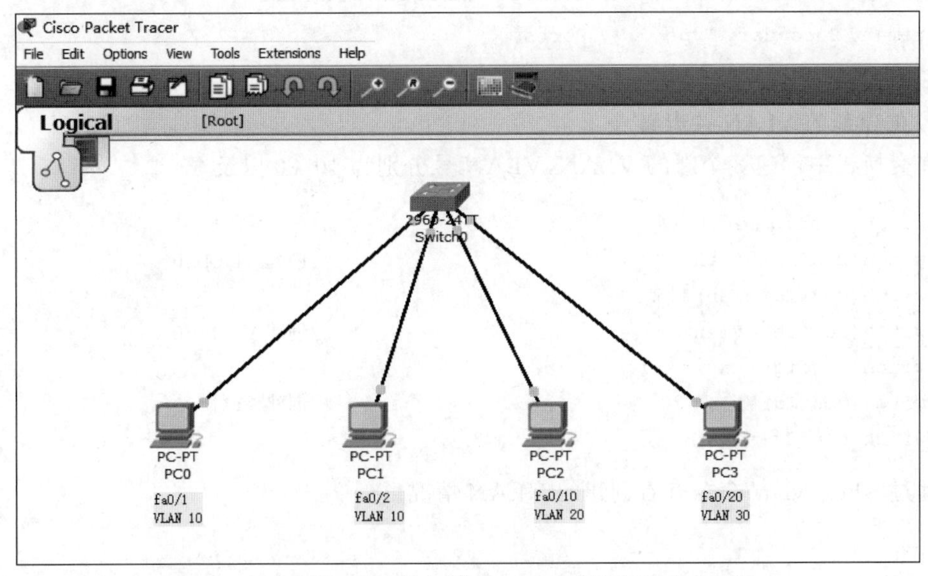

图 4.1　基于同一台交换机端口 VLAN 划分网络拓扑结构

实验过程

1. 查看交换机初始 VLAN 情况

通过"show vlan"命令查看交换机初始 VLAN 情况，结果显示所有的端口都属于 VLAN 1。

```
Switch#show vlan
VLAN Name                             Status     Ports
```

```
-------------------------------------------
1 default                    active    fa0/1, fa0/2, fa0/3, fa0/4
                                       fa0/5, fa0/6, fa0/7, fa0/8
                                       fa0/9, fa0/10, fa0/11, fa0/12
                                       fa0/13, fa0/14, fa0/15, fa0/16
                                       fa0/17, fa0/18, fa0/19, fa0/20
                                       fa0/21, fa0/22, fa0/23, fa0/24
                                       Gig1/1, Gig1/2
1002 fddi-default            act/unsup
1003 token-ring-default      act/unsup
1004 fddinet-default         act/unsup
1005 trnet-default           act/unsup
VLAN  Type   SAID   MTU   Parent RingNo BridgeNo Stp  BrdgMode Trans1 Trans2
-------------------------------------------
1     enet   100001  1500  -  -  -   -    -  0  0
1002  fddi   101002  1500  -  -  -   -    -  0  0
1003  tr     101003  1500  -  -  -   -    -  0  0
1004  fdnet  101004  1500  -  -  -  ieee  -  0  0
1005  trnet  101005  1500  -  -  -  ibm   -  0  0
Remote SPAN VLANs
-------------------------------------------
Primary Secondary Type       Ports
-------------------------------------------
```

2. 创建新的 VLAN 并查看

在交换机中创建 3 个新的 VLAN,VLAN 号分别为 10、20 以及 30。

```
Switch#config terminal
Switch(config)#vlan 10                        //创建 VLAN 10
Switch(config-vlan)#exit
Switch(config)#vlan 20                        //创建 VLAN 20
Switch(config-vlan)#exit
Switch(config)#vlan 30                        //创建 VLAN 30
Switch(config-vlan)#
```

通过"show vlan"命令查看创建的 VLAN 情况。

```
Switch#show vlan
VLAN  Name                   Status     Ports
-------------------------------------------
1     default                active     fa0/1, fa0/2, fa0/3, fa0/4
                                        fa0/5, fa0/6, fa0/7, fa0/8
                                        fa0/9, fa0/10, fa0/11, fa0/12
                                        fa0/13, fa0/14, fa0/15, fa0/16
                                        fa0/17, fa0/18, fa0/19, fa0/20
                                        fa0/21, fa0/22, fa0/23, fa0/24
                                        Gig1/1, Gig1/2
```

```
10    VLAN0010              active
20    VLAN0020              active
30    VLAN0030              active
1002  fddi-default          act/unsup
1003  token-ring-default    act/unsup
1004  fddinet-default       act/unsup
1005  trnet-default         act/unsup
VLAN  Type  SAID    MTU  Parent RingNo BridgeNo Stp  BrdgMode Trans1 Trans2
---------------------------------------------------
1     enet  100001  1500  -  -  -  -     -  0  0
10    enet  100010  1500  -  -  -  -     -  0  0
20    enet  100020  1500  -  -  -  -     -  0  0
30    enet  100030  1500  -  -  -  -     -  0  0
1002 fddi   101002  1500  -  -  -  -     -  0  0
1003 tr     101003  1500  -  -  -  -     -  0  0
1004 fdnet  101004  1500  -  -  -  ieee  -  0  0
1005 trnet  101005  1500  -  -  -  ibm   -  0  0
Remote SPAN VLANs
---------------------------------------------------
Primary Secondary Type          Ports
---------------------------------------------------
Switch#
```

结果表明，创建了 3 个 VLAN。交换机中所有端口仍然属于 VLAN 1，新创建的 VLAN 下没有相应的端口。

3. 将端口划分到相应的 VLAN 中

通过基于端口 VLAN 划分方法，按照表 4.1 的要求将相应的端口分别划分到对应的 VLAN 中。

```
Switch#configure terminal                         //进入全局配置模式
Switch(config)#interface fastEthernet 0/1         //进入交换机端口 fa0/1
Switch(config-if)#switchport mode access          //将该端口配置成 access 模式
Switch(config-if)#switchport access vlan 10       //将该端口划分到 VLAN 10 中
Switch(config-if)#exit                            //退出
Switch(config)#interface fastEthernet 0/2         //进入交换机端口 fa0/2
Switch(config-if)#switchport mode access          //将该端口配置成 access 模式
Switch(config-if)#switchport access vlan 10       //将该端口划分到 VLAN 10 中
Switch(config-if)#exit                            //退出
Switch(config)#interface fastEthernet 0/10        //进入交换机端口 fa0/10
Switch(config-if)#switchport mode access          //将该端口配置成 access 模式
Switch(config-if)#switchport access vlan 20       //将该端口划分到 VLAN 20 中
Switch(config-if)#exit                            //退出
Switch(config)#interface fastEthernet 0/20        //进入交换机端口 fa0/20
Switch(config-if)#switchport mode access          //将该端口配置成 access 模式
Switch(config-if)#switchport access vlan 30       //将该端口划分到 VLAN 30 中
```

4. 查看结果

通过"show vlan"命令查看实验结果。

```
Switch#show vlan
VLAN  Name                  Status      Ports
----------------------------------------------
1     default               active      fa0/3, fa0/4, fa0/5, fa0/6
                                        fa0/7, fa0/8, fa0/9, fa0/11
                                        fa0/12, fa0/13, fa0/14, fa0/15
                                        fa0/16, fa0/17, fa0/18, fa0/19
                                        fa0/21, fa0/22, fa0/23, fa0/24
                                        Gig1/1, Gig1/2
10    VLAN0010              active      Fa0/1, Fa0/2
20    VLAN0020              active      Fa0/10
30    VLAN0030              active      Fa0/20
1002  fddi-default          act/unsup
1003  token-ring-default    act/unsup
1004  fddinet-default       act/unsup
```

结果表明,将交换机的端口 fa0/1 和 fa0/2 划分到 VLAN 10、交换机的端口 fa0/10 划分到 VLAN 20、交换机的端口 fa0/20 划分到 VLAN 30,符合实验要求。

4.2 实验二:同一台交换机将连续多个端口划分到一个 VLAN

实验要求

取一台交换机,按照表 4.2 中的要求进行 VLAN 划分。其中,交换机的连续 9 个端口 fa0/1～fa0/9 划分到 VLAN 10 中,交换机的 10 个连续端口 fa0/10～fa0/19 划分到 VLAN 20 中,交换机的 5 个连续端口 fa0/20～fa0/24 划分到 VLAN 30 中。该实验在 Packet Tracer 仿真环境下完成。

表 4.2 同一台交换机连续多个端口的 VLAN 划分

VLAN 号	端　口
10	fastEthernet0/1,fastEthernet0/2, fastEthernet0/3,fastEthernet0/4,fastEthernet0/5, fastEthernet0/6,fastEthernet0/7,fastEthernet0/8,fastEthernet0/9
20	fastEthernet0/10,fastEthernet0/11,fastEthernet0/12,fastEthernet0/13,fastEthernet0/14, fastEthernet0/15,fastEthernet0/16,fastEthernet0/17,fastEthernet0/18,fastEthernet0/19
30	fastEthernet0/20,fastEthernet0/21,fastEthernet0/22,fastEthernet0/23,fastEthernet0/24

实验过程

1. 创建 VLAN

```
Switch#configure terminal                      //进入全局配置模式
Switch(config)#vlan 10                         //创建 VLAN 10
Switch(config-vlan)#exit                       //退出
Switch(config)#vlan 20                         //创建 VLAN 20
```

```
Switch(config-vlan)#exit                                    //退出
Switch(config)#vlan 30                                      //创建 VLAN 30
Switch(config-vlan)#exit                                    //退出
```

2. 按照表 4.2 中的要求将端口划分到相应的 VLAN

```
Switch(config)#interface range fastEthernet 0/1 -9
                                              //进入交换机连续 9 个端口 fa0/1～fa0/9
Switch(config-if-range)#switchport mode access       //将这 9 个端口配置成 access 模式
Switch(config-if-range)#switchport access vlan 10    //将这 9 个端口划分到 VLAN 10 中
Switch(config-if-range)#exit                         //退出
Switch(config)#interface range fastEthernet 0/10 -19
//进入交换机 10 个连续端口 fa0/10～fa0/19
Switch(config-if-range)#switchport mode access       //将这 10 个端口配置成 access 模式
Switch(config-if-range)#switchport access vlan 20    //将这 10 个端口划分到 VLAN 20 中
Switch(config-if-range)#exit                         //退出
Switch(config)#interface range fastEthernet 0/20 -24
//进入交换机 5 个连续端口 fa0/20～fa0/24
Switch(config-if-range)#switchport mode access       //将这 5 个端口配置成 access 模式
Switch(config-if-range)#switchport access vlan 30    //将这 5 个端口划分到 VLAN 30 中
```

3. 查看结果

通过“show vlan”命令验证 VLAN 划分情况。

```
Switch#show vlan
VLAN   Name                 Status    Ports
-----------------------------------------------------------
1      default              active    Gig1/1, Gig1/2
10     VLAN0010             active    fa0/1, fa0/2, fa0/3, fa0/4
                                      fa0/5, fa0/6, fa0/7, fa0/8
                                      fa0/9
20     VLAN0020             active    fa0/10, fa0/11, fa0/12, fa0/13
                                      fa0/14, fa0/15, fa0/16, fa0/17
                                      fa0/18, fa0/19
30     VLAN0030             active    fa0/20, fa0/21, fa0/22, fa0/23
                                      fa0/24
1002   fddi-default         act/unsup
```

结果表明，交换机的 9 个连续端口 fa0/1～fa0/9 划分到 VLAN 10 中，交换机的 10 个连续端口 fa0/10～fa0/19 划分到 VLAN 20 中，交换机的 5 个连续端口 fa0/20～fa0/24 划分到 VLAN 30 中，符合实验的要求。

4.3　实验三：同一台交换机不连续多个端口划分到一个 VLAN

实验要求

取一台交换机，按照表 4.3 中的要求进行 VLAN 划分。属于同一台交换机中不连续多个端口划分到一个 VLAN 的情况。该实验在 Packet Tracer 仿真环境下完成。

表 4.3　同一台交换机不连续多个端口的 VLAN 划分

VLAN 号	端　口
10	fastEthernet0/1,fastEthernet0/3,fastEthernet0/5,fastEthernet0/7,fastEthernet0/9
20	fastEthernet0/2,fastEthernet0/4,fastEthernet0/6,fastEthernet0/8,fastEthernet0/10
30	fastEthernet0/12, fastEthernet0/14, fastEthernet0/16, fastEthernet0/18, fastEthernet0/20, fastEthernet0/22

实验过程

1. 创建 VLAN

```
Switch#config t                                  //进入全局配置模式
Switch(config)#vlan 10                           //创建 VLAN 10
Switch(config-vlan)#exit                         //退出
Switch(config)#vlan 20                           //创建 VLAN 20
Switch(config-vlan)#exit                         //退出
Switch(config)#vlan 30                           //创建 VLAN 30
Switch(config-vlan)#exit                         //退出
```

2. 按照表 4.3 中的要求将端口划分到相应的 VLAN

```
Switch(config)#interface range fastEthernet 0/1,fa0/3,fa0/5,fa0/7,fa0/9
                                      //进入交换机不连续的端口,中间用逗号隔开
Switch(config-if-range)#switchport mode access      //将端口配置成 access 模式
Switch(config-if-range)#switchport access vlan 10
                                      //将不连续端口一次性划分到 VLAN 10 中
Switch(config-if-range)#exit
Switch(config)#interface range fastEthernet 0/2,fa0/4,fa0/6,fa0/8,fa0/10
                                      //进入交换机不连续的端口,中间用逗号隔开
Switch(config-if-range)#switchport mode access      //将端口配置成 access 模式
Switch(config-if-range)#switchport access vlan 20
                                      //将不连续端口一次性划分到 VLAN 20 中
Switch(config-if-range)#exit
Switch(config)#interface range fastEthernet 0/12,fa0/14,fa0/16,fa0/18,fa0/20,
fa0/22                                //进入交换机不连续的端口,中间用逗号隔开
Switch(config-if-range)#switchport mode access      //将端口配置成 access 模式
Switch(config-if-range)#switchport access vlan 30
                                      //将不连续端口一次性划分到 VLAN 30 中
Switch(config-if-range)#
```

3. 查看结果

通过“show vlan”命令查看 VLAN 划分情况。

```
Switch#show vlan
VLAN    Name                 Status    Ports
-------------------------------------------------
1       default              active    fa0/12, fa0/14, fa0/16, fa0/18
                                       fa0/20, fa0/21, fa0/22, fa0/23
                                       fa0/24, Gig1/1, Gig1/2
```

```
10      VLAN0010            active    fa0/1, fa0/3, fa0/5, fa0/7
                                      fa0/9
20      VLAN0020            active    fa0/2, fa0/4, fa0/6, fa0/8
                                      fa0/10
30      VLAN0030            active    fa0/12, fa0/14, fa0/16, fa0/18
                                      fa0/20,fa0/22
1002    fddi-default        act/unsup
1003    token-ring-default  act/unsup
```

结果表明，按照表 4.3 的要求将不连续多个端口划分到一个 VLAN 中。

4.4　实验四：同一台交换机部分连续部分不连续端口划分到一个 VLAN

实验要求

取一台交换机，按照表 4.4 中的要求进行 VLAN 划分。这属于同一台交换机中部分连续部分不连续端口划分到一个 VLAN 的情况。该实验在 Packet Tracer 仿真环境下完成。

表 4.4　同一台交换机部分连续部分不连续端口的 VLAN 划分

VLAN 号	端　口
10	fastEthernet0/1，fastEthernet0/2，fastEthernet0/3，fastEthernet0/4，fastEthernet0/5，fastEthernet0/7，fastEthernet0/9
20	fastEthernet0/6，fastEthernet0/8，fastEthernet0/10，fastEthernet0/11，fastEthernet0/12，fastEthernet0/13，fastEthernet0/14，fastEthernet0/15
30	fastEthernet0/16，fastEthernet0/18，fastEthernet0/20，fastEthernet0/21，fastEthernet0/22，fastEthernet0/23，fastEthernet0/24

实验过程

1. 创建 VLAN

```
Switch#config t                             //进入全局配置模式
Switch(config)#vlan 10                      //创建 VLAN 10
Switch(config-vlan)#vlan 20                 //创建 VLAN 20
Switch(config-vlan)#vlan 30                 //创建 VLAN 30
Switch(config-vlan)#exit                    //退出
```

2. 按照表 4.4 中的要求将端口划分到相应的 VLAN

```
Switch(config)#interface range fastEthernet 0/1-5,fa0/7,fa0/9
                          //进入交换机部分连续部分不连续的端口,中间用逗号隔开
Switch(config-if-range)#switchport mode access       //将端口配置成 access 模式
Switch(config-if-range)#switchport access vlan 10    //将端口一次性划分到 VLAN 10 中
Switch(config-if-range)#exit                         //退出
Switch(config)#interface range fastEthernet 0/6,fa0/8,fa0/10-15
                          //进入交换机部分连续部分不连续的端口,中间用逗号隔开
Switch(config-if-range)#switchport mode access       //将端口配置成 access 模式
Switch(config-if-range)#switchport access vlan 20    //将端口一次性划分到 VLAN 20 中
```

```
Switch(config-if-range)#exit                          //退出
Switch(config)#interface range fastEthernet 0/16,fa0/18,fa0/20-24
                                    //进入交换机部分连续部分不连续的端口,中间用逗号隔开
Switch(config-if-range)#switchport mode access        //将端口配置成 access 模式
Switch(config-if-range)#switchport access vlan 30     //将端口一次性划分到 VLAN 30 中
```

3. 查看结果

通过"show vlan"命令验证 VLAN 划分情况。

```
Switch#show vlan

VLAN    Name                  Status      Ports
---------------------------------------------------
1       default               active      fa0/17, fa0/19, Gig1/1, Gig1/2
10      VLAN0010              active      fa0/1, fa0/2, fa0/3, fa0/4
                                          Fa0/5, Fa0/7, Fa0/9
20      VLAN0020              active      fa0/6, fa0/8, fa0/10, fa0/11
                                          fa0/12, fa0/13, fa0/14, fa0/15
30      VLAN0030              active      fa0/16, fa0/18, fa0/20, fa0/21
                                          fa0/22, fa0/23, fa0/24
1002    fddi-default          act/unsup
1003    token-ring-default    act/unsup
```

结果表明,按照表 4.4 中的要求将同一台交换机中部分连续部分不连续端口划分到一个 VLAN 中。

4.5 实验五:跨交换机基于端口 VLAN 划分

实验要求

构建如图 4.2 所示的网络拓扑结构,该拓扑结构由两台交换机以及 8 台计算机组成。实验要求按照网络拓扑图及表 4.5 和表 4.6 的要求进行 VLAN 的划分,并且要求跨越两台交换机的相同 VLAN 间的计算机能够进行互相通信。该实验在 Packet Tracer 仿真环境下完成。

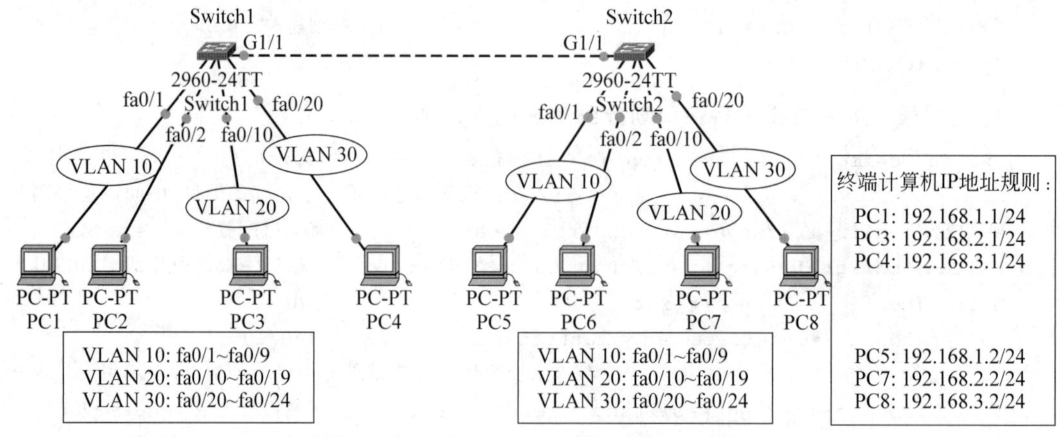

图 4.2 跨交换机 VLAN 配置网络拓扑结构

表 4.5　交换机 Switch1 VLAN 划分

VLAN 号	端　口
10	fa0/1,fa0/2, fa0/3, fa0/4,fa0/5, fa0/6, fa0/7, fa0/8,fa0/9
20	fa0/10,fa0/11, fa0/12, fa0/13, fa0/14, fa0/15, fa0/16, fa0/17,fa0/18,fa0/19
30	fa0/20,fa0/21, fa0/22, fa0/23,fa0/24

表 4.6　交换机 Switch2 VLAN 划分

VLAN 号	端　口
10	fa0/1,fa0/2, fa0/3, fa0/4, fa0/5, fa0/6, fa0/7, fa0/8,fa0/9
20	fa0/10,fa0/11, fa0/12, fa0/13,fa0/14, fa0/15, fa0/16, fa0/17, fa0/18,fa0/19
30	fa0/20,fa0/21,fa0/22, fa0/23,fa0/24

实验过程

1. 对交换机进行基本配置

1）配置交换机 Switch1

```
Switch>en                                                  //进入特权模式
Switch#config t                                            //进入全局配置模式
Switch(config)#hostname switch1                            //为交换机命名
switch1(config)#vlan 10                                    //创建 VLAN 10
switch1(config-vlan)#vlan 20                               //创建 VLAN 20
switch1(config-vlan)#vlan 30                               //创建 VLAN 30
switch1(config-vlan)#exit                                  //退出
switch1(config)#interface range fastEthernet 0/1-9
                                                           //进入交换机端口 fa0/1～fa0/9
switch1(config-if-range)#switchport access vlan 10
                                                           //将交换机端口划分到 VLAN 10 中
switch1(config-if-range)#exit                              //退出
switch1(config)#interface range fastEthernet 0/10-19
                                                           //进入交换机端口 fa0/10～fa0/19
switch1(config-if-range)#switchport access vlan 20
                                                           //将交换机端口划分到 VLAN 20 中
switch1(config-if-range)#exit                              //退出
switch1(config)#interface range fastEthernet 0/20-24
                                                           //进入交换机端口 fa0/20～fa0/24
switch1(config-if-range)#switchport access vlan 30
                                                           //将交换机的端口划分到 VLAN 30 中
switch1(config-if-range)#exit                              //退出
```

2）配置交换机 Switch2

```
Switch>en                                                  //进入特权模式
Switch#config t                                            //进入全局配置模式
Switch(config)#hostname switch2                            //为交换机命名
```

```
switch2(config)#vlan 10                                   //创建 VLAN 10
switch2(config-vlan)#vlan 20                              //创建 VLAN 20
switch2(config-vlan)#vlan 30                              //创建 VLAN 30
switch2(config-vlan)#exit                                 //退出
switch2(config)#interface range fastEthernet 0/1-9 //进入交换机端口 fa0/1～fa0/9
switch2(config-if-range)#switchport access vlan 10    //将交换机的端口划分到 VLAN
10 中
switch2(config-if-range)#exit                             //退出
switch2(config)#interface range fastEthernet 0/10-19
                                                    //进入交换机端口 fa0/10～fa0/19
switch2(config-if-range)#switchport access vlan 20 //将交换机的端口划分到 VLAN
20 中
switch2(config-if-range)#exit                             //退出
witch2(config)#interface range fastEthernet 0/20-24
                                                  //进入交换机的端口 fa0/20～fa0/24
switch2(config-if-range)#switchport access vlan 30 //将交换机端口划分到 VLAN 30 中
switch2(config-if-range)#exit                             //退出
```

2. 按照表 4.7 配置计算机的 IP 地址信息

表 4.7 计算机的 IP 地址规划

计算机	PC1	PC3	PC4	PC5	PC7	PC8
IP 地址	192.168.1.1/24	192.168.2.1/24	192.168.3.1/24	192.168.1.2/24	192.168.2.2/24	192.168.3.2/24

3. 测试两台相同 VLAN 终端计算机之间的通信情况

测试结果如图 4.3～图 4.5 所示。结果表明,跨交换机相同 VLAN 的终端计算机不能互联互通。

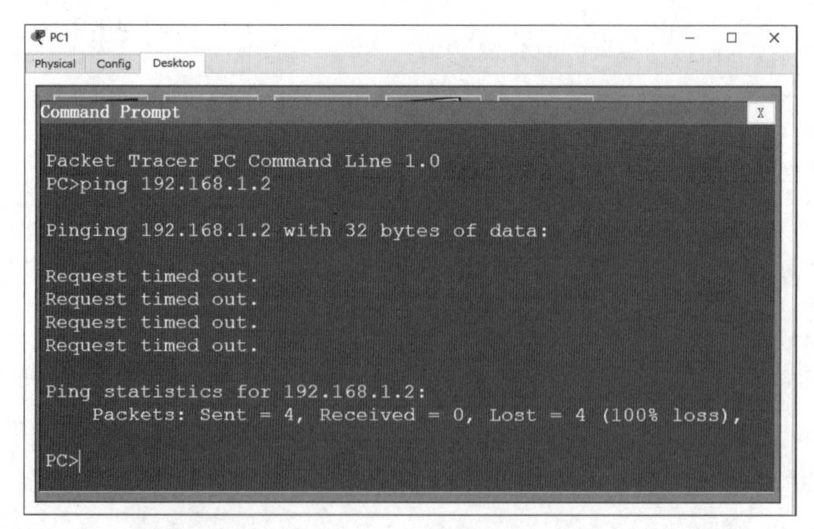

图 4.3 同处于 VLAN 10 中 Switch1 的 PC1 ping 测试 Switch2 的 PC5

4. 配置两台交换机的级联端口所属 VLAN 实现相同 VLAN 间通信

1) 实现 VLAN 10 之间通信

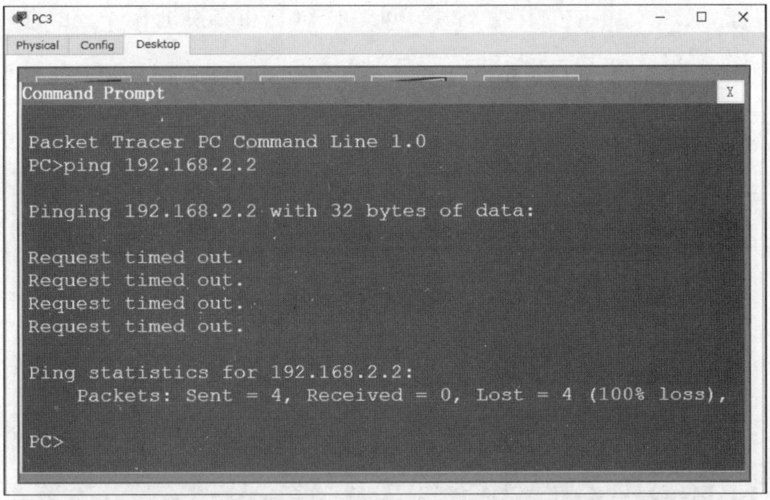

```
PC3
Physical  Config  Desktop
Command Prompt

Packet Tracer PC Command Line 1.0
PC>ping 192.168.2.2

Pinging 192.168.2.2 with 32 bytes of data:

Request timed out.
Request timed out.
Request timed out.
Request timed out.

Ping statistics for 192.168.2.2:
    Packets: Sent = 4, Received = 0, Lost = 4 (100% loss),

PC>
```

图 4.4　同处于 VLAN 20 中 Switch1 的 PC3 ping 测试 Switch2 的 PC7

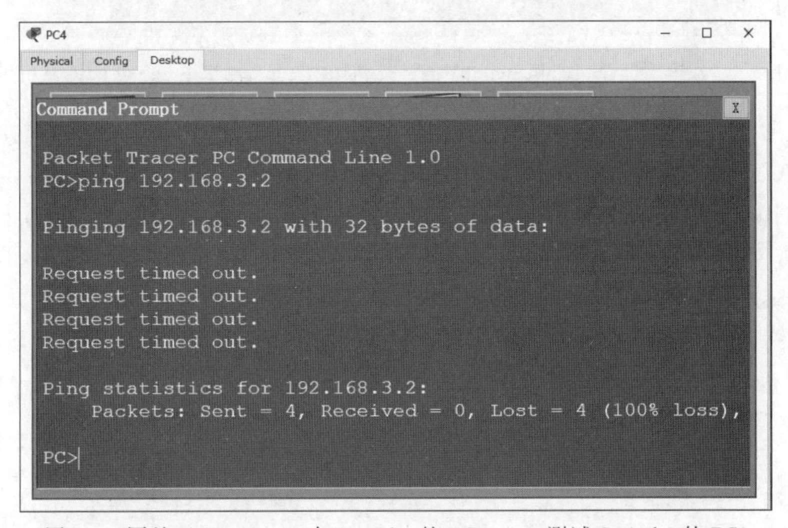

图 4.5　同处于 VLAN 30 中 Switch1 的 PC4 ping 测试 Switch2 的 PC8

将两台交换机的级联端口 G1/1 划分到 VLAN 10 中，解决交换机 Switch1 中处于 VLAN 10 的计算机 PC1 和交换机 Switch2 中处于 VLAN 10 的计算机 PC5 的通信问题。

交换机 Switch1 的配置过程如下。

```
switch1>en                                          //进入交换机的特权模式
switch1#config t                                    //进入交换机的全局配置模式
switch1(config)#interface gigabitEthernet 1/1       //进入交换机的级联端口
switch1(config-if)#switchport access vlan 10        //将该级联端口划分到 VLAN 10 中
```

同样配置交换机 Switch2。

```
switch2>en                                          //进入交换机的特权模式
switch2#config t                                    //进入交换机的全局配置模式
switch2(config)#interface gigabitEthernet 1/1       //进入交换机的级联端口
switch2(config-if)#switchport access vlan 10        //将该级联端口划分到 VLAN 10 中
```

测试同处于 VLAN 10 中的交换机 Switch1 的 PC1 和交换机 Switch2 的 PC5 的连通情况,结果如图 4.6 所示。

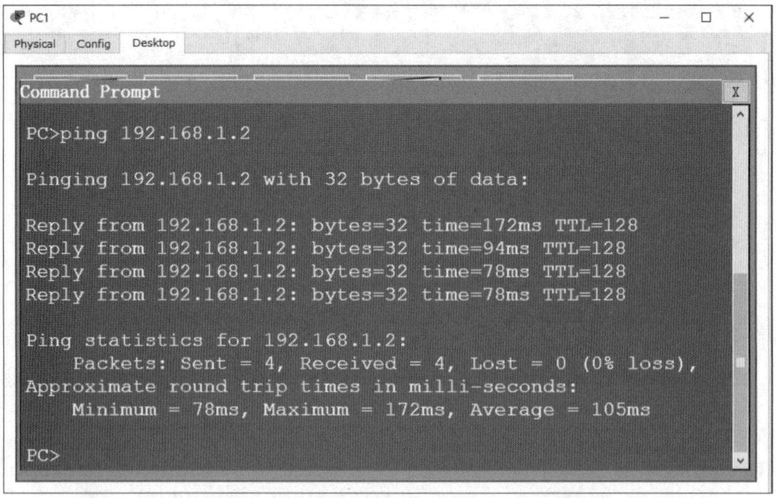

```
PC1
Physical  Config  Desktop
Command Prompt

PC>ping 192.168.1.2

Pinging 192.168.1.2 with 32 bytes of data:

Reply from 192.168.1.2: bytes=32 time=172ms TTL=128
Reply from 192.168.1.2: bytes=32 time=94ms TTL=128
Reply from 192.168.1.2: bytes=32 time=78ms TTL=128
Reply from 192.168.1.2: bytes=32 time=78ms TTL=128

Ping statistics for 192.168.1.2:
    Packets: Sent = 4, Received = 4, Lost = 0 (0% loss),
Approximate round trip times in milli-seconds:
    Minimum = 78ms, Maximum = 172ms, Average = 105ms

PC>
```

图 4.6　同处于 VLAN 10 中 Switch1 的计算机 PC1 ping 测试 Switch2 的计算机 PC5

结果表明,网络是连通的。采用同样的方法测试同处于 VLAN 20 中交换机 Switch1 的计算机 PC3 与交换机 Switch2 的计算机 PC7 之间以及同处于 VLAN 30 中交换机 Switch1 的计算机 PC4 与交换机 Switch2 的计算机 PC8,它们之间仍然不能互相通信。

2) 实现 VLAN 20 之间通信

将两台交换机的级联端口 G1/1 划分到 VLAN 20 中,解决交换机 Switch1 中处于 VLAN 20 的计算机 PC3 和交换机 Switch2 中处于 VLAN 20 的计算机 PC7 之间的通信问题。

交换机 Switch1 的配置过程如下。

```
switch1>en                                          //进入交换机的特权模式
switch1#config t                                    //进入交换机的全局配置模式
switch1(config)#interface gigabitEthernet 1/1       //进入交换机的级联端口
switch1(config-if)#switchport access vlan 20        //将该级联端口划分到 VLAN 20 中
```

同样配置交换机 Switch2。

```
switch2>en                                          //进入交换机的特权模式
switch2#config t                                    //进入交换机的全局配置模式
switch2(config)#interface gigabitEthernet 1/1       //进入交换机的级联端口
switch2(config-if)#switchport access vlan 20        //将该级联端口划分到 VLAN 20 中
```

测试同处于 VLAN 20 中的交换机 Switch1 的计算机 PC3 和交换机 Switch2 的计算机 PC7 的连通情况,结果如图 4.7 所示。

结果表明,网络是连通的。采用同样的方法测试同处于 VLAN 10 中交换机 Switch1 的计算机 PC1 与交换机 Switch2 的计算机 PC5 之间以及同处于 VLAN 30 中 Switch1 的计算机 PC4 与交换机 Switch2 的计算机 PC8,它们之间不能互相通信。

3) 实现 VLAN 30 之间通信

将两台交换机的级联端口 G1/1 划分到 VLAN 30 中,解决交换机 Switch1 中处于 VLAN 30

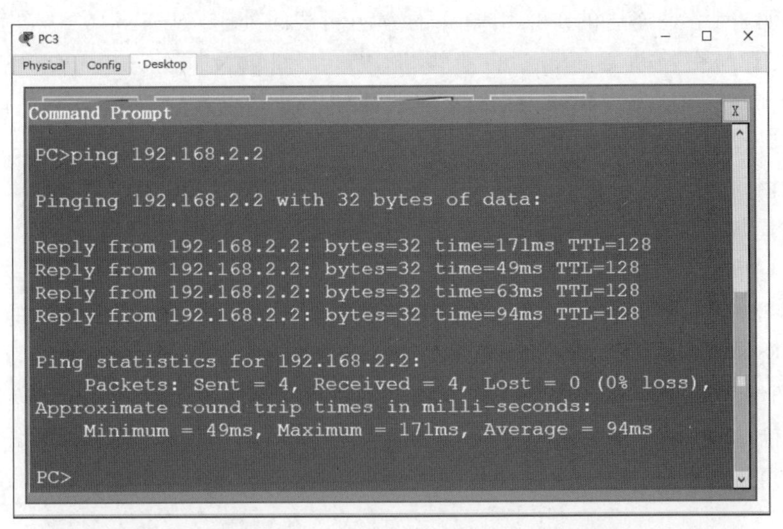

图 4.7　同处于 VLAN 20 中 Switch1 的 PC3 ping 测试 Switch2 的 PC7

的计算机 PC4 和交换机 Switch2 中处于 VLAN 30 的计算机 PC8 之间的通信问题。

交换机 Switch1 的配置过程如下。

```
switch1>en                                           //进入交换机的特权模式
switch1#config t                                     //进入交换机的全局配置模式
switch1(config)#interface gigabitEthernet 1/1        //进入交换机的级联端口
switch1(config-if)#switchport access vlan 30         //将该级联端口划分到 VLAN 30 中
```

同样配置交换机 Switch2。

```
switch2>en                                           //进入交换机的特权模式
switch2#config t                                     //进入交换机的全局配置模式
switch2(config)#interface gigabitEthernet 1/1        //进入交换机的级联端口
switch2(config-if)#switchport access vlan 30         //将该级联端口划分到 VLAN 30 中
```

测试同处于 VLAN 30 中的交换机 Switch1 的计算机 PC4 和交换机 Switch2 的计算机 PC8 的连通情况，结果如图 4.8 所示。

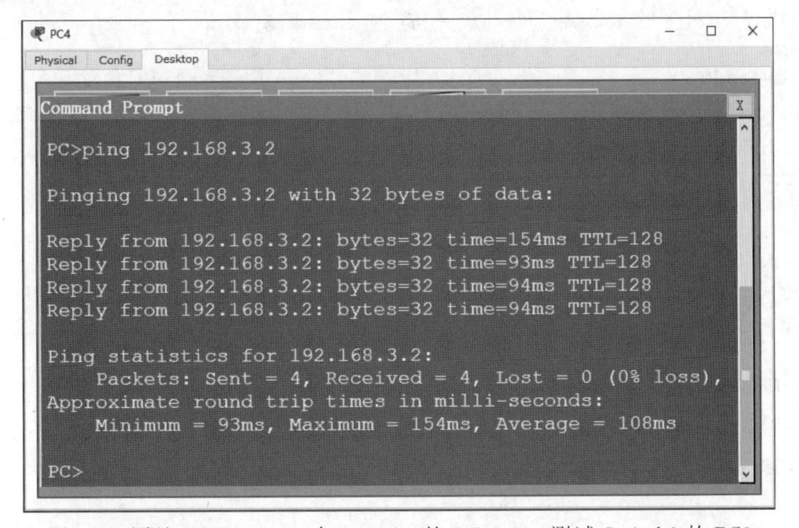

图 4.8　同处于 VLAN 30 中 Switch1 的 PC4 ping 测试 Switch2 的 PC8

结果表明,网络是连通的。采用同样的方法测试同处于 VLAN 10 中交换机 Switch1 的计算机 PC1 与交换机 Switch2 的计算机 PC5 之间以及同处于 VLAN 20 中交换机 Switch1 的计算机 PC3 与交换机 Switch2 的计算机 PC7,它们之间不能互相通信。

实验结果表明,两台交换机之间的级联端口属于哪个 VLAN,就只能解决该 VLAN 下的跨交换机相同 VLAN 的通信问题。

5. 通过增加级联端口链路解决跨交换机多 VLAN 间的通信问题

如图 4.9 所示,要求处于交换机 Switch1 的 VLAN 10 的终端计算机 PC1 与处于交换机 Switch2 的 VLAN 10 的终端计算机 PC5、处于交换机 Switch1 的 VLAN 20 的终端计算机 PC3 与处于交换机 Switch2 的 VLAN 20 的终端计算机 PC7 以及处于交换机 Switch1 的 VLAN 30 的终端计算机 PC4 与处于交换机 Switch2 的 VLAN 30 的终端计算机 PC8 之间同时相互通信,需要在两台交换机之间同时连接 3 条链路。这 3 条链路的端口分别属于 VLAN 10、VLAN 20 以及 VLAN 30。

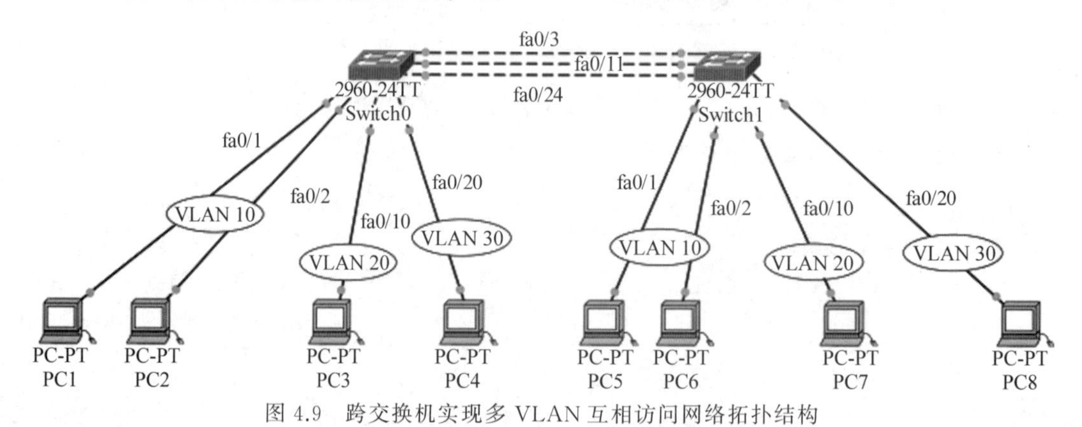

图 4.9　跨交换机实现多 VLAN 互相访问网络拓扑结构

通过网络连通性测试,结果表明,跨交换机的相同 VLAN 的计算机之间可以互相通信。

6. 将交换机端口设置成 Trunk 模式,实现跨交换机相同 VLAN 间的通信问题

两台具有多个相同 VLAN 的交换机要实现跨交换机通信,实际可以只需一条通信链路即可,所要做的是将这条链路连接的交换机的端口设置为 Trunk 模式,网络拓扑如图 4.2 所示。

将交换机 Switch1 的级联端口 G1/1 配置为 Trunk 模式。

```
Switch1#config t                              //进入全局配置模式
Switch1(config)#interface gigabitEthernet 1/1  //进入交换机的级联端口 G1/1
Switch1(config-if)#switchport mode trunk       //将该端口的工作模式设置为 Trunk
```

同样将 Switch2 的级联端口 G1/1 配置为 Trunk 模式。

```
Switch2#config t                              //进入全局配置模式
Switch2(config)#interface gigabitEthernet 1/1  //进入交换机的级联端口 G1/1
Switch2(config-if)#switchport mode trunk       //将该端口的工作模式设置为 Trunk
```

通过网络连通性测试,结果表明,交换机 Switch1 中位于 VLAN 10 的计算机 PC1 ping 通交换机 Switch2 中位于 VLAN 10 的计算机 PC5,交换机 Switch1 中位于 VLAN 20 的计算机 PC3 ping 通交换机 Switch2 中位于 VLAN 20 的计算机 PC7,交换机 Switch1 中位于

VLAN 30 的计算机 PC4 ping 通交换机 Switch2 中位于 VLAN 30 的计算机 PC8，实现了跨交换机相同 VLAN 的主机间的互联互通问题。

7. 通过配置级联端口的 Trunk 属性，灵活调整相同 VLAN 间的通信问题

如图 4.10 所示，可以通过配置级联端口的 Trunk 属性，调整通过级联端口的 VLAN 情况。

```
switch2(config-if)#switchport trunk allowed vlan ?
  WORD     VLAN IDs of the allowed VLANs when this port is in trunking mode
  add      add VLANs to the current list
  all      all VLANs
  except   all VLANs except the following
  none     no VLANs
  remove   remove VLANs from the current list
```

图 4.10　交换机级联端口的 Trunk 属性

默认情况下，交换机端口的 Trunk 工作模式允许所有 VLAN 通过，在实际工程项目中，有时需要对通过 Trunk 端口的 VLAN 进行过滤。如要求交换机的级联端口 G1/1 允许 VLAN 10、VLAN 20 通过，不允许 VLAN 30 通过，配置过程如下。

```
Switch1#config t                                    //进入全局配置模式
Switch1(config)#interface gigabitEthernet 1/1       //进入交换机的级联端口 G1/1
Switch1(config-if)#switchport mode trunk            //将该端口的工作模式设置为 Trunk
Switch1(config-if)#switchport trunk allowed vlan 10,20
                            //该命令允许 VLAN 10、VLAN 20 通过，拒绝其他 VLAN 通过
```

通过终端计算机 PC4 ping 测试和终端计算机 PC8 网络连通性结果如下。

```
PC>ping 192.168.30.2
Pinging 192.168.30.2 with 32 bytes of data:
Request timed out.
Request timed out.
Request timed out.
Request timed out.
Ping statistics for 192.168.30.2:
Packets: Sent =4, Received =0, Lost =4 (100% loss),
```

实验结果表明，两台交换机属于 VLAN 30 的终端计算机之间不能互相通信。

两台交换机的级联端口 G1/1 允许 VLAN 10 和 VLAN 20 通过而不允许 VLAN 30 通过的要求，也可以通过以下命令实现。

```
Switch1(config-if)#switchport trunk allowed vlan except 30
                        //排除 VLAN 30，仅不允许 VLAN 30 通过，其他 VLAN 都允许通过
```

4.6　实验六：交换机 VTP 配置

实验要求

构建如图 4.11 所示的网络拓扑结构，该拓扑结构由 3 台交换机以及 6 台计算机组成。实验要求将交换机 Switch1 配置为 VTP 服务器（VTP Server），交换机 Switch2 和交换机 Switch3 配置为 VTP 客户端（VTP Client）。在 VTP Server 上创建新的 VLAN 信息，VTP

Client 交换机能够自动获得相关 VLAN 信息。按照网络拓扑结构及表 4.8 要求对交换机 Switch2 和交换机 Switch3 进行 VLAN 划分,并且要求跨交换机的相同 VLAN 间的计算机能够进行互相通信。终端计算机的网络参数配置见表 4.9。该实验在 Packet Tracer 仿真环境下完成。

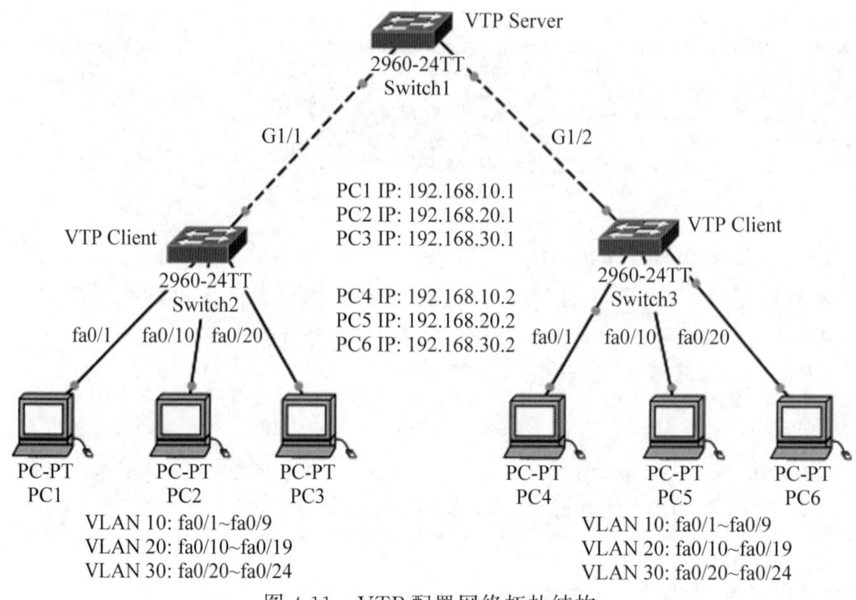

图 4.11　VTP 配置网络拓扑结构

表 4.8　VLAN 划分

	VLAN 10	VLAN 20	VLAN 30
Switch2	fa0/1～fa0/9	fa0/10～fa0/19	fa0/20～fa0/24
Switch3	fa0/1～fa0/9	fa0/10～fa0/19	fa0/20～fa0/24

表 4.9　计算机 IP 地址规划

计算机	PC1	PC2	PC3	PC4	PC5	PC6
地址	192.168.10.1/24	192.168.20.1/24	192.168.30.1/24	192.168.10.2/24	192.168.20.2/24	192.168.30.2/24

实验过程

1. 将交换机 Switch1 配置成 VTP 服务器端

```
Switch#config t                              //进入交换机全局配置模式
Switch(config)#hostname switch1              //为交换机重命名
switch1(config)#vtp mode server              //将交换机配置成 VTP 服务器模式
switch1(config)#vtp domain tdp               //配置交换机 VTP 域名
switch1(config)#vtp password 123             //配置 VTP 验证密码
```

2. 将交换机 Switch2 配置为 VTP 客户端

```
Switch#config t                              //进入交换机全局配置模式
Switch(config)#hostname switch2              //为交换机重命名
```

```
switch2(config)#vtp mode client              //将交换机配置成 VTP 客户端
switch2(config)#vtp domain tdp               //配置交换机 VTP 域名,与服务器端相同
switch2(config)#vtp password 123             //配置 VTP 验证密码,与服务器端相同
```

3. 将交换机 Switch3 配置成 VTP Client

```
Switch#config t                              //进入交换机全局配置模式
Switch(config)#hostname switch3              //为交换机重命名
switch3(config)#vtp mode client              //将交换机配置成 VTP 客户端
switch3(config)#vtp domain tdp               //配置交换机 VTP 域名,与服务器端相同
switch3(config)#vtp password 123             //配置 VTP 验证密码,与服务器端相同
```

4. 在 VTP Server 上创建 VLAN

在交换机 Switch1 上创建 3 个 VLAN,分别为 VLAN 10、VLAN 20 以及 VLAN 30。

```
switch1(config)#vlan 10                      //创建 VLAN 10
switch1(config-vlan)#vlan 20                 //创建 VLAN 20
switch1(config-vlan)#vlan 30                 //创建 VLAN 30
```

5. 将级联端口配置成中继链路

将 VTP Server 交换机 Switch1 与 VTP Client 交换机 Switch2 相连的链路的级联端口配置成中继链路。

```
switch1#config t                             //进入 VTP Server 交换机的全局配置模式
switch1(config)#interface gigabitEthernet 1/1
                                             //进入交换机 Switch1 与 Switch2 级联端口
switch1(config-if)#switchport mode trunk     //将级联端口配置成 Trunk 模式
```

同样将 VTP server 交换机 Switch1 与 VTP Client 交换机 Switch3 相连的链路的级联端口配置成中继链路。

```
switch1(config)#interface gigabitEthernet 1/2
                                             //进入交换机 Switch1 与 Switch3 的级联端口
switch1(config-if)#switchport mode trunk     //将级联端口配置成 Trunk 模式
```

与 Switch1 相连的交换机 Switch2 级联端口 G1/1 以及与 Switch1 相连交换机 Switch3 的级联端口 G1/2 自适应为中继模式,不需要额外配置。

6. 验证实验效果

通过“show vlan”命令验证交换机 Switch2 的 VLAN 信息。

```
switch2#show vlan
VLAN   Name                    Status    Ports
--------------------------------------------------------
1      default                 active    fa0/1, fa0/2, fa0/3, fa0/4
                                         fa0/5, fa0/6, fa0/7, fa0/8
                                         fa0/9, fa0/10, fa0/11, fa0/12
                                         fa0/13, fa0/14, fa0/15, fa0/16
                                         fa0/17, fa0/18, fa0/19, fa0/20
                                         fa0/21, fa0/22, fa0/23, fa0/24
```

```
                                        Gig1/2
10    VLAN0010              active
20    VLAN0020              active
30    VLAN0030              active
1002  fddi-default          act/unsup
1003  token-ring-default    act/unsup
1004  fddinet-default       act/unsup
1005  trnet-default         act/unsup
```

交换机 Switch2 作为 VTP Client 自动学习了 VTP Server 上的 VLAN 信息。同样,Switch3 作为 VTP Client 也自动学习了 VTP Server 上的 VLAN 信息(可自行验证)。

7. 按照表 4.8 要求将相应的端口划分到相应的 VLAN 中

```
switch2#config t                                      //进入交换机全局配置模式
switch2(config)#interface range fastEthernet 0/1-9
                                                  //进入交换机连续端口 fa0/1~fa0/9
switch2(config-if-range)#switchport access vlan 10 //将连续端口划分到 VLAN 10 中
switch2(config-if-range)#exit                         //退出
switch2(config)#interface range fastEthernet 0/10-19
                                                  //进入交换机端口 fa0/10~fa0/19
switch2(config-if-range)#switchport access vlan 20 //将连续端口划分到 VLAN 20 中
switch2(config-if-range)#exit                         //退出
witch2(config)#interface range fastEthernet 0/20-24
                                                  //进入交换机端口 fa0/20~fa0/24
switch2(config-if-range)#switchport access vlan 30 //将连续端口划分到 VLAN 30 中
switch2(config-if-range)#exit                         //退出
```

同样配置交换机 Switch3。

```
Switch3#config t                                      //进入交换机全局配置模式
Switch3(config)#interface range fastEthernet 0/1-9 //进入交换机端口 fa0/1~fa0/9
Switch3(config-if-range)#switchport access vlan 10 //将连续端口划分到 VLAN 10 中
Switch3(config-if-range)#exit                         //退出
Switch3(config)#interface range fastEthernet 0/10-19
                                                  //进入交换机端口 fa0/10~fa0/19
Switch3(config-if-range)#switchport access vlan 20 //将连续端口划分到 VLAN 20 中
Switch3(config-if-range)#exit                         //退出
Witch3(config)#interface range fastEthernet 0/20-24
                                                  //进入交换机端口 fa0/20~fa0/24
Switch3(config-if-range)#switchport access vlan 30 //将续端口划分到 VLAN 30 中
Switch3(config-if-range)#exit                         //退出
```

8. 按照表 4.9 配置主机的网络地址参数

9. 通过 ping 命令测试网络连通性

测试结果表明,跨交换机的相同 VLAN 间的计算机能够进行互相通信。

4.7 实验七：生成树协议(STP)基本实验

实验要求 1

构建如图 4.12 所示的网络拓扑结构，根据生成树协议工作原理，分析生成树协议工作过程。最终将分析结果和实际情况进行比较，进一步增强对生成树协议工作原理的理解。该实验在 Packet Tracer 仿真环境下完成。

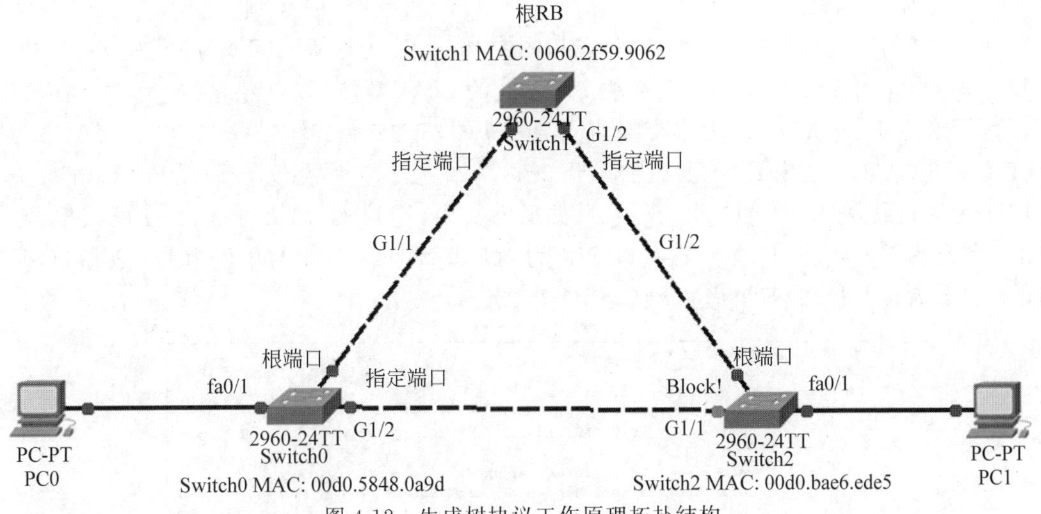

图 4.12　生成树协议工作原理拓扑结构

实验过程

1. 选择根桥交换机 RB

通过执行命令"show interface vlan 1"以及命令"show spanning-tree"查看 3 台交换机的优先级以及 MAC 地址。在优先级相等的情况下，MAC 地址 Switch1 最小，所以 Switch1 为根交换机 RB。

2. 选择根端口 RP

对于每台非根桥 Switch0 和 Switch2 都要选择一个端口用来连接到根桥作为根端口。交换机 Switch0 有端口 G1/1 和端口 G1/2 连接到根桥交换机 Switch1，如图 4.12 所示，从端口 G1/1 到根桥交换机 Switch1 的开销为 4(带宽 1000Mb/s 端口开销为 4)，从端口 G1/2 到根桥交换机 Switch1 的开销为 4+4=8，所以将交换机 Switch0 的端口 G1/1 设置为根端口。

交换机 Switch2 有端口 G1/1 和端口 G1/2 连接到根桥交换机 Switch1，从端口 G1/2 到根桥交换机 Switch1 的开销为 4，从端口 G1/1 到根桥交换机 Switch1 的开销为 4+4=8，所以将交换机 Switch2 的端口 G1/2 设置为根端口。

3. 选择指定端口 DP

首先比较物理网段中两台交换机到根桥交换机的路径开销，开销小的那台交换机的端口为指定端口，在开销相同的情况下，比较各自的桥 ID，桥 ID 小的交换机的端口为指定端口。由于根桥的端口到根桥的开销一定是最小的，因此根桥端口均为指定端口。

在交换机 Switch0 端口 G1/2 和交换机 Switch2 端口 G1/1 之间选择一个指定端口，由于 Switch0 端口 G1/2 到根桥的开销和 Switch2 端口 G1/1 到根桥的开销相同,所以比较这两台交换机的 BID,由于交换机 Switch0 和 Switch2 的优先级均为 32768,所以接下来比较这两台交换机的 MAC 大小,Switch0 VLAN1 MAC 地址为 00d0.5848.0a9d;Switch2 VLAN 1 MAC 地址为 00d0.bae6.ede5,显然 Switch0 的 MAC 小,所以交换机 Switch0 端口 G1/2 和交换机 Switch2 端口 G1/1 之间选择 Switch0 的端口 G1/2 为指定端口。

4. 阻塞端口

将 RP、DP 设置为转发状态,其他端口设置为阻塞状态。也就是说,将 Switch2 的端口 G1/1 设置为阻塞状态。

图 4.13 为交换机 Switch0 生成树状态,图中 Root ID 为根桥,其 ID 为:优先级 32769+MAC 地址 0060.2F59.9062。本交换机 Switch0 的 G1/1 端口(端口号为 25)和根交换机连接,其开销为 4。Bridge ID 为本交换机 Switch0 的,其 ID 为:优先级 32769+MAC 地址 00D0.5848.0A9D。图中 Interface 为端口,Role 为角色,Sts 为状态,Cost 为开销,Prio.Nbr (PID)为端口优先级+端口号,Type 为类型。其中,端口 G1/1 的角色为 Root(根端口 RP),状态为转发状态,开销为 4,端口 PID 为 128.25;端口 G1/2 的角色为 Desg(指定端口 DP),状态为转发状态,开销为 4,端口 PID 为 128.26。

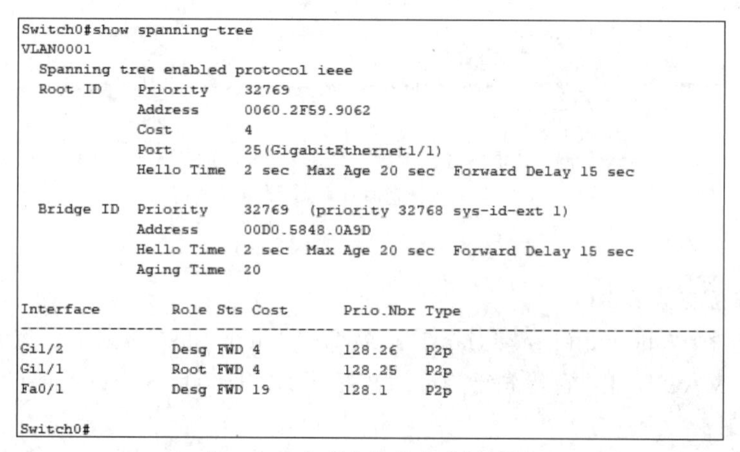

```
Switch0#show spanning-tree
VLAN0001
  Spanning tree enabled protocol ieee
  Root ID    Priority    32769
             Address     0060.2F59.9062
             Cost        4
             Port        25(GigabitEthernet1/1)
             Hello Time  2 sec  Max Age 20 sec  Forward Delay 15 sec

  Bridge ID  Priority    32769  (priority 32768 sys-id-ext 1)
             Address     00D0.5848.0A9D
             Hello Time  2 sec  Max Age 20 sec  Forward Delay 15 sec
             Aging Time  20

Interface        Role Sts Cost      Prio.Nbr Type
---------------- ---- --- --------- -------- --------------------------------
Gi1/2            Desg FWD 4         128.26   P2p
Gi1/1            Root FWD 4         128.25   P2p
Fa0/1            Desg FWD 19        128.1    P2p

Switch0#
```

图 4.13 查看交换机生成树情况

分析结果和实际相符。

实验要求 2

构建如图 4.14 所示网络拓扑结构,根据生成树协议工作原理,分析生成树协议工作过程。最终将分析结果和实际情况进行比较,进一步增强对生成树协议工作原理的理解。该实验在 Packet Tracer 仿真环境下完成。

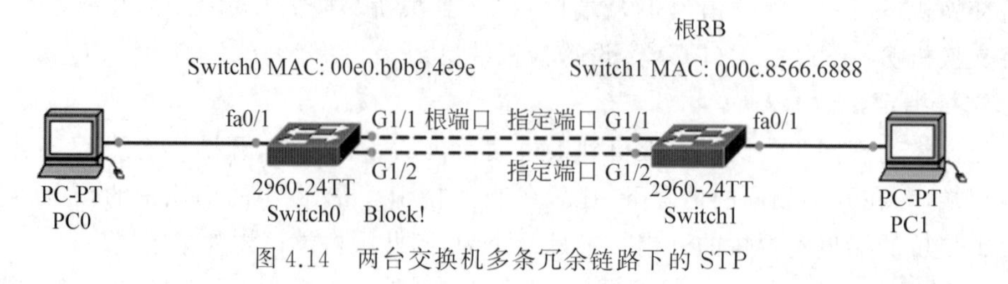

图 4.14 两台交换机多条冗余链路下的 STP

实验过程

1. 选择根桥交换机 RB

在优先级相等的情况下，MAC 地址 Switch1 的小，因此 Switch1 为根 RB 交换机。

2. 选择根端口 RP

非根桥交换机 Switch0 连接根交换机 Switch1 的两个端口中选择根端口，由于交换机 Switch0 端口 G1/1 和端口 G1/2 连接根桥交换机 Switch1，这两个端口到根桥交换机 Switch1 的开销相同均为 4。开销相同的情况下，比较上行交换机的 BID，由于上行交换机为同一台交换机，因此 BID 也相同。最后比较上行交换机的 PID，由于上行交换机的两个端口优先级相同，因此比较其端口号，将端口号小的链路连接的交换机的端口设置为根端口，所以将交换机 Switch0 的端口 G1/1 设置为根端口。

3. 选择指定端口 DP

交换机与交换机之间每条链路选择一个端口为指定端口，根桥交换机 Switch1 两个端口 G1/1 和 G1/2 分别连接交换机 Switch0 根端口 G1/1 及 G1/2。由于根桥端口均为指定端口，所以，根桥交换机端口 G1/1 及 G1/2 均为指定端口。

4. 阻塞端口

将 RP、DP 设置为转发状态，其他端口设置为阻塞状态。也就是说，将 Switch0 的端口 G1/2 设置为阻塞状态。

分析结果和实际相符。

实验要求 3

构建如图 4.15 所示的网络拓扑结构。根据生成树协议工作原理，分析生成树协议工作过程。最终将分析结果和实际情况进行比较，进一步增强对生成树协议工作原理的理解。该实验在 Packet Tracer 仿真环境下完成。

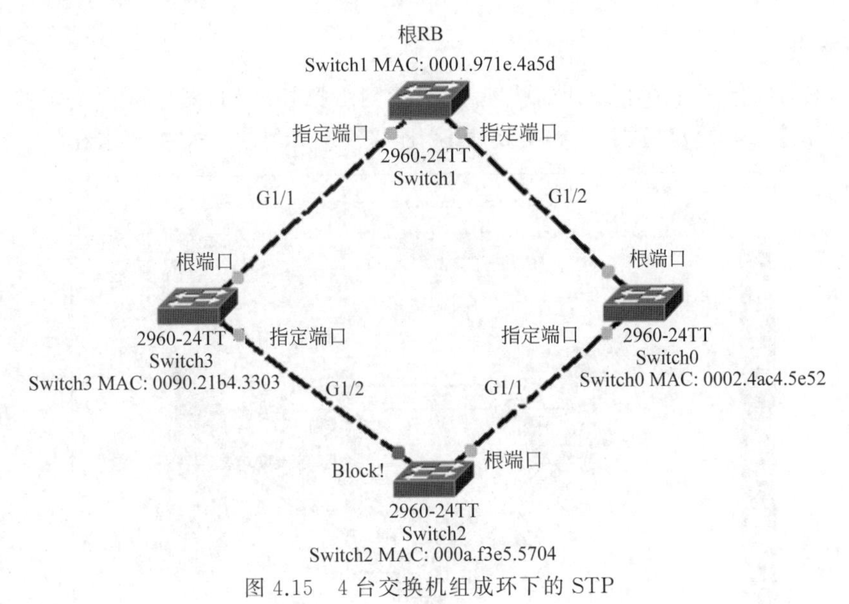

图 4.15　4 台交换机组成环下的 STP

实验过程

1. 选择根桥交换机 RB

在优先级相同的情况下，MAC 地址 Switch1 的最小，所以 Switch1 为根交换机 RB。

2. 选择根端口 RP

交换机 Switch0 的端口 G1/1 和端口 G1/2 能够连接到根桥交换机 Switch1，从端口 G1/2 到根桥交换机 Switch1 的开销为 4(带宽 1000Mb/s 端口开销为 4)，从端口 G1/1 到根桥交换机 Switch1 的开销为 4+4+4=12，所以将交换机 Switch0 的端口 G1/2 设置为根端口。

交换机 Switch3 有两个端口 G1/1 和端口 G1/2 能够连接到根桥交换机 Switch1，从端口 G1/1 到根桥交换机 Switch1 的开销为 4，从端口 G1/2 到根桥交换机 Switch1 的开销为 4+4+4=12，所以将交换机 Switch3 的端口 G1/1 设置为根端口。

交换机 Switch2 的端口 G1/1 和端口 G1/2 能够连接到根桥交换机 Switch1，这两个端口到根桥交换机 Switch1 的开销相同，在开销相同的情况下，比较发送方即上行交换机的网桥 ID(即 BID)，BID 小的交换机连接的端口为根端口，由于端口 G1/1 上行交换机 Switch0 的 BID 小，因此交换机 Switch2 的端口 G1/1 为根端口。

3. 选择指定端口 DP

根桥交换机 Switch1 的两个端口为指定端口，交换机 Switch0 和 Switch2 之间的物理网段中，交换机 Switch0 的端口开销小，因此交换机 Switch0 的端口 G1/1 为指定端口，同样交换机 Switch3 的端口 G1/2 为指定端口。

4. 阻塞端口

将交换机 Switch2 的端口 G1/2 阻塞。

分析结果和实际相符。

4.8 实验八：EVE-NG 仿真环境下利用 PVST 实现网络负载均衡

实验要求

在 EVE-NG 仿真环境下设计如图 4.16 所示网络拓扑结构，图中 3 台交换机 S1、S2 以及 S3 两两相连，其中，交换机 S1 和交换机 S2 连接终端计算机。实验要求在 EVE-NG 仿真

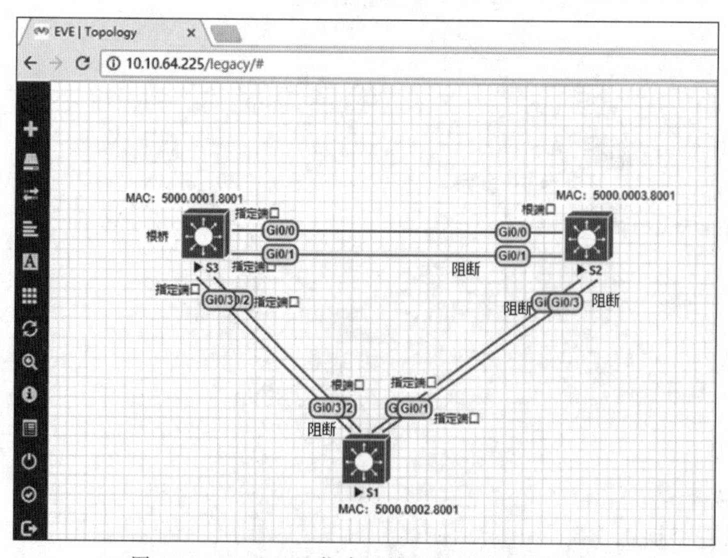

图 4.16　EVE-NG 仿真环境下的网络拓扑结构

环境下利用 PVST 实现网络负载均衡。该实验在 EVE-NG 仿真环境下完成。

实验过程

1. 基本情况分析

生成树协议工作过程中首先选择根桥交换机，默认情况下 3 台交换机的优先级 priority 值是相同的，通过比较它们的 MAC 地址来决定根桥交换机，由于 S3 交换机的 MAC 地址最小，因此交换机 S3 为根桥。

在非根桥交换机 S1 和 S2 中各选择一个根端口，根端口的选择首先比较端口到根桥的开销(即 cost 值)，交换机 S2 端口 G0/0 以及 G0/1 到根桥的开销相同，在 cost 值相同的情况下，比较 BID，BID 相同的情况下比较 PID，PID 由端口优先级及端口编号组成，默认情况下端口优先级相同，由于 G0/0 端口编号小，因此交换机 S2 的根端口为 G0/0，同样交换机 S1 的根端口为 G0/2。

指定端口的选择，首先根桥交换机端口为指定端口，接着在交换机 S1 和 S2 相连的端口中确定指定端口，由于交换机 S1 和 S2 到根桥的开销相同，开销相同时比较交换机的 BID，BID 小的交换机的端口为指定端口，BID 由优先级和 MAC 地址决定。在优先级相同的情况下，比较 MAC 地址，由于 S1 的 MAC 地址小，因此交换机 S1 的端口 G0/0 和 G0/1 为指定端口。

接下来阻塞端口，阻断的端口为交换机 S2 的 G0/1、G0/2 以及 G0/3 以及交换机 S1 的端口 G0/3。在交换机中通过"show spanning-tree"命令查看，结果相同。

2. 创建 VLAN 并设置 VLAN 优先级

接下来在 3 台交换机中分别创建 VLAN 10、VLAN 20 以及 VLAN 30，同时将交换机之间的级联端口配置成 Trunk 模式。为了实现网络负载均衡，通过下列命令，将 3 台交换机分别配置成 VLAN 10，VLAN 20 以及 VLAN 30 的根桥。其中，交换机 S1 的 VLAN 30 的默认优先级为 32 798(32 768+30)、交换机 S2 的 VLAN 10 的默认优先级为 32778 (32768+10)，以及交换机 S3 的 VLAN 20 的默认优先级为 32788(32768+20)。

```
S1(config)#spanning-tree mode pvst                 //将交换机 S1 的生成树协议设置成 PVST
S1(config)#spanning-tree vlan 10 priority 4096     //将 S1 的 VLAN 10 优先级设置为 4096
S1(config)#spanning-tree vlan 20 priority 16384    //将 S1 的 VLAN 20 优先级设置为 16384
S2(config)#spanning-tree mode pvst                 //将交换机 S2 的生成树协议设置成 PVST
S2(config)#spanning-tree vlan 20 priority 4096     //将 S2 的 VLAN 20 优先级设置为 4096
S2(config)#spanning-tree vlan 30 priority 16384    //将 S2 的 VLAN 30 优先级设置为 16384
S3(config)#spanning-tree mode pvst                 //将交换机 S3 的生成树协议设置成 PVST
S3(config)#spanning-tree vlan 30 priority 4096     //将 S3 的 VLAN 30 优先级设置为 4096
S3(config)#spanning-tree vlan 10 priority 16384    //将 S3 的 VLAN 10 优先级设置为 16384
```

3. 分别分析 VLAN 10、VLAN 20 以及 VLAN 30 生成树情况

首先分析 VLAN 10 生成树的情况，其中，交换机 S1 为 VLAN 10 根桥交换机，交换机 S2 和交换机 S3 分别寻找连接根桥交换机 S1 的根端口。对根端口的选择，首先比较开销，开销相同的情况下，比较发送方即上行交换机的 BID。BID 相同的情况下，比较发送方即上行交换机的 PID。由于交换机 S2 的端口 G0/0、G0/1、G0/2 以及 G0/3 可以连接到根桥交换机，通过网络拓扑图可以看出，端口 G0/0 以及 G0/1 到根桥交换机 S1 的开销大于端口 G0 /2 和 G0/3，因此，从端口 G0/2 和端口 G0/3 中确定到根桥交换机 S1 的根端口，由于端口 G0/2 和 G0/3 到根桥交换机 S1 的开销相同,因此比较上行交换机的 BID。这两个端口的上行交换机均为 S1,因此上行交换机的 BID 也相同,此时比较上行交换机 S1 的 PID,由于上行交换机为同一台交换机,并且端口优先级相同,因此比较端口编号。由于上行交换机的端口 G0/0 编号小于 G0/1,因此上行交换机 S1 的端口 G0/1 连接的交换机 S2 的端口 G0/2 为根端口,同样,交换机 S3 的端口 G0/2 为根端口。接下来选择指定端口,首先根桥交换机端口为指定端口,因为这些端口到根桥的开销最小,因此根桥交换机 S1 的端口 G0/0、G0/1、G0/2 以及 G0/3 均为指定端口。接下来在交换机 S2 和交换机 S3 之间选择指定端口,由于交换机 S2 和交换机 S3 之间的级联端口到根桥的开销相同,因此比较它们各自的 BID 值,由于交换机 S3 的 VLAN 10 的优先级(priority)为 16384,小于交换机 S2 的 VLAN 10 的默认优先级 32778,因此交换机 S3 的端口 G0/0 以及 G0/1 为指定端口。最终将除根端口、指定端口外的其他端口均设置为阻断端口,如图 4.17 所示为 VLAN 10 生成树分析结果。结果表明,VLAN 10 流量从交换机 S2 的端口 G0/2 到交换机 S1 的端口 G0/0,从交换机 S1 的端口 G0/2 到交换机 S3 的端口 G0/2。图 4.18 为交换机 S1 的 VLAN 10 生成树情况,图 4.19 为交换机 S2 的 VLAN 10 生成树情况,图 4.20 为交换机 S3 的 VLAN 10 生成树情况。

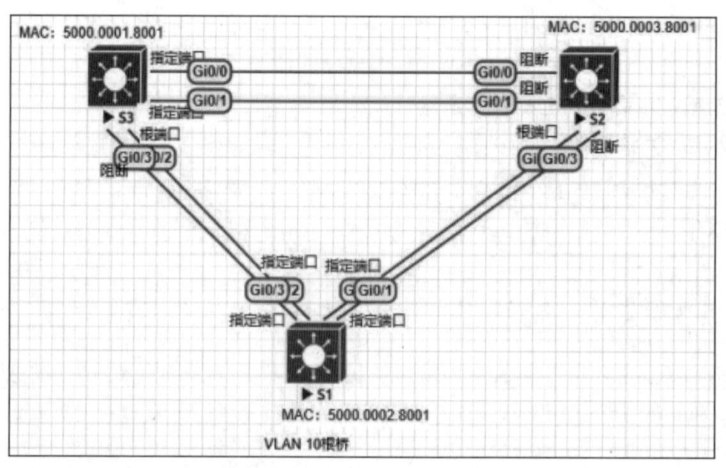

图 4.17　VLAN 10 生成树分析结果

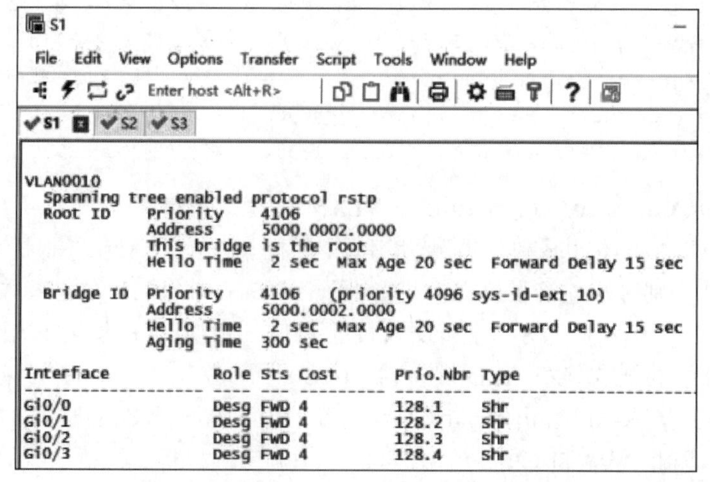

图 4.18　交换机 S1 的 VLAN 10 生成树情况

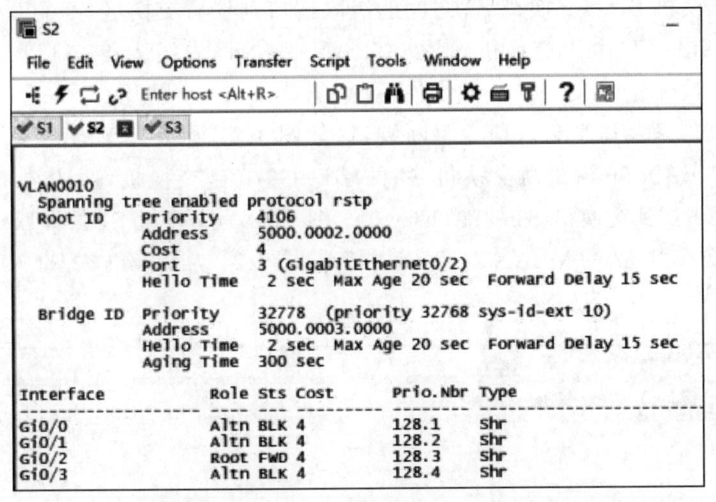

图 4.19　交换机 S2 的 VLAN 10 生成树情况

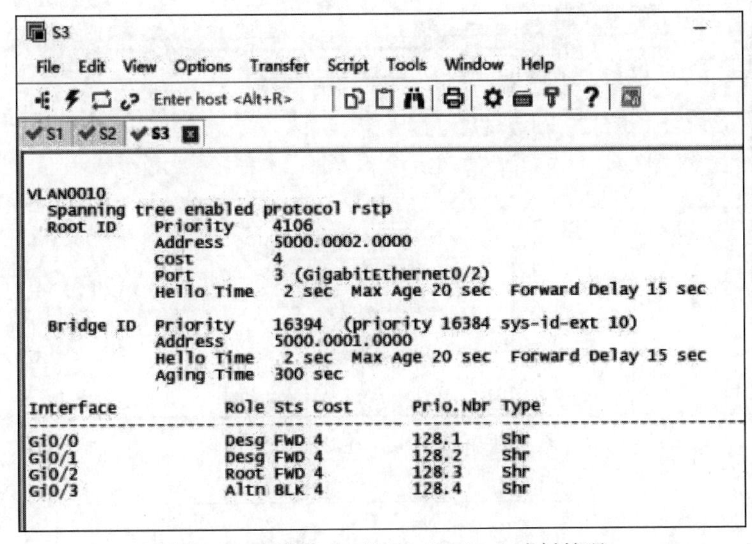

图 4.20　交换机 S3 的 VLAN 10 生成树情况

其次分析 VLAN 20 生成树情况，其中，交换机 S2 为根桥交换机，交换机 S1 和交换机 S3 分别寻找连接根桥交换机 S2 的根端口。对根端口的选择，首先比较连接到根桥的端口到根桥的开销，开销小的端口为根端口，开销相同的情况下，比较上行交换机的 BID，上行交换机 BID 相同的情况下，比较上行交换机的 PID。由于交换机 S1 的端口 G0/0、G0/1、G0/2 以及 G0/3 均能够连接到根桥 S2，其中，端口 G0/2 和端口 G0/3 的开销大于端口 G0/0 和端口 G 0/1，而端口 G0/0 和端口 G0/1 到根交换机 S2 的开销相同，而这两个端口的上行交换机均为 S2，因此上行交换机的 BID 也相同。接下来比较上行交换机端口的编号，由于交换机 S2 的端口 G0/2 编号小于端口 G0/3，因此上行交换机 S2 的端口 G0/2 连接的交换机 S1 的端口 G0/0 为根端口，同样交换机 S3 的端口 G0/0 为根端口。接下来选择指定端口，首先根桥交换机端口为指定端口，因为这些端口到根桥的开销最小，因此根桥交换机 S2 的端口 G0/0、G0/1、G0/2 以及 G0/3 均为指定端口，接下来从交换机 S1 和交换机 S3 之间选择指定端口,由于交换机 S1 和交换机 S3 之间的级联端口到根桥交换机 S2 的开销相同,因此比较它们各自的 BID 值,由于交换机 S1 的 VLAN 20 的优先级为 16384 小于交换机 S3 的 VLAN 20 的默认优先级 32788,因此交换机 S1 的端口 G0/2 以及 G0/3 为指定端口。除根端口以及指定端口外,其他端口均为阻断端口,如图 4.21 所示为 VLAN 20 生成树分析结果,结果表明,VLAN 20 流量从交换机 S1 的端口 G0/0 到交换机 S2 的端口 G0/2,从交换机 S2 的端口 G0/0 到交换机 S3 的端口 G0/0。图 4.22 为交换机 S1 的 VLAN 20 生成树情况,图 4.23 为交换机 S2 的 VLAN 20 生成树情况,图 4.24 为交换机 S3 的 VLAN 20 生成树情况。

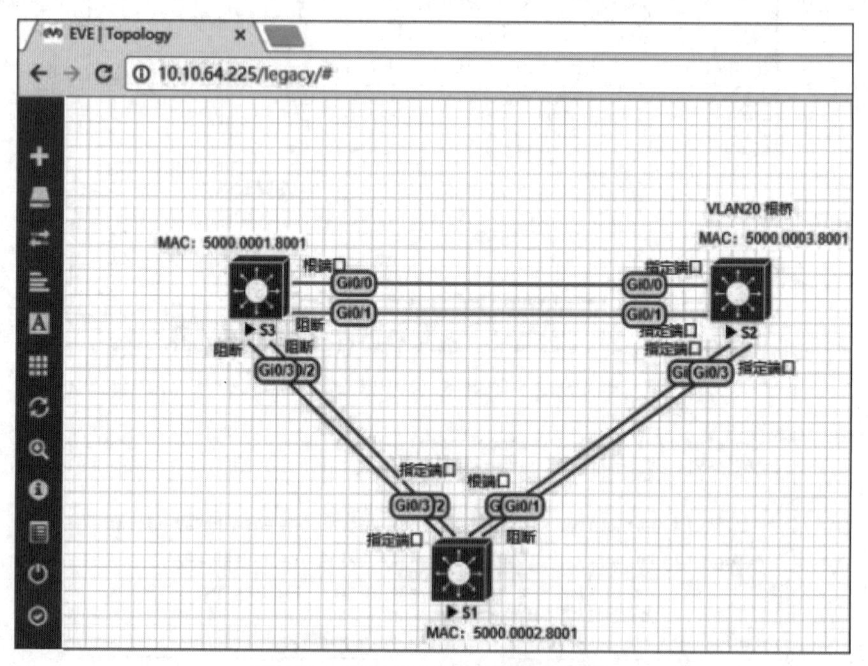

图 4.21　VLAN 20 生成树分析结果

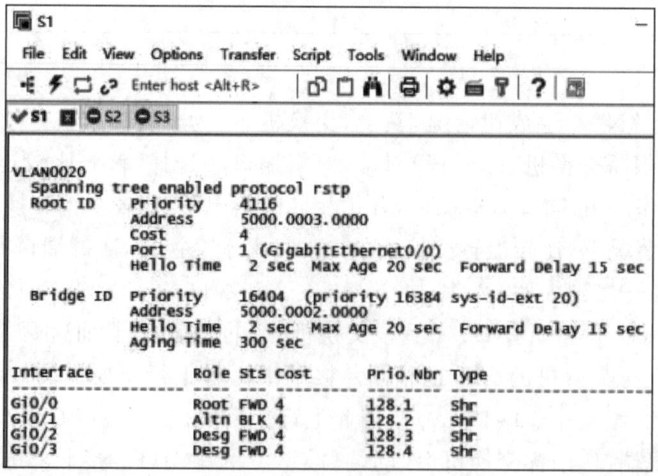

```
S1
File Edit View Options Transfer Script Tools Window Help
Enter host <Alt+R>
S1  S2  S3

VLAN0020
  Spanning tree enabled protocol rstp
  Root ID    Priority    4116
             Address     5000.0003.0000
             Cost        4
             Port        1 (GigabitEthernet0/0)
             Hello Time   2 sec  Max Age 20 sec  Forward Delay 15 sec

  Bridge ID  Priority    16404  (priority 16384 sys-id-ext 20)
             Address     5000.0002.0000
             Hello Time   2 sec  Max Age 20 sec  Forward Delay 15 sec
             Aging Time  300 sec

Interface           Role Sts Cost      Prio.Nbr Type
------------------- ---- --- --------- -------- --------------------
Gi0/0               Root FWD 4         128.1    Shr
Gi0/1               Altn BLK 4         128.2    Shr
Gi0/2               Desg FWD 4         128.3    Shr
Gi0/3               Desg FWD 4         128.4    Shr
```

图 4.22　交换机 S1 的 VLAN 20 生成树情况

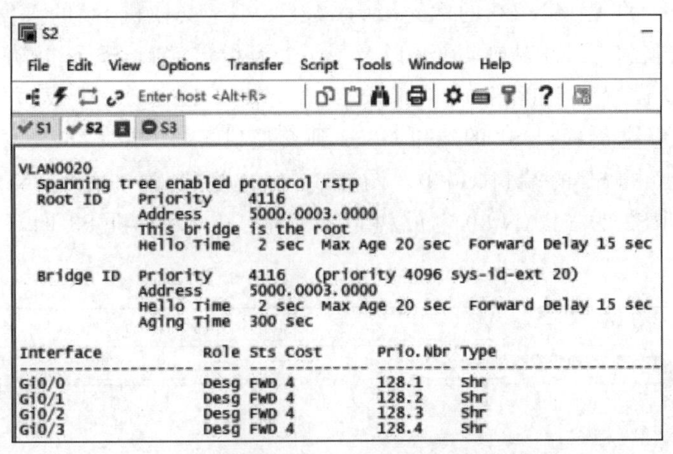

图 4.23　交换机 S2 的 VLAN 20 生成树情况

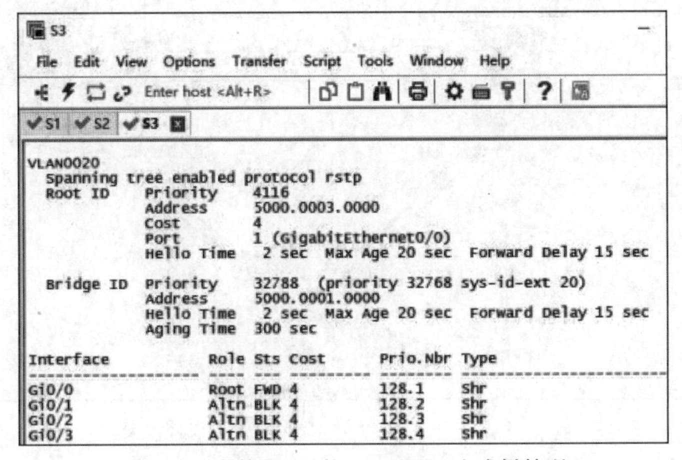

图 4.24　交换机 S3 的 VLAN 20 生成树情况

最后分析 VLAN 30 生成树情况，其中，交换机 S3 为根桥交换机，交换机 S1 和交换机 S2 分别寻找连接根桥交换机 S3 的根端口。对根端口的选择，首先比较端口到根桥交换机的开销，开销相同的情况下，比较上行交换机的 BID，上行交换机的 BID 相同的情况下，比较上行交换机的 PID。交换机 S1 的端口 G0/0、G0/1、G0/2 以及 G0/3 能够连接到根桥交换机 S3，其中，端口 G0/0、G0/1 到根桥 S3 的开销大于端口 G0/2、G0/3 到根桥交换机 S3 的开销，因此从端口 G0/2、G0/3 中选择到根桥 S3 的根端口，而端口 G0/2、G0/3 到根桥的开销相同，比较上行交换机的 BID，而它们的上行交换机均为 S3，它们的 BID 相同，因此比较上行交换机的 PID，PID 由端口优先级和端口号组成，由于端口 G0/2、G0/3 的上行交换机的端口优先级相同，因此比较端口号，由于交换机 S3 的端口 G0/2 编号小于端口 G0/3，因此上行交换机 S3 的端口 G0/2 连接的交换机 S1 的端口 G0/2 为根端口，同样交换机 S3 的端口 G0/0 连接的交换机 S2 的端口 G0/0 为根端口。接下来选择指定端口，首先根桥交换机端口为指定端口，因为这些端口到根桥的开销最小，因此根桥交换机 S3 的端口 G0/0、G0/1、G0/2 以及 G0/3 为指定端口，接下来在交换机 S1 和交换机 S2 之间选择指定端口。由于交换机 S1 和交换机 S2 相连接的端口到根桥的开销相同，因此比较它们各自的 BID

值,由于交换机 S2 的 VLAN 30 的优先级为 16384,小于交换机 S1 的 VLAN 30 默认优先级 32798,因此交换机 S2 的端口 G0/2 以及 G0/3 为指定端口,除了根端口以及指定端口外,将其他端口均设置为阻断端口。如图 4.25 所示为 VLAN 30 生成树分析结果,结果表明,VLAN 30 流量从交换机 S1 的端口 G0/2 到交换机 S3 的端口 G0/2,再从交换机 S3 的端口 G0/0 到交换机 S2 的端口 G0/0。图 4.26 为交换机 S1 的 VLAN 30 生成树情况,图 4.27 为交换机 S2 的 VLAN 30 生成树情况,图 4.28 交换机 S3 的 VLAN 30 生成树情况。

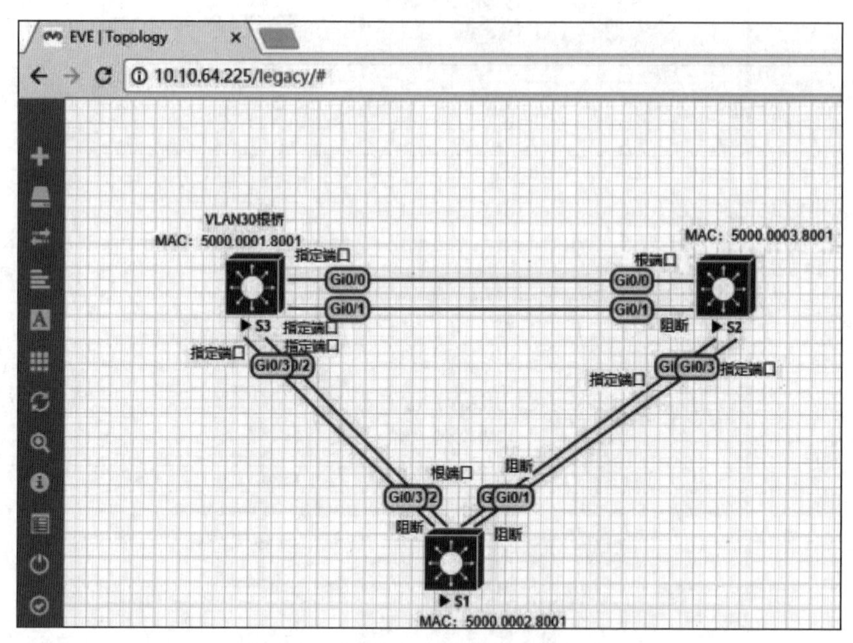

图 4.25 VLAN 30 生成树分析结果

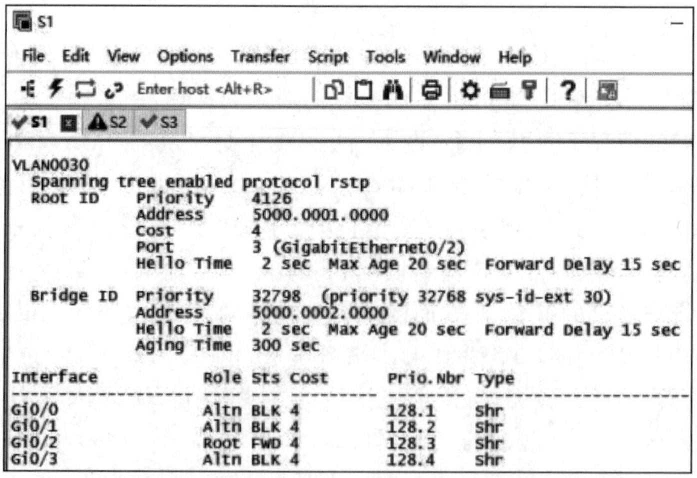

```
S1
File Edit View Options Transfer Script Tools Window Help
Enter host <Alt+R>
S1  S2  S3

VLAN0030
  Spanning tree enabled protocol rstp
  Root ID    Priority    4126
             Address     5000.0001.0000
             Cost        4
             Port        3 (GigabitEthernet0/2)
             Hello Time   2 sec  Max Age 20 sec  Forward Delay 15 sec

  Bridge ID  Priority    32798  (priority 32768 sys-id-ext 30)
             Address     5000.0002.0000
             Hello Time   2 sec  Max Age 20 sec  Forward Delay 15 sec
             Aging Time  300 sec

Interface           Role Sts Cost      Prio.Nbr Type
------------------- ---- --- --------- -------- --------------------
Gi0/0               Altn BLK 4         128.1    Shr
Gi0/1               Altn BLK 4         128.2    Shr
Gi0/2               Root FWD 4         128.3    Shr
Gi0/3               Altn BLK 4         128.4    Shr
```

图 4.26 交换机 S1 的 VLAN 30 生成树情况

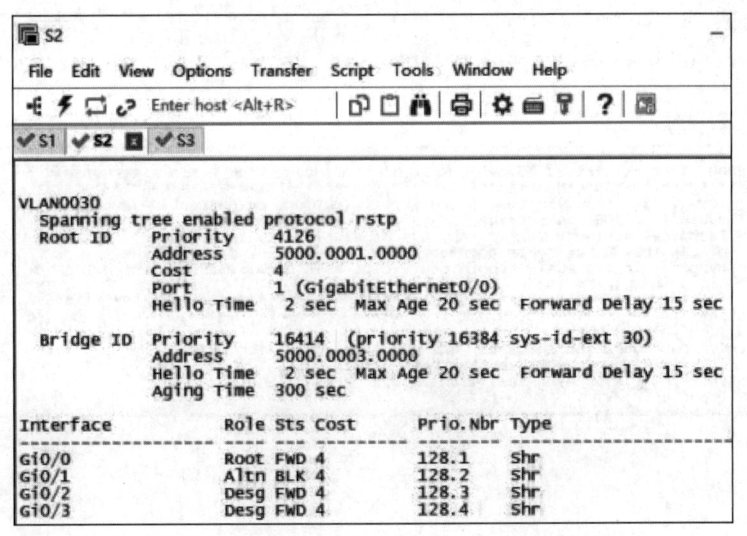

图 4.27　交换机 S2 的 VLAN 30 生成树情况

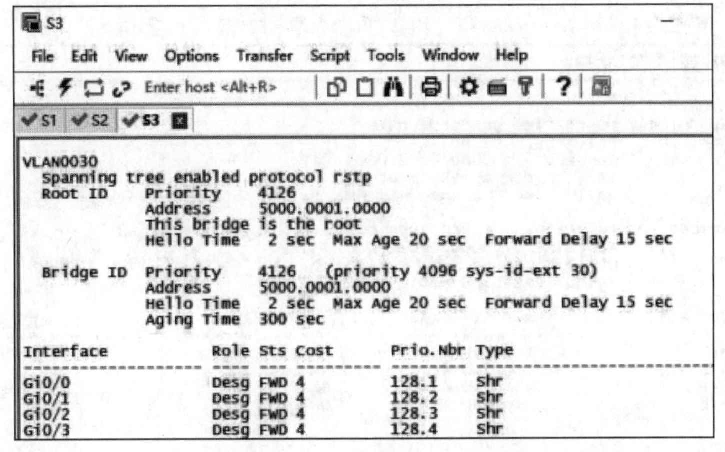

图 4.28　交换机 S3 的 VLAN 30 生成树情况

4. 通过调节端口的优先级实现交换机 S1 和交换机 S2 间的 VLAN 10 与 VLAN 20 的负载均衡

VLAN 10 流量以及 VLAN 20 的流量均从交换机 S1 的 gigabitethernet0/0 到交换机 S2 的 gigabitethernet0/2，为了达到负载均衡，将交换机 S1 的端口 gigabitethernet0/1 的开销降低，成为 VLAN 20 的根端口。使得在 VLAN 20 里将 gigabitethernet0/0 作为阻塞端口，端口 gigabitethernet0/1 作为根端口，处于活动状态。具体操作如图 4.29 所示。

交换机 S1 以及交换机 S2 生成树情况分别如图 4.30 和图 4.31 所示。

从图 4.30 和图 4.31 可以看出，VLAN 10 流量从交换机 S1 的端口 G0/0 到交换机 S2 的端口 G0/2，VLAN 20 流量从交换机 S1 的端口 G0/1 到交换机 S2 的端口 G0/3，实现了负载均衡。

S1
File Edit View Options Transfer Script Tools Window Help
Enter host <Alt+R>
S1 S2 S3
*Aug 1 15:51:11.992: %SYS-5-CONFIG_I: Configured from console by console
****
* IOSv is strictly limited to use for evaluation, demonstration and IOS *
* education. IOSv is provided as-is and is not supported by Cisco's *
* Technical Advisory Center. Any use or disclosure, in whole or in part, *
* of the IOSv Software or Documentation to any third party for any *
* purposes is expressly prohibited except as otherwise authorized by *
* Cisco in writing. *
****
S1>en
S1#config t
Enter configuration commands, one per line. End with CNTL/Z.
S1(config)#interface gigabitethernet 0/1
S1(config-if)#spanning-tree vlan 20 cost 2
S1(config-if)#

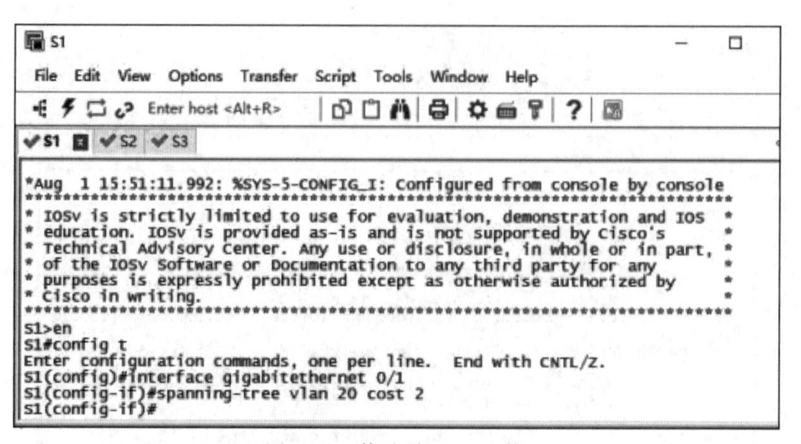

图 4.29 修改端口 cost 值

S1
File Edit View Options Transfer Script Tools Window Help
Enter host <Alt+R>
S1 S2 S3
VLAN0010
Spanning tree enabled protocol rstp
Root ID Priority 4106
Address 5000.0002.0000
This bridge is the root
Hello Time 2 sec Max Age 20 sec Forward Delay 15 sec
Bridge ID Priority 4106 (priority 4096 sys-id-ext 10)
Address 5000.0002.0000
Hello Time 2 sec Max Age 20 sec Forward Delay 15 sec
Aging Time 300 sec
Interface Role Sts Cost Prio.Nbr Type
Gi0/0 Desg FWD 4 128.1 Shr
Gi0/1 Desg FWD 4 128.2 Shr
Gi0/2 Desg FWD 4 128.3 Shr
Gi0/3 Desg FWD 4 128.4 Shr
VLAN0020
Spanning tree enabled protocol rstp
Root ID Priority 4116
Address 5000.0003.0000
Cost 2
Port 2 (GigabitEthernet0/1)
Hello Time 2 sec Max Age 20 sec Forward Delay 15 sec
Bridge ID Priority 16404 (priority 16384 sys-id-ext 20)
Address 5000.0002.0000
Hello Time 2 sec Max Age 20 sec Forward Delay 15 sec
Aging Time 300 sec
Interface Role Sts Cost Prio.Nbr Type
Gi0/0 Altn BLK 4 128.1 Shr
Gi0/1 Root FWD 2 128.2 Shr
Gi0/2 Desg FWD 4 128.3 Shr
Gi0/3 Desg FWD 4 128.4 Shr
--More--

图 4.30 交换机 S1 生成树情况

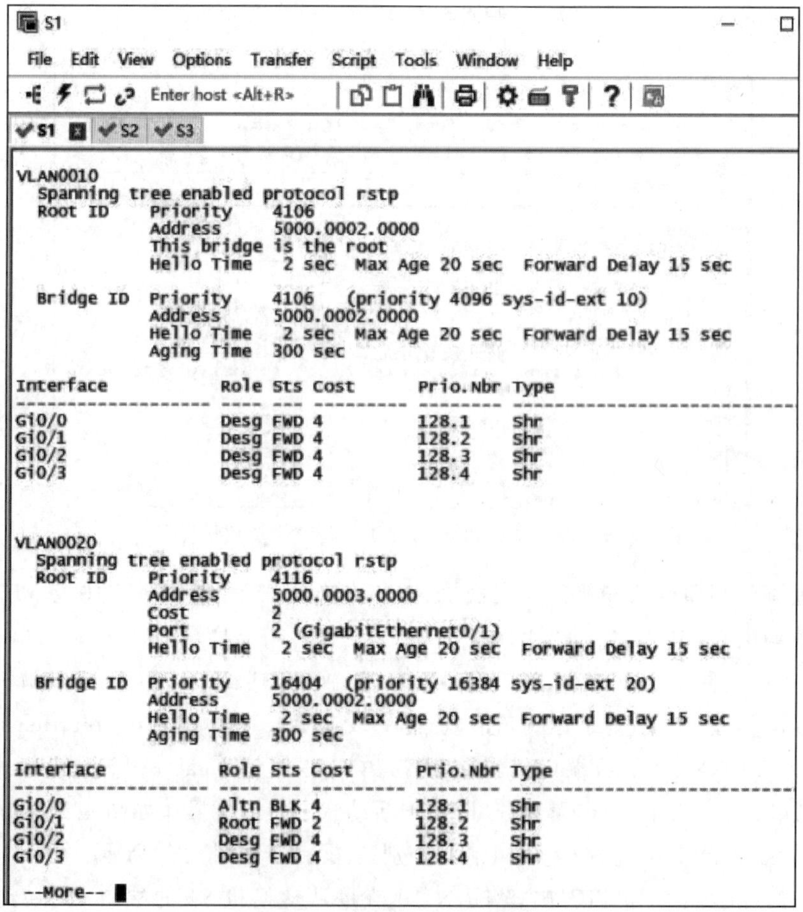

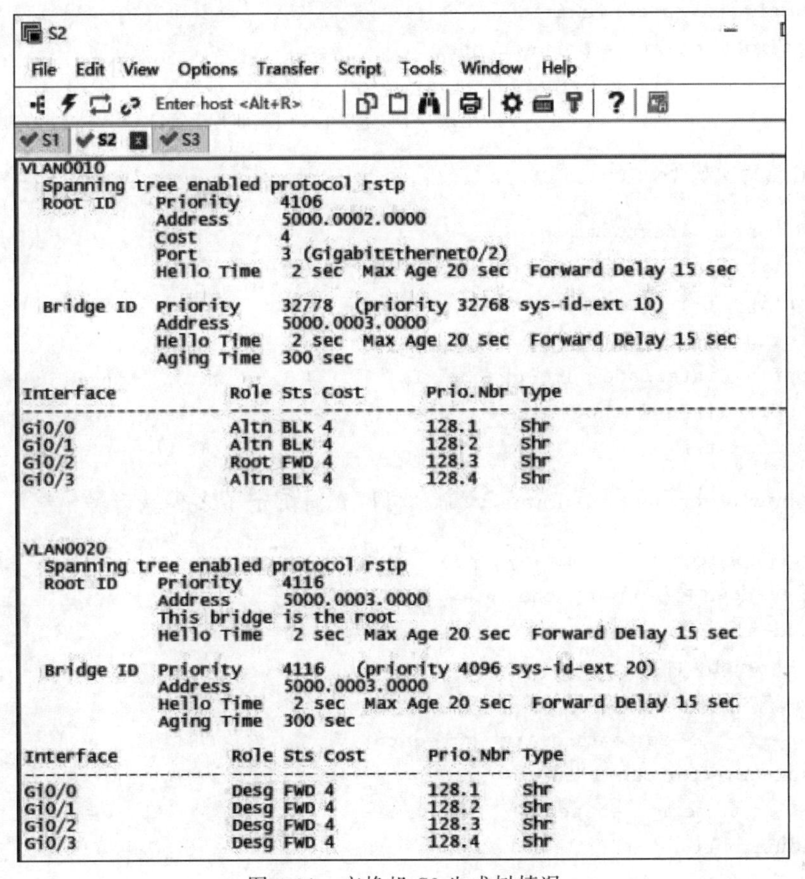

图 4.31　交换机 S2 生成树情况

4.9　实验九：交换机端口聚合配置

实验要求 1

构建如图 4.32 所示网络拓扑结构，要求以手动方式配置交换机端口聚合。该实验在 Packet Tracer 仿真环境下完成。

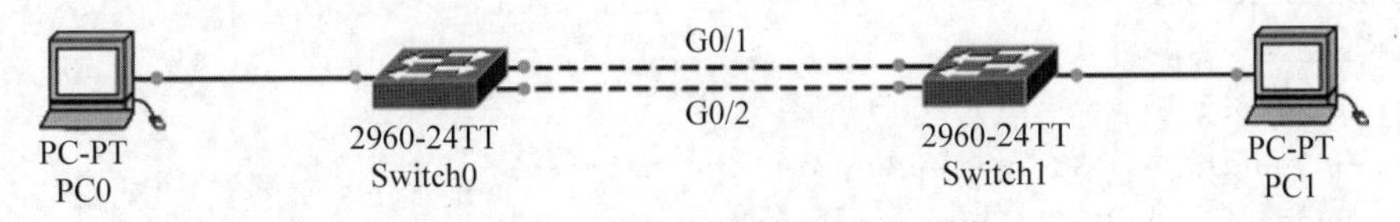

图 4.32　二层端口聚合网络拓扑结构

实验过程

首先配置交换机 Switch0。

```
Switch(config)#hostname SW0
SW0(config)#interface range gigabitEthernet 0/1-2
SW0(config-if-range)#channel-group 1 mode on //将这两个接口绑定为一组并指定 on 模
                                            //式，组号本地有效
```

```
SW0(config-if-range)#exit
SW0(config)#interface port-channel 1
SW0(config-if)#switchport mode trunk
                    //指定端口模式为 Trunk,如不指定,会自动继承物理端口的模式
```

其次配置交换机 Switch1。

```
Switch(config)#hostname SW1
SW1(config)#interface range gigabitEthernet 0/1-2
SW1(config-if-range)#channel-group 1 mode on
SW1(config-if-range)#exit
SW1(config)#interface port-channel 1
SW1(config-if)#switchport mode trunk
SW1(config-if)#
```

通过"show etherchannel summary"命令可以查看绑定了多少端口。

```
SW0#show etherchannel summary
Flags: D -down P -in port-channel
I -stand-alone s -suspended
H -Hot-standby (LACP only)
R -Layer3 S -Layer2
U -in use f -failed to allocate aggregator
u -unsuitable for bundling
w -waiting to be aggregated
d -default port
Number of channel-groups in use: 1
Number of aggregators: 1
Group Port-channel Protocol Ports
------+-------------+-----------+-------------
1 Po1(SU) -Gig0/1(P) Gig0/2(P)
```

通过"show interfaces etherchannel"命令可以查看聚合端口的端口状态。

```
SW0#show interfaces etherchannel
GigabitEthernet0/1:
Port state =1
Channel group =1 Mode =On Gcchange =-
Port-channel =Po1 GC =-Pseudo port-channel =Po1
Port index =0 Load =0x0 Protocol =-
Age of the port in the current state: 00d:00h:10m:40s
GigabitEthernet0/2:
Port state =1
Channel group =1 Mode =On Gcchange =-
Port-channel =Po1 GC =-Pseudo port-channel =Po1
Port index =0 Load =0x0 Protocol =-
Age of the port in the current state: 00d:00h:10m:40s
Port-channel1:Port-channel1
```

```
Age of the Port-channel =00d:00h:11m:18s
Logical slot/port =2/1 Number of ports =2
GC =0x00000000 HotStandBy port =null
Port state =
Protocol =3
Port Security =Disabled
Ports in the Port-channel:
Index Load Port EC state No of bits
------+------+-----+------------------+-----------
0 00 Gig0/1 On 0
0 00 Gig0/2 On 0
Time since last port bundled: 00d:00h:10m:40s Gig0/2
```

实验要求(2)

构建如图 4.32 所示网络拓扑结构，要求以自动方式配置交换机端口聚合。该实验在 Packet Tracer 仿真环境下完成。

实验过程

首先配置交换机 SW0。

```
Switch#config t                                       //进入全局配置模式
Switch(config)#hostname sw0                           //为交换机命名
SW0 (config)#interface range gigabitEthernet 0/1 -2
                                                      //进入交换机端口 G0/1 和端口 G0/2
SW0(config-if-range)#channel-protocol pagp            //为交换机配置端口聚合协议 PAGP
SW0(config-if-range)#channel-group 1 mode auto
SW0(config-if-range)#exit
SW0(config)#interface port-channel 1
SW0(config-if)#switchport mode trunk
```

其次配置另一台交换机 SW1。

```
Switch#config t                                       //进入全局配置模式
Switch(config)#hostname SW1                           //为交换机命名
SW1(config)#interface range gigabitEthernet 0/1 -2
SW1(config-if-range)#channel-protocol pagp
SW1(config-if-range)#channel-group 1 mode auto
SW1(config-if-range)#exit
SW1(config)#interface port-channel 1
SW1(config-if)#switchport mode trunk
```

通过“show etherchannel summary”命令查看端口通道的状态。

```
SW0#show etherchannel summary
Flags: D -down P -in port-channel
I -stand-alone s -suspended
H -Hot-standby (LACP only)
R -Layer3 S -Layer2
```

```
U -in use f -failed to allocate aggregator
u -unsuitable for bundling
w -waiting to be aggregated
d -default port
Number of channel-groups in use: 1
Number of aggregators: 1
Group Port-channel Protocol Ports
------+------------+-----------+-----------
1 Po1(SD) PAgP Gig0/1(I) Gig0/2(I)
```

实验要求(3)

欲在三层交换机之间实现高速连接,可以采用三层 EtherChannel 方式,从而避免由连接而产生的瓶颈。配置三层 EtherChannel 需要对多个三层交换机端口进行绑定,如图 4.33 所示,分别对交换机 sw1 和交换机 sw2 的两个端口 G0/1 和 G0/2 进行绑定。

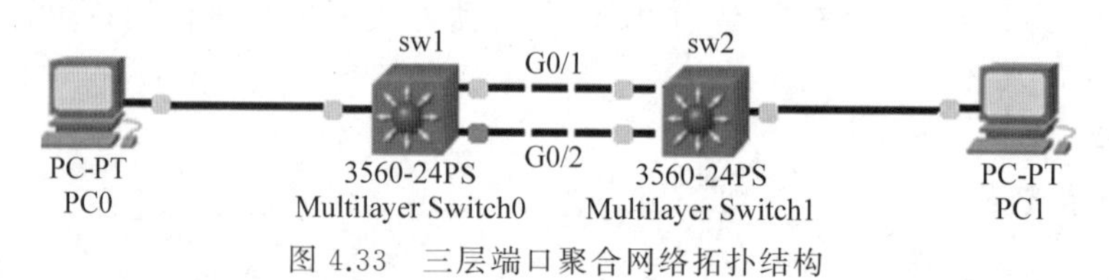

图 4.33　三层端口聚合网络拓扑结构

实验过程

首先,创建 port-Channel 逻辑端口,对三层交换机 sw1 创建 port-Channel 逻辑端口的配置过程如下。

```
switch#config t
switch(config)#hostname sw1
sw1(config)#interface port-channel 1
sw1(config-if)#no switchport
sw1(config-if)#ip address 192.168.1.1 255.255.255.0
sw1(config-if)#no shu
sw1(config-if)#end
```

其次,对交换机 sw1 配置三层 EtherChannel。

```
sw1(config)#interface range gigabitEthernet 0/1-2
sw1(config-if-range)#no switchport
sw1(config-if-range)#channel-group 1 mode desirable
sw1(config-if-range)#end
```

最后,配置实现 EtherChannel 负载均衡。

```
sw1(config)#port-channel load-balance src-mac
```

接下来对交换机 sw2 进行配置。

```
switch#config t
switch(config)#hostname sw2
sw2(config)#interface port-channel 1
```

```
sw2(config-if)#no switchport
sw2(config-if)#ip address 192.168.1.2 255.255.255.0
sw2(config-if)#no shu
sw2(config-if)#end
sw2(config)#interface range gigabitEthernet 0/1-2
sw2(config-if-range)#no switchport
sw2(config-if-range)#channel-group 1 mode desirable
sw2config-if-range)#end
sw2(config)#port-channel load-balance src-mac
```

通过 ping 测试交换机 sw1 与交换机 sw2 之间的连通结果，如图 4.34 所示。

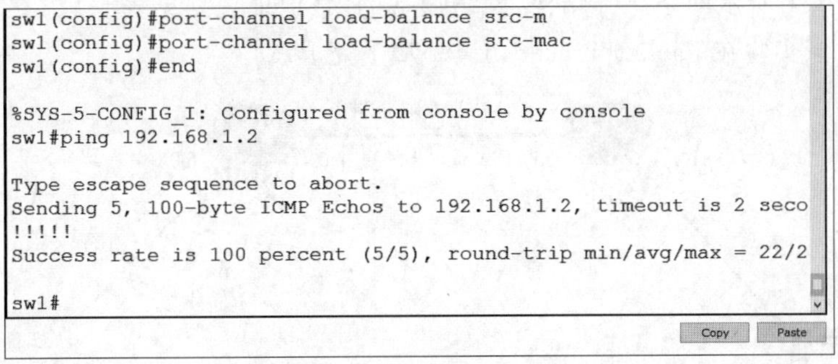

```
sw1(config)#port-channel load-balance src-m
sw1(config)#port-channel load-balance src-mac
sw1(config)#end

%SYS-5-CONFIG_I: Configured from console by console
sw1#ping 192.168.1.2

Type escape sequence to abort.
Sending 5, 100-byte ICMP Echos to 192.168.1.2, timeout is 2 seco
!!!!!
Success rate is 100 percent (5/5), round-trip min/avg/max = 22/2

sw1#
```

Copy　Paste

图 4.34　连通性测试结果

第 5 章　直连与静态路由技术

5.1　实验一：直连路由

实验要求

构建如图 5.1 所示网络拓扑结构，网络设备的 IP 地址规划见表 5.1。要求分析路由器的直连路由。该实验在 Packet Tracer 仿真环境下完成。

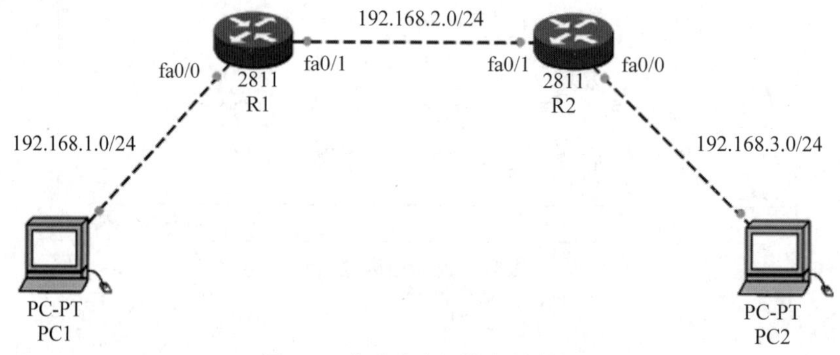

图 5.1　直连路由网络拓扑结构

表 5.1　IP 地址规划

设　备	端　口	IP 地址	子网掩码	默认网关
R1	fa0/0	192.168.1.1	255.255.255.0	
	fa0/1	192.168.2.1	255.255.255.0	
R2	fa0/0	192.168.3.1	255.255.255.0	
	fa0/1	192.168.2.2	255.255.255.0	
PC1	网卡	192.168.1.100	255.255.255.0	192.168.1.1
PC2	网卡	192.168.3.100	255.255.255.0	192.168.3.1

实验过程

按照如表 5.1 所示 IP 地址的规划对如图 5.1 所示网络进行网络地址配置，配置完成后，通过“show ip route”命令可以查看路由器 R1 和路由器 R2 的路由表。

(1) 配置路由器 R1。

```
Router>en                                    //进入特权模式
Router#config t                              //进入全局配置模式
Router(config)#hostname R1                   //为路由器命名
```

```
R1(config)#interface fastEthernet 0/0              //进入路由器端口 fa0/0
R1(config-if)#ip address 192.168.1.1 255.255.255.0 //配置 IP 地址
R1(config-if)#no shu                               //激活
R1(config-if)#exit                                 //退出
R1(config)#interface fastEthernet 0/1              //进入路由器端口 fa0/1
R1(config-if)#ip address 192.168.2.1 255.255.255.0 //配置 IP 地址
R1(config-if)#no shu                               //激活
```

(2) 配置路由器 R2。

```
Router>en                                          //进入特权模式
Router#config t                                    //进入全局配置模式
Router(config)#hostname R2                         //为路由器命名
R2(config)#interface fastEthernet 0/0              //进入路由器端口 fa0/0
R2(config-if)#ip address 192.168.3.1 255.255.255.0 //配置 IP 地址
R2(config-if)#no shu                               //激活
R2(config-if)#exit                                 //退出
R2(config)#interface fastEthernet 0/1              //进入路由器端口 fa0/1
R2(config-if)#ip address 192.168.2.2 255.255.255.0 //配置 IP 地址
R2(config-if)#no shu                               //激活
```

(3) 查看路由器 R1 的路由表。

通过“show ip route”命令查看路由器 R1 的路由表如下。

```
R1#show ip route
Codes: C -connected, S -static, I -IGRP, R -RIP, M -mobile, B -BGP
       D -EIGRP, EX -EIGRP external, O -OSPF, IA -OSPF inter area
       N1 -OSPF NSSA external type 1, N2 -OSPF NSSA external type 2
       E1 -OSPF external type 1, E2 -OSPF external type 2, E -EGP
       i -IS-IS, L1 -IS-IS level-1, L2 -IS-IS level-2, ia -IS-IS inter area
       * -candidate default, U -per-user static route, o -ODR
       P -periodic downloaded static route
Gateway of last resort is not set
C    192.168.1.0/24 is directly connected, FastEthernet0/0
C    192.168.2.0/24 is directly connected, FastEthernet0/1
R1#
```

(4) 查看路由器 R2 的路由表。

通过“show ip route”命令查看路由器 R2 的路由表如下。

```
R2#show ip route
Codes: C -connected, S -static, I -IGRP, R -RIP, M -mobile, B -BGP
       D -EIGRP, EX -EIGRP external, O -OSPF, IA -OSPF inter area
       N1 -OSPF NSSA external type 1, N2 -OSPF NSSA external type 2
       E1 -OSPF external type 1, E2 -OSPF external type 2, E -EGP
       i -IS-IS, L1 -IS-IS level-1, L2 -IS-IS level-2, ia -IS-IS inter area
       * -candidate default, U -per-user static route, o -ODR
       P -periodic downloaded static route
```

```
Gateway of last resort is not set
C     192.168.2.0/24 is directly connected, FastEthernet0/1
C     192.168.3.0/24 is directly connected, FastEthernet0/0
R2#
```

两台路由器的路由表中,以字母 C 表示的为直连路由,即 connected。路由器 R1 和路由器 R2 分别获得了两条直连路由。路由器 R1 获得了到网络 192.168.1.0 以及 192.168.2.0 的直连路由,其中,网络 192.168.1.0 与路由器 R1 的端口 fa0/0 相连,网络 192.168.2.0 与路由器 R1 的端口 fa0/1 相连。

路由器 R2 获得了到网络 192.168.2.0 以及网络 192.168.3.0 的直连路由,其中,网络 192.168.2.0 与路由器 R2 的端口 fa0/1 相连,网络 192.168.3.0 与路由器 R2 的端口 fa0/0 相连。

5.2 实验二:静态路由配置

实验要求

构建如图 5.1 所示网络拓扑结构,网络设备的 IP 地址规划见表 5.1。要求通过配置静态路由实现网络互联互通。该实验在 Packet Tracer 仿真环境下完成。

实验过程

(1) 按照表 5.1 网络地址规划对网络拓扑中的设备进行基本配置。

首先配置路由器 R1。

```
Router>en                                          //进入特权模式
Router#config t                                    //进入全局配置模式
Router(config)#hostname R1                         //为路由器命名
R1(config)#interface fastEthernet 0/0              //进入路由器端口 fa0/0
R1(config-if)#ip address 192.168.1.1 255.255.255.0    //配置 IP 地址
R1(config-if)#no shu                               //激活
R1(config-if)#exit                                 //退出
R1(config)#interface fastEthernet 0/1              //进入路由器端口 fa0/1
R1(config-if)#ip address 192.168.2.1 255.255.255.0    //配置 IP 地址
R1(config-if)#no shu                               //激活
```

其次配置路由器 R2。

```
Router>en                                          //进入特权模式
Router#config t                                    //进入全局配置模式
Router(config)#hostname R2                         //为路由器命名
R2(config)#interface fastEthernet 0/0              //进入路由器端口 fa0/0
R2(config-if)#ip address 192.168.3.1 255.255.255.0    //配置 IP 地址
R2(config-if)#no shu                               //激活
R2(config-if)#exit                                 //退出
R2(config)#interface fastEthernet 0/1              //进入路由器端口 fa0/1
R2(config-if)#ip address 192.168.2.2 255.255.255.0    //配置 IP 地址
R2(config-if)#no shu                               //激活
```

最后配置计算机。

计算机 PC1 和计算机 PC2 地址配置如图 5.2 和图 5.3 所示。

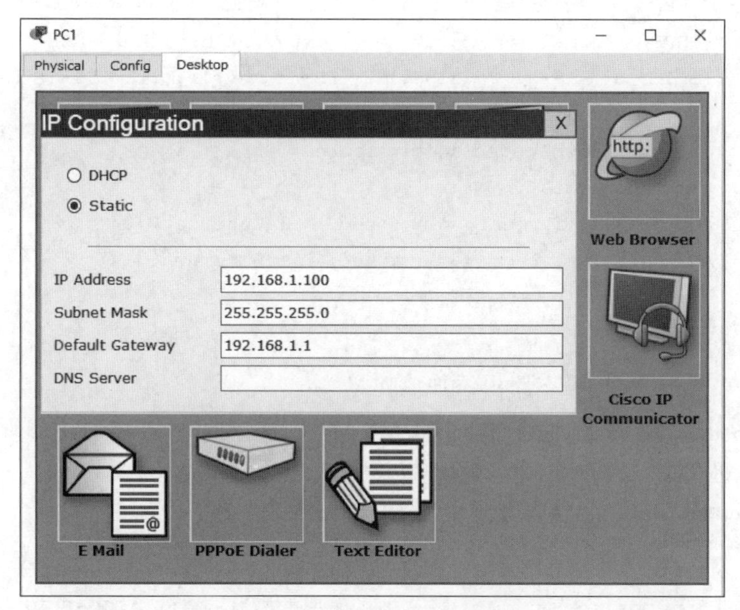

图 5.2　计算机 PC1 地址配置

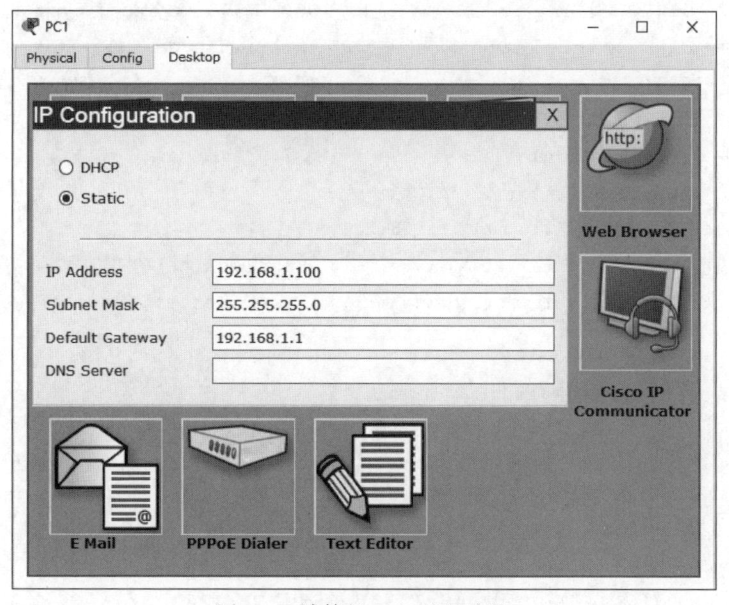

图 5.3　计算机 PC2 地址配置

(2) 配置静态路由。

第一，在路由器 R1 中添加到网络 192.168.3.0 的静态路由，具体命令如下：R1(config)#ip route 192.168.3.0 255.255.255.0 192.168.2.2。

通过“show ip route”命令查看路由器 R1 的路由表。

```
R1#show ip route
```

```
Codes: C - connected, S - static, I - IGRP, R - RIP, M - mobile, B - BGP
       D - EIGRP, EX - EIGRP external, O - OSPF, IA - OSPF inter area
       N1 - OSPF NSSA external type 1, N2 - OSPF NSSA external type 2
       E1 - OSPF external type 1, E2 - OSPF external type 2, E - EGP
       i - IS-IS, L1 - IS-IS level-1, L2 - IS-IS level-2, ia - IS-IS inter area
       * - candidate default, U - per-user static route, o - ODR
       P - periodic downloaded static route
Gateway of last resort is not set
C    192.168.1.0/24 is directly connected, FastEthernet0/0
C    192.168.2.0/24 is directly connected, FastEthernet0/1
S    192.168.3.0/24 [1/0] via 192.168.2.2
R1#
```

通过路由表可以看出,静态路由添加成功。

第二,在路由器 R2 中添加到网络 192.168.1.0 的静态路由,具体命令如下:R2(config)#ip route 192.168.1.0 255.255.255.0 192.168.2.1。

通过"show ip route"命令查看路由器 R2 的路由表。

```
R2#show ip route
Codes: C - connected, S - static, I - IGRP, R - RIP, M - mobile, B - BGP
       D - EIGRP, EX - EIGRP external, O - OSPF, IA - OSPF inter area
       N1 - OSPF NSSA external type 1, N2 - OSPF NSSA external type 2
       E1 - OSPF external type 1, E2 - OSPF external type 2, E - EGP
       i - IS-IS, L1 - IS-IS level-1, L2 - IS-IS level-2, ia - IS-IS inter area
       * - candidate default, U - per-user static route, o - ODR
       P - periodic downloaded static route
Gateway of last resort is not set
S    192.168.1.0/24 [1/0] via 192.168.2.1
C    192.168.2.0/24 is directly connected, FastEthernet0/1
C    192.168.3.0/24 is directly connected, FastEthernet0/0
R2#
```

通过路由表可以看出,静态路由添加成功。

(3) 通过 ping 命令测试主机 PC1 与主机 PC2 的网络连通性。

```
PC>ping 192.168.3.100
Pinging 192.168.3.100 with 32 bytes of data:
Reply from 192.168.3.100: bytes=32 time=14ms TTL=126
Reply from 192.168.3.100: bytes=32 time=15ms TTL=126
Reply from 192.168.3.100: bytes=32 time=10ms TTL=126
Reply from 192.168.3.100: bytes=32 time=12ms TTL=126
Ping statistics for 192.168.3.100:
    Packets: Sent = 4, Received = 4, Lost = 0 (0% loss),
Approximate round trip times in milli-seconds:
    Minimum = 10ms, Maximum = 15ms, Average = 12ms
PC>
```

实验结果表明，通过配置静态路由实现了网络互联互通。

5.3 实验三：浮动静态路由配置

实验要求

构建如图5.4所示网络拓扑结构，两台路由器之间通过两条链路相连，分别为以太网端口fa0/1相连链路以及串口s0/0/0相连链路。IP地址规划见表5.2，要求通过在两台路由器之间配置浮动静态路由从而实现网络冗余备份，增强网络的稳定性。该实验在Packet Tracer仿真环境下完成。

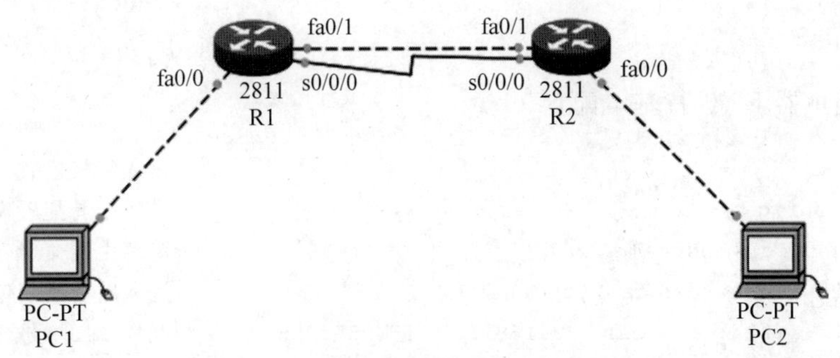

图5.4 实现浮动静态路由拓扑结构

表5.2 浮动静态路由IP地址规划

设　　备	端　　口	IP 地 址	子 网 掩 码	默 认 网 关
R1	fa0/0	192.168.1.1	255.255.255.0	
	fa0/1	192.168.2.1	255.255.255.0	
	s0/0/0	192.168.4.1	255.255.255.0	
R2	fa0/0	192.168.3.1	255.255.255.0	
	fa0/1	192.168.2.2	255.255.255.0	
	s0/0/0	192.168.4.2	255.255.255.0	
PC1	网卡	192.168.1.100	255.255.255.0	192.168.1.1
PC2	网卡	192.168.3.100	255.255.255.0	192.168.3.1

实验过程

在构建网络拓扑时，由于思科2811路由器默认不带串口模块，因此需要插入该模块。在Cisco Packet Tracer仿真软件中，插入串口模块的操作过程见第1章实验一。

(1) 对路由器R1进行基本配置。

```
Router>                                         //用户模式
Router>en                                       //进入特权模式
Router#config t                                 //进入全局配置模式
Router(config)#hostname R1                      //为路由器命名
R1(config)#interface fastEthernet 0/0           //进入路由器端口 fa0/0
```

```
R1(config-if)#ip address 192.168.1.1 255.255.255.0      //配置 IP 地址
R1(config-if)#no shu                                    //激活
R1(config-if)#exit                                      //退出
R1(config)#interface fastEthernet 0/1                   //进入路由器端口 fa0/1
R1(config-if)#ip address 192.168.2.1 255.255.255.0      //配置 IP 地址
R1(config-if)#no shu                                    //激活
R1(config-if)#exit                                      //退出
R1(config)#interface serial 0/0/0                       //进入路由器端口 s0/0/0
R1(config-if)#ip address 192.168.4.1 255.255.255.0      //配置 IP 地址
R1(config-if)#clock rate 64000                          //配置时钟频率
R1(config-if)#exit                                      //退出
R1(config)#
```

(2) 对路由器 R2 进行基本配置。

```
Router>en                                               //进入特权模式
Router#config t                                         //进入全局配置模式
Router(config)#hostname R2                              //为路由器命名
R2(config)#interface fastEthernet 0/0                   //进入路由器端口 fa0/0
R2(config-if)#ip address 192.168.3.1 255.255.255.0      //配置 IP 地址
R2(config-if)#no shu                                    //激活
R2(config-if)#exit                                      //退出
R2(config)#interface fastEthernet 0/1                   //进入路由器端口 fa0/1
R2(config-if)#ip address 192.168.2.2 255.255.255.0      //配置 IP 地址
R2(config-if)#no shu                                    //激活
R2(config-if)#exit                                      //退出
R2(config)#interface serial 0/0/0                       //进入路由器端口 s0/0/0
R2(config-if)#ip address 192.168.4.2 255.255.255.0      //配置 IP 地址
R2(config-if)#no shu                                    //激活
R2(config-if)#exit                                      //退出
Router(config)#
```

(3) 按照表 5.2 中的规划,配置计算机 PC1 和计算机 PC2 的网络参数。

(4) 配置浮动静态路由。

第一,在路由器 R1 上配置静态路由以及浮动静态路由。

```
R1(config)#ip route 192.168.3.0 255.255.255.0 192.168.2.2
R1(config)#ip route 192.168.3.0 255.255.255.0 192.168.4.2 2
```

第二,在路由器 R2 上配置静态路由以及浮动静态路由。

```
R2(config)#ip route 192.168.1.0 255.255.255.0 192.168.2.1
R2(config)#ip route 192.168.1.0 255.255.255.0 192.168.4.1 2
```

(5) 在路由器 R1 上通过"show ip route"命令查看路由表。

```
R1#show ip route
Codes: C -connected, S -static, I -IGRP, R -RIP, M -mobile, B -BGP
```

```
        D -EIGRP, EX -EIGRP external, O -OSPF, IA -OSPF inter area
        N1 -OSPF NSSA external type 1, N2 -OSPF NSSA external type 2
        E1 -OSPF external type 1, E2 -OSPF external type 2, E -EGP
        i -IS-IS, L1 -IS-IS level-1, L2 -IS-IS level-2, ia -IS-IS inter area
        * -candidate default, U -per-user static route, o -ODR
        P -periodic downloaded static route
Gateway of last resort is not set
C    192.168.1.0/24 is directly connected, FastEthernet0/0
C    192.168.2.0/24 is directly connected, FastEthernet0/1
S    192.168.3.0/24 [1/0] via 192.168.2.2
C    192.168.4.0/24 is directly connected, Serial0/0/0
R1#
```

结果表明，路由器R1通过下一跳地址为192.168.2.2的静态路由到达目标网络192.168.3.0，而路由配置中通过下一跳地址为192.168.4.2到达同样的目标网络192.168.3.0的静态路由条目并没有出现在路由表中。

(6) 在路由器R2上通过“show ip route”命令查看路由表。

```
R2#show ip route
Codes: C -connected, S -static, I -IGRP, R -RIP, M -mobile, B -BGP
        D -EIGRP, EX -EIGRP external, O -OSPF, IA -OSPF inter area
        N1 -OSPF NSSA external type 1, N2 -OSPF NSSA external type 2
        E1 -OSPF external type 1, E2 -OSPF external type 2, E -EGP
        i -IS-IS, L1 -IS-IS level-1, L2 -IS-IS level-2, ia -IS-IS inter area
        * -candidate default, U -per-user static route, o -ODR
        P -periodic downloaded static route
Gateway of last resort is not set
S    192.168.1.0/24 [1/0] via 192.168.2.1
C    192.168.2.0/24 is directly connected, FastEthernet0/1
C    192.168.3.0/24 is directly connected, FastEthernet0/0
C    192.168.4.0/24 is directly connected, Serial0/0/0
R2#
```

结果表明，路由器R2到达网络192.168.1.0的下一跳地址为192.168.2.1。能够到达同一网络192.168.1.0的下一跳为192.168.4.1的静态路由并没有出现在路由器R2的路由表中。

(7) 通过ping命令测试两台主机的连通性，结果如下。

```
PC>ping 192.168.3.100
Pinging 192.168.3.100 with 32 bytes of data:
Reply from 192.168.3.100: bytes=32 time=54ms TTL=126
Reply from 192.168.3.100: bytes=32 time=12ms TTL=126
Reply from 192.168.3.100: bytes=32 time=9ms TTL=126
Reply from 192.168.3.100: bytes=32 time=93ms TTL=126
Ping statistics for 192.168.3.100:
    Packets: Sent =4, Received =4, Lost =0 (0% loss),
```

```
Approximate round trip times in milli-seconds:
    Minimum = 9ms, Maximum = 93ms, Average = 42ms
PC>
```

实验结果表明,两台主机是连通的。通过路由跟踪命令 tracert 可以看出,从主机 PC1 到主机 PC2 经过的路由如下。

```
PC>tracert 192.168.3.100
Tracing route to 192.168.3.100 over a maximum of 30 hops:
1  31 ms  31 ms  32 ms  192.168.1.1
2  19 ms  63 ms  63 ms  192.168.2.2
3  94 ms  94 ms  94 ms  192.168.3.100
Trace complete.
PC>
```

实验结果表明,数据包从路由器 R1 通过下一跳地址 192.168.2.2 转发到目标网络 192.168.3.0。

接下来验证两台路由器之间的端口 fa0/1 链路出现故障后的网络连通情况。

(1) 进入路由器 R1,将路由器 R1 的端口 fa0/1 停掉,操作如下。

```
R1(config)#interface fastEthernet 0/1
R1(config-if)#shutdown
```

(2) 在路由器 R1 上执行查看路由表命令"show ip route",结果如下。

```
R1#show ip route
Codes: C - connected, S - static, I - IGRP, R - RIP, M - mobile, B - BGP
       D - EIGRP, EX - EIGRP external, O - OSPF, IA - OSPF inter area
       N1 - OSPF NSSA external type 1, N2 - OSPF NSSA external type 2
       E1 - OSPF external type 1, E2 - OSPF external type 2, E - EGP
       i - IS-IS, L1 - IS-IS level-1, L2 - IS-IS level-2, ia - IS-IS inter area
       * - candidate default, U - per-user static route, o - ODR
       P - periodic downloaded static route
Gateway of last resort is not set
C    192.168.1.0/24 is directly connected, FastEthernet0/0
S    192.168.3.0/24 [2/0] via 192.168.4.2
C    192.168.4.0/24 is directly connected, Serial0/0/0
R1#
```

结果表明,路由器 R1 通过下一跳地址 192.168.4.2 到达目标网络 192.168.3.0,此时的管理距离和度量值表示为[2/0]。也就是说,管理距离值为 2,不再是默认的 1 了。

(3) 通过"show ip route"命令查看路由器 R2 的路由表,结果如下。

```
R2#show ip route
Codes: C - connected, S - static, I - IGRP, R - RIP, M - mobile, B - BGP
       D - EIGRP, EX - EIGRP external, O - OSPF, IA - OSPF inter area
       N1 - OSPF NSSA external type 1, N2 - OSPF NSSA external type 2
       E1 - OSPF external type 1, E2 - OSPF external type 2, E - EGP
```

```
        i -IS-IS, L1 -IS-IS level-1, L2 -IS-IS level-2, ia -IS-IS inter area
        * -candidate default, U -per-user static route, o -ODR
        P -periodic downloaded static route
Gateway of last resort is not set
S     192.168.1.0/24 [2/0] via 192.168.4.1
C     192.168.3.0/24 is directly connected, FastEthernet0/0
C     192.168.4.0/24 is directly connected, Serial0/0/0
R2#
```

结果表明，路由器 R2 到网络 192.168.1.0 的路由条目发生了改变，下一跳地址由之前的 192.168.2.1 变成了现在的 192.168.4.1。管理距离由 1 变成了现在的 2。

(4) 通过 tracert 命令跟踪主机 PC1 到主机 PC2 的路由信息，结果如下。

```
PC>tracert 192.168.3.100
Tracing route to 192.168.3.100 over a maximum of 30 hops:
1   31 ms   5 ms   31 ms   192.168.1.1
2   62 ms   62 ms   63 ms   192.168.4.2
3   94 ms   28 ms   94 ms   192.168.3.100
Trace complete.
PC>
```

结果表明，具有冗余链路的浮动静态路由发挥了作用，确保了网络的连通性。

5.4　实验四：默认路由配置

实验要求

设置如图 5.5 所示的网络中，3 台路由器连接 4 个网络，整个网络的 IP 地址规划见表 5.3。路由器 Router0 和路由器 Router2 为两个末梢网络的路由，实验要求使用默认路由使网络互联互通。该实验在 Packet Tracer 仿真环境下完成。

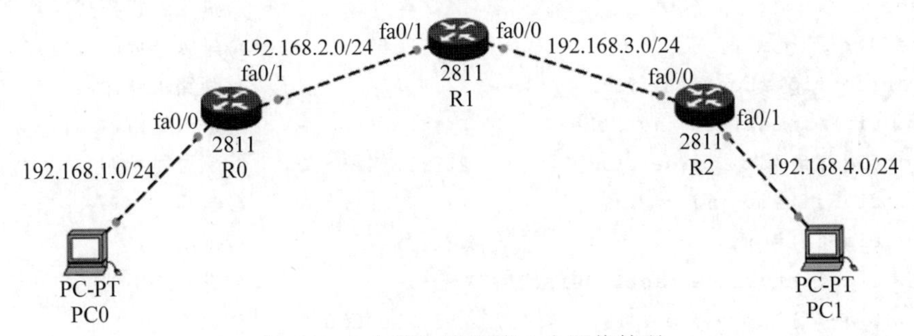

图 5.5　3 台路由器连接 4 个网络情况

表 5.3　IP 地址规划

设　　备	端　　口	IP 地 址	子 网 掩 码	默 认 网 关
R0	fa0/0	192.168.1.1	255.255.255.0	
	fa0/1	192.168.2.1	255.255.255.0	

续表

设　　备	端　　口	IP 地 址	子 网 掩 码	默 认 网 关
R1	fa0/0	192.168.3.1	255.255.255.0	
	fa0/1	192.168.2.2	255.255.255.0	
R2	fa0/0	192.168.3.2	255.255.255.0	
	fa0/1	192.168.4.1	255.255.255.0	
PC0	网卡	192.168.1.100	255.255.255.0	192.168.1.1
PC1	网卡	192.168.4.100	255.255.255.0	192.168.4.1

实验过程

(1) 按照表 5.3,为 3 台路由器以及终端计算机配置地址。

第一,配置路由器 R0。

```
Router>en                                        //进入特权模式
Router#config t                                  //进入全局配置模式
Router(config)#hostname R0                       //为路由器命名
R0(config)#interface fastEthernet 0/0            //进入路由器端口 fa0/0
R0(config-if)#ip address 192.168.1.1 255.255.255.0  //配置 IP 地址
R0(config-if)#no shu                             //激活
R0(config-if)#exit                               //退出
R0(config)#interface fastEthernet 0/1            //进入路由器端口 fa0/1
R0(config-if)#ip address 192.168.2.1 255.255.255.0  //配置 IP 地址
R0(config-if)#no shu                             //激活
R0(config-if)#exit                               //退出
```

第二,配置路由器 R1。

```
Router>en                                        //进入特权模式
Router#config t                                  //进入全局配置模式
Router(config)#hostname R1                       //为路由器命名
R1(config)#interface fastEthernet 0/0            //进入路由器端口 fa0/0
R1(config-if)#ip address 192.168.3.1 255.255.255.0  //配置 IP 地址
R1(config-if)#no shu                             //激活
R1(config-if)#exit                               //退出
R1(config)#interface fastEthernet 0/1            //进入路由器端口 fa0/1
R1(config-if)#ip address 192.168.2.2 255.255.255.0  //配置 IP 地址
R1(config-if)#no shu                             //激活
R1(config-if)#exit                               //退出
R1(config)#
```

第三,配置路由器 R2。

```
Router>en                                        //进入特权模式
Router#config t                                  //进入全局配置模式
```

```
Router(config)#hostname R2                              //为路由器命名
R2(config)#interface fastEthernet 0/0                   //进入路由器端口 fa0/0
R2(config-if)#ip address 192.168.3.2 255.255.255.0      //配置 IP 地址
R2(config-if)#no shu                                    //激活
R2(config-if)#exit                                      //退出
R2(config)#interface fastEthernet 0/1                   //进入路由器端口 fa0/1
R2(config-if)#ip address 192.168.4.1 255.255.255.0      //配置 IP 地址
R2(config-if)#no shu                                    //激活
R2(config-if)#exit                                      //退出
R2(config)#
```

第四,根据表 5.3,设置终端计算机 PC0 和计算机 PC1 的网络地址参数。

(2) 配置路由信息。

首先,配置路由器 R0 的默认路由。

```
R0(config)#ip route 0.0.0.0 0.0.0.0 192.168.2.2
```

其次,配置路由器 R1 的两条静态路由。

```
R1(config)#ip route 192.168.1.0 255.255.255.0 192.168.2.1
R1(config)#ip route 192.168.4.0 255.255.255.0 192.168.3.2
```

第三,配置路由器 R2 的默认路由。

```
R2(config)#ip route 0.0.0.0 0.0.0.0 192.168.3.1
```

(3) 分别查看 3 台路由器的路由表。

首先,查看路由器 R0 的路由表。

```
R0#show ip route
Codes: C -connected, S -static, I -IGRP, R -RIP, M -mobile, B -BGP
       D -EIGRP, EX -EIGRP external, O -OSPF, IA -OSPF inter area
       N1 -OSPF NSSA external type 1, N2 -OSPF NSSA external type 2
       E1 -OSPF external type 1, E2 -OSPF external type 2, E -EGP
       i -IS-IS, L1 -IS-IS level-1, L2 -IS-IS level-2, ia -IS-IS inter area
       * -candidate default, U -per-user static route, o -ODR
       P -periodic downloaded static route
Gateway of last resort is 192.168.2.2 to network 0.0.0.0
C    192.168.1.0/24 is directly connected, FastEthernet0/0
C    192.168.2.0/24 is directly connected, FastEthernet0/1
S*   0.0.0.0/0 [1/0] via 192.168.2.2
R0#
```

其中,“S*　0.0.0.0/0 [1/0] via 192.168.2.2”为默认路由信息。

其次,查看路由器 R1 的路由表。

```
R1#show ip route
Codes: C -connected, S -static, I -IGRP, R -RIP, M -mobile, B -BGP
       D -EIGRP, EX -EIGRP external, O -OSPF, IA -OSPF inter area
```

```
        N1 -OSPF NSSA external type 1, N2 -OSPF NSSA external type 2
        E1 -OSPF external type 1, E2 -OSPF external type 2, E -EGP
        i -IS-IS, L1 -IS-IS level-1, L2 -IS-IS level-2, ia -IS-IS inter area
        * -candidate default, U -per-user static route, o -ODR
        P -periodic downloaded static route
Gateway of last resort is not set
S     192.168.1.0/24 [1/0] via 192.168.2.1
C     192.168.2.0/24 is directly connected, FastEthernet0/1
C     192.168.3.0/24 is directly connected, FastEthernet0/0
S     192.168.4.0/24 [1/0] via 192.168.3.2
R1#
```

结果显示两条直连路由以及两条静态路由信息。

第三,查看路由器 R2 的路由表。

```
R2#show ip route
Codes: C -connected, S -static, I -IGRP, R -RIP, M -mobile, B -BGP
        D -EIGRP, EX -EIGRP external, O -OSPF, IA -OSPF inter area
        N1 -OSPF NSSA external type 1, N2 -OSPF NSSA external type 2
        E1 -OSPF external type 1, E2 -OSPF external type 2, E -EGP
        i -IS-IS, L1 -IS-IS level-1, L2 -IS-IS level-2, ia -IS-IS inter area
        * -candidate default, U -per-user static route, o -ODR
        P -periodic downloaded static route
Gateway of last resort is 192.168.3.1 to network 0.0.0.0
C     192.168.3.0/24 is directly connected, FastEthernet0/0
C     192.168.4.0/24 is directly connected, FastEthernet0/1
S*    0.0.0.0/0 [1/0] via 192.168.3.1
R2#
```

结果显示两条直连路由以及一条默认路由。

(4) 网络连通性测试。

通过 ping 命令测试计算机 PC0 到计算机 PC1 的连通性,结果如下。

```
PC>ping 192.168.4.100
Pinging 192.168.4.100 with 32 bytes of data:
Reply from 192.168.4.100: bytes=32 time=125ms TTL=125
Reply from 192.168.4.100: bytes=32 time=126ms TTL=125
Reply from 192.168.4.100: bytes=32 time=125ms TTL=125
Reply from 192.168.4.100: bytes=32 time=109ms TTL=125
Ping statistics for 192.168.4.100:
     Packets: Sent =4, Received =4, Lost =0 (0% loss),
Approximate round trip times in milli-seconds:
     Minimum =109ms, Maximum =126ms, Average =121ms
PC>
```

测试结果表明,通过配置默认路由实现了网络的连通性。本次实验 ping 结果返回的 TTL 值为 125,表明数据包经过了 3 台路由器。

第6章　动态路由技术

6.1　实验一：RIPv1 路由配置

实验要求 1

构建如图 6.1 所示的网络拓扑结构，两台路由器连接 3 个网络，分别为 192.168.1.0/24、192.168.2.0/24、192.168.3.0/24。具体 IP 地址规划见表 6.1。实验要求通过动态路由协议 RIPv1 实现网络互联互通。该实验在 Packet Tracer 仿真环境下完成。

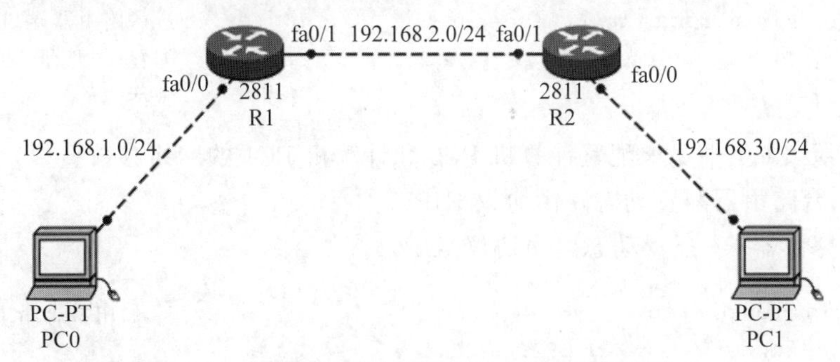

图 6.1　实现动态路由协议 RIPv1 网络拓扑结构 1

表 6.1　IP 地址规划

设　　备	端　　口	IP 地 址	子 网 掩 码	默 认 网 关
R1	fa0/0	192.168.1.1	255.255.255.0	
	fa0/1	192.168.2.1	255.255.255.0	
R2	fa0/0	192.168.3.1	255.255.255.0	
	fa0/1	192.168.2.2	255.255.255.0	
PC0	网卡	192.168.1.100	255.255.255.0	192.168.1.1
PC1	网卡	192.168.3.100	255.255.255.0	192.168.3.1

实验过程

(1) 根据表 6.1 中地址规划对设备进行基本配置。

首先，配置路由器 R1。

```
Router>en                                          //进入特权模式
Router#config t                                    //进入全局配置模式
Router(config)#hostname R1                         //为路由器命名
R1(config)#interface fastEthernet 0/0              //进入路由器端口 fa0/0
R1(config-if)#ip address 192.168.1.1 255.255.255.0 //配置 IP 地址
```

```
R1(config-if)#no shu                                     //激活
R1(config-if)#exit                                       //退出
R1(config)#interface fastEthernet 0/1                    //进入路由器端口 fa0/1
R1(config-if)#ip address 192.168.2.1 255.255.255.0       //配置 IP 地址
R1(config-if)#no shu                                     //激活
```

其次,配置路由器 R2。

```
Router>en                                                //进入特权模式
Router#config t                                          //进入全局配置模式
Router(config)#hostname R2                               //为路由器命名
R2(config)#interface fastEthernet 0/0                    //进入路由器端口 fa0/0
R2(config-if)#ip address 192.168.3.1 255.255.255.0       //配置 IP 地址
R2(config-if)#no shu                                     //激活
R2(config-if)#exit                                       //退出
R2(config)#interface fastEthernet 0/1                    //进入路由器端口 fa0/1
R2(config-if)#ip address 192.168.2.2 255.255.255.0       //配置 IP 地址
R2(config-if)#no shu                                     //激活
```

第三,按照表 6.1 中要求配置计算机 PC0 和计算机 PC1 的网络参数。

(2) 对两台路由器配置动态路由协议 RIPv1。

首先,为路由器 R1 配置动态路由协议 RIPv1。

```
R1(config)#router rip                                    //R1 启用动态路由协议(RIP)
R1(config-router)#network 192.168.1.0
                        //宣告 RIP 要通告的网络,在路由器的属于该网络的端口上启用 RIP 进程
R1(config-router)#network 192.168.2.0
                        //宣告 RIP 要通告的网络,在路由器的属于该网络的端口上启用 RIP 进程
```

其次,对路由器 R2 配置动态路由协议 RIPv1。

```
R2(config)#router rip                                    //R2 启用动态路由协议(RIP)
R2(config-router)#network 192.168.2.0
                        //宣告 RIP 要通告的网络,在路由器的属于该网络的端口上启用 RIP 进程
R2(config-router)#network 192.168.3.0
                        //宣告 RIP 要通告的网络,在路由器的属于该网络的端口上启用 RIP 进程
```

(3) 查看路由器路由表。

首先,查看路由器 R1 的路由表。

```
R1#show ip route
Codes: C -connected, S -static, I -IGRP, R -RIP, M -mobile, B -BGP
       D -EIGRP, EX -EIGRP external, O -OSPF, IA -OSPF inter area
       N1 -OSPF NSSA external type 1, N2 -OSPF NSSA external type 2
       E1 -OSPF external type 1, E2 -OSPF external type 2, E -EGP
       i -IS-IS, L1 -IS-IS level-1, L2 -IS-IS level-2, ia -IS-IS inter area
       * -candidate default, U -per-user static route, o -ODR
       P -periodic downloaded static route
Gateway of last resort is not set
```

```
C     192.168.1.0/24 is directly connected, FastEthernet0/0
C     192.168.2.0/24 is directly connected, FastEthernet0/1
R     192.168.3.0/24 [120/1] via 192.168.2.2, 00:00:12, FastEthernet0/1
R1#
```

结果表明，路由器 R1 通过动态路由协议 RIPv1 获得到网络 192.168.3.0 的路由条目。

其次，查看路由器 R2 的路由表。

```
R2# show ip route
Codes: C - connected, S - static, I - IGRP, R - RIP, M - mobile, B - BGP
       D - EIGRP, EX - EIGRP external, O - OSPF, IA - OSPF inter area
       N1 - OSPF NSSA external type 1, N2 - OSPF NSSA external type 2
       E1 - OSPF external type 1, E2 - OSPF external type 2, E - EGP
       i - IS-IS, L1 - IS-IS level-1, L2 - IS-IS level-2, ia - IS-IS inter area
       * - candidate default, U - per-user static route, o - ODR
       P - periodic downloaded static route
Gateway of last resort is not set
R     192.168.1.0/24 [120/1] via 192.168.2.1, 00:00:13, FastEthernet0/1
C     192.168.2.0/24 is directly connected, FastEthernet0/1
C     192.168.3.0/24 is directly connected, FastEthernet0/0
R2#
```

结果表明，路由器 R2 通过动态路由协议 RIPv1 获得到网络 192.168.1.0 的路由条目。

(4) 网络连通性测试。

综上所述，两台路由器的路由表是全的。通过 ping 命令测试，网络是连通的。

实验要求 2

构建如图 6.2 所示的网络拓扑结构，3 台路由器连接 4 个网络，分别为 192.168.1.0/24、192.168.2.0/24、192.168.3.0/24、192.168.4.0/24。要求通过动态路由协议 RIPv1 实现网络互联互通。该实验在 Packet Tracer 仿真环境下完成。

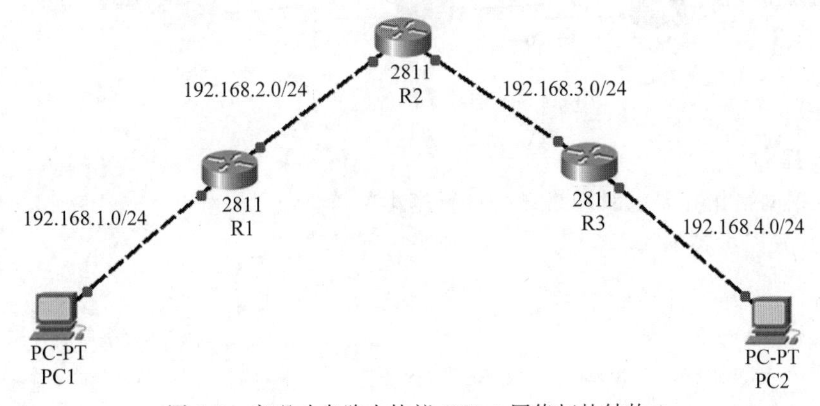

图 6.2　实现动态路由协议 RIPv1 网络拓扑结构 2

实验过程(省略)

实验要求 3

构建如图 6.3 所示的网络拓扑结构，3 台路由器连接 5 个网络，分别为 192.168.1.0/24、192.168.2.0/24、192.168.3.0/24、192.168.4.0/24、192.168.5.0/24。要求通过动态路由协议

RIPv1 实现网络互联互通。该实验在 Packet Tracer 仿真环境下完成。

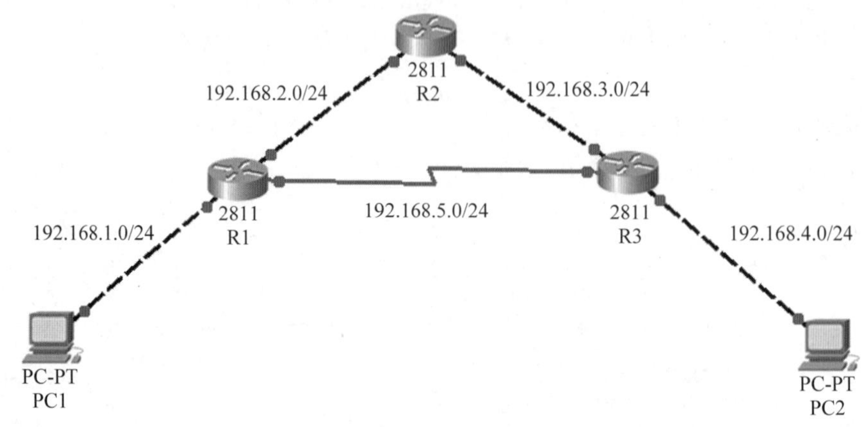

图 6.3　实现动态路由协议 RIPv1 网络拓扑结构 3

实验过程(省略)

6.2　实验二：验证 RIPv1 局限性

1. 验证 RIPv1 不支持不连续子网实验

实验要求

构建如图 6.4 所示网络拓扑结构，构建本实验网络拓扑图时，需要在路由器上插入串口模块。路由器 R1 环回口 loopback0 的主类网络号为 192.168.1.0，子网号为 192.168.1.0/25，路由器 R3 环回口 loopback0 的主类网络号为 192.168.1.0，子网号为 192.168.1.128/25，它们之间连接了两个主类网络，分别为 12.0.0.0 以及 23.0.0.0。实验要求验证动态路由协议 RIPv1 不支持不连续子网。该实验在 Packet Tracer 仿真环境下完成。

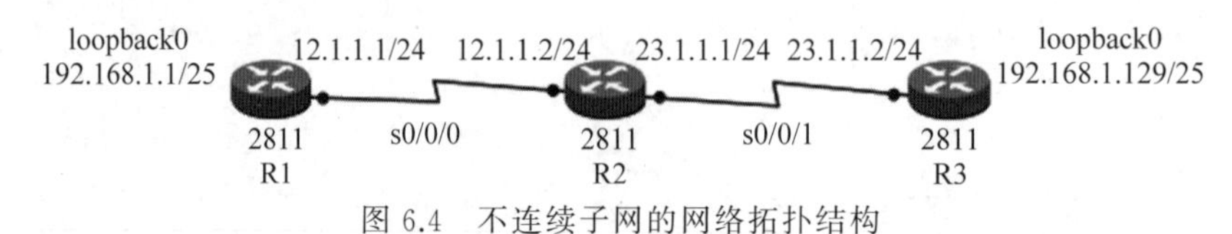

图 6.4　不连续子网的网络拓扑结构

实验过程

(1) 根据网络拓扑要求对网络设备进行基本配置。

首先，配置路由器 R1。

```
Router>en                                              //进入特权模式
Router#config t                                        //进入全局配置模式
Router(config)#hostname R1                             //为路由器命名
R1(config)#interface serial 0/0/0                      //进入路由器端口 s0/0/0
R1(config-if)#ip address 12.1.1.1 255.255.255.0        //配置 IP 地址
R1(config-if)#no shu                                   //激活
R1(config-if)#clock rate 64000                         //配置时钟频率
R1(config-if)#exit                                     //退出
R1(config)#interface loopback 0                        //进入路由器环回口
```

```
R1(config-if)#ip address 192.168.1.1 255.255.255.128     //配置 IP 地址
R1(config-if)#exit                                        //退出
R1(config)#
```

其次，配置路由器 R2。

```
Router>en                                                 //进入特权模式
Router#config t                                           //进入全局配置模式
Router(config)#hostname R2                                //为路由器命名
R2(config)#interface serial 0/0/0                         //进入路由器端口 s0/0/0
R2(config-if)#ip address 12.1.1.2 255.255.255.0           //配置 IP 地址
R2(config-if)#no shu                                      //激活
R2(config-if)#exit                                        //退出
R2(config)#interface serial 0/0/1                         //进入路由器端口 s0/0/1
R2(config-if)#ip address 23.1.1.1 255.255.255.0           //配置 IP 地址
R2(config-if)#no shu                                      //激活
R2(config-if)#clock rate 64000                            //配置时钟频率
R2(config-if)#exit                                        //退出
R2(config)#
```

第三，配置路由器 R3。

```
Router>en                                                 //进入特权模式
Router#config t                                           //进入全局配置模式
Router(config)#hostname R3                                //为路由器命名
R3(config)#interface serial 0/0/1                         //进入路由器端口 s0/0/1
R3(config-if)#ip address 23.1.1.2 255.255.255.0           //配置 IP 地址
R3(config-if)#no shu                                      //激活
R3(config-if)#exit                                        //退出
R3(config)#interface loopback 0                           //进入环回口
R3(config-if)#ip address 192.168.1.129 255.255.255.128   //配置 IP 地址
R3(config-if)#exit                                        //退出
R3(config)#
```

(2) 查看 3 台路由器的路由表。

首先，查看路由器 R1 的路由表，如图 6.5 所示。

其次，查看路由器 R2 的路由表，如图 6.6 所示。

第三，查看路由器 R3 的路由表，如图 6.7 所示。

(3) 分析结果。

从 3 台路由器的路由表可以看出，路由器的路由表并不完整，不能获得到达未知子网的路由信息，因此整个网络不能互联互通。因此 RIPv1 不支持不连续子网的互联互通。

注意：不连续子网是指一个网络中，由同一主网划分的子网在中间被多个其他网段的子网或网络隔开了。如图 6.8 所示网络并不属于不连续子网情况，其中，网络 192.168.1.1 和网络 192.168.2.1 是两个不同的主类网络，并不属于同一个主类网络划分的子网的情况。因此仅使用动态路由协议 RIPv1 即可实现网络互联互通。

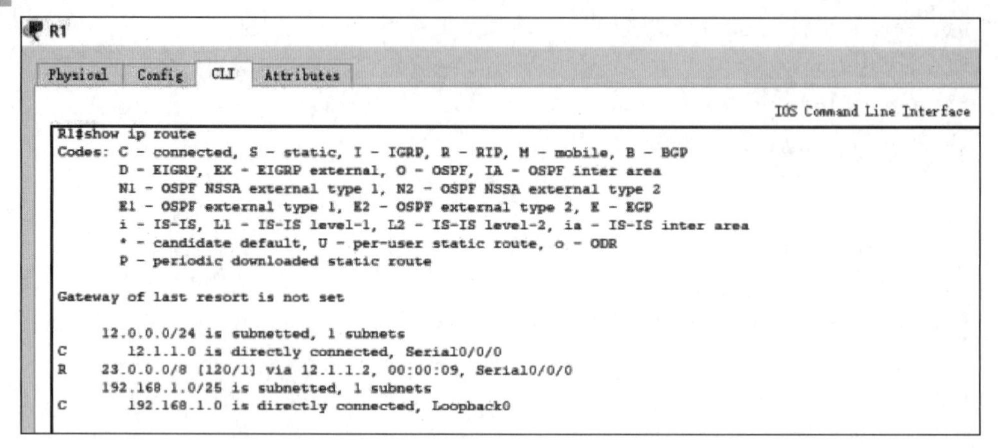

```
R1#show ip route
Codes: C - connected, S - static, I - IGRP, R - RIP, M - mobile, B - BGP
       D - EIGRP, EX - EIGRP external, O - OSPF, IA - OSPF inter area
       N1 - OSPF NSSA external type 1, N2 - OSPF NSSA external type 2
       E1 - OSPF external type 1, E2 - OSPF external type 2, E - EGP
       i - IS-IS, L1 - IS-IS level-1, L2 - IS-IS level-2, ia - IS-IS inter area
       * - candidate default, U - per-user static route, o - ODR
       P - periodic downloaded static route

Gateway of last resort is not set

     12.0.0.0/24 is subnetted, 1 subnets
C       12.1.1.0 is directly connected, Serial0/0/0
R    23.0.0.0/8 [120/1] via 12.1.1.2, 00:00:09, Serial0/0/0
     192.168.1.0/25 is subnetted, 1 subnets
C       192.168.1.0 is directly connected, Loopback0
```

图 6.5　路由器 R1 的路由表

```
R2#show ip route
Codes: C - connected, S - static, I - IGRP, R - RIP, M - mobile, B - BGP
       D - EIGRP, EX - EIGRP external, O - OSPF, IA - OSPF inter area
       N1 - OSPF NSSA external type 1, N2 - OSPF NSSA external type 2
       E1 - OSPF external type 1, E2 - OSPF external type 2, E - EGP
       i - IS-IS, L1 - IS-IS level-1, L2 - IS-IS level-2, ia - IS-IS inter area
       * - candidate default, U - per-user static route, o - ODR
       P - periodic downloaded static route

Gateway of last resort is not set

     12.0.0.0/24 is subnetted, 1 subnets
C       12.1.1.0 is directly connected, Serial0/0/0
     23.0.0.0/24 is subnetted, 1 subnets
C       23.1.1.0 is directly connected, Serial0/0/1
R    192.168.1.0/24 [120/1] via 12.1.1.1, 00:00:01, Serial0/0/0
                    [120/1] via 23.1.1.2, 00:00:11, Serial0/0/1
```

图 6.6　路由器 R2 的路由表

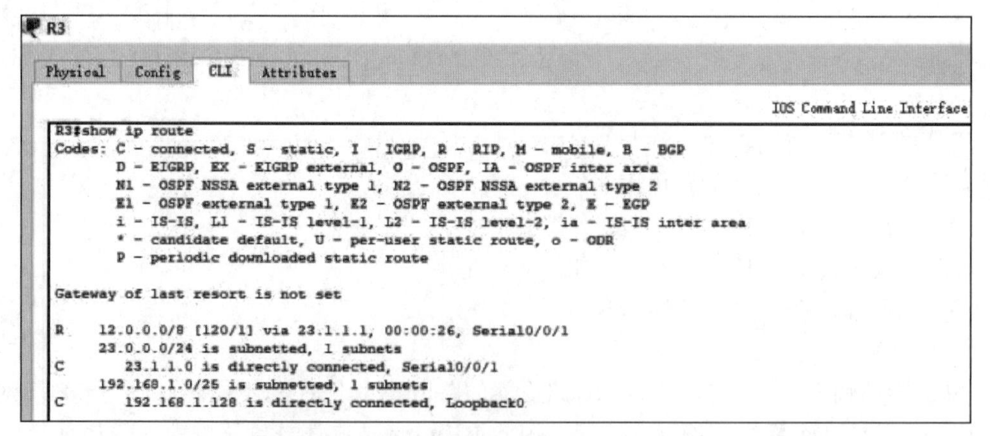

```
R3#show ip route
Codes: C - connected, S - static, I - IGRP, R - RIP, M - mobile, B - BGP
       D - EIGRP, EX - EIGRP external, O - OSPF, IA - OSPF inter area
       N1 - OSPF NSSA external type 1, N2 - OSPF NSSA external type 2
       E1 - OSPF external type 1, E2 - OSPF external type 2, E - EGP
       i - IS-IS, L1 - IS-IS level-1, L2 - IS-IS level-2, ia - IS-IS inter area
       * - candidate default, U - per-user static route, o - ODR
       P - periodic downloaded static route

Gateway of last resort is not set

R    12.0.0.0/8 [120/1] via 23.1.1.1, 00:00:26, Serial0/0/1
     23.0.0.0/24 is subnetted, 1 subnets
C       23.1.1.0 is directly connected, Serial0/0/1
     192.168.1.0/25 is subnetted, 1 subnets
C       192.168.1.128 is directly connected, Loopback0
```

图 6.7　路由器 R3 的路由表

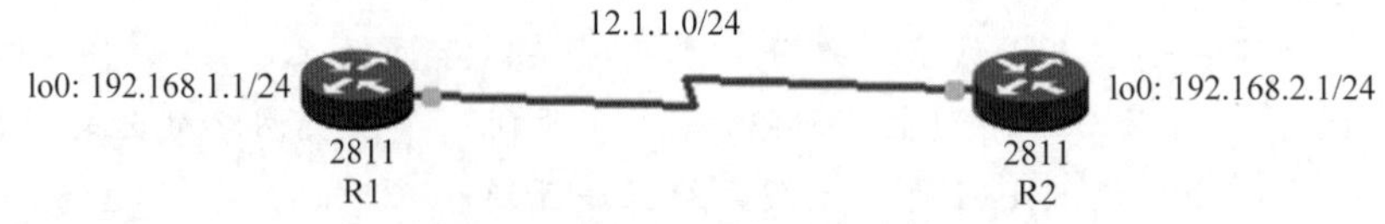

图 6.8　不属于不连续子网的情况

2. 验证RIPv1不支持VLSM实验

实验要求

构建如图6.9所示可变长子网(VLSM)的网络拓扑结构,构建该网络拓扑结构时需要在路由器上插入串口模块。路由器R1环回口loopback0的主类网络号为192.168.1.0,子网号为192.168.1.1/26;路由器R2环回口loopback0的主类网络号为192.168.1.0,子网号为192.168.1.128/26;它们之间连接的主类网络为192.168.1.0,子网号为192.168.1.64/30。实验要求验证动态路由协议RIPv1不支持VLSM。该实验在Packet Tracer仿真环境下完成。

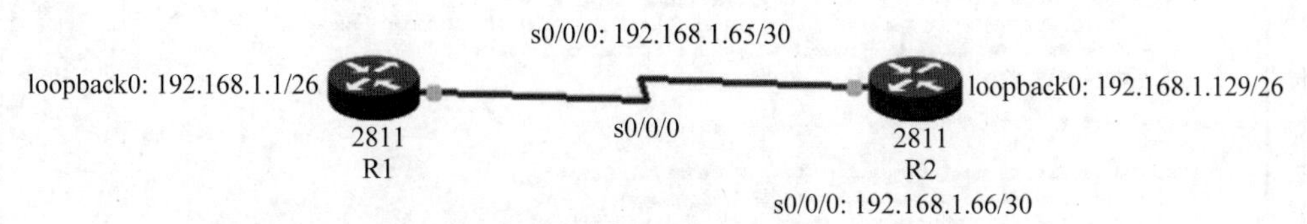

图6.9 可变长子网(VLSM)的网络拓扑结构

实验过程

(1) 根据图6.9,对网络设备进行基本配置。

首先,配置路由器R1。

```
Router>                                              //用户模式
Router>en                                            //进入特权模式
Router#config t                                      //进入全局配置模式
Router(config)#hostname R1                           //为路由器命名
R1(config)#interface serial 0/0/0                    //进入路由器端口 s0/0/0
R1(config-if)#ip address 192.168.1.65 255.255.255.252 //配置 IP 地址
R1(config-if)#no shu                                 //激活
R1(config-if)#clock rate 64000                       //配置时钟频率
R1(config-if)#exit                                   //退出
R1(config)#interface loopback 0                      //进入路由器环回口
R1(config-if)#ip address 192.168.1.1 255.255.255.192 //配置 IP 地址
R1(config-if)#exit                                   //退出
R1(config)#
```

其次,配置路由器R2。

```
Router>en                                            //进入特权模式
Router#config t                                      //进入全局配置模式
Router(config)#hostname R2                           //为路由器命名
R2(config)#interface serial 0/0/0                    //进入路由器端口 s0/0/0
R2(config-if)#ip address 192.168.1.66 255.255.255.252 //配置 IP 地址
R2(config-if)#no shu                                 //激活
R2(config-if)#exit                                   //退出
R2(config)#interface loopback 0                      //进入路由器环回口
R2(config-if)#ip address 192.168.1.129 255.255.255.192 //配置 IP 地址
R2(config-if)#exit                                   //退出
```

```
R2(config)#
```

(2) 查看两台路由器的路由表。

首先,查看路由器 R1 的路由表,如图 6.10 所示。

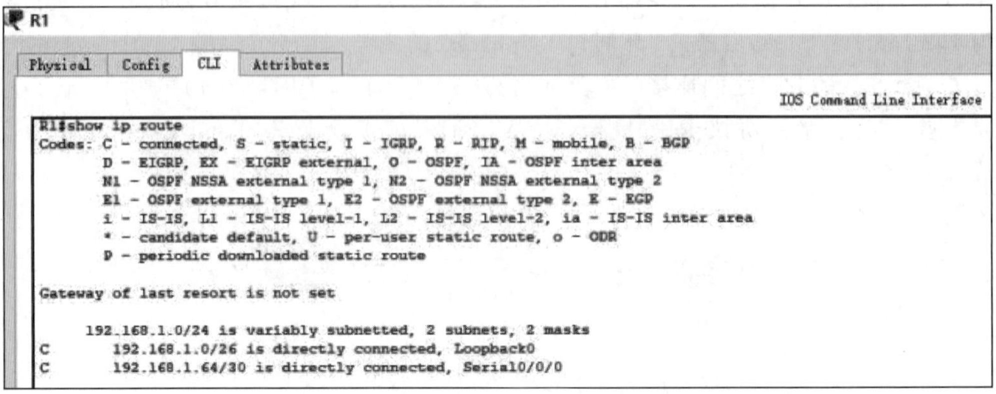

R1
Physical
Config
CLI
Attributes
IOS Command Line Interface
R1#show ip route
Codes: C - connected, S - static, I - IGRP, R - RIP, M - mobile, B - BGP
D - EIGRP, EX - EIGRP external, O - OSPF, IA - OSPF inter area
N1 - OSPF NSSA external type 1, N2 - OSPF NSSA external type 2
E1 - OSPF external type 1, E2 - OSPF external type 2, E - EGP
i - IS-IS, L1 - IS-IS level-1, L2 - IS-IS level-2, ia - IS-IS inter area
* - candidate default, U - per-user static route, o - ODR
P - periodic downloaded static route
Gateway of last resort is not set
192.168.1.0/24 is variably subnetted, 2 subnets, 2 masks
C 192.168.1.0/26 is directly connected, Loopback0
C 192.168.1.64/30 is directly connected, Serial0/0/0

图 6.10　路由器 R1 的路由表

其次,查看路由器 R2 的路由表,如图 6.11 所示。

R2
Physical
Config
CLI
Attributes
IOS Command Line Interface
R2#show ip route
Codes: C - connected, S - static, I - IGRP, R - RIP, M - mobile, B - BGP
D - EIGRP, EX - EIGRP external, O - OSPF, IA - OSPF inter area
N1 - OSPF NSSA external type 1, N2 - OSPF NSSA external type 2
E1 - OSPF external type 1, E2 - OSPF external type 2, E - EGP
i - IS-IS, L1 - IS-IS level-1, L2 - IS-IS level-2, ia - IS-IS inter area
* - candidate default, U - per-user static route, o - ODR
P - periodic downloaded static route
Gateway of last resort is not set
192.168.1.0/24 is variably subnetted, 2 subnets, 2 masks
C 192.168.1.64/30 is directly connected, Serial0/0/0
C 192.168.1.128/26 is directly connected, Loopback0

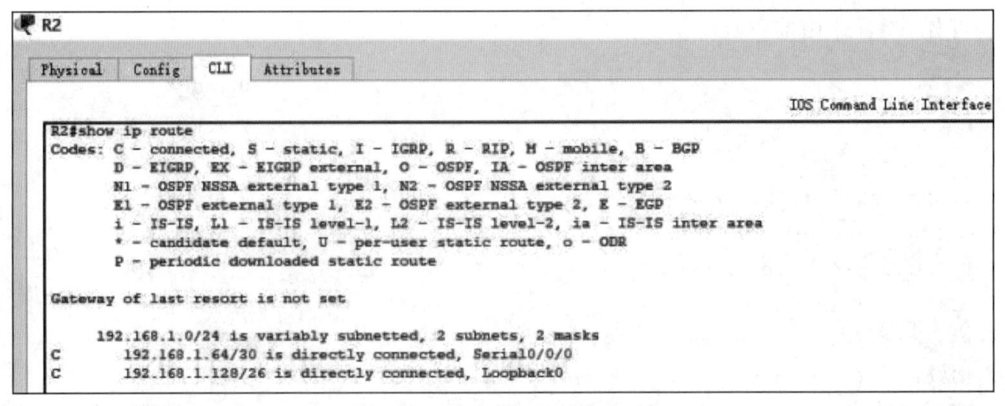

图 6.11　路由器 R2 的路由表

(3) 实验结果分析。

实验结果表明,两台路由器的路由表不完整,不能学习到达未知网络的路由信息,因此网络不能互联互通,即 RIPv1 不支持 VLSM。

6.3　实验三:RIP 计时器工作过程验证实验

实验要求

在 GNS3 中构建如图 6.12 所示网络拓扑结构,用于仿真 RIP 计时器的工作过程。该拓扑图结构 4 台路由器组成,其中,路由器 R1、R2 之间通过快速以太网端口 fa0/0 连接。路由器 R3 通过端口 fa0/0 与路由器 R1 的端口 fa0/1 连接,路由器 R4 通过端口 fa0/0 与路由器 R2 的端口 fa0/1 连接。网络设备的 IP 地址规划见表 6.2。实验要求验证 RIP 计时器工作过程。该实验在 GNS 3 仿真环境下完成。

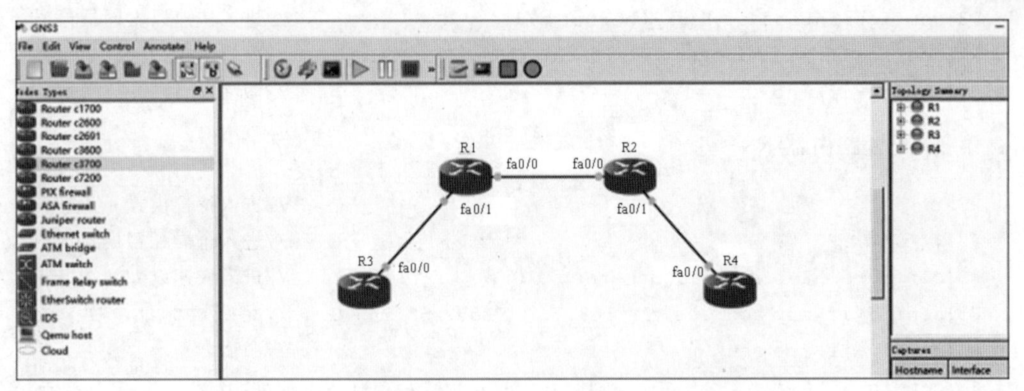

图 6.12 GNS3 中仿真实现 RIP 计时器工作网络拓扑结构

表 6.2 IP 地址规划

设 备	端 口	IP 地 址	子 网 掩 码	默 认 网 关
R1	fa0/0	192.168.2.1	255.255.255.0	
	fa0/1	192.168.1.1	255.255.255.0	
R2	fa0/0	192.168.2.2	255.255.255.0	
	fa0/1	192.168.3.1	255.255.255.0	
R3	fa0/0	192.168.1.100	255.255.255.0	192.168.1.1
R4	fa0/0	192.168.3.100	255.255.255.0	192.168.3.1

实验过程

(1) 对网络设备进行基本配置。

首先,配置路由器 R1。

```
R1>en                                                  //进入特权模式
R1#config t                                            //进入全局配置模式
R1(config)#interface fastEthernet 0/0                  //进入快速以太网端口 fa0/0
R1(config-if)#ip address 192.168.2.1 255.255.255.0     //配置 IP 地址
R1(config-if)#no shu                                   //激活
R1(config-if)#exit                                     //退出
R1(config)#interface fastEthernet 0/1                  //进入快速以太网端口 fa0/1
R1(config-if)#ip address 192.168.1.1 255.255.255.0     //配置 IP 地址
R1(config-if)#no shu                                   //激活
```

其次,配置路由器 R2。

```
R2>en                                                  //进入特权模式
R2#config t                                            //进入全局配置模式
R2(config)#interface fastEthernet 0/0                  //进入快速以太网端口 fa0/0
R2(config-if)#ip address 192.168.2.2 255.255.255.0     //配置 IP 地址
R2(config-if)#no shu                                   //激活
R2(config-if)#exit                                     //退出
```

```
R2(config)#interface fastEthernet 0/1                 //进入快速以太网端口 fa0/1
R2(config-if)#ip address 192.168.3.1 255.255.255.0    //配置 IP 地址
R2(config-if)#no shu                                   //激活
```

第三,配置路由器 R3。

```
R3>en                                                  //进入特权模式
R3#config t                                            //进入全局配置模式
R3(config)#interface fastEthernet 0/0                 //进入快速以太网端口 fa0/0
R3(config-if)#ip address 192.168.1.100 255.255.255.0  //配置 IP 地址
R3(config-if)#no shu                                   //激活
R3(config-if)#exit                                     //退出
R3(config)#ip route 0.0.0.0 0.0.0.0 192.168.1.1       //配置默认路由
R3(config)#
```

第四,配置路由器 R4。

```
R4>en                                                  //进入特权模式
R4#config t                                            //进入全局配置模式
R4(config)#interface fastEthernet 0/0                 //进入快速以太网端口 fa0/0
R4(config-if)#ip address 192.168.3.100 255.255.255.0  //配置 IP 地址
R4(config-if)#no shu                                   //激活
R4(config-if)#exit                                     //退出
R4(config)#ip route 0.0.0.0 0.0.0.0 192.168.3.1       //配置默认路由
```

(2) 通过动态路由协议 RIPv1 使网络互联互通。

配置路由器 R1 和路由器 R2 的动态路由协议 RIPv1。

```
R1#config t                                            //进入特权模式
R1(config)#router rip                                  //启用动态路由协议(RIP)
R1(config-router)#network 192.168.1.0
                              //宣告 RIP 要通告的网络,在该网络端口上启用 RIP 进程
R1(config-router)#network 192.168.2.0
                              //宣告 RIP 要通告的网络,在该网络端口上启用 RIP 进程
R2#config t                                            //进入全局配置模式
R2(config)#router rip                                  //启用动态路由协议(RIP)
R2(config-router)#network 192.168.2.0
                              //宣告 RIP 要通告的网络,在该网络端口上启用 RIP 进程
R2(config-router)#network 192.168.3.0
                              //宣告 RIP 要通告的网络,在该网络端口上启用 RIP 进程
```

(3) 验证网络的连通性。

通过路由器 R3 ping 路由器 R4 进行网络连通性测试,结果网络是连通的,如图 6.13 所示。

(4) 验证更新计时器。

在路由器 R1 上,通过执行“show ip route rip”命令查看路由更新计时器变化情况,如图 6.14 所示。正常情况下,路由器更新计时器每 30s 更新一次。

```
R3#ping 192.168.3.100

Type escape sequence to abort.
Sending 5, 100-byte ICMP Echos to 192.168.3.100, timeout is 2 seconds:
!!!!!
Success rate is 100 percent (5/5), round-trip min/avg/max = 92/139/168 ms
R3#
```

图 6.13　网络连通性测试

```
R1#show ip route rip
R    192.168.3.0/24 [120/1] via 192.168.2.2, 00:00:23, FastEthernet0/0
R1#
```

图 6.14　路由器更新计时器

(5) 验证路由失效计时器和刷新计时器。

将路由器 R2 的端口 fa0/0 设置为被动端口,该端口只接收路由更新信息,不主动发送路由更新信息,导致路由器 R1 接收不到路由器 R2 的 192.168.3.0 网段的路由信息。

```
R2(config)#router rip                                  //启动动态路由协议(RIP)
R2(config-router)#passive-interface fastEthernet 0/0
                                                       //将快速以太网端口 fa0/0 设置为被动端口模式
```

如图 6.15 所示,由于在一个 30s 的路由更新计时器周期内,路由器 R1 没有收到网段 192.168.3.0 的路由信息,触发路由失效计时器。

```
R1#
R1#show ip route rip
R    192.168.3.0/24 [120/1] via 192.168.2.2, 00:01:12, FastEthernet0/0
R1#
R1#
```

图 6.15　触发路由失效计时器

再过 150s,达到 180s 还没有收到路由更新包,即达到失效计时器时间,此时路由器将认定这个路由失效。然后路由器将邻居路由器的相应路由条目标记为"possibly down",如图 6.16 所示。

```
R1#show ip route rip
R    192.168.3.0/24 is possibly down, routing via 192.168.2.2, FastEthernet0/0
R1#
R1#
```

图 6.16　路由失效计时器超时,路由表项被记为"possibly down"

失效计时器到时,再过 60s,达到 240s 的刷新计时器,若还没有收到路由更新包。路由器就刷新路由表,把不可达的路由条目删掉,如图 6.17 所示。

图 6.17　刷新计时器超时,该路由从路由表中删除

(6) 抑制计时器。

关于抑制计时器,其目的是防止环路出现,在该例中失效计时器超时时,路由器 R1 将网络 192.168.3.0 设置为 possibly down,紧接着,如果路由器 R1 在另一个端口上收到网络

192.168.3.0 的路由信息,抑制计时器就会被立即触发。如果再次收到从邻居发送来的更新信息中包含一个比原来路径更好度量值的路由,就标记为可以访问,并取消抑制计时器。如果在抑制计时器超时之前从不同邻居收到的更新信息包含的度量值比以前的更差,更新将被忽略,只有在抑制计时器超时后,才会选择一个最佳的到网络 192.168.3.0 的路由信息放进路由表里。

因此,触发抑制计时器必须具备两个条件:①路由表里的路由条目显示为 192.168.3.0 is possibly down;②当 192.168.3.0 is possibly down 时,从其他端口收到相同目标网络的路由信息。

6.4 实验四:RIPv2 基本路由配置

实验要求

构建如图 6.1 所示的网络拓扑结构,两台路由器连接 3 个网络,分别为 192.168.1.0/24、192.168.2.0/24、192.168.3.0/24。具体 IP 地址规划见表 6.1。实验要求通过动态路由协议 RIPv2 实现网络互联互通。该实验在 Packet Tracer 仿真环境下完成。

实验过程

(1) 根据如表 6.1 所示 IP 地址规划对网络设备进行基本配置,配置过程见本章实验一(RIPv1 路由配置)。并且按照如表 6.1 所示配置主机 PC0 和 PC1 的网络参数。

(2) 对两台路由器配置动态路由协议 RIPv2。

首先,对路由器 R1 配置动态路由协议 RIPv2。

```
R1(config)#router rip                                  //R1 启用动态路由协议(RIP)
R1(config-router)#version 2                            //启用版本 2
R1(config-router)#network 192.168.1.0
                              //宣告 RIP 要通告的网络,在该网络端口上启用 RIP 进程
R1(config-router)#network 192.168.2.0
                              //宣告 RIP 要通告的网络,在该网络端口上启用 RIP 进程
R1(config-router)#
```

其次,对路由器 R2 配置动态路由协议 RIPv2。

```
R2(config)#router rip                                  //R2 启用动态路由协议(RIP)
R2(config-router)#version 2                            //启用版本 2
R2(config-router)#network 192.168.2.0
                              //宣告 RIP 要通告的网络,在该网络端口上启用 RIP 进程
R2(config-router)#network 192.168.3.0
                              //宣告 RIP 要通告的网络,在该网络端口上启用 RIP 进程
```

(3) 查看路由器路由表。

首先,查看路由器 R1 的路由表。

```
R1#show ip route
Codes: C -connected, S -static, I -IGRP, R -RIP, M -mobile, B -BGP
       D -EIGRP, EX -EIGRP external, O -OSPF, IA -OSPF inter area
```

```
        N1 -OSPF NSSA external type 1, N2 -OSPF NSSA external type 2
        E1 -OSPF external type 1, E2 -OSPF external type 2, E -EGP
        i -IS-IS, L1 -IS-IS level-1, L2 -IS-IS level-2, ia -IS-IS inter area
        * -candidate default, U -per-user static route, o -ODR
        P -periodic downloaded static route
Gateway of last resort is not set
C    192.168.1.0/24 is directly connected, FastEthernet0/0
C    192.168.2.0/24 is directly connected, FastEthernet0/1
R    192.168.3.0/24 [120/1] via 192.168.2.2, 00:00:12, FastEthernet0/1
R1#
```

结果表明,路由器 R1 通过动态路由协议 RIPv1 获得到网络 192.168.3.0 的路由条目。

其次,查看路由器 R2 的路由表。

```
R2#show ip route
Codes: C -connected, S -static, I -IGRP, R -RIP, M -mobile, B -BGP
        D -EIGRP, EX -EIGRP external, O -OSPF, IA -OSPF inter area
        N1 -OSPF NSSA external type 1, N2 -OSPF NSSA external type 2
        E1 -OSPF external type 1, E2 -OSPF external type 2, E -EGP
        i -IS-IS, L1 -IS-IS level-1, L2 -IS-IS level-2, ia -IS-IS inter area
        * -candidate default, U -per-user static route, o -ODR
        P -periodic downloaded static route
Gateway of last resort is not set
R    192.168.1.0/24 [120/1] via 192.168.2.1, 00:00:13, FastEthernet0/1
C    192.168.2.0/24 is directly connected, FastEthernet0/1
C    192.168.3.0/24 is directly connected, FastEthernet0/0
R2#
```

结果表明,路由器 R2 通过动态路由协议 RIPv1 获得到网络 192.168.1.0 的路由条目。

(4) 网络连通性测试。

综上所述,两台路由器的路由表是全的。通过 ping 命令测试,网络是连通的。

6.5　实验五:RIPv2 下的不连续子网路由配置

实验要求

构建如图 6.18 所示的不连续子网的网络拓扑结构。路由器 R1 环回口 loopback0 的主类网络号为 192.168.1.0,子网号为 192.168.1.0/25,路由器 R3 环回口 loopback0 的主类网络号为 192.168.1.0,子网号为 192.168.1.128/25,它们之间连接了两个主类网络,分别为 12.0.0.0 以及 23.0.0.0。实验要求通过动态路由协议 RIPv2 实现网络互联互通。该实验在 Packet Tracer 仿真环境下完成。

实验过程

(1) 对网络设备进行基本配置。

首先,配置路由器 R1。

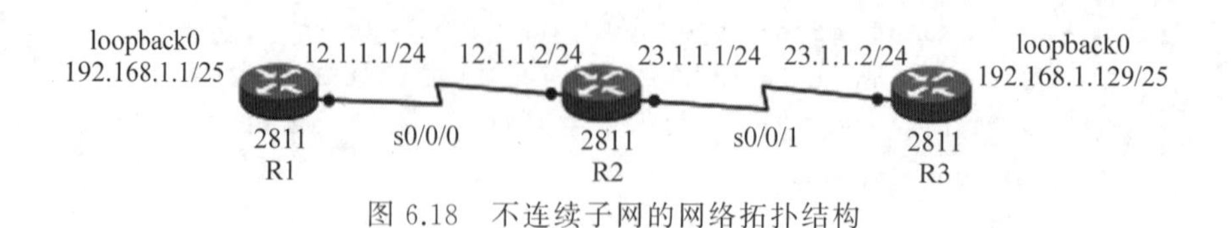

图 6.18 不连续子网的网络拓扑结构

```
Router(config)#hostname R1                              //为路由器命名
R1(config)#interface loopback 0                         //进入环回口
R1(config-if)#ip address 192.168.1.1 255.255.255.128    //配置 IP 地址
R1(config-if)#exit                                      //退出
R1(config)#interface serial 0/0/0                       //进入 s0/0/0 接口
R1(config-if)#ip address 12.1.1.1 255.255.255.0         //配置 IP 地址
R1(config-if)#no shu                                    //激活
R1(config-if)#clock rate 64000                          //配置时钟频率
```

其次,配置路由器 R2。

```
Router(config)#hostname R2                              //为路由器命名
R2(config)#interface serial 0/0/0                       //进入 s0/0/0 端口
R2(config-if)#ip address 12.1.1.2 255.255.255.0         //配置 IP 地址
R2(config-if)#no shu                                    //激活
R2(config-if)#exit                                      //退出
R2(config)#interface serial 0/0/1                       //进入 s0/0/1 端口
R2(config-if)#ip address 23.1.1.1 255.255.255.0         //配置 IP 地址
R2(config-if)#clock rate 64000                          //配置时钟频率
```

第三,配置路由器 R3。

```
Router(config)#hostname R3                              //为路由器命名
R3(config)#interface serial 0/0/1                       //进入 s0/0/1 端口
R3(config-if)#ip address 23.1.1.2 255.255.255.0         //配置 IP 地址
R3(config-if)#no shutdown                               //激活
R3(config-if)#exit                                      //退出
R3(config)#interface loopback 0                         //进入环回口
R3(config-if)#ip address 192.168.1.129 255.255.255.128  //配置 IP 地址
```

(2) 对路由器 R1、R2 以及 R3 启用动态路由协议 RIPv2。

首先,路由器 R1 启用动态路由协议 RIPv2 配置。

```
R1(config)#router rip                                   //启动路由协议(RIP)
R1(config-router)#version 2                             //启用版本 2
R1(config-router)#network 192.168.1.0                   //指定参与路由选择进程的端口
R1(config-router)#network 12.0.0.0                      //指定参与路由选择进程的端口
```

其次,对路由器 R2 启用动态路由协议 RIPv2 配置。

```
R2(config)#router rip                                   //启动路由协议(RIP)
R2(config-router)#version 2                             //启用版本 2
```

```
R2(config-router)#network 12.0.0.0          //指定参与路由选择进程的端口
R2(config-router)#network 23.0.0.0          //指定参与路由选择进程的端口
```

第三,对路由器 R3 启用动态路由协议 RIPv2 配置。

```
R3(config)#router rip                       //启动路由协议(RIP)
R3(config-router)#version 2                 //启动版本 2
R3(config-router)#network 23.0.0.0          //指定参与路由选择进程的端口
R3(config-router)#network 192.168.1.0       //指定参与路由选择进程的端口
```

(3) 关闭 3 台路由器动态路由协议 RIPv2 的自动汇总功能。

```
R1(config)#router rip                       //启动路由协议(RIP)
R1(config-router)#no auto-summary           //关闭路由器 R1 的 RIPv2 自动汇总功能
R2(config)#router rip                       //启动路由协议(RIP)
R2(config-router)#no auto-summary           //关闭路由器 R2 的 RIPv2 自动汇总功能
R3(config)#router rip                       //启动路由协议(RIP)
R3(config-router)#no auto-summary           //关闭路由器 R3 的 RIPv2 自动汇总功能
```

(4) 查看 3 台路由器的路由表。

路由器 R1 的路由表如图 6.19 所示。

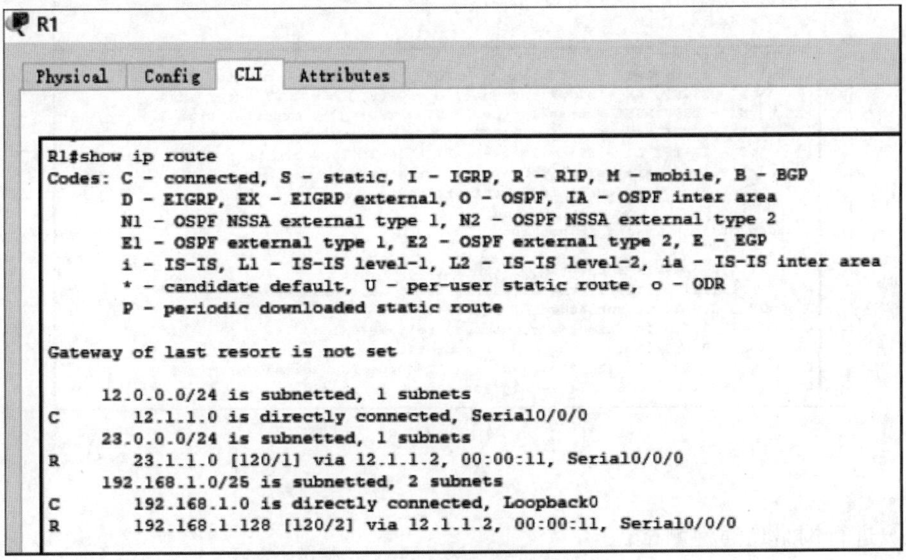

R1

Physical | Config | CLI | Attributes

```
R1#show ip route
Codes: C - connected, S - static, I - IGRP, R - RIP, M - mobile, B - BGP
       D - EIGRP, EX - EIGRP external, O - OSPF, IA - OSPF inter area
       N1 - OSPF NSSA external type 1, N2 - OSPF NSSA external type 2
       E1 - OSPF external type 1, E2 - OSPF external type 2, E - EGP
       i - IS-IS, L1 - IS-IS level-1, L2 - IS-IS level-2, ia - IS-IS inter area
       * - candidate default, U - per-user static route, o - ODR
       P - periodic downloaded static route

Gateway of last resort is not set

     12.0.0.0/24 is subnetted, 1 subnets
C       12.1.1.0 is directly connected, Serial0/0/0
     23.0.0.0/24 is subnetted, 1 subnets
R       23.1.1.0 [120/1] via 12.1.1.2, 00:00:11, Serial0/0/0
     192.168.1.0/25 is subnetted, 2 subnets
C       192.168.1.0 is directly connected, Loopback0
R       192.168.1.128 [120/2] via 12.1.1.2, 00:00:11, Serial0/0/0
```

图 6.19　路由器 R1 的路由表

结果表明,路由器 R1 通过动态路由协议 RIPv2 获得到子网网络 192.168.1.128/25 的路由条目。

路由器 R2 的路由表如图 6.20 所示。

结果表明,路由器 R2 通过动态路由协议 RIPv2 获得到子网网络 192.168.1.0/25 以及子网网络 192.168.1.128/25 的路由条目。

路由器 R3 的路由表如图 6.21 所示。

结果表明,路由器 R3 通过动态路由协议 RIPv2 获得到子网网络 192.168.1.0/25 的路

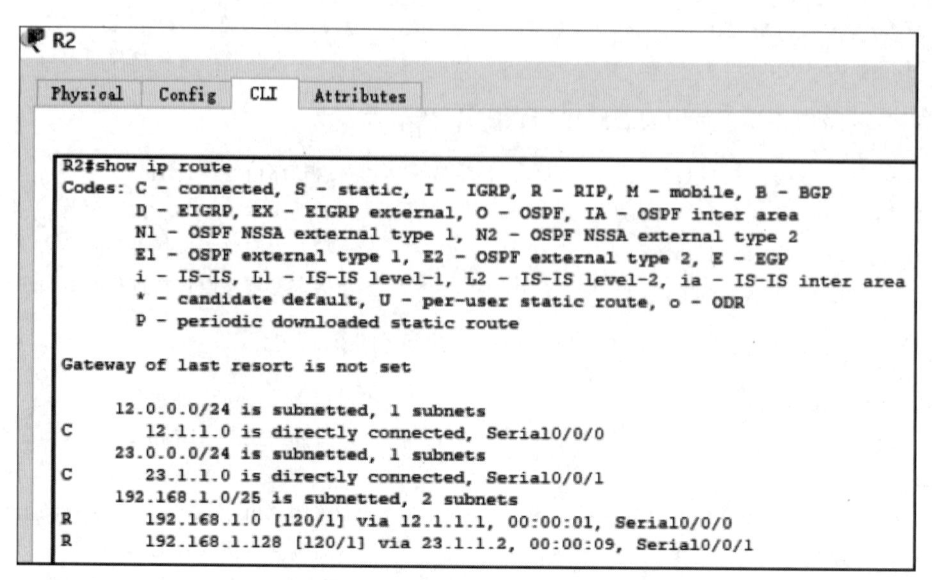

```
R2#show ip route
Codes: C - connected, S - static, I - IGRP, R - RIP, M - mobile, B - BGP
       D - EIGRP, EX - EIGRP external, O - OSPF, IA - OSPF inter area
       N1 - OSPF NSSA external type 1, N2 - OSPF NSSA external type 2
       E1 - OSPF external type 1, E2 - OSPF external type 2, E - EGP
       i - IS-IS, L1 - IS-IS level-1, L2 - IS-IS level-2, ia - IS-IS inter area
       * - candidate default, U - per-user static route, o - ODR
       P - periodic downloaded static route

Gateway of last resort is not set

     12.0.0.0/24 is subnetted, 1 subnets
C       12.1.1.0 is directly connected, Serial0/0/0
     23.0.0.0/24 is subnetted, 1 subnets
C       23.1.1.0 is directly connected, Serial0/0/1
     192.168.1.0/25 is subnetted, 2 subnets
R       192.168.1.0 [120/1] via 12.1.1.1, 00:00:01, Serial0/0/0
R       192.168.1.128 [120/1] via 23.1.1.2, 00:00:09, Serial0/0/1
```

图 6.20　路由器 R2 的路由表

```
R3#show ip route
Codes: C - connected, S - static, I - IGRP, R - RIP, M - mobile, B - BGP
       D - EIGRP, EX - EIGRP external, O - OSPF, IA - OSPF inter area
       N1 - OSPF NSSA external type 1, N2 - OSPF NSSA external type 2
       E1 - OSPF external type 1, E2 - OSPF external type 2, E - EGP
       i - IS-IS, L1 - IS-IS level-1, L2 - IS-IS level-2, ia - IS-IS inter area
       * - candidate default, U - per-user static route, o - ODR
       P - periodic downloaded static route

Gateway of last resort is not set

     12.0.0.0/24 is subnetted, 1 subnets
R       12.1.1.0 [120/1] via 23.1.1.1, 00:00:13, Serial0/0/1
     23.0.0.0/24 is subnetted, 1 subnets
C       23.1.1.0 is directly connected, Serial0/0/1
     192.168.1.0/25 is subnetted, 2 subnets
R       192.168.1.0 [120/2] via 23.1.1.1, 00:00:13, Serial0/0/1
C       192.168.1.128 is directly connected, Loopback0
```

图 6.21　路由器 R3 的路由表

由条目。

(5) 进行网络连通性测试。

通过路由器 R1 ping 路由器 R3 环回口,测试结果如图 6.22 所示,结果表明网络是连通的,RIPv2 支持不连续子网。

```
R1#ping 192.168.1.129

Type escape sequence to abort.
Sending 5, 100-byte ICMP Echos to 192.168.1.129, timeout is 2 seconds:
!!!!!
Success rate is 100 percent (5/5), round-trip min/avg/max = 2/4/11 ms
```

图 6.22　网络连通性测试结果

6.6 实验六：RIPv2 下的 VLSM 路由配置

实验要求

构建如图 6.23 所示的可变长子网(VLSM)的网络拓扑结构。路由器 R1 环回口 loopback0 的主类网络号为 192.168.1.0，子网号为 192.168.1.0/26，路由器 R2 环回口 loopback0 的主类网络号为 192.168.1.0，子网号为 192.168.1.128/26，它们之间连接的主类网络号为192.168.1.0，子网号为 192.168.1.64/30。实验要求配置动态路由协议 RIPv2 实现网络互联互通。该实验在 Packet Tracer 仿真环境下完成。

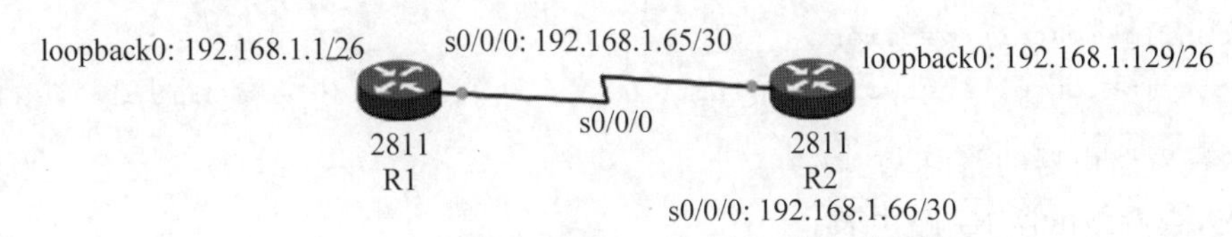

图 6.23 可变长子网(VLSM)的网络拓扑结构

实验过程

(1) 对网络设备进行基本配置。

首先，配置路由器 R1。

```
Router>en                                                //进入特权模式
Router#config t                                          //进入全局配置模式
Router(config)#hostname R1                               //为路由器命名
R1(config)#interface loopback 0                          //进入还回口
R1(config-if)#ip address 192.168.1.1 255.255.255.224     //配置 IP 地址
R1(config-if)#exit                                       //退出
R1(config)#interface serial 0/0/0                        //进入串口 s0/0/0
R1(config-if)#ip address 192.168.1.65 255.255.255.252    //为串口配置 IP 地址
R1(config-if)#no shu                                     //激活
R1(config-if)#clock rate 64000                           //配置时钟频率
```

其次，配置路由器 R2。

```
Router>en                                                //进入特权模式
Router#config t                                          //进入全局配置模式
Router(config)#hostname R2                               //为路由器命名
R2(config)#interface loopback 0                          //进入还回口
R2(config-if)#ip address 192.168.1.129 255.255.255.224 //配置 IP 地址
R2(config-if)#exit                                       //退出
R2(config)#interface serial 0/0/0                        //进入串口 s0/0/0
R2(config-if)#ip address 192.168.1.66 255.255.255.252    //配置 IP 地址
R2(config-if)#no shu                                     //激活
```

(2) 启用路由器动态路由协议 RIPv2。

首先,对路由器 R1 配置动态路由器协议 RIPv2。

```
R1(config-if)#exit                              //退出
R1(config)#router rip                           //启用动态路由协议(RIP)
R1(config-router)#version 2                     //启用版本 2
R1(config-router)#network 192.168.1.0           //指定参与路由选择进程的端口
```

其次,对路由器 R2 配置动态路由协议 RIPv2。

```
R2(config-if)#exit                              //退出
R2(config)#router rip                           //启用动态路由协议(RIP)
R2(config-router)#version 2                     //启用版本 2
R2(config-router)#network 192.168.1.0           //指定参与路由选择进程的端口
```

(3) 查看路由器的路由表。

首先,查看路由器 R1 路由表。

```
R1(config-router)#end
R1#show ip route
Codes: C -connected, S -static, I -IGRP, R -RIP, M -mobile, B -BGP
       D -EIGRP, EX -EIGRP external, O -OSPF, IA -OSPF inter area
       N1 -OSPF NSSA external type 1, N2 -OSPF NSSA external type 2
       E1 -OSPF external type 1, E2 -OSPF external type 2, E -EGP
       i -IS-IS, L1 -IS-IS level-1, L2 -IS-IS level-2, ia -IS-IS inter area
       * -candidate default, U -per-user static route, o -ODR
       P -periodic downloaded static route
Gateway of last resort is not set
    192.168.1.0/24 is variably subnetted, 3 subnets, 2 masks
C     192.168.1.0/27 is directly connected, Loopback0
C     192.168.1.64/30 is directly connected, Serial0/0/0
R     192.168.1.128/27 [120/1] via 192.168.1.66, 00:00:06, Serial0/0/0
R1#
```

结果表明,路由器 R1 通过动态路由协议 RIPv2 获得到子网网络 192.168.1.128/27 的路由条目。

其次,查看路由器 R2 路由表。

```
R2(config-router)#end
R2#show ip route
Codes: C -connected, S -static, I -IGRP, R -RIP, M -mobile, B -BGP
       D -EIGRP, EX -EIGRP external, O -OSPF, IA -OSPF inter area
       N1 -OSPF NSSA external type 1, N2 -OSPF NSSA external type 2
       E1 -OSPF external type 1, E2 -OSPF external type 2, E -EGP
       i -IS-IS, L1 -IS-IS level-1, L2 -IS-IS level-2, ia -IS-IS inter area
       * -candidate default, U -per-user static route, o -ODR
```

```
        P -periodic downloaded static route
Gateway of last resort is not set
     192.168.1.0/24 is variably subnetted, 3 subnets, 2 masks
R       192.168.1.0/27 [120/1] via 192.168.1.65, 00:00:14, Serial0/0/0
C       192.168.1.64/30 is directly connected, Serial0/0/0
C       192.168.1.128/27 is directly connected, Loopback0
R2#
```

结果表明，路由器 R2 通过动态路由协议 RIPv2 获得到子网网络 192.168.1.0/27 的路由条目。

（4）测试网络连通性。

两台路由器的路由表是完整的，通过路由器 R1 ping 测试路由器 R2 的还回口 loopback0，结果是连通的，如图 6.24 所示。

```
R1#ping 192.168.1.129

Type escape sequence to abort.
Sending 5, 100-byte ICMP Echos to 192.168.1.129, timeout is 2 seconds:
!!!!!
Success rate is 100 percent (5/5), round-trip min/avg/max = 31/31/32 ms

R1#
```

图 6.24　网络连通性测试

6.7　实验七：RIP 路由协议综合实验

实验要求

构建如图 6.25 所示网络拓扑结构，网络设备 IP 地址规划见表 6.3。要求通过动态路由协议 RIPv2 实现网络互联互通。该实验在 Packet Tracer 仿真环境下完成。

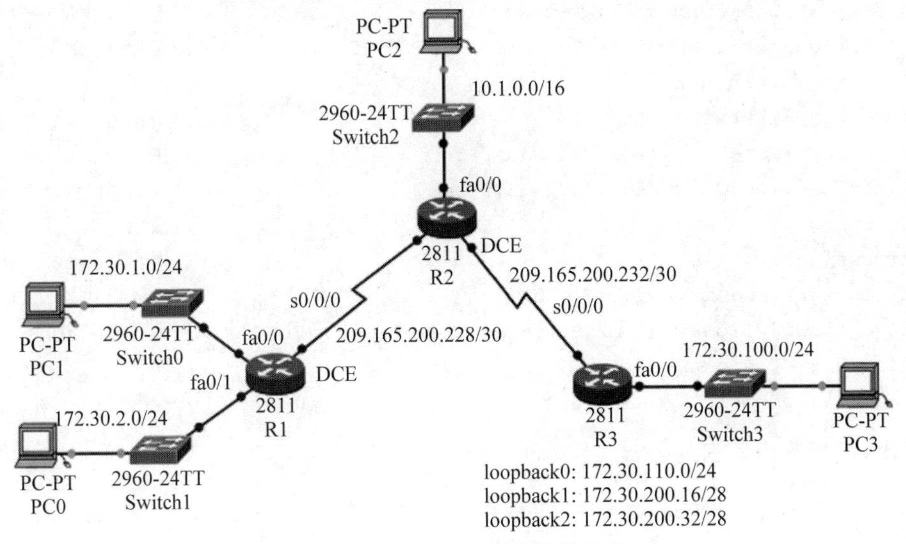

图 6.25　RIPv2 配置网络拓扑结构

表 6.3　RIPv2 网络拓扑结构中的网络设备 IP 地址规划

设　　备	端　　口	IP 地 址	子 网 掩 码	默 认 网 关
R1	fa0/0	172.30.1.1	255.255.255.0	
	fa0/1	172.30.2.1	255.255.255.0	
	s0/0/0	209.165.200.230	255.255.255.252	
R2	fa0/0	10.1.0.1	255.255.0.0	
	s0/0/0	209.165.200.229	255.255.255.252	
	s0/0/1	209.165.200.233	255.255.255.252	
R3	fa0/0	172.30.100.1	255.255.255.0	
	s0/0/1	209.165.200.234	255.255.255.252	
	loopback0	172.30.110.1	255.255.255.0	
	loopback1	172.30.200.17	255.255.255.240	
	loopback2	172.30.200.33	255.255.255.240	
PC0	网卡	172.30.2.10	255.255.255.0	172.30.2.1
PC1	网卡	172.30.1.10	255.255.255.0	172.30.1.1
PC2	网卡	10.1.1.10	255.255.0.0	10.1.0.1
PC3	网卡	172.30.100.10	255.255.255.0	172.30.100.1

实验过程

(1) 对网络设备进行基本配置。

首先,配置路由器 R1。

```
Router(config)#hostname R1                                     //为路由器命名
R1(config)#interface fastEthernet 0/0                          //进入路由器端口 fa0/0
R1(config-if)#ip address 172.30.1.1 255.255.255.0              //配置 IP 地址
R1(config-if)#no shu                                           //激活
R1(config-if)#exit                                             //退出
R1(config)#interface fastEthernet 0/1                          //进入路由器端口 fa0/1
R1(config-if)#ip address 172.30.2.1 255.255.255.0              //配置 IP 地址
R1(config-if)#no shu                                           //激活
R1(config-if)#exit                                             //退出
R1(config)#interface serial 0/0/0                              //进入路由器端口 s0/0/0
R1(config-if)#ip address 209.165.200.230 255.255.255.252       //配置 IP 地址
R1(config-if)#no shu                                           //激活
R1(config-if)#clock rate 64000                                 //配置时钟频率
```

其次,配置路由器 R2。

```
Router(config)#hostname R2                                     //为路由器命名
R2(config)#interface fastEthernet 0/0                          //进入路由器端口 fa0/0
R2(config-if)#ip address 10.1.0.1 255.255.0.0                  //配置 IP 地址
```

```
R2(config-if)#no shu                                    //激活
R2(config-if)#exit                                      //退出
R2(config)#interface serial 0/0/0                       //进入路由器端口 s0/0/0
R2(config-if)#ip address 209.165.200.229 255.255.255.252  //配置 IP 地址
R2(config-if)#no shu                                    //激活
R2(config-if)#exit                                      //退出
R2(config)#interface serial 0/0/1                       //进入路由器端口 s0/0/0
R2(config-if)#ip address 209.165.200.233 255.255.255.252  //配置 IP 地址
R2(config-if)#no shu                                    //激活
R2(config-if)#clock rate 64000                          //配置时钟频率
```

第三,配置路由器 R3。

```
Router(config)#hostname R3                              //为路由器命名
R3(config)#interface fastEthernet 0/0                   //进入路由器端口 fa0/0
R3(config-if)#ip address 172.30.100.1 255.255.255.0     //配置 IP 地址
R3(config-if)#no shu                                    //激活
R3(config-if)#exit                                      //退出
R3(config)#interface serial 0/0/1                       //进入路由器端口 s0/0/1
R3(config-if)#ip address 209.165.200.234 255.255.255.252  //配置 IP 地址
R3(config-if)#no shu                                    //激活
R3(config-if)#exit                                      //退出
R3(config)#interface loopback 0                         //进入环回口 0
R3(config-if)#ip address 172.30.110.1 255.255.255.0     //配置 IP 地址
R3(config-if)#exit                                      //退出
R3(config)#interface loopback 1                         //进入环回口 1
R3(config-if)#ip address 172.30.200.17 255.255.255.240  //配置 IP 地址
R3(config-if)#exit                                      //退出
R3(config)#interface loopback 2                         //进入环回口 2
R3(config-if)#ip address 172.30.200.33 255.255.255.240  //配置 IP 地址
```

(2) 启动路由器动态路由协议(RIP)。

首先,对路由器 R1 启用动态路由协议(RIP)。

```
R1(config)#router rip                                   //启用动态路由协议(RIP)
R1(config-router)#network 172.30.0.0
                              //宣告 RIP 要通告的网络,在该网络端口上启用 RIP 进程
R1(config-router)#network 209.165.200.0
                              //宣告 RIP 要通告的网络,在该网络端口上启用 RIP 进程
```

其次,对路由器 R2 启用动态路由协议(RIP)。

```
R2(config)#router rip                                   //启用动态路由协议(RIP)
R2(config-router)#network 209.165.200.0
                              //宣告 RIP 要通告的网络,在该网络端口上启用 RIP 进程
R2(config-router)#network 10.0.0.0
                              //宣告 RIP 要通告的网络,在该网络端口上启用 RIP 进程
```

第三,路由器 R3 启用动态路由协议(RIP)。

```
R3(config)#router rip                                  //启用动态路由协议(RIP)
R3(config-router)#network 209.165.200.0
                                  //宣告 RIP 要通告的网络,在该网络端口上启用 RIP 进程
R3(config-router)#network 172.30.0.0
                                  //宣告 RIP 要通告的网络,在该网络端口上启用 RIP 进程
```

(3) 查看路由器的路由表。

路由器默认启用动态路由协议 RIPv1,通过命令查看路由器的路由表。

路由器 R1 的路由表显示结果如下。

```
R1#show ip route
Codes: C -connected, S -static, I -IGRP, R -RIP, M -mobile, B -BGP
       D -EIGRP, EX -EIGRP external, O -OSPF, IA -OSPF inter area
       N1 -OSPF NSSA external type 1, N2 -OSPF NSSA external type 2
       E1 -OSPF external type 1, E2 -OSPF external type 2, E -EGP
       i -IS-IS, L1 -IS-IS level-1, L2 -IS-IS level-2, ia -IS-IS inter area
       * -candidate default, U -per-user static route, o -ODR
       P -periodic downloaded static route
Gateway of last resort is not set
R    10.0.0.0/8 [120/1] via 209.165.200.229, 00:00:00, Serial0/0/0
     172.30.0.0/24 is subnetted, 2 subnets
C       172.30.1.0 is directly connected, FastEthernet0/0
C       172.30.2.0 is directly connected, FastEthernet0/1
     209.165.200.0/30 is subnetted, 2 subnets
C       209.165.200.228 is directly connected, Serial0/0/0
R       209.165.200.232 [120/1] via 209.165.200.229, 00:00:00, Serial0/0/0
R1#
```

通过路由表可以看出,路由信息不完整,网络不能实现互联互通。

路由器 R2 的路由表显示结果如下。

```
R2#show ip route
Codes: C -connected, S -static, I -IGRP, R -RIP, M -mobile, B -BGP
       D -EIGRP, EX -EIGRP external, O -OSPF, IA -OSPF inter area
       N1 -OSPF NSSA external type 1, N2 -OSPF NSSA external type 2
       E1 -OSPF external type 1, E2 -OSPF external type 2, E -EGP
       i -IS-IS, L1 -IS-IS level-1, L2 -IS-IS level-2, ia -IS-IS inter area
       * -candidate default, U -per-user static route, o -ODR
       P -periodic downloaded static route
Gateway of last resort is not set
     10.0.0.0/16 is subnetted, 1 subnets
C       10.1.0.0 is directly connected, FastEthernet0/0
R    172.30.0.0/16 [120/1] via 209.165.200.230, 00:00:12, Serial0/0/0
                   [120/1] via 209.165.200.234, 00:00:27, Serial0/0/1
     209.165.200.0/30 is subnetted, 2 subnets
```

```
C      209.165.200.228 is directly connected, Serial0/0/0
C      209.165.200.232 is directly connected, Serial0/0/1
R2#
```

查看路由器 R2 的路由表，结果显示路由信息不完整，网络不能实现互联互通。

路由器 R3 的路由表显示结果如下。

```
R3#show ip route
Codes: C -connected, S -static, I -IGRP, R -RIP, M -mobile, B -BGP
       D -EIGRP, EX -EIGRP external, O -OSPF, IA -OSPF inter area
       N1 -OSPF NSSA external type 1, N2 -OSPF NSSA external type 2
       E1 -OSPF external type 1, E2 -OSPF external type 2, E -EGP
       i -IS-IS, L1 -IS-IS level-1, L2 -IS-IS level-2, ia -IS-IS inter area
       * -candidate default, U -per-user static route, o -ODR
       P -periodic downloaded static route
Gateway of last resort is not set
R    10.0.0.0/8 [120/1] via 209.165.200.233, 00:00:20, Serial0/0/1
     172.30.0.0/16 is variably subnetted, 4 subnets, 2 masks
C       172.30.100.0/24 is directly connected, FastEthernet0/0
C       172.30.110.0/24 is directly connected, Loopback0
C       172.30.200.16/28 is directly connected, Loopback1
C       172.30.200.32/28 is directly connected, Loopback2
     209.165.200.0/30 is subnetted, 2 subnets
R       209.165.200.228 [120/1] via 209.165.200.233, 00:00:20, Serial0/0/1
C       209.165.200.232 is directly connected, Serial0/0/1
R3#
```

查看路由器 R3 的路由表，结果显示路由信息不完整，网络不能实现互联互通。

(4) 启用动态路由协议 RIPv2 实现网络互联互通。

对 3 台路由器启用动态路由协议 RIPv2 并取消自动汇总功能，具体配置如下。

```
R1(config-router)#version 2              //启动路由器 R1 动态路由协议 RIP 版本 2
R1(config-router)#no auto-summary        //取消自动汇总功能
R2(config-router)#version 2              //启动路由器 R2 动态路由协议 RIP 版本 2
R2(config-router)#no auto-summary        //取消自动汇总功能
R3(config-router)#version 2              //启动路由器 R3 动态路由协议 RIP 版本 2
R3(config-router)#no auto-summary        //取消自动汇总功能
```

(5) 查看路由器的路由表。

首先，查看路由器 R1 的路由表。

```
R1#show ip route
Codes: C -connected, S -static, I -IGRP, R -RIP, M -mobile, B -BGP
       D -EIGRP, EX -EIGRP external, O -OSPF, IA -OSPF inter area
       N1 -OSPF NSSA external type 1, N2 -OSPF NSSA external type 2
       E1 -OSPF external type 1, E2 -OSPF external type 2, E -EGP
       i -IS-IS, L1 -IS-IS level-1, L2 -IS-IS level-2, ia -IS-IS inter area
```

```
        * -candidate default, U -per-user static route, o -ODR
        P -periodic downloaded static route
Gateway of last resort is not set
    10.0.0.0/8 is variably subnetted, 2 subnets, 2 masks
R       10.0.0.0/8 [120/1] via 209.165.200.229, 00:01:52, Serial0/0/0
R       10.1.0.0/16 [120/1] via 209.165.200.229, 00:00:00, Serial0/0/0
     172.30.0.0/16 is variably subnetted, 6 subnets, 2 masks
C       172.30.1.0/24 is directly connected, FastEthernet0/0
C       172.30.2.0/24 is directly connected, FastEthernet0/1
R       172.30.100.0/24 [120/2] via 209.165.200.229, 00:00:00, Serial0/0/0
R       172.30.110.0/24 [120/2] via 209.165.200.229, 00:00:00, Serial0/0/0
R       172.30.200.16/28 [120/2] via 209.165.200.229, 00:00:00, Serial0/0/0
R       172.30.200.32/28 [120/2] via 209.165.200.229, 00:00:00, Serial0/0/0
   209.165.200.0/30 is subnetted, 2 subnets
C       209.165.200.228 is directly connected, Serial0/0/0
R       209.165.200.232 [120/1] via 209.165.200.229, 00:00:00, Serial0/0/0
R1#
```

其次,查看路由器 R2 的路由表。

```
R2#show ip route
Codes: C -connected, S -static, I -IGRP, R -RIP, M -mobile, B -BGP
        D -EIGRP, EX -EIGRP external, O -OSPF, IA -OSPF inter area
        N1 -OSPF NSSA external type 1, N2 -OSPF NSSA external type 2
        E1 -OSPF external type 1, E2 -OSPF external type 2, E -EGP
        i -IS-IS, L1 -IS-IS level-1, L2 -IS-IS level-2, ia -IS-IS inter area
        * -candidate default, U -per-user static route, o -ODR
        P -periodic downloaded static route
Gateway of last resort is not set
    10.0.0.0/16 is subnetted, 1 subnets
C       10.1.0.0 is directly connected, FastEthernet0/0
    172.30.0.0/16 is variably subnetted, 7 subnets, 3 masks
R       172.30.0.0/16 [120/1] via 209.165.200.234, 00:02:01, Serial0/0/1
                      [120/1] via 209.165.200.230, 00:02:02, Serial0/0/0
R       172.30.1.0/24 [120/1] via 209.165.200.230, 00:00:12, Serial0/0/0
R       172.30.2.0/24 [120/1] via 209.165.200.230, 00:00:12, Serial0/0/0
R       172.30.100.0/24 [120/1] via 209.165.200.234, 00:00:09, Serial0/0/1
R       172.30.110.0/24 [120/1] via 209.165.200.234, 00:00:09, Serial0/0/1
R       172.30.200.16/28 [120/1] via 209.165.200.234, 00:00:09, Serial0/0/1
R       172.30.200.32/28 [120/1] via 209.165.200.234, 00:00:09, Serial0/0/1
    209.165.200.0/30 is subnetted, 2 subnets
C       209.165.200.228 is directly connected, Serial0/0/0
C       209.165.200.232 is directly connected, Serial0/0/1
R2#
```

第三,查看路由器 R3 的路由表。

```
R3#show ip route
Codes: C -connected, S -static, I -IGRP, R -RIP, M -mobile, B -BGP
       D -EIGRP, EX -EIGRP external, O -OSPF, IA -OSPF inter area
       N1 -OSPF NSSA external type 1, N2 -OSPF NSSA external type 2
       E1 -OSPF external type 1, E2 -OSPF external type 2, E -EGP
       i -IS-IS, L1 -IS-IS level-1, L2 -IS-IS level-2, ia -IS-IS inter area
       * -candidate default, U -per-user static route, o -ODR
       P -periodic downloaded static route
Gateway of last resort is not set
    10.0.0.0/8 is variably subnetted, 2 subnets, 2 masks
R       10.0.0.0/8 [120/1] via 209.165.200.233, 00:02:31, Serial0/0/1
R       10.1.0.0/16 [120/1] via 209.165.200.233, 00:00:13, Serial0/0/1
    172.30.0.0/16 is variably subnetted, 6 subnets, 2 masks
R       172.30.1.0/24 [120/2] via 209.165.200.233, 00:00:13, Serial0/0/1
R       172.30.2.0/24 [120/2] via 209.165.200.233, 00:00:13, Serial0/0/1
C       172.30.100.0/24 is directly connected, FastEthernet0/0
C       172.30.110.0/24 is directly connected, Loopback0
C       172.30.200.16/28 is directly connected, Loopback1
C       172.30.200.32/28 is directly connected, Loopback2
    209.165.200.0/30 is subnetted, 2 subnets
R       209.165.200.228 [120/1] via 209.165.200.233, 00:00:13, Serial0/0/1
C       209.165.200.232 is directly connected, Serial0/0/1
R3#
```

(6) 实验结果分析。

结果显示,3 台路由器的路由表是全的,网络能够互联互通。

6.8 实验八:RIPv2 下的手动汇总路由配置

实验要求

构建如图 6.26 所示的网络拓扑结构,实验要求通过动态路由协议 RIPv2 实现网络互联互通,同时要求手动汇总,以减小路由表的大小。该实验在 GNS3 仿真环境下完成。

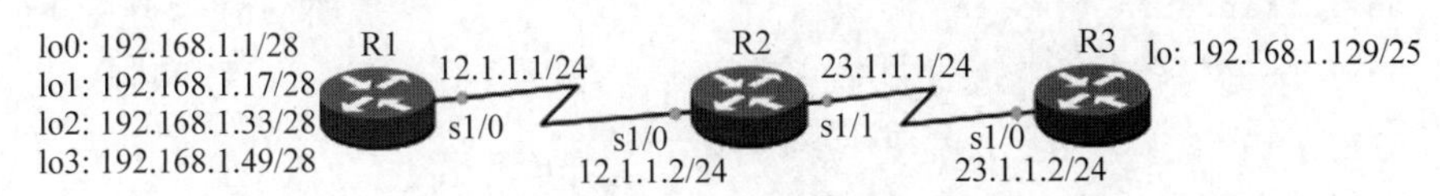

图 6.26　实现手动汇总网络拓扑结构

实验过程

(1) 对路由器进行基本配置。

首先,配置路由器 R1。

```
Router(config)#hostname R1                             //为路由器命名
R1(config)#interface loopback 0                        //进入路由器环回口 0
R1(config-if)#ip address 192.168.1.1 255.255.255.240   //配置 IP 地址
```

```
R1(config-if)#exit                                          //退出
R1(config)#interface loopback 1                             //进入路由器环回口 1
R1(config-if)#ip address 192.168.1.17 255.255.255.240       //配置 IP 地址
R1(config-if)#exit                                          //退出
R1(config)#interface loopback 2                             //进入路由器环回口 2
R1(config-if)#ip address 192.168.1.33 255.255.255.240       //配置 IP 地址
R1(config-if)#exit                                          //退出
R1(config)#interface loopback 3                             //进入路由器环回口 3
R1(config-if)#ip address 192.168.1.49 255.255.255.240       //配置 IP 地址
R1(config-if)#exit                                          //退出
R1(config)#interface serial 1/0                             //进入路由器串口 s1/0
R1(config-if)#ip address 12.1.1.1 255.255.255.0             //配置 IP 地址
R1(config-if)#no shu                                        //激活
R1(config-if)#clock rate 64000                              //配置时钟频率
```

其次,配置路由器 R2。

```
Router(config)#hostname R2                                  //为路由器命名
R2(config)#interface serial 1/0                             //进入路由器串口 s1/0
R2(config-if)#ip address 12.1.1.2 255.255.255.0             //配置 IP 地址
R2(config-if)#no shu                                        //激活
R2(config-if)#exit                                          //退出
R2(config)#interface serial 1/1                             //进入路由器串口 s1/1
R2(config-if)#ip address 23.1.1.1 255.255.255.0             //配置 IP 地址
R2(config-if)#clock rate 64000                              //配置时钟频率
R2(config-if)#no shu                                        //激活
```

第三,配置路由器 R3。

```
Router(config)#hostname R3                                  //为路由器命名
R3(config)#interface serial 1/0                             //进入路由器端口 s1/0
R3(config-if)#ip address 23.1.1.2 255.255.255.0             //配置 IP 地址
R3(config-if)#no shu                                        //激活
R3(config-if)#exit                                          //退出
R3(config)#interface loopback 0                             //进入路由器环回口 0
R3(config-if)#ip address 192.168.1.129 255.255.255.128 //配置 IP 地址
R3(config-if)#exit                                          //退出
```

(2) 配置动态路由协议 RIPv2。

接下来配置 3 台路由器动态路由协议 RIPv2,并通过 network 命令宣告 RIP 要通告的网络,以及通告网络的端口。为了支持不连续子网网络互联问题,需要关闭 3 台路由器的自动汇总功能。

首先,配置路由器 R1。

```
R1(config)#router rip                                       //启动动态路由协议(RIP)
R1(config-router)#version 2                                 //启动版本 2
R1(config-router)#no auto-summary                           //取消自动汇总
```

```
R1(config-router)#network 192.168.1.0          //指定参与 RIP 路由选择进程的端口
R1(config-router)#network 12.0.0.0             //指定参与 RIP 路由选择进程的端口
```

其次，配置路由器 R2。

```
R2(config)#router rip                          //启动动态路由协议(RIP)
R2(config-router)#version 2                    //启动版本 2
R2(config-router)#no auto-summary              //取消自动汇总
R2(config-router)#network 12.0.0.0             //指定参与 RIP 路由选择进程的端口
R2(config-router)#network 23.0.0.0             //指定参与 RIP 路由选择进程的端口
```

第三，配置路由器 R3 动态路由协议 RIPv2。

```
R3(config)#router rip                          //启动动态路由协议(RIP)
R3(config-router)#version 2                    //启动版本 2
R3(config-router)#no auto-summary              //取消自动汇总
R3(config-router)#network 23.0.0.0             //指定参与 RIP 路由选择进程的端口
R3(config-router)#network 192.168.1.0          //指定参与 RIP 路由选择进程的端口
```

(3) 配置完成后查看 3 台路由器的路由表。

收敛后的路由器 R1 的路由表如图 6.27 所示。路由器 R2 的路由表如图 6.28 所示。路由器 R3 的路由表如图 6.29 所示。结果表明 3 台路由器的路由表是完整的。

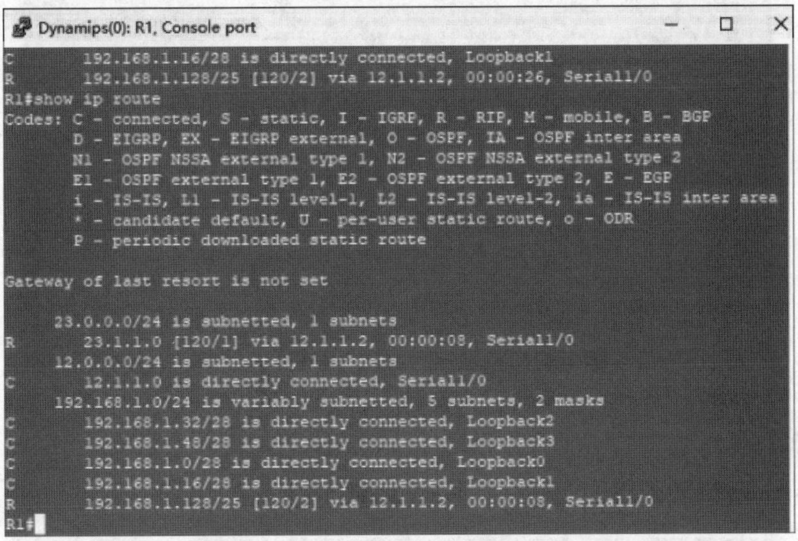

```
Dynamips(0): R1, Console port
C       192.168.1.16/28 is directly connected, Loopback1
R       192.168.1.128/25 [120/2] via 12.1.1.2, 00:00:26, Serial1/0
R1#show ip route
Codes: C - connected, S - static, I - IGRP, R - RIP, M - mobile, B - BGP
       D - EIGRP, EX - EIGRP external, O - OSPF, IA - OSPF inter area
       N1 - OSPF NSSA external type 1, N2 - OSPF NSSA external type 2
       E1 - OSPF external type 1, E2 - OSPF external type 2, E - EGP
       i - IS-IS, L1 - IS-IS level-1, L2 - IS-IS level-2, ia - IS-IS inter area
       * - candidate default, U - per-user static route, o - ODR
       P - periodic downloaded static route

Gateway of last resort is not set

     23.0.0.0/24 is subnetted, 1 subnets
R       23.1.1.0 [120/1] via 12.1.1.2, 00:00:08, Serial1/0
     12.0.0.0/24 is subnetted, 1 subnets
C       12.1.1.0 is directly connected, Serial1/0
     192.168.1.0/24 is variably subnetted, 5 subnets, 2 masks
C       192.168.1.32/28 is directly connected, Loopback2
C       192.168.1.48/28 is directly connected, Loopback3
C       192.168.1.0/28 is directly connected, Loopback0
C       192.168.1.16/28 is directly connected, Loopback1
R       192.168.1.128/25 [120/2] via 12.1.1.2, 00:00:08, Serial1/0
R1#
```

图 6.27　收敛后的路由器 R1 的路由表

结果表明，路由器 R2 各有一条路由信息到达网络 192.168.1.0/28、192.168.1.16/28、192.168.1.32/28 以及 192.168.1.48/28。

结果表明，路由器 R3 各有一条路由信息到达网络 192.168.1.0/28、192.168.1.16/28、192.168.1.32/28 以及 192.168.1.48/28。

根据子网划分以及构成超网的规则，可以将 192.168.1.0/28、192.168.1.16/28、192.168.1.32/28 以及 192.168.1.48/28 这 4 个网络汇总成一个网络 192.168.1.0/26。通过配置路由器手动汇总以减小路由表的大小。

```
R2#
R2#
R2#show ip route
Codes: C - connected, S - static, I - IGRP, R - RIP, M - mobile, B - BGP
       D - EIGRP, EX - EIGRP external, O - OSPF, IA - OSPF inter area
       N1 - OSPF NSSA external type 1, N2 - OSPF NSSA external type 2
       E1 - OSPF external type 1, E2 - OSPF external type 2, E - EGP
       i - IS-IS, L1 - IS-IS level-1, L2 - IS-IS level-2, ia - IS-IS inter area
       * - candidate default, U - per-user static route, o - ODR
       P - periodic downloaded static route

Gateway of last resort is not set

     23.0.0.0/24 is subnetted, 1 subnets
C       23.1.1.0 is directly connected, Serial1/1
     12.0.0.0/24 is subnetted, 1 subnets
C       12.1.1.0 is directly connected, Serial1/0
     192.168.1.0/24 is variably subnetted, 5 subnets, 2 masks
R       192.168.1.32/28 [120/1] via 12.1.1.1, 00:00:13, Serial1/0
R       192.168.1.48/28 [120/1] via 12.1.1.1, 00:00:13, Serial1/0
R       192.168.1.0/28 [120/1] via 12.1.1.1, 00:00:13, Serial1/0
R       192.168.1.16/28 [120/1] via 12.1.1.1, 00:00:13, Serial1/0
R       192.168.1.128/25 [120/1] via 23.1.1.2, 00:00:06, Serial1/1
R2#
```

图 6.28　收敛后的路由器 R2 的路由表

```
R3#
R3#
R3#show ip route
Codes: C - connected, S - static, I - IGRP, R - RIP, M - mobile, B - BGP
       D - EIGRP, EX - EIGRP external, O - OSPF, IA - OSPF inter area
       N1 - OSPF NSSA external type 1, N2 - OSPF NSSA external type 2
       E1 - OSPF external type 1, E2 - OSPF external type 2, E - EGP
       i - IS-IS, L1 - IS-IS level-1, L2 - IS-IS level-2, ia - IS-IS inter area
       * - candidate default, U - per-user static route, o - ODR
       P - periodic downloaded static route

Gateway of last resort is not set

     23.0.0.0/24 is subnetted, 1 subnets
C       23.1.1.0 is directly connected, Serial1/0
     12.0.0.0/24 is subnetted, 1 subnets
R       12.1.1.0 [120/1] via 23.1.1.1, 00:00:15, Serial1/0
     192.168.1.0/24 is variably subnetted, 5 subnets, 2 masks
R       192.168.1.32/28 [120/2] via 23.1.1.1, 00:00:15, Serial1/0
R       192.168.1.48/28 [120/2] via 23.1.1.1, 00:00:15, Serial1/0
R       192.168.1.0/28 [120/2] via 23.1.1.1, 00:00:15, Serial1/0
R       192.168.1.16/28 [120/2] via 23.1.1.1, 00:00:15, Serial1/0
C       192.168.1.128/25 is directly connected, Loopback0
R3#
```

图 6.29　收敛后的路由器 R3 的路由表

(4) 配置路由器手动汇总。

在路由器 R1 外出端口 s1/0 上执行手动汇总,配置如图 6.30 所示。

```
R1(config-if)#exit
R1(config)#interface serial1/0
R1(config-if)#ip summary-address rip 192.168.1.0 255.255.255.192
R1(config-if)#
```

图 6.30　手动汇总配置

等待路由收敛后(3~4min)查看路由器 R2 和 R3 的路由表,结果就只能看到汇总后的一条路由条目,具体如图 6.31 和图 6.32 所示。

(5) 实验结果分析。

实验结果表明,通过手动汇总,减小了路由表的大小。

```
R2#show ip route
Codes: C - connected, S - static, I - IGRP, R - RIP, M - mobile, B - BGP
       D - EIGRP, EX - EIGRP external, O - OSPF, IA - OSPF inter area
       N1 - OSPF NSSA external type 1, N2 - OSPF NSSA external type 2
       E1 - OSPF external type 1, E2 - OSPF external type 2, E - EGP
       i - IS-IS, L1 - IS-IS level-1, L2 - IS-IS level-2, ia - IS-IS inter area
       * - candidate default, U - per-user static route, o - ODR
       P - periodic downloaded static route

Gateway of last resort is not set

     23.0.0.0/24 is subnetted, 1 subnets
C       23.1.1.0 is directly connected, Serial1/1
     12.0.0.0/24 is subnetted, 1 subnets
C       12.1.1.0 is directly connected, Serial1/0
     192.168.1.0/24 is variably subnetted, 2 subnets, 2 masks
R       192.168.1.0/26 [120/1] via 12.1.1.1, 00:00:05, Serial1/0
R       192.168.1.128/25 [120/1] via 23.1.1.2, 00:00:13, Serial1/1
R2#
```

图 6.31　路由器 R2 汇总后的路由表

```
R3#show ip route
Codes: C - connected, S - static, I - IGRP, R - RIP, M - mobile, B - BGP
       D - EIGRP, EX - EIGRP external, O - OSPF, IA - OSPF inter area
       N1 - OSPF NSSA external type 1, N2 - OSPF NSSA external type 2
       E1 - OSPF external type 1, E2 - OSPF external type 2, E - EGP
       i - IS-IS, L1 - IS-IS level-1, L2 - IS-IS level-2, ia - IS-IS inter area
       * - candidate default, U - per-user static route, o - ODR
       P - periodic downloaded static route

Gateway of last resort is not set

     23.0.0.0/24 is subnetted, 1 subnets
C       23.1.1.0 is directly connected, Serial1/0
     12.0.0.0/24 is subnetted, 1 subnets
R       12.1.1.0 [120/1] via 23.1.1.1, 00:00:20, Serial1/0
     192.168.1.0/24 is variably subnetted, 2 subnets, 2 masks
R       192.168.1.0/26 [120/2] via 23.1.1.1, 00:00:20, Serial1/0
C       192.168.1.128/25 is directly connected, Loopback0
R3#
```

图 6.32　路由器 R3 汇总后的路由表

6.9　实验九：RIPv2 下的路由验证配置

实验要求

构建如图 6.33 所示网络拓扑结构，实验要求实现 RIPv2 下的路由验证。该实验在 GNS3 仿真环境下完成。

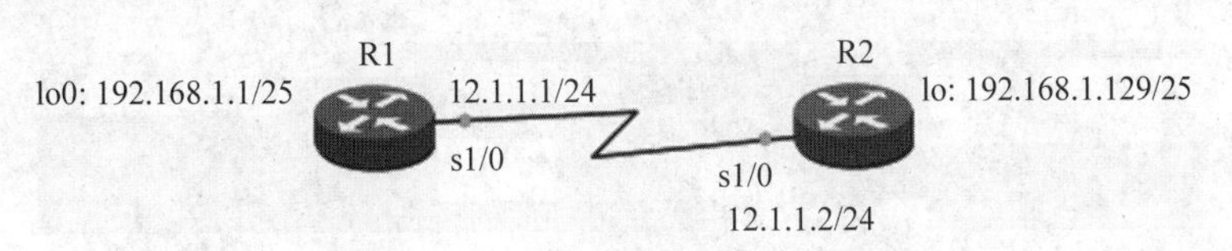

图 6.33　路由验证网络拓扑结构

实验过程

（1）对网络设备进行基本配置。

首先，对路由器 R1 进行基本配置。

```
R1(config)#interface loopback 0                    //进入路由器环回口 0
```

```
R1(config-if)#ip address 192.168.1.1 255.255.255.128  //配置 IP 地址
R1(config-if)#exit                                    //退出
R1(config)#interface serial 1/0                       //进入路由器串口 s1/0
R1(config-if)#ip address 12.1.1.1 255.255.255.0       //配置 IP 地址
R1(config-if)#no shu                                  //激活
R1(config-if)#clock rate 64000                        //配置时钟频率
R1(config-if)#exit                                    //退出
R1(config)#router rip                                 //启动路由器动态路由协议(RIP)
R1(config-router)#version 2                           //启动版本 2
R1(config-router)#network 12.0.0.0                //指定参与 RIP 路由选择进程的端口
R1(config-router)#net 192.168.1.0                 //指定参与 RIP 路由选择进程的端口
R1(config-router)#exit                                //退出
```

其次,对路由器 R2 进行基本配置。

```
R2(config)#interface loopback 0                       //进入环回口 0
R2(config-if)#ip address 192.168.1.129 255.255.255.128  //配置 IP 地址
R2(config-if)#exit                                    //退出
R2(config)#interface serial 1/0                       //进入路由器串口 s1/0
R2(config-if)#ip address 12.1.1.2 255.255.255.0       //配置 IP 地址
R2(config-if)#no shu                                  //激活
R2(config-if)#exit                                    //退出
R2(config)#router rip                                 //启动动态路由协议(RIP)
R2(config-router)#version 2                           //启动版本 2
R2(config-router)#network 192.168.1.0             //指定参与 RIP 路由选择进程的端口
R2(config-router)#network 12.0.0.0                //指定参与 RIP 路由选择进程的端口
```

(2) 测试网络连通性。

通过“show ip route”命令查看路由器 R1 的路由表(图 6.34)和路由器 R2 的路由表(图 6.35),结果表明路由表都是完整的,因此网络是互联互通的。

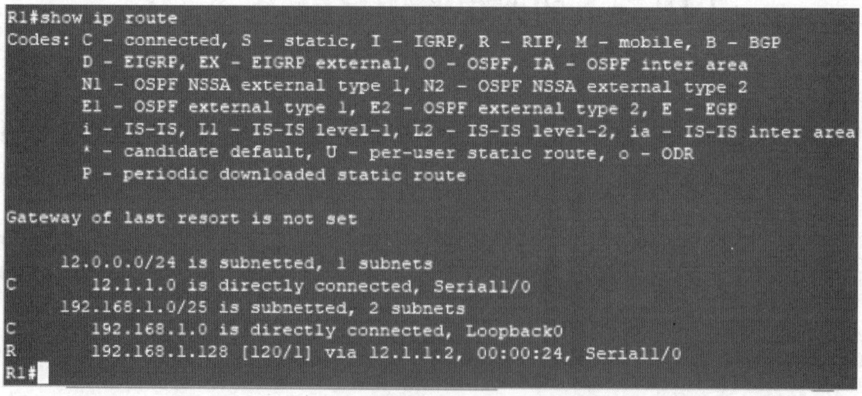

```
R1#show ip route
Codes: C - connected, S - static, I - IGRP, R - RIP, M - mobile, B - BGP
       D - EIGRP, EX - EIGRP external, O - OSPF, IA - OSPF inter area
       N1 - OSPF NSSA external type 1, N2 - OSPF NSSA external type 2
       E1 - OSPF external type 1, E2 - OSPF external type 2, E - EGP
       i - IS-IS, L1 - IS-IS level-1, L2 - IS-IS level-2, ia - IS-IS inter area
       * - candidate default, U - per-user static route, o - ODR
       P - periodic downloaded static route

Gateway of last resort is not set

     12.0.0.0/24 is subnetted, 1 subnets
C       12.1.1.0 is directly connected, Serial1/0
     192.168.1.0/25 is subnetted, 2 subnets
C       192.168.1.0 is directly connected, Loopback0
R       192.168.1.128 [120/1] via 12.1.1.2, 00:00:24, Serial1/0
R1#
```

图 6.34 路由器 R1 的路由表

(3) 配置动态路由协议 RIPv2 的路由验证。

首先,配置路由器 R1 的路由验证。

```
R2#show ip route
Codes: C - connected, S - static, I - IGRP, R - RIP, M - mobile, B - BGP
       D - EIGRP, EX - EIGRP external, O - OSPF, IA - OSPF inter area
       N1 - OSPF NSSA external type 1, N2 - OSPF NSSA external type 2
       E1 - OSPF external type 1, E2 - OSPF external type 2, E - EGP
       i - IS-IS, L1 - IS-IS level-1, L2 - IS-IS level-2, ia - IS-IS inter area
       * - candidate default, U - per-user static route, o - ODR
       P - periodic downloaded static route

Gateway of last resort is not set

     12.0.0.0/24 is subnetted, 1 subnets
C       12.1.1.0 is directly connected, Serial1/0
     192.168.1.0/25 is subnetted, 2 subnets
R       192.168.1.0 [120/1] via 12.1.1.1, 00:00:09, Serial1/0
C       192.168.1.128 is directly connected, Loopback0
R2#
```

图 6.35 路由器 R2 的路由表

```
R1(config)#key chain tdp                                  //创建密钥链 tdp
R1(config-keychain)#key 1                                 //配置密钥链中 key 1
R1(config-keychain-key)#key-string wenzheng               //配置密码串
R1(config-keychain-key)#exit
R1(config-keychain)#exit
R1(config)#interface serial 1/0
R1(config-if)#ip rip authentication key-chain tdp
                        //在与路由器 R2 相连的串口中配置使用密钥链 tdp 进行验证
R1(config-if)#ip rip authentication mode md5              //使用 MD5 验证
```

配置好路由器 R1 的路由验证后，经过一段时间，路由器 R1 的路由表发生了变化，如图 6.36 所示，3min 后路由 192.168.1.128 处于 possibly down 状态，再经过 60s，该路由从路由表中消失，如图 6.37 所示。

```
R1#show ip route
Codes: C - connected, S - static, I - IGRP, R - RIP, M - mobile, B - BGP
       D - EIGRP, EX - EIGRP external, O - OSPF, IA - OSPF inter area
       N1 - OSPF NSSA external type 1, N2 - OSPF NSSA external type 2
       E1 - OSPF external type 1, E2 - OSPF external type 2, E - EGP
       i - IS-IS, L1 - IS-IS level-1, L2 - IS-IS level-2, ia - IS-IS inter area
       * - candidate default, U - per-user static route, o - ODR
       P - periodic downloaded static route

Gateway of last resort is not set

     12.0.0.0/24 is subnetted, 1 subnets
C       12.1.1.0 is directly connected, Serial1/0
     192.168.1.0/25 is subnetted, 2 subnets
C       192.168.1.0 is directly connected, Loopback0
R       192.168.1.128/25 is possibly down,
          routing via 12.1.1.2, Serial1/0
```

图 6.36 路由器 R1 的路由表 1

其次，配置路由器 R2 的路由验证。

```
R2(config)#key chain tdp                                  //创建密钥链 tdp
R2(config-keychain)#key 1                                 //配置密钥链中 key 1
R2(config-keychain-key)#key-string wenzheng               //配置密码串
R2(config-keychain-key)#exit                              //退出
R2(config-keychain)#exit                                  //退出
```

```
R2#show ip route
Codes: C - connected, S - static, I - IGRP, R - RIP, M - mobile, B - BGP
       D - EIGRP, EX - EIGRP external, O - OSPF, IA - OSPF inter area
       N1 - OSPF NSSA external type 1, N2 - OSPF NSSA external type 2
       E1 - OSPF external type 1, E2 - OSPF external type 2, E - EGP
       i - IS-IS, L1 - IS-IS level-1, L2 - IS-IS level-2, ia - IS-IS inter area
       * - candidate default, U - per-user static route, o - ODR
       P - periodic downloaded static route

Gateway of last resort is not set

     12.0.0.0/24 is subnetted, 1 subnets
C       12.1.1.0 is directly connected, Serial1/0
     192.168.1.0/25 is subnetted, 1 subnets
C       192.168.1.128 is directly connected, Loopback0
```

图 6.37　路由器 R1 的路由表 2

```
R2(config)#interface serial 1/0                    //进入路由器串口 s1/0
R2(config-if)#ip rip authentication key-chain tdp  //在与路由器 R1 相连的串口中
                                                   //配置使用密钥链 tdp 进行验证
R2(config-if)#ip rip authentication mode md5       //使用 MD5 验证
```

配置好路由器 R2 验证后,经过短时间的等待,两台路由器的路由表恢复成图 6.34 及图 6.35。结果表明,两台路由器之间路由协议验证成功,整个网络互联互通。

6.10　实验十:RIPv1 与 RIPv2 混合路由配置

实验要求

构建如图 6.38 所示网络拓扑结构,将路由器 R1 配置成 RIPv1 协议,将路由器 R2 配置成 RIPv2 协议,探索在一个网络中既有 RIPv1 又有 RIPv2 时的情况。该实验在 GNS3 仿真环境下完成。

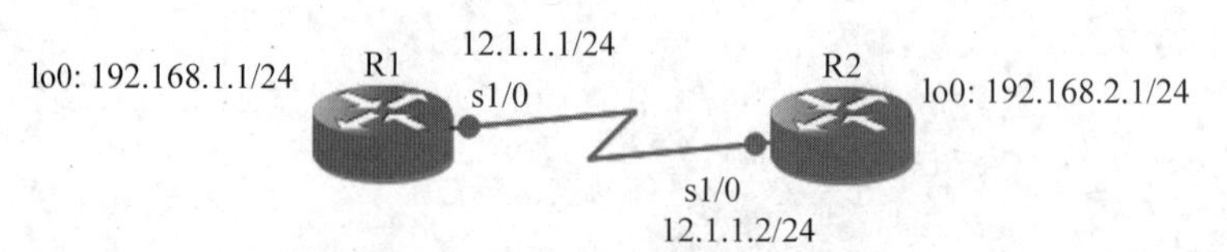

图 6.38　RIPv1 与 RIPv2 混合实验网络拓扑结构

实验过程

(1) 对网络设备进行基本配置。

首先,配置路由器 R1。

```
R1(config)#interface loopback 0                    //进入路由器环回口 0
R1(config-if)#ip address 192.168.1.1 255.255.255.0 //配置 IP 地址
R1(config-if)#exit                                 //退出
R1(config)#interface serial 1/0                    //进入路由器串口 s1/0
R1(config-if)#ip address 12.1.1.1 255.255.255.0    //配置 IP 地址
R1(config-if)#no shu                               //激活
R1(config-if)#clock rate 64000                     //配置时钟频率
R1(config-if)#exit                                 //退出
```

```
R1(config)#router rip                              //启动动态路由协议(RIP),默认启用RIPv1
R1(config-router)#network 192.168.1.0             //指定参与RIP路由选择进程的端口
R1(config-router)#network 12.0.0.0                //指定参与RIP路由选择进程的端口
```

其次,配置路由器R2。

```
R2(config)#interface loopback 0                   //进入路由器环回口0
R2(config-if)#ip address 192.168.2.1 255.255.255.0   //配置IP地址
R2(config-if)#no shutdown                         //激活
R2(config-if)#exit                                //退出
R2(config)#interface serial 1/0                   //进入路由器串口s1/0
R2(config-if)#ip address 12.1.1.2 255.255.255.0   //配置IP地址
R2(config-if)#no shu                              //激活
R2(config-if)#exit                                //退出
R2(config)#router rip                             //启动动态路由协议(RIP)
R2(config-router)#version 2                       //启动版本2
R2(config-router)#network 192.168.2.0             //指定参与RIP路由选择进程的端口
R2(config-router)#network 12.0.0.0                //指定参与RIP路由选择进程的端口
```

(2) 查看路由表。

分别查看路由器R1与路由器R2的路由表,路由器R1的路由表如图6.39所示,路由器R2的路由表如图6.40所示。

```
R1#show ip route
Codes: C - connected, S - static, I - IGRP, R - RIP, M - mobile, B - BGP
       D - EIGRP, EX - EIGRP external, O - OSPF, IA - OSPF inter area
       N1 - OSPF NSSA external type 1, N2 - OSPF NSSA external type 2
       E1 - OSPF external type 1, E2 - OSPF external type 2, E - EGP
       i - IS-IS, L1 - IS-IS level-1, L2 - IS-IS level-2, ia - IS-IS inter area
       * - candidate default, U - per-user static route, o - ODR
       P - periodic downloaded static route

Gateway of last resort is not set

     12.0.0.0/24 is subnetted, 1 subnets
C       12.1.1.0 is directly connected, Serial1/0
C    192.168.1.0/24 is directly connected, Loopback0
R    192.168.2.0/24 [120/1] via 12.1.1.2, 00:00:02, Serial1/0
R1#
```

图6.39　路由器R1的路由表

```
R2#show ip route
Codes: C - connected, S - static, I - IGRP, R - RIP, M - mobile, B - BGP
       D - EIGRP, EX - EIGRP external, O - OSPF, IA - OSPF inter area
       N1 - OSPF NSSA external type 1, N2 - OSPF NSSA external type 2
       E1 - OSPF external type 1, E2 - OSPF external type 2, E - EGP
       i - IS-IS, L1 - IS-IS level-1, L2 - IS-IS level-2, ia - IS-IS inter area
       * - candidate default, U - per-user static route, o - ODR
       P - periodic downloaded static route

Gateway of last resort is not set

     12.0.0.0/24 is subnetted, 1 subnets
C       12.1.1.0 is directly connected, Serial1/0
C    192.168.2.0/24 is directly connected, Loopback0
R2#
```

图6.40　路由器R2的路由表

从路由表中可以看出,路由器 R1 获得了路由器 R2 环回口 192.168.2.0 网络的路由,但路由器 R2 没有获得路由器 R1 环回口 192.168.1.0 网络的路由,路由器 R2 学不到路由器 R1 的路由信息的原因是什么?分别查看路由器 R1 和路由器 R2 的协议情况,路由器 R1 的协议情况如图 6.41 所示,路由器 R2 的协议情况如图 6.42 所示。

```
R1#show ip protocols
Routing Protocol is "rip"
  Sending updates every 30 seconds, next due in 9 seconds
  Invalid after 180 seconds, hold down 180, flushed after 240
  Outgoing update filter list for all interfaces is not set
  Incoming update filter list for all interfaces is not set
  Redistributing: rip
  Default version control: send version 1, receive any version
    Interface             Send  Recv  Triggered RIP  Key-chain
    Serial1/0             1     1 2
    Loopback0             1     1 2
  Automatic network summarization is in effect
  Maximum path: 4
  Routing for Networks:
    12.0.0.0
    192.168.1.0
  Routing Information Sources:
    Gateway         Distance      Last Update
    12.1.1.2             120      00:00:07
  Distance: (default is 120)

R1#
```

图 6.41　路由器 R1 的协议情况

```
R2#show ip protocols
Routing Protocol is "rip"
  Sending updates every 30 seconds, next due in 17 seconds
  Invalid after 180 seconds, hold down 180, flushed after 240
  Outgoing update filter list for all interfaces is not set
  Incoming update filter list for all interfaces is not set
  Redistributing: rip
  Default version control: send version 2, receive version 2
    Interface             Send  Recv  Triggered RIP  Key-chain
    Serial1/0             2     2
    Loopback0             2     2
  Automatic network summarization is in effect
  Maximum path: 4
  Routing for Networks:
    12.0.0.0
    192.168.2.0
  Routing Information Sources:
    Gateway         Distance      Last Update
  Distance: (default is 120)

R2#
```

图 6.42　路由器 R2 的协议情况

从图 6.41 可以看出,路由器 R1 默认发送和接收 RIP 版本的情况是“send version 1, receive any version”。也就是说,路由器 R1 发送版本 1 的更新,接收任何版本(V1,V2)的更新。路由器 R1 配置的是 RIPv1,而路由器 R2 配置的是 RIPv2,当路由器 R2 发送 V2 版本的更新时,路由器 R1 照样可以接收,这就是路由器 R1 为什么能够学习到路由器 R2 环回口的原因。

而路由器 R2 上的 RIPv2 协议默认发送和接收的协议为“send version 2, receive version 2”,也就是发送版本 2 以及只能接收版本 2,因此路由器 R1 发送过来的版本 1 的更新直接被忽略了。

若要网络互联互通,采取的方法是:在路由器 R1 的出端口上配置发送 RIP 版本 1 和版本 2 的更新,或者在路由器 R2 的出端口上配置接收版本 1 和版本 2 的更新。下面分别说明这两种方法。

方法一:在路由器 R1 的出端口上发送 RIP 版本 1 及版本 2 的更新,配置如图 6.43 所示。

```
R1(config)#interface serial 1/0
R1(config-if)#ip rip send version 1 2
R1(config-if)#
```

图 6.43　更改发送 RIP 版本信息

路由器 R1 的路由表如图 6.44 所示。路由器 R2 的路由表如图 6.45 所示。

```
R1#show ip route
Codes: C - connected, S - static, I - IGRP, R - RIP, M - mobile, B - BGP
       D - EIGRP, EX - EIGRP external, O - OSPF, IA - OSPF inter area
       N1 - OSPF NSSA external type 1, N2 - OSPF NSSA external type 2
       E1 - OSPF external type 1, E2 - OSPF external type 2, E - EGP
       i - IS-IS, L1 - IS-IS level-1, L2 - IS-IS level-2, ia - IS-IS inter area
       * - candidate default, U - per-user static route, o - ODR
       P - periodic downloaded static route

Gateway of last resort is not set

     12.0.0.0/24 is subnetted, 1 subnets
C       12.1.1.0 is directly connected, Serial1/0
C    192.168.1.0/24 is directly connected, Loopback0
R    192.168.2.0/24 [120/1] via 12.1.1.2, 00:00:24, Serial1/0
R1#
```

图 6.44　路由器 R1 的路由表

```
R2#show ip route
Codes: C - connected, S - static, I - IGRP, R - RIP, M - mobile, B - BGP
       D - EIGRP, EX - EIGRP external, O - OSPF, IA - OSPF inter area
       N1 - OSPF NSSA external type 1, N2 - OSPF NSSA external type 2
       E1 - OSPF external type 1, E2 - OSPF external type 2, E - EGP
       i - IS-IS, L1 - IS-IS level-1, L2 - IS-IS level-2, ia - IS-IS inter area
       * - candidate default, U - per-user static route, o - ODR
       P - periodic downloaded static route

Gateway of last resort is not set

     12.0.0.0/24 is subnetted, 1 subnets
C       12.1.1.0 is directly connected, Serial1/0
R    192.168.1.0/24 [120/1] via 12.1.1.1, 00:00:23, Serial1/0
C    192.168.2.0/24 is directly connected, Loopback0
R2#
```

图 6.45　路由器 R2 的路由表

方法二:在路由器 R2 的出端口上配置接收 RIP 版本 1 和版本 2 的更新。首先清除方法一的配置,清除配置如图 6.46 所示。经过一段时间更新后,路由器 R2 上的 192.168.1.0/24 路由信息不存在了。

在路由器 R2 的出端口上配置接收版本 1 和版本 2 的更新,配置如图 6.47 所示。

经过一段时间更新后,路由器 R2 的路由表中出现了到路由器 R1 环回口 192.169.1.0/24 的路由信息,如图 6.48 所示。

```
R1(config)#interface serial 1/0
R1(config-if)#ip rip send version 1
R1(config-if)#
```

图 6.46　路由器 R1 发送版本信息恢复默认情况

```
R2(config)#interface serial 1/0
R2(config-if)#ip rip receive version 1 2
R2(config-if)#
```

图 6.47　更改接收 RIP 版本信息

```
R2#show ip route
*Mar  1 01:02:35.751: %SYS-5-CONFIG_I: Configured from console by console
R2#show ip route
Codes: C - connected, S - static, I - IGRP, R - RIP, M - mobile, B - BGP
       D - EIGRP, EX - EIGRP external, O - OSPF, IA - OSPF inter area
       N1 - OSPF NSSA external type 1, N2 - OSPF NSSA external type 2
       E1 - OSPF external type 1, E2 - OSPF external type 2, E - EGP
       i - IS-IS, L1 - IS-IS level-1, L2 - IS-IS level-2, ia - IS-IS inter area
       * - candidate default, U - per-user static route, o - ODR
       P - periodic downloaded static route

Gateway of last resort is not set

     12.0.0.0/24 is subnetted, 1 subnets
C       12.1.1.0 is directly connected, Serial1/0
R    192.168.1.0/24 [120/1] via 12.1.1.1, 00:00:26, Serial1/0
C    192.168.2.0/24 is directly connected, Loopback0
```

图 6.48　路由器 R2 的路由表

6.11　实验十一：OSPF 基本路由配置

实验要求

构建如图 6.49 所示的网络拓扑结构，网络设备 IP 地址规划如表 6.4 所示，要求通过动态路由协议 OSPF 实现网络互联互通。该实验在 Packet Tracer 仿真环境下完成。

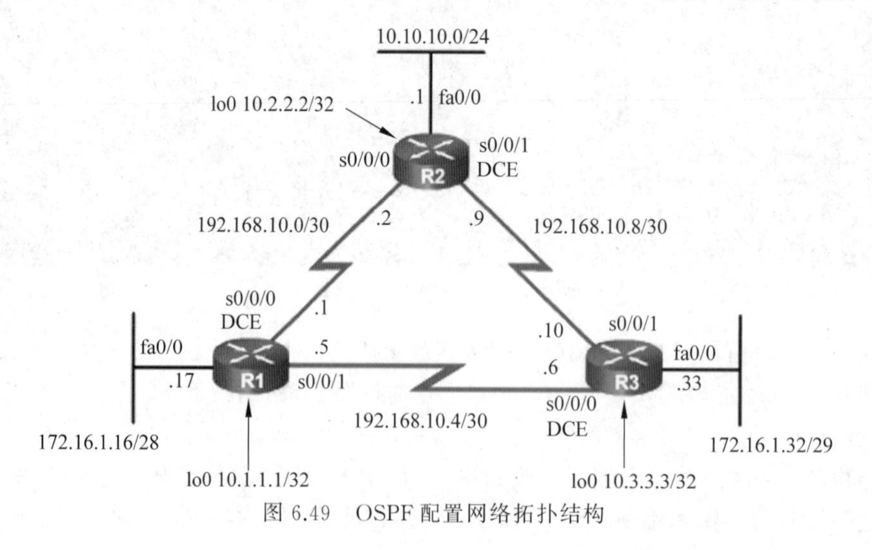

图 6.49　OSPF 配置网络拓扑结构

表 6.4　IP 地址规划

设　备	接　　口	IP 地 址	子 网 掩 码
R1	fa0/0	172.16.1.17	255.255.255.240
	s0/0/0	192.168.10.1	255.255.255.252
	s0/0/1	192.168.10.5	255.255.255.252
R2	fa0/0	10.10.10.1	255.255.255.0
	s0/0/0	192.168.10.2	255.255.255.252
	s0/0/1	192.168.10.9	255.255.255.252
R3	fa0/0	172.16.1.33	255.255.255.248
	s0/0/0	192.168.10.6	255.255.255.252
	s0/0/1	192.168.10.10	255.255.255.252

实验过程

(1) 对网络设备进行基本配置。

首先,配置路由器 R1。

```
R1(config)#interface serial 0/0/0                    //进入路由器端口 s0/0/0
R1(config-if)#ip address 192.168.10.1 255.255.255.252  //配置 IP 地址
R1(config-if)#clock rate 64000                        //配置时钟频率
R1(config-if)#no shu                                  //激活
R1(config-if)#exit                                    //退出
R1(config)#interface serial 0/0/1                    //进入路由器端口 s0/0/1
R1(config-if)#ip address 192.168.10.5 255.255.255.252  //配置 IP 地址
R1(config-if)#no shu                                  //激活
R1(config-if)#exit                                    //退出
R1(config)#interface fastEthernet 0/0                //进入路由器端口 fa0/0
R1(config-if)#ip address 172.16.1.17 255.255.255.240   //配置 IP 地址
R1(config-if)#no shu                                  //激活
R1(config)#router ospf 1                              //路由器启动 OSPF 其进程号为 1
R1(config-router)#network 192.168.10.0 0.0.0.3 area 0
        //OSPF 把当前路由器上位于网络 192.168.10.0/255.255.255.252 的端口加入区域 0
R1(config-router)#network 192.168.10.4 0.0.0.3 area 0
        //OSPF 把当前路由器上位于网络 192.168.10.4/255.255.255.252 的端口加入区域 0
R1(config-router)#network 172.16.1.16 0.0.0.15 area 0
        //OSPF 把当前路由器上位于网络 172.16.1.16/255.255.255.240 的端口加入区域 0
R1(config-router)#
```

其次,配置路由器 R2。

```
R2(config)#interface fastEthernet 0/0                //进入路由器端口 fa0/0
R2(config-if)#ip address 10.10.10.1 255.255.255.0      //配置 IP 地址
R2(config-if)#no shu                                  //激活
R2(config-if)#exit                                    //退出
```

```
R2(config)#interface serial 0/0/0                       //进入路由器端口 s0/0/0
R2(config-if)#ip address 192.168.10.2 255.255.255.252   //配置 IP 地址
R2(config-if)#no shu                                    //激活
R2(config-if)#exit                                      //退出
R2(config)#interface serial 0/0/1                       //进入路由器端口 s0/0/1
R2(config-if)#ip address 192.168.10.9 255.255.255.252   //配置 IP 地址
R2(config-if)#clock rate 64000                          //配置时钟频率
R2(config-if)#no shu                                    //退出
R2(config)#router ospf 1                              //路由器启动 OSPF 其进程号为 1
R2(config-router)#network 192.168.10.0 0.0.0.3 area 0
        //OSPF 把当前路由器上位于网络 192.168.10.0/255.255.255.252 的端口加入区域 0
R2(config-router)#network 192.168.10.8 0.0.0.3 area 0
        //OSPF 把当前路由器上位于网络 192.168.10.8/255.255.255.252 的端口加入区域 0
R2(config-router)#network 10.10.10.0 0.0.0.255 area 0
       //OSPF 把当前路由器上位于网络 10.10.10.0/255.255.255.0 的端口加入区域 0
R2(config-router)#
```

第三,配置路由器 R3。

```
R3(config)#interface fastEthernet 0/0                   //进入路由器端口 fa0/0
R3(config-if)#ip address 172.16.1.33 255.255.255.248    //配置 IP 地址
R3(config-if)#no shu                                    //激活
R3(config-if)#exit                                      //退出
R3(config)#interface serial 0/0/1                       //进入路由器端口 s0/0/1
R3(config-if)#ip address 192.168.10.10 255.255.255.252  //配置 IP 地址
R3(config-if)#no shu                                    //激活
R3(config-if)#exit                                      //退出
R3(config)#interface serial 0/0/0                       //进入路由器端口 s0/0/0
R3(config-if)#ip address 192.168.10.6 255.255.255.252   //配置 IP 地址
R3(config-if)#no shu                                    //激活
R3(config-if)#clock rate 64000                          //配置时钟频率
R3(config-if)#exit                                      //退出
R3(config)#router ospf 1                               //路由器启动 OSPF 其进程号为 1
R3(config-router)#network 172.16.1.32 0.0.0.7 area 0
//OSPF 把当前路由器上位于网络 172.16.1.32/255.255.255.248 的端口加入区域 0
R3(config-router)#network 192.168.10.4 0.0.0.3 area 0
//OSPF 把当前路由器上位于网络 192.168.10.4/255.255.255.252 的端口加入区域 0
R3(config-router)#network 192.168.10.8 0.0.0.3 area 0
//OSPF 把当前路由器上位于网络 192.168.10.8/255.255.255.252 的端口加入区域 0
R3(config-router)#
```

(2) 验证配置结果。

首先,通过“show ip route”命令查看路由器 R1 的路由表。

```
R1#show ip route
Codes: C - connected, S - static, I - IGRP, R - RIP, M - mobile, B - BGP
       D - EIGRP, EX - EIGRP external, O - OSPF, IA - OSPF inter area
```

```
       N1 -OSPF NSSA external type 1, N2 -OSPF NSSA external type 2
       E1 -OSPF external type 1, E2 -OSPF external type 2, E -EGP
       i -IS-IS, L1 -IS-IS level-1, L2 -IS-IS level-2, ia -IS-IS inter area
       * -candidate default, U -per-user static route, o -ODR
       P -periodic downloaded static route
Gateway of last resort is not set
    10.0.0.0/24 is subnetted, 1 subnets
O       10.10.10.0 [110/65] via 192.168.10.2, 00:04:11, Serial0/0/0
    172.16.0.0/16 is variably subnetted, 2 subnets, 2 masks
C       172.16.1.16/28 is directly connected, FastEthernet0/0
O       172.16.1.32/29 [110/65] via 192.168.10.6, 00:04:11, Serial0/0/1
    192.168.10.0/30 is subnetted, 3 subnets
C       192.168.10.0 is directly connected, Serial0/0/0
C       192.168.10.4 is directly connected, Serial0/0/1
O       192.168.10.8 [110/128] via 192.168.10.2, 00:07:29, Serial0/0/0
                     [110/128] via 192.168.10.6, 00:07:29, Serial0/0/1
R1#
```

结果表明，路由器R1的路由表是全的，能够包含到网络中各个网段的路由条目。

其次，通过“show ip route”命令查看路由器R2路由表。

```
R2#show ip route
Codes: C -connected, S -static, I -IGRP, R -RIP, M -mobile, B -BGP
       D -EIGRP, EX -EIGRP external, O -OSPF, IA -OSPF inter area
       N1 -OSPF NSSA external type 1, N2 -OSPF NSSA external type 2
       E1 -OSPF external type 1, E2 -OSPF external type 2, E -EGP
       i -IS-IS, L1 -IS-IS level-1, L2 -IS-IS level-2, ia -IS-IS inter area
       * -candidate default, U -per-user static route, o -ODR
       P -periodic downloaded static route
Gateway of last resort is not set
    10.0.0.0/24 is subnetted, 1 subnets
C       10.10.10.0 is directly connected, FastEthernet0/0
    172.16.0.0/16 is variably subnetted, 2 subnets, 2 masks
O       172.16.1.16/28 [110/65] via 192.168.10.1, 00:04:26, Serial0/0/0
O       172.16.1.32/29 [110/65] via 192.168.10.10, 00:04:26, Serial0/0/1
    192.168.10.0/30 is subnetted, 3 subnets
C       192.168.10.0 is directly connected, Serial0/0/0
O       192.168.10.4 [110/128] via 192.168.10.1, 00:07:34, Serial0/0/0
                     [110/128] via 192.168.10.10, 00:07:34, Serial0/0/1
C       192.168.10.8 is directly connected, Serial0/0/1
R2#
```

结果表明，路由器R2的路由表是全的，能够包含到网络中各个网段的路由条目。

第三，通过“show ip route”命令查看路由器R3路由表。

```
R3#show ip route
Codes: C -connected, S -static, I -IGRP, R -RIP, M -mobile, B -BGP
```

```
        D -EIGRP, EX -EIGRP external, O -OSPF, IA -OSPF inter area
        N1 -OSPF NSSA external type 1, N2 -OSPF NSSA external type 2
        E1 -OSPF external type 1, E2 -OSPF external type 2, E -EGP
        i -IS-IS, L1 -IS-IS level-1, L2 -IS-IS level-2, ia -IS-IS inter area
        * -candidate default, U -per-user static route, o -ODR
        P -periodic downloaded static route
Gateway of last resort is not set
    10.0.0.0/24 is subnetted, 1 subnets
O      10.10.10.0 [110/65] via 192.168.10.9, 00:04:43, Serial0/0/1
    172.16.0.0/16 is variably subnetted, 2 subnets, 2 masks
O      172.16.1.16/28 [110/65] via 192.168.10.5, 00:04:43, Serial0/0/0
C      172.16.1.32/29 is directly connected, FastEthernet0/0
    192.168.10.0/30 is subnetted, 3 subnets
O      192.168.10.0 [110/128] via 192.168.10.5, 00:07:51, Serial0/0/0
                    [110/128] via 192.168.10.9, 00:07:51, Serial0/0/1
C      192.168.10.4 is directly connected, Serial0/0/0
C      192.168.10.8 is directly connected, Serial0/0/1
R3#
```

结果表明,路由器 R3 的路由表是全的,能够包含到网络中各个网段的路由条目。

通过路由表的分析结果,可以得出整个网络通过动态路由协议 OSPF 实现了互联互通。

6.12 实验十二:配置 OSPF 默认路由传播

实验要求

构建如图 6.50 所示网络拓扑结构,在连接到 ISP 的边界 OSPF 路由器 R2 上,通常有一个指向 ISP 的默认路由。实验要求通过路由重分布,将默认路由分布到 OSPF 进程中,实现路由重分布。该实验在 Packet Tracer 仿真环境下完成。

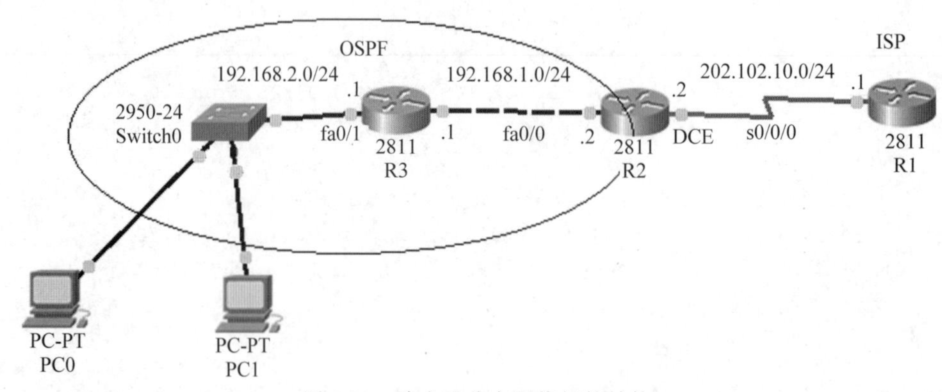

图 6.50 路由重分布网络拓扑结构

实验过程

(1) 对网络设备进行基本配置。

首先,配置 ISP 路由器 R1。

```
R1(config)#interface serial 0/0/0                //进入路由器端口 s0/0/0
R1(config-if)#ip address 202.102.10.1 255.255.255.0    //配置 IP 地址
R1(config-if)#no shu                             //激活
```

其次,配置出口路由器 R2。

```
R2(config)#interface serial 0/0/0                //进入路由器端口 s0/0/0
R2(config-if)#ip address 202.102.10.2 255.255.255.0    //配置 IP 地址
R2(config-if)#clock rate 64000                   //配置时钟频率
R2(config-if)#no shu                             //激活
R2(config-if)#exit                               //退出
R2(config)#interface fastEthernet 0/0            //进入路由器 R2 端口 fa0/0
R2(config-if)#ip address 192.168.1.2 255.255.255.0     //配置 IP 地址
```

第三,配置路由器 R3。

```
R3(config)#interface fastEthernet 0/0            //进入路由器 R3 端口 fa0/0
R3(config-if)#ip address 192.168.1.1 255.255.255.0     //配置 IP 地址
R3(config-if)#no shu                             //激活
R3(config-if)#exit                               //退出
R3(config)#interface fastEthernet 0/1            //进入路由器 R3 端口 fa0/1
R3(config-if)#ip address 192.168.2.1 255.255.255.0     //配置 IP 地址
R3(config-if)#no shu                             //激活
```

(2) 配置默认路由。

配置路由器 R2 指向 ISP 的默认路由,命令如下。

```
R2(config)#ip route 0.0.0.0 0.0.0.0 202.102.10.1     //配置出口路由器默认路由
```

(3) 配置动态路由协议 OSPF。

首先,配置路由器 R2。

```
R2(config)#router ospf 1                         //路由器启动 OSPF,其进程号为 1
R2(config-router)#network 192.168.1.0 0.0.0.255 area 0
        //OSPF 把当前路由器上位于网络 192.168.1.0/255.255.255.0 的端口加入区域 0
```

其次,配置路由器 R3。

```
R3(config)#router ospf 1                         //路由器启动 OSPF,其进程号为 1
R3(config-router)#network 192.168.1.0 0.0.0.255 area 0
        //OSPF 把当前路由器上位于网络 192.168.1.0/255.255.255.0 的端口加入区域 0
R3(config-router)#network 192.168.2.0 0.0.0.255 area 0
        //OSPF 把当前路由器上位于网络 192.168.2.0/255.255.255.0 的端口加入区域 0
```

(4) 配置默认路由重分布。

在路由器 R2 上配置默认路由重分布,命令如下。

```
R2(config-router)#default-information originate
```

(5) 查看路由器 R3 的路由表。

```
R3#show ip route
Codes: C -connected, S -static, I -IGRP, R -RIP, M -mobile, B -BGP
       D -EIGRP, EX -EIGRP external, O -OSPF, IA -OSPF inter area
       N1 -OSPF NSSA external type 1, N2 -OSPF NSSA external type 2
       E1 -OSPF external type 1, E2 -OSPF external type 2, E -EGP
       i -IS-IS, L1 -IS-IS level-1, L2 -IS-IS level-2, ia -IS-IS inter area
       * -candidate default, U -per-user static route, o -ODR
       P -periodic downloaded static route
Gateway of last resort is 192.168.1.2 to network 0.0.0.0
C    192.168.1.0/24 is directly connected, FastEthernet0/0
C    192.168.2.0/24 is directly connected, FastEthernet0/1
O* E2 0.0.0.0/0 [110/1] via 192.168.1.2, 00:00:20, FastEthernet0/0
R3#
```

路由器 R3 的路由表中的路由条目"O * E2 0.0.0.0/0 [110/1] via 192.168.1.2, 00:00:20, FastEthernet0/0",是路由器 R2 中的默认路由通过 OSPF 路由协议重分布到路由器 R3 中。

6.13 实验十三:OSPF 认证配置

实验要求 1

构建如图 6.51 所示网络拓扑结构,要求配置路由器 R2 和路由器 R3 之间 OSPF 明文密码认证。该实验在 Packet Tracer 仿真环境下完成。

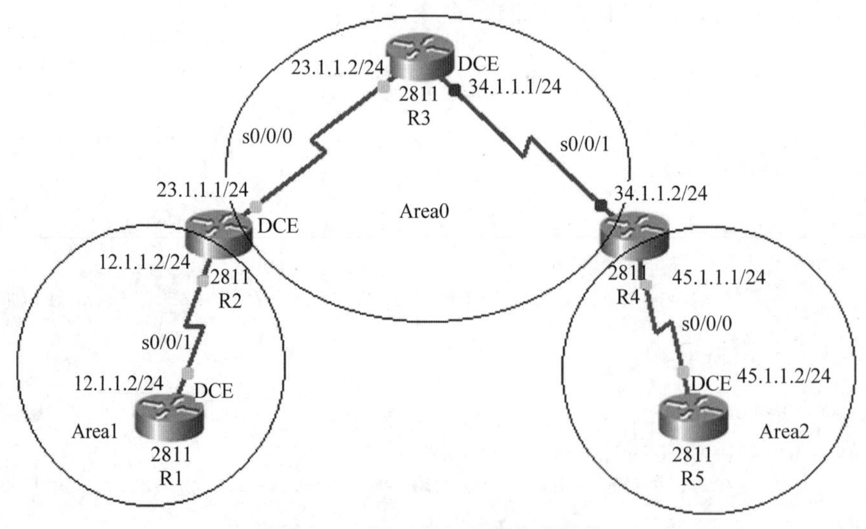

图 6.51 OSPF 认证网络拓扑结构

实验过程

(1) 对网络设备进行基本配置。

首先,对路由器 R2 进行基本配置。

```
R2(config)#interface serial 0/0/0                    //进入路由器 R2 接口 s0/0/0
R2(config-if)#ip address 23.1.1.1 255.255.255.0      //配置 IP 地址
R2(config-if)#no shu                                 //激活
R2(config-if)#clock rate 64000                       //配置时钟频率
```

其次,对路由器 R3 进行基本配置。

```
R3(config)#interface serial 0/0/0                    //进入路由器 R3 接口 s0/0/0
R3(config-if)#ip address 23.1.1.2 255.255.255.0      //配置 IP 地址
R3(config-if)#no shu                                 //激活
R3(config-if)#exit                                   //退出
R3(config)#interface serial 0/0/1                    //进入路由器 R3 接口 s0/0/1
R3(config-if)#ip address 34.1.1.1 255.255.255.0      //配置 IP 地址
R3(config-if)#no shu                                 //激活
R3(config-if)#clock rate 64000                       //配置时钟频率
R3(config-if)#exit                                   //退出
```

第三,对路由器 R4 进行基本配置。

```
R4(config)#interface serial 0/0/1                    //进入路由器 R4 接口 s0/0/1
R4(config-if)#ip address 34.1.1.2 255.255.255.0      //配置 IP 地址
R4(config-if)#no shu                                 //激活
R4(config-if)#exit                                   //退出
```

(2) 配置动态路由协议 OSPF。

首先,配置路由器 R2 的 OSPF 路由协议。

```
R2(config)#router ospf 1                             //路由器启动 OSPF,其进程号为 1
R2(config-router)#network 23.1.1.0 0.0.0.255 area 0
                //OSPF 把当前路由器上位于网络 23.1.1.0/255.255.255.0 的端口加入区域 0
```

其次,配置路由器 R3 的 OSPF 路由协议。

```
R3(config)#router ospf 1                             //路由器启动 OSPF,其进程号为 1
R3(config-router)#network 23.1.1.0 0.0.0.255 area 0
  //OSPF 把当前路由器上位于网络 23.1.1.0/255.255.255.0 的端口加入区域 0
R3(config-router)#network 34.1.1.0 0.0.0.255 area 0
  //OSPF 把当前路由器上位于网络 34.1.1.0/255.255.255.0 的端口加入区域 0
```

第三,配置路由器 R4 的 OSPF 路由协议。

```
R4(config)#router ospf 1                             //路由器启动 OSPF,其进程号为 1
R4(config-router)#network 34.1.1.0 0.0.0.255 area 0
  //OSPF 把当前路由器上位于网络 34.1.1.0/255.255.255.0 的端口加入区域 0
```

(3) 配置 OSPF 明文认证。

在路由器 R2 和路由器 R3 上进行 OSPF 明文认证配置,具体过程如下。

首先,在路由器 R2 上做如下配置,观察 R2 配置完认证,路由器 R3 没有配置认证时的情况。

```
R2(config)#interface serial 0/0/0                    //进入路由器 R2 的端口 s0/0/0
R2(config-if)#ip ospf authentication                 //启用路由器 OSPF 认证功能
R2(config-if)#ip ospf authentication-key cisco       //将认证密码设置为 cisco
```

其次,在路由器 R2 上通过 debug 命令工具可以看到如下信息。

```
R2#debug ip ospf events
OSPF events debugging is on
R2#
00:51:36: OSPF: Rcv pkt from 23.1.1.2, Serial0/0/0 : Mismatch Authentication type.
Input packet specified type 0, we use type 1
```

这里的 type 0 指对方没有启用认证,而我们使用的是 type 1 认证,即明文认证。

第三,在路由器 R3 上通过 debug 调试命令,可以看到如下结果。

```
R3#debug ip ospf events
OSPF events debugging is on
R3#
00:53:58: OSPF: Rcv hello from 34.1.1.2 area 0 from Serial0/0/1 34.1.1.2
00:53:58: OSPF: End of hello processing
00:54:03: OSPF: Rcv pkt from 23.1.1.1, Serial0/0/0 : Mismatch Authentication type.
Input packet specified type 1, we use type 0
```

这里的 type 0 指没有启用认证,而对方使用的是 type 1 认证,即明文认证。

第四,在路由器 R3 上配置认证,使得邻居关系恢复正常,具体配置过程如下。

```
R3(config)#interface serial 0/0/0                    //进入路由器 R3 接口 s0/0/0
R3(config-if)#ip ospf authentication                 //启用路由器 OSPF 认证功能
R3(config-if)#ip ospf authentication-key cisco       //将认证密码设置为 cisco
```

第五,邻居关系恢复过程如下。

```
R3(config-if)#
00:58:43: OSPF: Send DBD to 23.1.1.1 on Serial0/0/0 seq 0x4495 opt 0x00 flag 0x7
len 32
00:58:43: OSPF: Rcv DBD from 23.1.1.1 on Serial0/0/0 seq 0x460b opt 0x00 flag 0x7 len
32 mtu 1500 state EXSTART
00:58:43: OSPF: First DBD and we are not SLAVE
00:58:43: OSPF: Rcv DBD from 23.1.1.1 on Serial0/0/0 seq 0x4495 opt 0x00 flag 0x2 len
92 mtu 1500 state EXSTART
00:58:43: OSPF: NBR Negotiation Done. We are the MASTER
00:58:43: OSPF: Send DBD to 23.1.1.1 on Serial0/0/0 seq 0x4496 opt 0x00 flag 0x3
len 92
00:58:43: OSPF: Rcv DBD from 23.1.1.1 on Serial0/0/0 seq 0x4496 opt 0x00 flag 0x0 len
32 mtu 1500 state EXCHANGE
00:58:43: OSPF: Send DBD to 23.1.1.1 on Serial0/0/0 seq 0x4497 opt 0x00 flag 0x1
len 32
00:58:43: OSPF: Rcv DBD from 23.1.1.1 on Serial0/0/0 seq 0x4497 opt 0x00 flag 0x0 len
```

```
32 mtu 1500 state EXCHANGE
00:58:43: Exchange Done with 23.1.1.1 on Serial0/0/0
00:58:43: Synchronized with with 23.1.1.1 on Serial0/0/0, state FULL
00:58:43: %OSPF-5-ADJCHG: Process 1, Nbr 23.1.1.1 on Serial0/0/0 from LOADING to
FULL, Loading Done
```

邻居关系恢复正常。

实验要求 2

构建如图 6.51 所示网络拓扑结构，要求配置路由器 R3 和路由器 R4 串行链路进行 OSPF 的 MD5 认证过程。该实验在 Packet Tracer 仿真环境下完成。

实验过程

对网络设备进行基本配置以及配置动态路由协议 OSPF 的过程见实验要求 1。接下来配置路由器 R3 和路由器 R4 串行链路，进行 OSPF 的 MD5 认证过程如下。

(1) 配置路由器 R3。

```
R3(config)#interface serial 0/0/1                          //进入路由器 R3 的端口 s0/0/1
R3(config-if)#ip ospf authentication message-digest
                                              //启用路由器 OSPF 认证功能，并定义认证类型为 MD5
R3(config-if)#ip ospf message-digest-key 1 md5 cisco    //设置 MD5 密码为 cisco
```

(2) 路由器 R4 通过 debug 调试，显示结果如下。

```
R4#debug ip ospf events
OSPF events debugging is on
R4#
01:10:04: OSPF: Rcv pkt from 34.1.1.1, Serial0/0/1 : Mismatch Authentication type.
Input packet specified type 2, we use type 0
```

结果表明，对方采用 type 2 MD5 加密认证，而本身没有采用认证，即 type 0。

(3) 路由器 R3 通过 debug 调试，显示结果如下。

```
R3#debug ip ospf events
OSPF events debugging is on
R3#
01:12:53: OSPF: Rcv hello from 23.1.1.1 area 0 from Serial0/0/0 23.1.1.1
01:12:53: OSPF: End of hello processing
01:12:58: OSPF: Rcv pkt from 34.1.1.2, Serial0/0/1 : Mismatch Authentication type.
Input packet specified type 0, we use type 2
```

结果表明，对方认证类型为 type 0，即没有认证，而我们本身使用认证类型为 type 2，即 MD5 加密认证。

(4) 配置路由器 R4，使其动态路由协议 OSPF 采用 MD5 进行认证。

```
R4(config)#interface serial 0/0/1                          //进入路由器 R4 的端口 s0/0/1
R4(config-if)#ip ospf authentication message-digest
                                              //启用路由器 OSPF 认证功能，并定义认证类型为 MD5
R4(config-if)#ip ospf message-digest-key 1 md5 cisco    //设置 MD5 密码为 cisco
```

```
R4(config-if)#
01:26:54: %OSPF-5-ADJCHG: Process 1, Nbr 34.1.1.1 on Serial0/0/1 from LOADING to
FULL, Loading Done
```

路由器 R4 配置完 MD5 认证后,邻居关系恢复正常。网络通信恢复正常状态。

实验要求 3

构建如图 6.51 所示网络拓扑结构,要求在 Area1 上配置区域认证。该实验在 Packet Tracer 仿真环境下完成。

实验过程

对网络设备进行基本配置以及配置动态路由协议 OSPF 的过程见实验要求 1。接下来在 Area1 上配置区域认证过程,具体如下。

(1) 在路由器上进行基本配置。

首先,在路由器 R1 上做如下配置。

```
R1(config)#interface serial 0/0/1                    //进入路由器 R1 的端口 s0/0/1
R1(config-if)#ip address 12.1.1.1 255.255.255.0      //配置 IP 地址
R1(config-if)#no shu                                 //激活
R1(config-if)#clock rate 64000                       //配置时钟频率
```

其次,在路由器 R2 上做如下配置。

```
R2(config)#interface serial 0/0/1                    //进入路由器 R2 的端口 s0/0/1
R2(config-if)#ip address 12.1.1.2 255.255.255.0      //配置 IP 地址
R2(config-if)#no shu                                 //激活
```

(2) 启动动态路由协议。

首先,路由器 R1 启动 OSPF 路由协议。

```
R1(config)#router ospf 1                             //路由器启动 OSPF,其进程号为 1
R1(config-router)#network 12.1.1.0 0.0.0.255 area 1
    //OSPF 把当前路由器上位于网络 12.1.1.0/255.255.255.0 的端口加入区域 1
R1(config-router)#
```

其次,路由器 R2 启动 OSPF 路由协议。

```
R2(config)#router ospf 1                             //路由器启动 OSPF,其进程号为 1
R2(config-router)#network 12.1.1.0 0.0.0.255 area 1
    //OSPF 把当前路由器上位于网络 12.1.1.0/255.255.255.0 的端口加入区域 1
R2(config-router)#
```

第三,查看邻居情况如下。

```
R1#show ip ospf neighbor
Neighbor ID  Pri  State      Dead Time  Address    Interface
23.1.1.1      0   FULL/  -   00:00:36   12.1.1.2   Serial0/0/1
R1#
```

(3) 配置区域明文密码认证。

首先,配置路由器 R1。

```
R1(config)#router ospf 1                           //路由器启动 OSPF,其进程号为 1
R1(config-router)#area 1 authentication            //配置区域认证
R1(config-router)#exit                             //退出
R1(config)#interface serial 0/0/1                  //进入路由器 R1 的端口 s0/0/1
R1(config-if)#ip ospf authentication-key cisco     //配置认证密码为 cisco
R1#debug ip ospf events
OSPF events debugging is on
R1#
01:49:30: OSPF: Rcv pkt from 12.1.1.2, Serial0/0/1 : Mismatch Authentication type.
Input packet specified type 0, we use type 1
```

这里的 type 0 指对方没有启用认证,而我们使用的是 type 1 认证,即明文认证。

其次,配置路由器 R2 明文密码认证。

```
R2(config)#router ospf 1                           //路由器启动 OSPF,其进程号为 1
R2(config-router)#area 1 authentication            //配置区域认证
R2(config-router)#exit                             //退出
R2(config)#interface serial 0/0/1                  //进入路由器 R2 的端口 s0/0/1
R2(config-if)#ip ospf authentication-key cisco     //配置认证密码为 cisco
R2(config-if)#
02:13:26: %OSPF-5-ADJCHG: Process 1, Nbr 12.1.1.1 on Serial0/0/1 from LOADING to
FULL, Loading Done
```

邻居关系恢复正常。

实验要求 4

构建如图 6.51 所示网络拓扑结构,要求配置区域加密 MD5 认证过程。该实验在 Packet Tracer 仿真环境下完成。

实验过程

对网络设备进行基本配置以及配置动态路由协议 OSPF 的过程见实验要求 1。接下来在 Area1 上配置区域加密 MD5 认证过程,具体如下。

(1) 配置路由器 R1。

```
R1(config)#router ospf 1                                   //路由器启动 OSPF,其进程号为 1
R1(config-router)#area 1 authentication message-digest    //配置区域 MD5 认证
R1(config-router)#exit                                     //退出
R1(config)#interface serial 0/0/1                          //进入路由器 R1 串口 s0/0/1
R1(config-if)#ip ospf message-digest-key 1 md5 cisco//配置认证密码为 cisco
01:57:00: %OSPF-5-ADJCHG: Process 1, Nbr 23.1.1.1 on Serial0/0/1 from FULL to
DOWN, Neighbor Down: Dead timer expired
```

邻居关系丢失。

(2) 配置路由器 R2。

```
R2(config)#router ospf 1                                   //路由器启动 OSPF,其进程号为 1
R2(config-router)#area 1 authentication message-digest    //配置区域 MD5 认证
R2(config-router)#exit                                     //退出
```

```
R2(config)#interface serial 0/0/1                    //进入路由器 R2 端口 s0/0/1
R2(config-if)#ip ospf message-digest-key 1 md5 cisco//配置 MD5 认证密码为 cisco
R2(config-if)#
02:20:57: %OSPF-5-ADJCHG: Process 1, Nbr 12.1.1.1 on Serial0/0/1 from LOADING to
FULL, Loading Done
```

邻居关系恢复正常,网络通信恢复正常。

6.14 实验十四:EIGRP 基本路由配置

1. EIGRP 基本配置 1

实验要求

构建如图 6.52 所示的网络拓扑结构,构建该网络拓扑结构时需要为路由器插入串口模块,网络设备的 IP 地址规划见表 6.5,要求通过动态路由协议 EIGRP 实现网络互联互通。该实验在 Packet Tracer 仿真环境下完成。

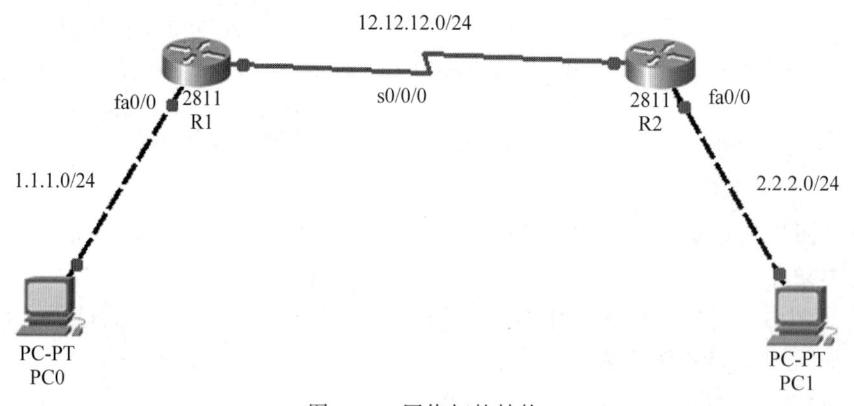

图 6.52 网络拓扑结构

表 6.5 IP 地址规划

设备	接口	IP 地址	子网掩码	默认网关
R1	fa0/0	1.1.1.1	255.255.255.0	
	s0/0/0	12.12.12.1	255.255.255.0	
R2	fa0/0	2.2.2.1	255.255.255.0	
	s0/0/0	12.12.12.2	255.255.255.0	
PC0	网卡	1.1.1.100	255.255.255.0	1.1.1.1
PC1	网卡	2.2.2.100	255.255.255.0	2.2.2.1

实验过程

(1) 对网络设备进行基本配置。

首先,配置路由器 R1。

```
Router>en                                            //进入特权模式
```

```
Router#config t                                  //进入全局配置模式
Router(config)#hostname R1                       //为路由器命名
R1(config)#interface fastEthernet 0/0            //进入路由器端口 fa0/0
R1(config-if)#ip address 1.1.1.1 255.255.255.0  //配置 IP 地址
R1(config-if)#no shu                             //激活
R1(config-if)#exit                               //退出
R1(config)#interface serial 0/0/0                //进入路由器端口 s0/0/0
R1(config-if)#ip address 12.12.12.1 255.255.255.0 //配置 IP 地址
R1(config-if)#no shu                             //激活
R1(config-if)#clock rate 6                       钟频率
R1(config-if)#exit
R1(config)#
```

其次，配置路由器 R2。

```
Router>                                          式
Router>en                                        权模式
Router#config t                                  全局配置模式
Router(config)#hostnam                           由器命名
R2(config)#interface f                           路由器端口 fa0/0
R2(config-if)#ip addr                            IP 地址
R2(config-if)#no shu
R2(config-if)#exit                               出
R2(config)#interface                             入路由器端口 s0/0/0
R2(config-if)#ip add                             置 IP 地址
R2(config-if)#no sh                              激活
R2(config-if)#exit                               退出
R2(config)#
```

第三，配置计算机 P

配置计算机 PC0 的

配置计算机 PC1 的

(2) 为路由器启用

首先，路由器 R1

```
R1(config)#rout                                  启用 EIGRP 路由协议
R1(config-route                                  将 1.0.0.0 网络端口加入 EIGRP
R1(config-rout                                   将 12.0.0.0 网络端口加入 EIGRP
R1(config-rout                                   退出
R1(config)#
```

其次，路由器 R2 启用动态路由协议 EIGRP。

```
R2(config)#router eigrp 1                        //启用 EIGRP 路由协议
R2(config-router)#network 12.0.0.0               //将 12.0.0.0 网络端口加入 EIGRP
R2(config-router)#network 2.0.0.0                //将 2.0.0.0 网络端口加入 EIGRP
```

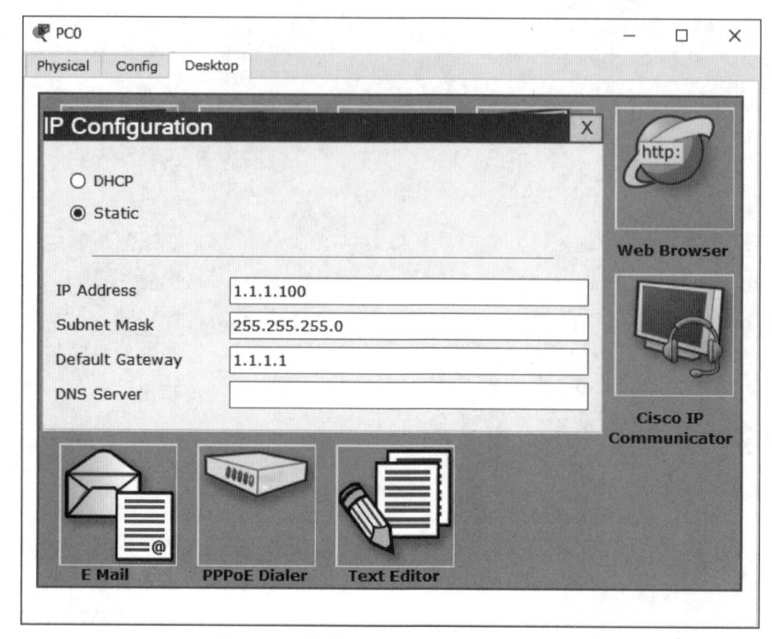

图 6.53　计算机 PC0 网络参数配置

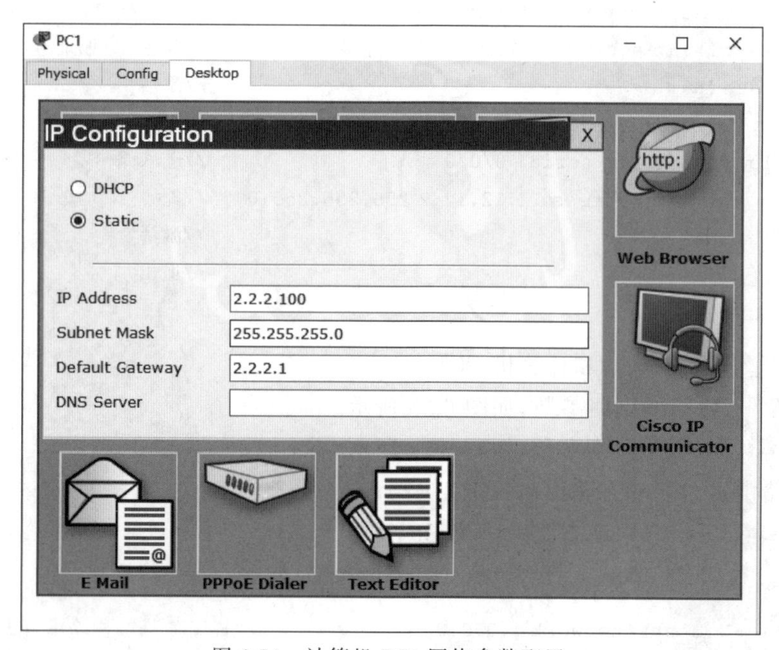

图 6.54　计算机 PC1 网络参数配置

```
R2(config-router)#exit                                //退出
R2(config)#
```

在配置路由器动态路由协议 EIGRP 时,还可以使用 network 命令进行更具体的配置,将 wildcard-mask 与 network 命令一起使用,以包括 EIGRP AS 中的特定端口。路由器 R1 和路由器 R2 的配置分别如下。

```
R1(config-router)#network 1.1.1.0 0.0.0.255
                                        //将路由器 R1 的 1.1.1.0/24 端口加入 EIGRP
R1(config-router)#network 12.12.12.0 0.0.0.255
                                        //将路由器 R1 的 12.12.12.0/24 端口加入 EIGRP
R2(config-router)#network 12.12.12.0 0.0.0.255
                                        //将路由器 R2 的 12.12.12.0/24 端口加入 EIGRP
R2(config-router)#network 2.2.2.0 0.0.0.255
                                        //将路由器 R2 的 2.2.2.0/24 端口加入 EIGRP
```

（3）查看路由表。

路由器 R1 的路由表如图 6.55 所示。

```
R2(config)#exit

%SYS-5-CONFIG_I: Configured from console by console
R2#show ip route
Codes: C - connected, S - static, I - IGRP, R - RIP, M - mobile, B - BGP
       D - EIGRP, EX - EIGRP external, O - OSPF, IA - OSPF inter area
       N1 - OSPF NSSA external type 1, N2 - OSPF NSSA external type 2
       E1 - OSPF external type 1, E2 - OSPF external type 2, E - EGP
       i - IS-IS, L1 - IS-IS level-1, L2 - IS-IS level-2, ia - IS-IS inter area
       * - candidate default, U - per-user static route, o - ODR
       P - periodic downloaded static route

Gateway of last resort is not set

D    1.0.0.0/8 [90/2172416] via 12.12.12.1, 00:12:54, Serial0/0/0
     2.0.0.0/8 is variably subnetted, 2 subnets, 2 masks
D       2.0.0.0/8 is a summary, 00:12:48, Null0
C       2.2.2.0/24 is directly connected, FastEthernet0/0
     12.0.0.0/8 is variably subnetted, 2 subnets, 2 masks
D       12.0.0.0/8 is a summary, 00:12:48, Null0
C       12.12.12.0/24 is directly connected, Serial0/0/0
R2#
```

图 6.55　路由器 R1 的路由表

路由器 R2 的路由表如图 6.56 所示。

```
R2(config)#exit

%SYS-5-CONFIG_I: Configured from console by console
R2#show ip route
Codes: C - connected, S - static, I - IGRP, R - RIP, M - mobile, B - BGP
       D - EIGRP, EX - EIGRP external, O - OSPF, IA - OSPF inter area
       N1 - OSPF NSSA external type 1, N2 - OSPF NSSA external type 2
       E1 - OSPF external type 1, E2 - OSPF external type 2, E - EGP
       i - IS-IS, L1 - IS-IS level-1, L2 - IS-IS level-2, ia - IS-IS inter area
       * - candidate default, U - per-user static route, o - ODR
       P - periodic downloaded static route

Gateway of last resort is not set

D    1.0.0.0/8 [90/2172416] via 12.12.12.1, 00:12:54, Serial0/0/0
     2.0.0.0/8 is variably subnetted, 2 subnets, 2 masks
D       2.0.0.0/8 is a summary, 00:12:48, Null0
C       2.2.2.0/24 is directly connected, FastEthernet0/0
     12.0.0.0/8 is variably subnetted, 2 subnets, 2 masks
D       12.0.0.0/8 is a summary, 00:12:48, Null0
C       12.12.12.0/24 is directly connected, Serial0/0/0
R2#
```

图 6.56　路由器 R2 的路由表

（4）测试网络连通性。

测试网络连通性如图 6.57 所示。结果表明，网络是连通的。

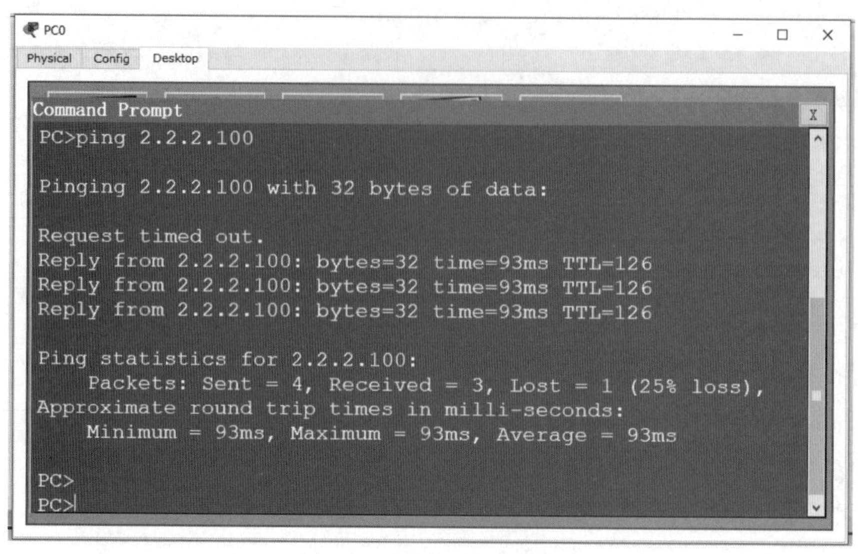

图 6.57　测试网络连通性

2. EIGRP 基本配置 2

实验要求

构建如图 6.58 所示的网络拓扑结构，构建该网络拓扑结构时需要为路由器插入串口模块，网络设备的 IP 地址规划见表 6.6，要求通过动态路由协议 EIGRP 实现网络互联互通。该实验在 Packet Tracer 仿真环境下完成。

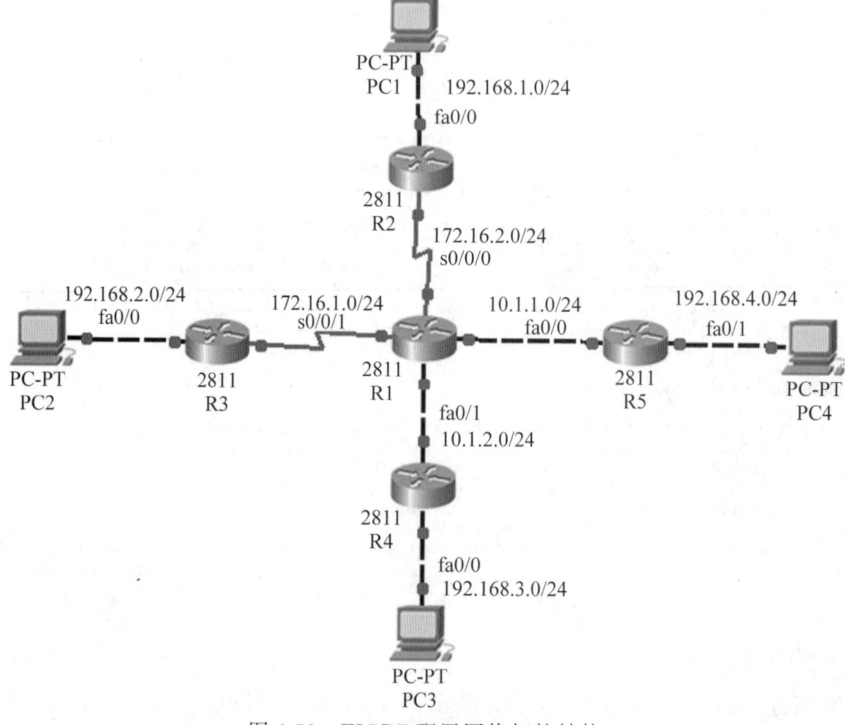

图 6.58　EIGRP 配置网络拓扑结构

表 6.6　IP 地址规划

设　备	接　　口	IP 地址	子 网 掩 码	默 认 网 关
R1	fa0/0	10.1.1.1	255.255.255.0	
	fa0/1	10.1.2.1	255.255.255.0	
	s0/0/0	172.16.2.1	255.255.255.0	
	s0/0/1	172.16.1.1	255.255.255.0	
R2	fa0/0	172.16.2.2	255.255.255.0	
	s0/0/0	192.168.1.1	255.255.255.0	
R3	fa0/0	192.168.2.1	255.255.255.0	
	s0/0/0	172.16.1.2	255.255.255.0	
R4	fa0/0	192.168.3.1	255.255.255.0	
	fa0/1	10.1.2.2	255.255.255.0	
R5	fa0/0	10.1.1.2	255.255.255.0	
	fa0/1	192.168.4.1	255.255.255.0	
PC1	网卡	192.168.1.100	255.255.255.0	192.168.1.1
PC2	网卡	192.168.2.100	255.255.255.0	192.168.2.1
PC3	网卡	192.168.3.100	255.255.255.0	192.168.3.1
PC4	网卡	192.168.4.100	255.255.255.0	192.168.4.1

实验过程

(1) 对网络设备进行基本配置。

首先,配置路由器 R1。

```
Router>en                                               //进入特权模式
Router#config t                                         //进入全局配置模式
Router(config)#hostname R1                              //为路由器命名
R1(config)#interface serial 0/0/0                       //进入路由器端口 s0/0/0
R1(config-if)#ip address 172.16.2.1 255.255.255.0       //配置 IP 地址
R1(config-if)#no shu                                    //激活
R1(config-if)#exit                                      //退出
R1(config)#interface serial 0/0/1                       //进入路由器端口 s0/0/1
R1(config-if)#ip address 172.16.1.1 255.255.255.0       //配置 IP 地址
R1(config-if)#no shu                                    //激活
R1(config-if)#exit                                      //退出
R1(config)#interface fastEthernet 0/0                   //进入路由器端口 fa0/0
R1(config-if)#ip address 10.1.1.1 255.255.255.0         //配置 IP 地址
R1(config-if)#no shu                                    //激活
R1(config-if)#exit                                      //退出
R1(config)#interface fastEthernet 0/1                   //进入路由器端口 fa0/1
```

```
R1(config-if)#ip address 10.1.2.1 255.255.255.0         //配置 IP 地址
R1(config-if)#no shu                                      //激活
R1(config-if)#exit                                        //退出
R1(config)#
```

其次,配置路由器 R2。

```
Router>en                                                 //进入特权模式
Router#config t                                           //进入全局配置模式
Router(config)#hostname R2                                //为路由器命名
R2(config)#interface fastEthernet 0/0                     //进入路由器端口 fa0/0
R2(config-if)#ip address 192.168.1.1 255.255.255.0       //配置 IP 地址
R2(config-if)#no shu                                      //激活
R2(config-if)#exit                                        //退出
R2(config)#interface serial 0/0/0                         //进入路由器端口 s0/0/0
R2(config-if)#ip address 172.16.2.2 255.255.255.0        //配置 IP 地址
R2(config-if)#no shu                                      //激活
R2(config-if)#clock rate 64000                            //配置时钟频率
R2(config-if)#exit                                        //退出
R2(config)#
```

第三,配置路由器 R3。

```
Router>en                                                 //进入特权模式
Router#config t                                           //进入全局配置模式
Router(config)#hostname R3                                //为路由器命名
R3(config)#interface serial 0/0/1                         //进入路由器端口 s0/0/1
R3(config-if)#ip address 172.16.1.2 255.255.255.0        //配置 IP 地址
R3(config-if)#no shu                                      //激活
R3(config-if)#clock rate 64000                            //配置时钟频率
R3(config-if)#exit                                        //退出
R3(config)#interface fastEthernet 0/0                     //进入路由器端口 fa0/0
R3(config-if)#ip address 192.168.2.1 255.255.255.0       //配置 IP 地址
R3(config-if)#no shu                                      //激活
R3(config-if)#exit                                        //退出
R3(config)#
```

第四,配置路由器 R4。

```
Router>en                                                 //进入特权模式
Router#config t                                           //进入全局配置模式
Router(config)#hostname R4                                //为路由器命名
R4(config)#interface fastEthernet 0/1                     //进入路由器端口 fa0/1
R4(config-if)#ip address 10.1.2.2 255.255.255.0          //配置 IP 地址
R4(config-if)#no shu                                      //激活
R4(config-if)#exit                                        //退出
R4(config)#interface fastEthernet 0/0                     //进入路由器端口 fa0/0
R4(config-if)#ip address 192.168.3.1 255.255.255.0       //配置 IP 地址
```

```
R4(config-if)#no shu                                //激活
R4(config-if)#exit                                  //退出
R4(config)#
```

第五,配置路由器 R5。

```
Router>en                                           //进入特权模式
Router#config t                                     //进入全局配置模式
Router(config)#hostname R5                          //为路由器命名
R5(config)#interface fastEthernet 0/0               //进入路由器端口 fa0/0
R5(config-if)#ip address 10.1.1.2 255.255.255.0     //配置 IP 地址
R5(config-if)#no shu                                //激活
R5(config-if)#exit                                  //退出
R5(config)#interface fastEthernet 0/1               //进入路由器端口 fa0/1
R5(config-if)#ip address 192.168.4.1 255.255.255.0  //配置 IP 地址
R5(config-if)#no shu                                //激活
R5(config-if)#exit                                  //退出
R5(config)#
```

第六,为计算机配置网络参数。

计算机 PC1 网络参数配置如图 6.59 所示。

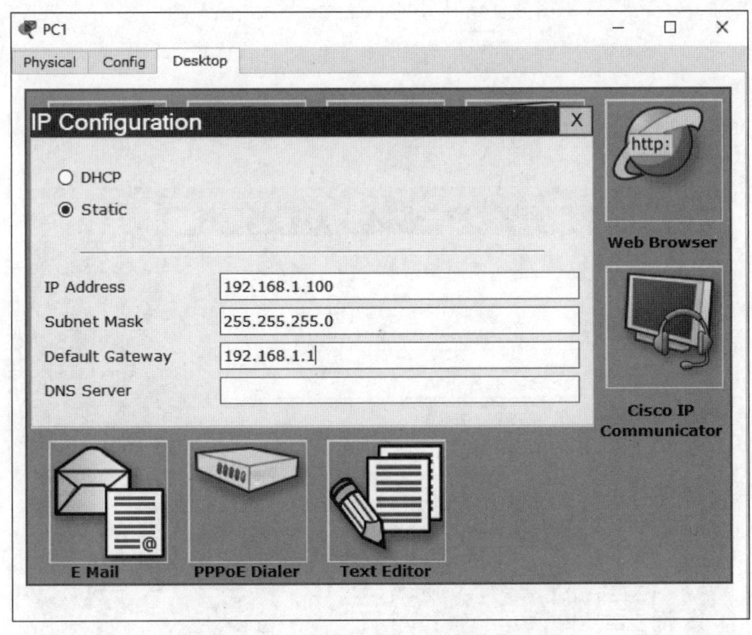

图 6.59 计算机 PC1 网络参数配置

计算机 PC2 网络参数配置如图 6.60 所示。

计算机 PC3 网络参数配置如图 6.61 所示。

计算机 PC4 网络参数配置如图 6.62 所示。

(2) 为路由器启用动态路由协议 EIGRP。

首先,路由器 R1 启用动态路由协议 EIGRP。

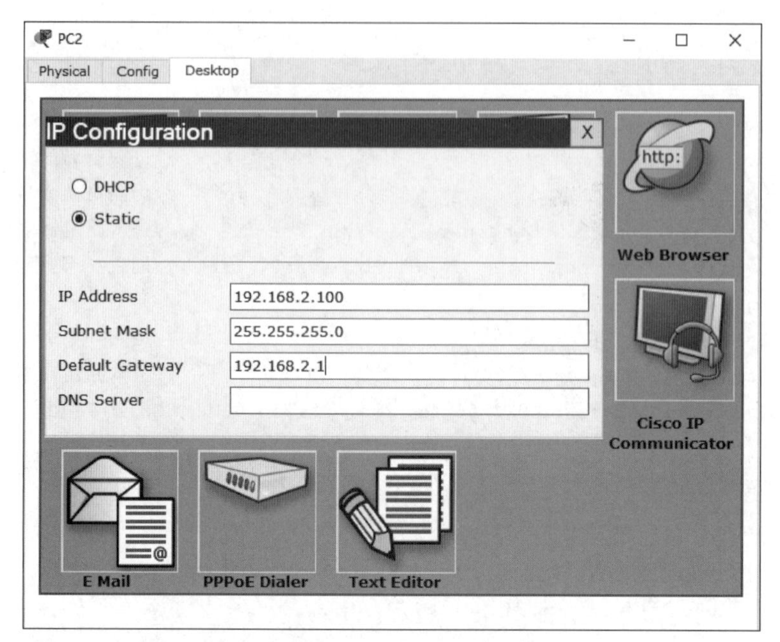

图 6.60　计算机 PC2 网络参数配置

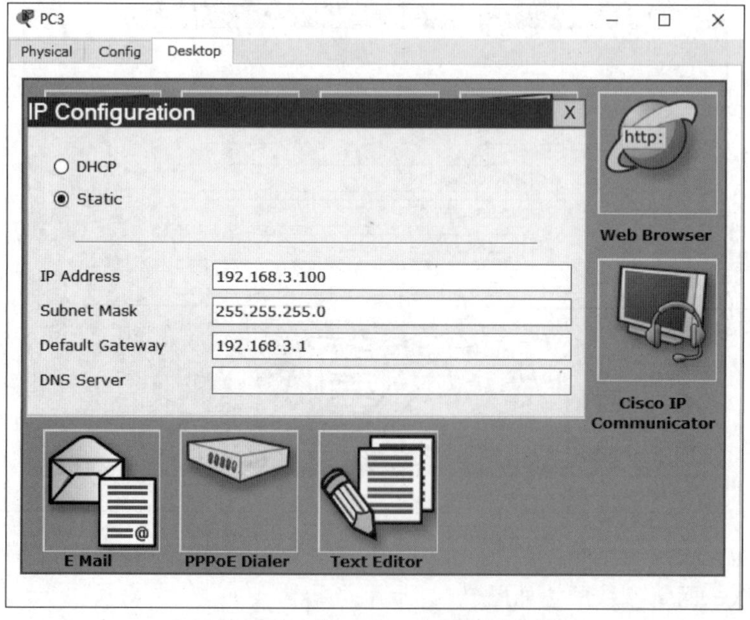

图 6.61　计算机 PC3 网络参数配置

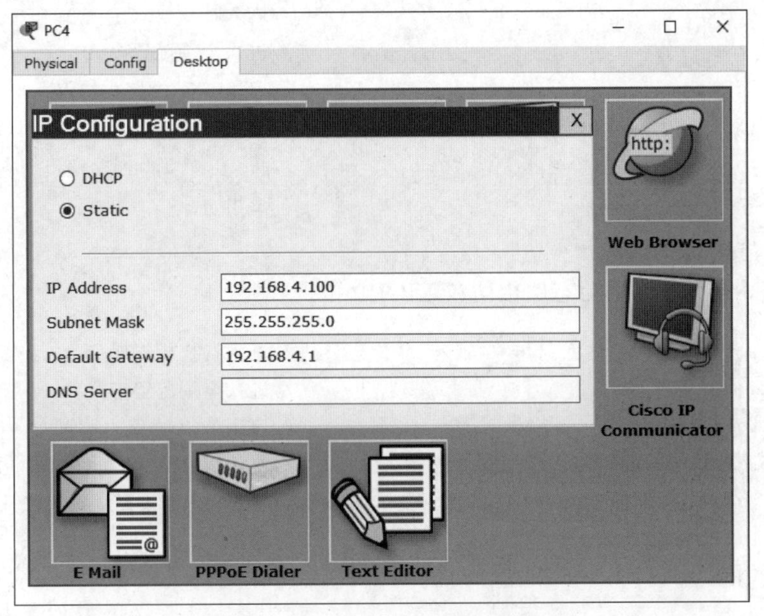

图 6.62　计算机 PC4 网络参数配置

```
R1(config)#router eigrp 100                    //启用 EIGRP 路由协议
R1(config-router)#network 172.16.0.0           //将 172.16.0.0 网络端口加入 EIGRP
R1(config-router)#network 10.0.0.0             //将 10.0.0.0 网络端口加入 EIGRP
R1(config-router)#exit                         //退出
R1(config)#
```

其次，路由器 R2 启用动态路由协议 EIGRP。

```
R2>en                                          //进入特权模式
R2#config t                                    //进入全局配置模式
R2(config)#router eigrp 100                    //启用 EIGRP 路由协议
R2(config-router)#network 192.168.1.0          //将 192.168.1.0 网络端口加入 EIGRP
R2(config-router)#network 172.16.0.0           //将 172.16.0.0 网络端口加入 EIGRP
R2(config-router)#exit                         //退出
R2(config)#
```

第三，路由器 R3 启用动态路由协议 EIGRP。

```
R3>en                                          //进入特权模式
R3#config t                                    //进入全局配置模式
R3(config)#router eigrp 100                    //启用 EIGRP 路由协议
R3(config-router)#network 192.168.2.0          //将 192.168.2.0 网络端口加入 EIGRP
R3(config-router)#network 172.16.0.0           //将 172.16.0.0 网络端口加入 EIGRP
R3(config-router)#exit                         //退出
R3(config)#
```

第四，路由器 R4 启用动态路由协议 EIGRP。

```
R4>en                                    //进入特权模式
R4#config t                              //进入全局配置模式
R4(config)#router eigrp 100              //启用 EIGRP 路由协议
R4(config-router)#network 192.168.3.0    //将 192.168.3.0 网络端口加入 EIGRP
R4(config-router)#network 10.0.0.0       //将 10.0.0.0 网络端口加入 EIGRP
R4(config-router)#exit                   //退出
R4(config)#
```

第五,路由器 R5 启用动态路由协议 EIGRP。

```
R5>en                                    //进入特权模式
R5#config t                              //进入全局配置模式
R5(config)#router eigrp 100              //启用 EIGRP 路由协议
R5(config-router)#network 192.168.4.0    //将 192.168.4.0 网络端口加入 EIGRP
R5(config-router)#network 10.0.0.0       //将 10.0.0.0 网络端口加入 EIGRP
R5(config-router)#exit                   //退出
R5(config)#
```

在配置路由器动态路由协议 EIGRP 时,还可以使用 network 命令进行更具体的配置,通过包含子网掩码值以包括 EIGRP AS 中的特定接口。如对路由器 R1 可以进行如下配置。

```
R1(config)#router eigrp 100                          //启用 EIGRP 路由协议
R1(config-router)#network 172.16.1.0 0.0.0.255//将 172.16.1.0/24 网络端口加入 EIGRP
R1(config-router)#network 172.16.2.0 0.0.0.255//将 172.16.2.0/24 网络端口加入 EIGRP
R1(config-router)#network 10.1.1.0 0.0.0.255   //将 10.1.1.0/24 网络端口加入 EIGRP
R1(config-router)#network 10.1.2.0 0.0.0.255//将 10.1.2.0 网络端口加入 EIGRP
R1(config-router)#
```

这两种方法在实践中都可以使用,建议使用后者;特别是在路由器上可能正在运行多种路由选择协议(如 EIGRP 和 OSPF),并且只想在每个路由选择协议中包括某些有类地址的子网情况下。

(3) 查看路由表。

路由器 R1 的路由表如图 6.63 所示。

路由器 R2 的路由表如图 6.64 所示。

路由器 R3 的路由表如图 6.65 所示。

路由器 R4 的路由表如图 6.66 所示。

路由器 R5 的路由表如图 6.67 所示。

(4) 测试网络连通性。

从计算机 PC1 ping 测试计算机 PC3,如图 6.68 所示,结果表明网络是连通的。

```
R1
Physical  Config  CLI
IOS Command Line Interface

R1#show ip route
Codes: C - connected, S - static, I - IGRP, R - RIP, M - mobile, B - BGP
       D - EIGRP, EX - EIGRP external, O - OSPF, IA - OSPF inter area
       N1 - OSPF NSSA external type 1, N2 - OSPF NSSA external type 2
       E1 - OSPF external type 1, E2 - OSPF external type 2, E - EGP
       i - IS-IS, L1 - IS-IS level-1, L2 - IS-IS level-2, ia - IS-IS inter area
       * - candidate default, U - per-user static route, o - ODR
       P - periodic downloaded static route

Gateway of last resort is not set

     10.0.0.0/8 is variably subnetted, 3 subnets, 2 masks
D       10.0.0.0/8 is a summary, 00:08:46, Null0
C       10.1.1.0/24 is directly connected, FastEthernet0/0
C       10.1.2.0/24 is directly connected, FastEthernet0/1
     172.16.0.0/16 is variably subnetted, 3 subnets, 2 masks
D       172.16.0.0/16 is a summary, 00:08:46, Null0
C       172.16.1.0/24 is directly connected, Serial0/0/1
C       172.16.2.0/24 is directly connected, Serial0/0/0
D    192.168.1.0/24 [90/2172416] via 172.16.2.2, 00:08:19, Serial0/0/0
D    192.168.2.0/24 [90/2172416] via 172.16.1.2, 00:06:56, Serial0/0/1
D    192.168.3.0/24 [90/30720] via 10.1.2.2, 00:05:49, FastEthernet0/1
D    192.168.4.0/24 [90/30720] via 10.1.1.2, 00:04:50, FastEthernet0/0
R1#
```

图 6.63　路由器 R1 的路由表

```
R2
Physical  Config  CLI
IOS Command Line Interface

R2>en
R2#show ip route
Codes: C - connected, S - static, I - IGRP, R - RIP, M - mobile, B - BGP
       D - EIGRP, EX - EIGRP external, O - OSPF, IA - OSPF inter area
       N1 - OSPF NSSA external type 1, N2 - OSPF NSSA external type 2
       E1 - OSPF external type 1, E2 - OSPF external type 2, E - EGP
       i - IS-IS, L1 - IS-IS level-1, L2 - IS-IS level-2, ia - IS-IS inter area
       * - candidate default, U - per-user static route, o - ODR
       P - periodic downloaded static route

Gateway of last resort is not set

D    10.0.0.0/8 [90/2172416] via 172.16.2.1, 00:10:53, Serial0/0/0
     172.16.0.0/16 is variably subnetted, 3 subnets, 2 masks
D       172.16.0.0/16 is a summary, 00:10:53, Null0
D       172.16.1.0/24 [90/2681856] via 172.16.2.1, 00:10:53, Serial0/0/0
C       172.16.2.0/24 is directly connected, Serial0/0/0
C    192.168.1.0/24 is directly connected, FastEthernet0/0
D    192.168.2.0/24 [90/2684416] via 172.16.2.1, 00:09:31, Serial0/0/0
D    192.168.3.0/24 [90/2174976] via 172.16.2.1, 00:08:23, Serial0/0/0
D    192.168.4.0/24 [90/2174976] via 172.16.2.1, 00:07:24, Serial0/0/0
R2#
```

图 6.64　路由器 R2 的路由表

R3

Physical Config CLI

IOS Command Line Interface

```
R3>en
R3#show ip route
Codes: C - connected, S - static, I - IGRP, R - RIP, M - mobile, B - BGP
       D - EIGRP, EX - EIGRP external, O - OSPF, IA - OSPF inter area
       N1 - OSPF NSSA external type 1, N2 - OSPF NSSA external type 2
       E1 - OSPF external type 1, E2 - OSPF external type 2, E - EGP
       i - IS-IS, L1 - IS-IS level-1, L2 - IS-IS level-2, ia - IS-IS inter area
       * - candidate default, U - per-user static route, o - ODR
       P - periodic downloaded static route

Gateway of last resort is not set

D    10.0.0.0/8 [90/2172416] via 172.16.1.1, 00:10:18, Serial0/0/1
     172.16.0.0/16 is variably subnetted, 3 subnets, 2 masks
D       172.16.0.0/16 is a summary, 00:10:18, Null0
C       172.16.1.0/24 is directly connected, Serial0/0/1
D       172.16.2.0/24 [90/2681856] via 172.16.1.1, 00:10:18, Serial0/0/1
D    192.168.1.0/24 [90/2684416] via 172.16.1.1, 00:10:18, Serial0/0/1
C    192.168.2.0/24 is directly connected, FastEthernet0/0
D    192.168.3.0/24 [90/2174976] via 172.16.1.1, 00:09:10, Serial0/0/1
D    192.168.4.0/24 [90/2174976] via 172.16.1.1, 00:08:12, Serial0/0/1
R3#
```

图 6.65　路由器 R3 的路由表

R4

Physical Config CLI

IOS Command Line Interface

```
R4(config)#exit

%SYS-5-CONFIG_I: Configured from console by console
R4#show ip route
Codes: C - connected, S - static, I - IGRP, R - RIP, M - mobile, B - BGP
       D - EIGRP, EX - EIGRP external, O - OSPF, IA - OSPF inter area
       N1 - OSPF NSSA external type 1, N2 - OSPF NSSA external type 2
       E1 - OSPF external type 1, E2 - OSPF external type 2, E - EGP
       i - IS-IS, L1 - IS-IS level-1, L2 - IS-IS level-2, ia - IS-IS inter area
       * - candidate default, U - per-user static route, o - ODR
       P - periodic downloaded static route

Gateway of last resort is not set

     10.0.0.0/8 is variably subnetted, 3 subnets, 2 masks
D       10.0.0.0/8 is a summary, 00:09:52, Null0
D       10.1.1.0/24 [90/30720] via 10.1.2.1, 00:09:51, FastEthernet0/1
C       10.1.2.0/24 is directly connected, FastEthernet0/1
D    172.16.0.0/16 [90/2172416] via 10.1.2.1, 00:09:51, FastEthernet0/1
D    192.168.1.0/24 [90/2174976] via 10.1.2.1, 00:09:51, FastEthernet0/1
D    192.168.2.0/24 [90/2174976] via 10.1.2.1, 00:09:51, FastEthernet0/1
C    192.168.3.0/24 is directly connected, FastEthernet0/0
D    192.168.4.0/24 [90/33280] via 10.1.2.1, 00:08:52, FastEthernet0/1
R4#
```

图 6.66　路由器 R4 的路由表

```
R5
Physical  Config  CLI
IOS Command Line Interface
R5(config)#exit

%SYS-5-CONFIG_I: Configured from console by console
R5#show ip route
Codes: C - connected, S - static, I - IGRP, R - RIP, M - mobile, B - BGP
       D - EIGRP, EX - EIGRP external, O - OSPF, IA - OSPF inter area
       N1 - OSPF NSSA external type 1, N2 - OSPF NSSA external type 2
       E1 - OSPF external type 1, E2 - OSPF external type 2, E - EGP
       i - IS-IS, L1 - IS-IS level-1, L2 - IS-IS level-2, ia - IS-IS inter area
       * - candidate default, U - per-user static route, o - ODR
       P - periodic downloaded static route

Gateway of last resort is not set

     10.0.0.0/8 is variably subnetted, 3 subnets, 2 masks
D       10.0.0.0/8 is a summary, 00:14:24, Null0
C       10.1.1.0/24 is directly connected, FastEthernet0/0
D       10.1.2.0/24 [90/30720] via 10.1.1.1, 00:14:23, FastEthernet0/0
D    172.16.0.0/16 [90/2172416] via 10.1.1.1, 00:14:23, FastEthernet0/0
D    192.168.1.0/24 [90/2174976] via 10.1.1.1, 00:14:23, FastEthernet0/0
D    192.168.2.0/24 [90/2174976] via 10.1.1.1, 00:14:23, FastEthernet0/0
D    192.168.3.0/24 [90/33280] via 10.1.1.1, 00:14:23, FastEthernet0/0
C    192.168.4.0/24 is directly connected, FastEthernet0/1
R5#
```

图 6.67　路由器 R5 的路由表

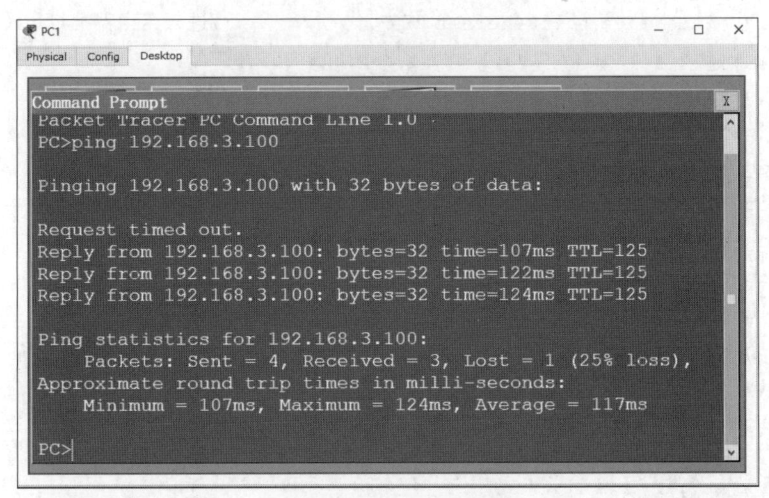

图 6.68　测试网络连通性

6.15　实验十五：配置 EIGRP 负载均衡

实验要求 1

构建如图 6.69 所示的网络拓扑结构，配置网络要求实现 EIGRP 等价负载均衡。该实验在 Packet Tracer 仿真环境下完成。

实验过程

(1) 对网络设备进行基本配置。

首先，配置路由器 R1。

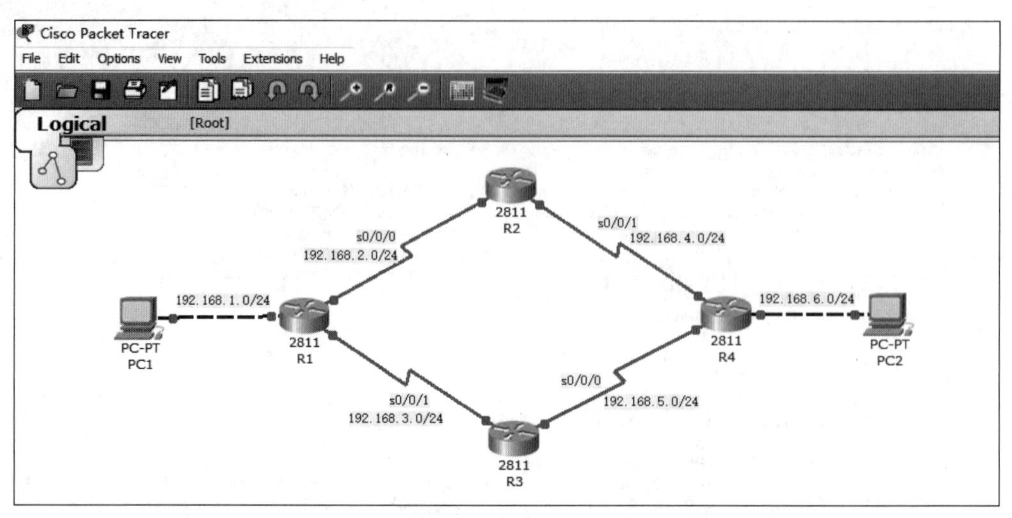

图 6.69 EIGRP 等价负载均衡网络拓扑结构

```
Router>en                                             //进入特权模式
Router#config t                                       //进入全局配置模式
Router(config)#hostname R1                            //为路由器命名
R1(config)#interface fastEthernet 0/0                 //进入路由器端口 fa0/0
R1(config-if)#ip address 192.168.1.1 255.255.255.0//配置 IP 地址
R1(config-if)#no shu                                  //激活
R1(config-if)#exit                                    //退出
R1(config)#interface serial 0/0/0                     //进入路由器端口 s0/0/0
R1(config-if)#ip address 192.168.2.1 255.255.255.0//配置 IP 地址
R1(config-if)#no shu                                  //激活
R1(config-if)#clock rate 64000                        //配置时钟频率
R1(config-if)#exit                                    //退出
R1(config)#interface serial 0/0/1                     //进入路由器端口 s0/0/1
R1(config-if)#ip address 192.168.3.1 255.255.255.0//配置 IP 地址
R1(config-if)#no shu                                  //激活
R1(config-if)#clock rate 64000                        //配置时钟频率
R1(config-if)#exit                                    //退出
R1(config)#                                           //全局配置模式
```

其次,配置路由器 R2。

```
Router>en                                             //进入特权模式
Router#config t                                       //进入全局配置模式
Router(config)#hostname R2                            //为路由器命名
R2(config)#interface serial 0/0/0                     //进入路由器端口 s0/0/0
R2(config-if)#ip address 192.168.2.2 255.255.255.0//配置 IP 地址
R2(config-if)#no shu                                  //激活
R2(config-if)#exit                                    //退出
R2(config)#interface serial 0/0/1                     //进入路由器端口 s0/0/1
R2(config-if)#ip address 192.168.4.1 255.255.255.0//配置 IP 地址
```

```
R2(config-if)#no shu                                 //激活
R2(config-if)#clock rate 64000                       //配置时钟频率
R2(config-if)#exit                                   //退出
R2(config)#                                          //全局配置模式
```

第三,配置路由器 R3。

```
Router>en                                            //进入特权模式
Router#config t                                      //进入全局配置模式
Router(config)#hostname R3                           //为路由器命名
R3(config)#interface serial 0/0/1                    //进入路由器端口 s0/0/1
R3(config-if)#ip address 192.168.3.2 255.255.255.0//配置 IP 地址
R3(config-if)#no shu                                 //激活
R3(config-if)#exit                                   //退出
R3(config)#interface serial 0/0/0                    //进入路由器端口 s0/0/0
R3(config-if)#ip address 192.168.5.1 255.255.255.0//配置 IP 地址
R3(config-if)#no shu                                 //激活
R3(config-if)#clock rate 64000                       //配置时钟频率
R3(config-if)#exit                                   //退出
R3(config)#                                          //全局配置模式
```

第四,配置路由器 R4。

```
Router>en                                            //进入特权模式
Router#config t                                      //进入全局配置模式
Router(config)#hostname R4                           //为路由器命名
R4(config)#interface serial 0/0/1                    //进入路由器端口 s0/0/1
R4(config-if)#ip address 192.168.4.2 255.255.255.0//配置 IP 地址
R4(config-if)#no shu                                 //激活
R4(config-if)#exit                                   //退出
R4(config)#interface serial 0/0/0                    //进入路由器端口 s0/0/0
R4(config-if)#ip address 192.168.5.2 255.255.255.0//配置 IP 地址
R4(config-if)#no shu                                 //激活
R4(config-if)#exit                                   //退出
R4(config)#interface fastEthernet 0/0                //进入路由器端口 fa0/0
R4(config-if)#ip address 192.168.6.1 255.255.255.0//配置 IP 地址
R4(config-if)#no shu                                 //激活
R4(config-if)#exit                                   //退出
R4(config)#                                          //全局配置模式
```

(2) 启用动态路由协议 EIGRP 实现网络互联互通。

首先,启用路由器 R1 动态路由协议 EIGRP。

```
R1(config)#router eigrp 1                        //启用 EIGRP 路由协议
R1(config-router)#network 192.168.1.0           //将 192.168.1.0 网络端口加入 EIGRP
R1(config-router)#network 192.168.2.0           //将 192.168.2.0 网络端口加入 EIGRP
R1(config-router)#network 192.168.3.0           //将 192.168.3.0 网络端口加入 EIGRP
R1(config-router)#
```

其次,启用路由器 R2 动态路由协议 EIGRP。

```
R2(config)#router eigrp 1                    //启用 EIGRP 路由协议
R2(config-router)#network 192.168.2.0        //将 192.168.2.0 网络端口加入 EIGRP
R2(config-router)#network 192.168.4.0        //将 192.168.4.0 网络端口加入 EIGRP
R2(config-router)#
```

第三,启用路由器 R3 动态路由协议 EIGRP。

```
R3(config)#router eigrp 1                    //启用 EIGRP 路由协议
R3(config-router)#network 192.168.3.0        //将 192.168.3.0 网络端口加入 EIGRP
R3(config-router)#network 192.168.5.0        //将 192.168.5.0 网络端口加入 EIGRP
R3(config-router)#
```

第四,启用路由器 R4 动态路由协议 EIGRP。

```
R4(config)#router eigrp 1                    //启用 EIGRP 路由协议
R4(config-router)#network 192.168.4.0        //将 192.168.4.0 网络端口加入 EIGRP
R4(config-router)#network 192.168.5.0        //将 192.168.5.0 网络端口加入 EIGRP
R4(config-router)#network 192.168.6.0        //将 192.168.6.0 网络端口加入 EIGRP
R4(config-router)#
```

(3) 查看路由表,明确实现 EIGRP 等价负载均衡。

路由器 R1 的路由表如图 6.70 所示。

```
R1#show ip route
Codes: C - connected, S - static, I - IGRP, R - RIP, M - mobile, B - BGP
       D - EIGRP, EX - EIGRP external, O - OSPF, IA - OSPF inter area
       N1 - OSPF NSSA external type 1, N2 - OSPF NSSA external type 2
       E1 - OSPF external type 1, E2 - OSPF external type 2, E - EGP
       i - IS-IS, L1 - IS-IS level-1, L2 - IS-IS level-2, ia - IS-IS inter area
       * - candidate default, U - per-user static route, o - ODR
       P - periodic downloaded static route

Gateway of last resort is not set

C    192.168.1.0/24 is directly connected, FastEthernet0/0
C    192.168.2.0/24 is directly connected, Serial0/0/0
C    192.168.3.0/24 is directly connected, Serial0/0/1
D    192.168.4.0/24 [90/2681856] via 192.168.2.2, 00:02:44, Serial0/0/0
D    192.168.5.0/24 [90/2681856] via 192.168.3.2, 00:02:02, Serial0/0/1
D    192.168.6.0/24 [90/2684416] via 192.168.3.2, 00:01:22, Serial0/0/1
                    [90/2684416] via 192.168.2.2, 00:01:22, Serial0/0/0
R1#
```

图 6.70 路由器 R1 的路由表

从路由表中可以看出实现了 EIGRP 等价负载均衡。

实验要求 2

在实验要求 1 的基础上继续配置网络,要求实现 EIGRP 不等价负载均衡。该实验在 Packet Tracer 仿真环境下完成。

实验过程

(1) 通过修改延迟,改变等价负载均衡效果。

为了实现不等价负载均衡效果,需要修改路由器 R1 的端口 s0/0/1 的延迟,将原来的延迟 DLY20000usec 改成 DLY2000usec,这样路由器 R1 到达计算机 PC2 的最优路由的下一跳将是路由器 R3 的端口 s0/0/1，配置过程如下。

```
R1(config)#interface serial 0/0/1                //进入路由器端口 s0/0/1
R1(config-if)#delay 200                          //将延迟设置为 2000usec
```

通过执行"show interface serial 0/0/1"命令查看端口的延迟情况，结果如图 6.71 所示。

```
R1#show interfaces serial 0/0/1
Serial0/0/1 is up, line protocol is up (connected)
  Hardware is HD64570
  Internet address is 192.168.3.1/24
  MTU 1500 bytes, BW 1544 Kbit, DLY 2000 usec,
     reliability 255/255, txload 1/255, rxload 1/255
  Encapsulation HDLC, loopback not set, keepalive set (10 sec)
  Last input never, output never, output hang never
  Last clearing of "show interface" counters never
  Input queue: 0/75/0 (size/max/drops); Total output drops: 0
  Queueing strategy: weighted fair
  Output queue: 0/1000/64/0 (size/max total/threshold/drops)
     Conversations  0/0/256 (active/max active/max total)
     Reserved Conversations 0/0 (allocated/max allocated)
     Available Bandwidth 1158 kilobits/sec
  5 minute input rate 105 bits/sec, 0 packets/sec
  5 minute output rate 107 bits/sec, 0 packets/sec
     469 packets input, 28101 bytes, 0 no buffer
     Received 0 broadcasts, 0 runts, 0 giants, 0 throttles
     0 input errors, 0 CRC, 0 frame, 0 overrun, 0 ignored, 0 abort
     483 packets output, 28838 bytes, 0 underruns
     0 output errors, 0 collisions, 1 interface resets
     0 output buffer failures, 0 output buffers swapped out
 --More--
```

图 6.71　查看端口延迟

通过执行"show ip route"命令可以发现路由器 R1 到目标网络 192.168.6.0 的下一跳为 192.168.3.2，不再实现负载均衡，具体如图 6.72 所示。

```
R1#show ip route
Codes: C - connected, S - static, I - IGRP, R - RIP, M - mobile, B - BGP
       D - EIGRP, EX - EIGRP external, O - OSPF, IA - OSPF inter area
       N1 - OSPF NSSA external type 1, N2 - OSPF NSSA external type 2
       E1 - OSPF external type 1, E2 - OSPF external type 2, E - EGP
       i - IS-IS, L1 - IS-IS level-1, L2 - IS-IS level-2, ia - IS-IS inter area
       * - candidate default, U - per-user static route, o - ODR
       P - periodic downloaded static route

Gateway of last resort is not set

C    192.168.1.0/24 is directly connected, FastEthernet0/0
C    192.168.2.0/24 is directly connected, Serial0/0/0
C    192.168.3.0/24 is directly connected, Serial0/0/1
D    192.168.4.0/24 [90/2681856] via 192.168.2.2, 00:38:33, Serial0/0/0
D    192.168.5.0/24 [90/2221056] via 192.168.3.2, 00:03:09, Serial0/0/1
D    192.168.6.0/24 [90/2223616] via 192.168.3.2, 00:03:09, Serial0/0/1
R1#
```

图 6.72　路由器 R1 的路由表

(2) 通过调整 variance 值实现不等价负载均衡。

通过执行"show ip eigrp topology"命令查看路由器的拓扑如图 6.73 所示。可以看出，路由器 R1 到网络 192.168.6.0 中的下一跳为 192.168.2.2 的 AD 值(2172416)小于下一跳为 192.168.3.2 的 FD 值(2223616)，故可以形成 FS(可行后继路由器)。为了实现不等价负载均衡，将 variance 值设置为 2，原因是 2684416<2×2223616，配置过程如下。

```
R1(config)#router eigrp 1
```

```
R1(config-router)#variance 2
R1(config-router)#
```

```
R1#show ip eigrp topology
IP-EIGRP Topology Table for AS 1

Codes: P - Passive, A - Active, U - Update, Q - Query, R - Reply,
       r - Reply status

P 192.168.1.0/24, 1 successors, FD is 28160
         via Connected, FastEthernet0/0
P 192.168.2.0/24, 1 successors, FD is 2169856
         via Connected, Serial0/0/0
P 192.168.3.0/24, 1 successors, FD is 1709056
         via Connected, Serial0/0/1
P 192.168.4.0/24, 1 successors, FD is 2681856
         via 192.168.2.2 (2681856/2169856), Serial0/0/0
P 192.168.6.0/24, 1 successors, FD is 2223616
         via 192.168.3.2 (2223616/2172416), Serial0/0/1
         via 192.168.2.2 (2684416/2172416), Serial0/0/0
P 192.168.5.0/24, 1 successors, FD is 2221056
         via 192.168.3.2 (2221056/2169856), Serial0/0/1
R1#
```

图 6.73　查看路由器拓扑

(3) 实验结果验证。

通过执行查看路由表命令,可以发现实现了不等价负载均衡效果,如图 6.74 所示。

```
R1#show ip route
Codes: C - connected, S - static, I - IGRP, R - RIP, M - mobile, B - BGP
       D - EIGRP, EX - EIGRP external, O - OSPF, IA - OSPF inter area
       N1 - OSPF NSSA external type 1, N2 - OSPF NSSA external type 2
       E1 - OSPF external type 1, E2 - OSPF external type 2, E - EGP
       i - IS-IS, L1 - IS-IS level-1, L2 - IS-IS level-2, ia - IS-IS inter area
       * - candidate default, U - per-user static route, o - ODR
       P - periodic downloaded static route

Gateway of last resort is not set

C    192.168.1.0/24 is directly connected, FastEthernet0/0
C    192.168.2.0/24 is directly connected, Serial0/0/0
C    192.168.3.0/24 is directly connected, Serial0/0/1
D    192.168.4.0/24 [90/2681856] via 192.168.2.2, 00:00:20, Serial0/0/0
D    192.168.5.0/24 [90/2221056] via 192.168.3.2, 00:00:21, Serial0/0/1
D    192.168.6.0/24 [90/2223616] via 192.168.3.2, 00:00:21, Serial0/0/1
                    [90/2684416] via 192.168.2.2, 00:00:20, Serial0/0/0
R1#
```

图 6.74　路由器 R1 的路由表

6.16　实验十六:配置关闭 EIGRP 路由自动汇总

实验要求 1

构建如图 6.75 所示网络拓扑结构,路由器 R1 和路由器 R2 连接 3 个网络,分别为 172.16.1.0/24、172.16.2.0/24 以及 192.168.1.0/24。其中,172.16.1.0/24 和 172.16.2.0/24 为网络 172.16.0.0/16 的两个子网。通过动态路由协议 EIGRP 实现网络互联互通时,EIGRP 自动汇总功能将两台路由器相同的汇总网络 172.16.0.0/16 从路由器 R1 和路由器 R2 的 fa0/1 端口发出,而不是发出特定子网 172.16.1.0/24 或者 172.16.2.0/24。因此,EIGRP 自动汇总功能使得 172.16.1.0/24 和 172.16.2.0/24 通过 192.168.1.0/24 连接起来将

导致网络可到达性问题。实验要求通过关闭路由器 EIGRP 自动汇总边界上的路由功能实现网络的互联互通。该实验在 Packet Tracer 仿真环境下完成。

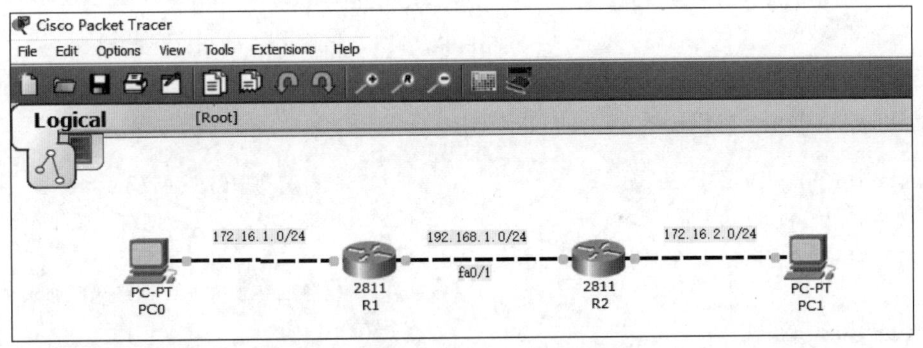

图 6.75　不连续子网汇总网络拓扑结构

实验过程

(1) 对网络设备进行基本配置。

首先，配置路由器 R1。

```
Router>en                                              //进入特权模式
Router#config t                                        //进入全局配置模式
Router(config)#hostname R1                             //为路由器命名
R1(config)#interface fastEthernet 0/0                  //进入路由器端口 fa0/0
R1(config-if)#ip address 172.16.1.1 255.255.255.0     //配置 IP 地址
R1(config-if)#no shu                                   //激活
R1(config-if)#exit                                     //退出
R1(config)#interface fastEthernet 0/1                  //进入路由器端口 fa0/1
R1(config-if)#ip address 192.168.1.1 255.255.255.0    //配置 IP 地址
R1(config-if)#no shu                                   //激活
```

其次，配置路由器 R2。

```
Router>en                                              //进入特权模式
Router#config t                                        //进入全局配置模式
Router(config)#hostname R2                             //为路由器命名
R2(config)#interface fastEthernet 0/0                  //进入路由器端口 fa0/0
R2(config-if)#ip address 172.16.2.1 255.255.255.0     //配置 IP 地址
R2(config-if)#no shu                                   //激活
R2(config-if)#exit                                     //退出
R2(config)#interface fastEthernet 0/1                  //进入路由器端口 fa0/1
R2(config-if)#ip address 192.168.1.2 255.255.255.0    //配置 IP 地址
R2(config-if)#no shu                                   //激活
R2(config-if)#exit                                     //退出
R2(config)#                                            //全局配置模式
```

(2) 启用动态路由协议 EIGRP。

首先，路由器 R1 启用动态路由协议 EIGRP。

```
R1(config)#router eigrp 1                               //启用动态路由协议 EIGRP
R1(config-router)#network 172.16.1.0 0.0.0.255//将 172.16.1.0 网络端口加入 EIGRP
R1(config-router)#network 192.168.1.0 0.0.0.255
                                                       //将 192.168.1.0 网络端口加入 EIGRP
R1(config-router)#
```

其次,路由器 R2 启用动态路由协议 EIGRP。

```
R2(config)#router eigrp 1                               //启用动态路由协议 EIGRP
R2(config-router)#network 172.16.2.0 0.0.0.255//将 172.16.2.0 网络端口加入 EIGRP
R2(config-router)#network 192.168.1.0 0.0.0.255
                                                       //将 192.168.1.0 网络端口加入 EIGRP
R2(config-router)#
```

(3) 查看路由表。

首先,查看路由器 R1 的路由表,如图 6.76 所示。

```
R1#show ip route
Codes: C - connected, S - static, I - IGRP, R - RIP, M - mobile, B - BGP
       D - EIGRP, EX - EIGRP external, O - OSPF, IA - OSPF inter area
       N1 - OSPF NSSA external type 1, N2 - OSPF NSSA external type 2
       E1 - OSPF external type 1, E2 - OSPF external type 2, E - EGP
       i - IS-IS, L1 - IS-IS level-1, L2 - IS-IS level-2, ia - IS-IS inter area
       * - candidate default, U - per-user static route, o - ODR
       P - periodic downloaded static route

Gateway of last resort is not set

     172.16.0.0/16 is variably subnetted, 2 subnets, 2 masks
D       172.16.0.0/16 is a summary, 00:00:34, Null0
C       172.16.1.0/24 is directly connected, FastEthernet0/0
C    192.168.1.0/24 is directly connected, FastEthernet0/1
R1#
```

图 6.76　路由器 R1 的路由表

其次,查看路由器 R2 的路由表,如图 6.77 所示。

```
R2#show ip route
Codes: C - connected, S - static, I - IGRP, R - RIP, M - mobile, B - BGP
       D - EIGRP, EX - EIGRP external, O - OSPF, IA - OSPF inter area
       N1 - OSPF NSSA external type 1, N2 - OSPF NSSA external type 2
       E1 - OSPF external type 1, E2 - OSPF external type 2, E - EGP
       i - IS-IS, L1 - IS-IS level-1, L2 - IS-IS level-2, ia - IS-IS inter area
       * - candidate default, U - per-user static route, o - ODR
       P - periodic downloaded static route

Gateway of last resort is not set

     172.16.0.0/16 is variably subnetted, 2 subnets, 2 masks
D       172.16.0.0/16 is a summary, 00:00:22, Null0
C       172.16.2.0/24 is directly connected, FastEthernet0/0
C    192.168.1.0/24 is directly connected, FastEthernet0/1
R2#
```

图 6.77　路由器 R2 的路由表

(4) 结果分析。

实验结果表明,EIGRP 自动汇总功能使得 172.16.1.0/24 和 172.16.2.0/24 通过 192.168.1.0/24 连接起来将导致网络可到达性问题,两边都在网络边界汇总通告 172.16.0.0/16。

(5) 关闭EIGRP自动汇总,实现网络互联互通。

关闭自动汇总,就会将EIGRP进程转换为无类协议。拥有的不连续类地址子网使用EIGRP路由选择进程时,在路由器上使用no auto-summary关闭自动汇总功能。

首先,关闭路由器R1的EIGRP自动汇总功能。

```
R1(config)#router eigrp 1
R1(config-router)#no auto-summary
R1(config-router)#
```

其次,关闭路由器R2的EIGRP自动汇总功能。

```
R2(config)#router eigrp 1
R2(config-router)#no auto-summary
R2(config-router)#
```

第三,查看路由表。路由器R1的路由表如图6.78所示,路由器R2的路由表如图6.79所示。

```
R1#show ip route
Codes: C - connected, S - static, I - IGRP, R - RIP, M - mobile, B - BGP
       D - EIGRP, EX - EIGRP external, O - OSPF, IA - OSPF inter area
       N1 - OSPF NSSA external type 1, N2 - OSPF NSSA external type 2
       E1 - OSPF external type 1, E2 - OSPF external type 2, E - EGP
       i - IS-IS, L1 - IS-IS level-1, L2 - IS-IS level-2, ia - IS-IS inter area
       * - candidate default, U - per-user static route, o - ODR
       P - periodic downloaded static route

Gateway of last resort is not set

     172.16.0.0/24 is subnetted, 2 subnets
C       172.16.1.0 is directly connected, FastEthernet0/0
D       172.16.2.0 [90/30720] via 192.168.1.2, 00:00:30, FastEthernet0/1
C    192.168.1.0/24 is directly connected, FastEthernet0/1
R1#
```

图6.78　路由器R1的路由表

```
R2#show ip route
Codes: C - connected, S - static, I - IGRP, R - RIP, M - mobile, B - BGP
       D - EIGRP, EX - EIGRP external, O - OSPF, IA - OSPF inter area
       N1 - OSPF NSSA external type 1, N2 - OSPF NSSA external type 2
       E1 - OSPF external type 1, E2 - OSPF external type 2, E - EGP
       i - IS-IS, L1 - IS-IS level-1, L2 - IS-IS level-2, ia - IS-IS inter area
       * - candidate default, U - per-user static route, o - ODR
       P - periodic downloaded static route

Gateway of last resort is not set

     172.16.0.0/24 is subnetted, 2 subnets
D       172.16.1.0 [90/30720] via 192.168.1.1, 00:01:13, FastEthernet0/1
C       172.16.2.0 is directly connected, FastEthernet0/0
C    192.168.1.0/24 is directly connected, FastEthernet0/1
R2#
```

图6.79　路由器R2的路由表

实验结果表明,通过关闭路由器EIGRP的自动汇总功能,实现了网络的互联互通。

实验要求2

构建如图6.80所示的网络拓扑结构,实验要求通过动态路由协议EIGRP下的手动汇总功能实现减小路由表大小的目的,最终实现网络互联互通。该实验在Packet Tracer仿真环境下完成。

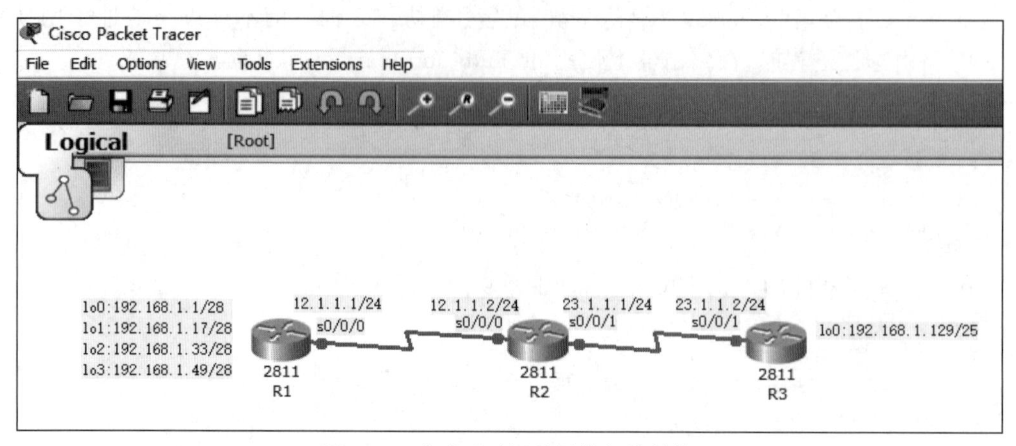

图 6.80 实现手动汇总网络拓扑结构

实验过程

(1) 对路由器进行基本配置。

首先,对路由器 R1 进行配置。

```
Router>en
Router#config t
Router(config)#hostname R1                              //为路由器命名
R1(config)#interface loopback 0                         //进入路由器环回口 0
R1(config-if)#ip address 192.168.1.1 255.255.255.240    //配置 IP 地址
R1(config-if)#exit                                      //退出
R1(config)#interface loopback 1                         //进入路由器环回口 1
R1(config-if)#ip address 192.168.1.17 255.255.255.240   //配置 IP 地址
R1(config-if)#exit                                      //退出
R1(config)#interface loopback 2                         //进入路由器环回口 2
R1(config-if)#ip address 192.168.1.33 255.255.255.240   //配置 IP 地址
R1(config-if)#exit                                      //退出
R1(config)#interface loopback 3                         //进入路由器环回口 3
R1(config-if)#ip address 192.168.1.49 255.255.255.240   //配置 IP 地址
R1(config-if)#exit                                      //退出
R1(config)#interface serial 0/0/0                       //进入路由器串口 s0/0/0
R1(config-if)#ip address 12.1.1.1 255.255.255.0         //配置 IP 地址
R1(config-if)#no shu                                    //激活
R1(config-if)#clock rate 64000                          //配置时钟频率
```

其次,对路由器 R2 进行配置。

```
Router>en
Router#config t
Router(config)#hostname R2                              //为路由器命名
R2(config)#interface serial 0/0/0                       //进入路由器串口 s0/0/0
R2(config-if)#ip address 12.1.1.2 255.255.255.0         //配置 IP 地址
```

```
R2(config-if)#no shu                             //激活
R2(config-if)#exit                               //退出
R2(config)#interface serial 0/0/1                //进入路由器串口 s0/0/1
R2(config-if)#ip address 23.1.1.1 255.255.255.0  //配置 IP 地址
R2(config-if)#clock rate 64000                   //配置时钟频率
R2(config-if)#no shu                             //激活
```

第三，对路由器 R3 进行配置。

```
Router>en
Router#config t
Router(config)#hostname R3                       //为路由器命名
R3(config)#interface serial 0/0/1                //进入路由器端口 s0/0/1
R3(config-if)#ip address 23.1.1.2 255.255.255.0  //配置 IP 地址
R3(config-if)#no shu                             //激活
R3(config-if)#exit                               //退出
R3(config)#interface loopback 0                  //进入路由器环回口 0
R3(config-if)#ip address 192.168.1.129 255.255.255.128  //配置 IP 地址
R3(config-if)#exit                               //退出
```

(2) 配置动态路由协议 EIGRP。

接下来配置 3 台路由器动态路由协议 EIGRP，并通过 network 命令宣告 EIGRP 要通告的网络，以及通告网络的端口。为了支持不连续子网网络互联问题，需要关闭 3 台路由器的自动汇总功能。

首先，配置路由器 R1。

```
R1(config)#router eigrp 1                        //启动 EIGRP 路由协议
R1(config-router)#no auto-summary                //取消自动汇总
R1(config-router)#network 192.168.1.0            //将 192.168.1.0 网络端口加入 EIGRP
R1(config-router)#network 12.0.0.0               //将 12.0.0.0 网络端口加入 EIGRP
```

其次，配置路由器 R2。

```
R2(config)#router eigrp 1                        //启动 EIGRP 路由协议
R2(config-router)#no auto-summary                //取消自动汇总
R2(config-router)#network 12.0.0.0               //将 12.0.0.0 网络端口加入 EIGRP
R2(config-router)#network 23.0.0.0               //将 23.0.0.0 网络端口加入 EIGRP
```

第三，配置路由器 R3。

```
R3(config)#router eigrp 1                        //启动 EIGRP 路由协议
R3(config-router)#no auto-summary                //取消自动汇总
R3(config-router)#network 23.0.0.0               //将 23.0.0.0 网络端口加入 EIGRP
R3(config-router)#network 192.168.1.0            //将 192.168.1.0 网络端口加入 EIGRP
```

(3) 查看 3 台路由器的路由表。

收敛后的路由器 R1 的路由表如图 6.81 所示，路由器 R2 的路由表如图 6.82 所示，路由器 R3 的路由表如图 6.83 所示。

```
R1#show ip route
Codes: C - connected, S - static, I - IGRP, R - RIP, M - mobile, B - BGP
       D - EIGRP, EX - EIGRP external, O - OSPF, IA - OSPF inter area
       N1 - OSPF NSSA external type 1, N2 - OSPF NSSA external type 2
       E1 - OSPF external type 1, E2 - OSPF external type 2, E - EGP
       i - IS-IS, L1 - IS-IS level-1, L2 - IS-IS level-2, ia - IS-IS inter area
       * - candidate default, U - per-user static route, o - ODR
       P - periodic downloaded static route

Gateway of last resort is not set

     12.0.0.0/24 is subnetted, 1 subnets
C       12.1.1.0 is directly connected, Serial0/0/0
     23.0.0.0/24 is subnetted, 1 subnets
D       23.1.1.0 [90/2681856] via 12.1.1.2, 00:02:21, Serial0/0/0
     192.168.1.0/24 is variably subnetted, 4 subnets, 2 masks
C       192.168.1.0/28 is directly connected, Loopback0
C       192.168.1.16/28 is directly connected, Loopback1
C       192.168.1.32/28 is directly connected, Loopback2
D       192.168.1.128/25 [90/2809856] via 12.1.1.2, 00:01:06, Serial0/0/0
R1#
```

图 6.81　收敛后的路由器 R1 的路由表

```
R2#show ip route
Codes: C - connected, S - static, I - IGRP, R - RIP, M - mobile, B - BGP
       D - EIGRP, EX - EIGRP external, O - OSPF, IA - OSPF inter area
       N1 - OSPF NSSA external type 1, N2 - OSPF NSSA external type 2
       E1 - OSPF external type 1, E2 - OSPF external type 2, E - EGP
       i - IS-IS, L1 - IS-IS level-1, L2 - IS-IS level-2, ia - IS-IS inter area
       * - candidate default, U - per-user static route, o - ODR
       P - periodic downloaded static route

Gateway of last resort is not set

     12.0.0.0/24 is subnetted, 1 subnets
C       12.1.1.0 is directly connected, Serial0/0/0
     23.0.0.0/24 is subnetted, 1 subnets
C       23.1.1.0 is directly connected, Serial0/0/1
     192.168.1.0/24 is variably subnetted, 4 subnets, 2 masks
D       192.168.1.0/28 [90/2297856] via 12.1.1.1, 00:03:24, Serial0/0/0
D       192.168.1.16/28 [90/2297856] via 12.1.1.1, 00:03:24, Serial0/0/0
D       192.168.1.32/28 [90/2297856] via 12.1.1.1, 00:03:24, Serial0/0/0
D       192.168.1.128/25 [90/2297856] via 23.1.1.2, 00:02:09, Serial0/0/1
R2#
```

图 6.82　收敛后的路由器 R2 的路由表

```
R3#show ip route
Codes: C - connected, S - static, I - IGRP, R - RIP, M - mobile, B - BGP
       D - EIGRP, EX - EIGRP external, O - OSPF, IA - OSPF inter area
       N1 - OSPF NSSA external type 1, N2 - OSPF NSSA external type 2
       E1 - OSPF external type 1, E2 - OSPF external type 2, E - EGP
       i - IS-IS, L1 - IS-IS level-1, L2 - IS-IS level-2, ia - IS-IS inter area
       * - candidate default, U - per-user static route, o - ODR
       P - periodic downloaded static route

Gateway of last resort is not set

     12.0.0.0/24 is subnetted, 1 subnets
D       12.1.1.0 [90/2681856] via 23.1.1.1, 00:03:21, Serial0/0/1
     23.0.0.0/24 is subnetted, 1 subnets
C       23.1.1.0 is directly connected, Serial0/0/1
     192.168.1.0/24 is variably subnetted, 4 subnets, 2 masks
D       192.168.1.0/28 [90/2809856] via 23.1.1.1, 00:03:21, Serial0/0/1
D       192.168.1.16/28 [90/2809856] via 23.1.1.1, 00:03:21, Serial0/0/1
D       192.168.1.32/28 [90/2809856] via 23.1.1.1, 00:03:21, Serial0/0/1
C       192.168.1.128/25 is directly connected, Loopback0
R3#
```

图 6.83　收敛后的路由器 R3 的路由表

(4) 配置路由器手动汇总。

在路由器R1出端口s0/0/0上执行手动汇总，命令如下。

```
R1(config-if)#ip summary-address eigrp 1 192.168.1.0 255.255.255.192
R1(config-if)#
```

查看路由器R2和R3路由表，结果就只能看到汇总后的一条路由条目了，具体如图6.84和图6.85所示。

```
R2#show ip route
Codes: C - connected, S - static, I - IGRP, R - RIP, M - mobile, B - BGP
       D - EIGRP, EX - EIGRP external, O - OSPF, IA - OSPF inter area
       N1 - OSPF NSSA external type 1, N2 - OSPF NSSA external type 2
       E1 - OSPF external type 1, E2 - OSPF external type 2, E - EGP
       i - IS-IS, L1 - IS-IS level-1, L2 - IS-IS level-2, ia - IS-IS inter area
       * - candidate default, U - per-user static route, o - ODR
       P - periodic downloaded static route

Gateway of last resort is not set

     12.0.0.0/24 is subnetted, 1 subnets
C       12.1.1.0 is directly connected, Serial0/0/0
     23.0.0.0/24 is subnetted, 1 subnets
C       23.1.1.0 is directly connected, Serial0/0/1
     192.168.1.0/24 is variably subnetted, 2 subnets, 2 masks
D       192.168.1.0/26 [90/2297856] via 12.1.1.1, 00:01:03, Serial0/0/0
D       192.168.1.128/25 [90/2297856] via 23.1.1.2, 00:07:21, Serial0/0/1
R2#
```

图6.84　路由器R2汇总后的路由表

```
R3#show ip route
Codes: C - connected, S - static, I - IGRP, R - RIP, M - mobile, B - BGP
       D - EIGRP, EX - EIGRP external, O - OSPF, IA - OSPF inter area
       N1 - OSPF NSSA external type 1, N2 - OSPF NSSA external type 2
       E1 - OSPF external type 1, E2 - OSPF external type 2, E - EGP
       i - IS-IS, L1 - IS-IS level-1, L2 - IS-IS level-2, ia - IS-IS inter area
       * - candidate default, U - per-user static route, o - ODR
       P - periodic downloaded static route

Gateway of last resort is not set

     12.0.0.0/24 is subnetted, 1 subnets
D       12.1.1.0 [90/2681856] via 23.1.1.1, 00:08:03, Serial0/0/1
     23.0.0.0/24 is subnetted, 1 subnets
C       23.1.1.0 is directly connected, Serial0/0/1
     192.168.1.0/24 is variably subnetted, 2 subnets, 2 masks
D       192.168.1.0/26 [90/2809856] via 23.1.1.1, 00:01:45, Serial0/0/1
C       192.168.1.128/25 is directly connected, Loopback0
R3#
```

图6.85　路由器R3汇总后的路由表

(5) 结果分析。

结果表明，通过手动汇总，减小了路由表的大小。

6.17　实验十七：配置EIGRP邻居认证

实验要求

创建如图6.86所示的网络拓扑结构，要求通过MD5实现EIGRP邻居之间的认证。该实验在GNS3仿真环境下完成。

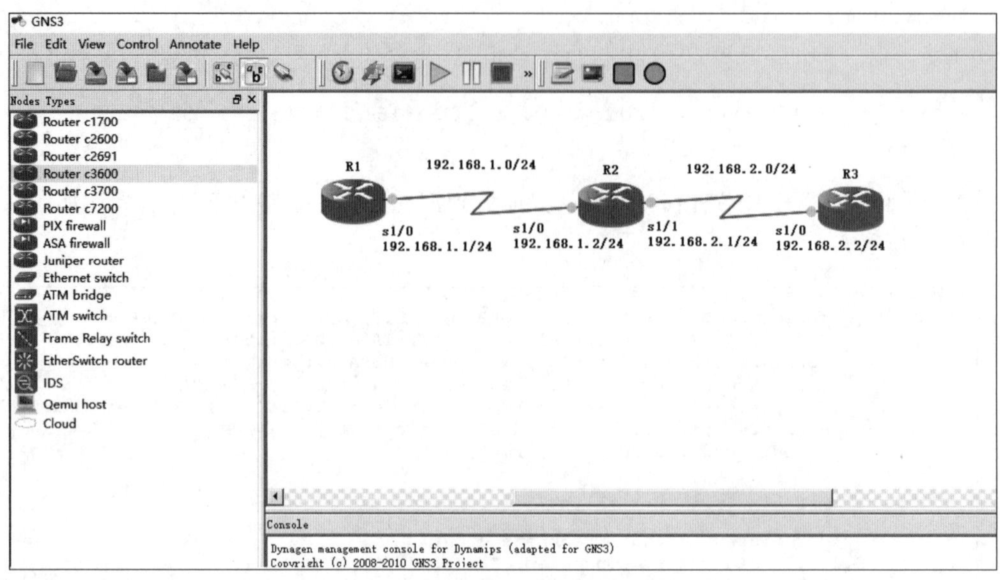

图 6.86 EIGRP 认证网络拓扑结构

实验过程

(1) 对网络设备进行基本配置。

配置网络,使网络通过动态路由协议 EIGRP 实现互联互通。

首先,配置路由器 R1。

```
R1>en                                                //进入特权模式
R1#config t                                          //进入全局配置模式
R1(config)#interface serial 1/0                      //进入路由器端口 s1/0
R1(config-if)#ip address 192.168.1.1 255.255.255.0   //配置 IP 地址
R1(config-if)#no shu                                 //激活
R1(config-if)#exit                                   //退出
```

其次,配置路由器 R2。

```
R2#config t                                          //进入全局配置模式
R2(config)#interface serial 1/0                      //进入路由器端口 s1/0
R2(config-if)#ip address 192.168.1.2 255.255.255.0   //配置 IP 地址
R2(config-if)#no shu                                 //激活
R2(config-if)#exit                                   //退出
R2(config)#interface serial 1/1                      //进入路由器端口 s1/1
R2(config-if)#ip address 192.168.2.1 255.255.255.0   //配置 IP 地址
R2(config-if)#no shu                                 //激活
R2(config-if)#exit                                   //退出
```

第三,配置路由器 R3。

```
R3>en                                                //进入特权模式
R3#config t                                          //进入全局配置模式
R3(config)#interface serial 1/0                      //进入路由器端口 s1/0
```

```
R3(config-if)#ip address 192.168.2.2 255.255.255.0          //配置 IP 地址
R3(config-if)#no shu                                        //激活
R3(config-if)#exit                                          //退出
```

(2) 配置动态路由器协议 EIGRP。

首先,路由器 R1 启用 EIGRP。

```
R1(config)#router eigrp 1                      //启用 EIGRP 路由协议
R1(config-router)#network 192.168.1.0          //将 192.168.1.0 网络端口加入 EIGRP
R1(config-router)#end                          //退出
```

其次,路由器 R2 启用 EIGRP。

```
R2(config)#router eigrp 1                      //启用 EIGRP 路由协议
R2(config-router)#network 192.168.1.0          //将 192.168.1.0 网络端口加入 EIGRP
R2(config-router)#network 192.168.2.0          //将 192.168.2.0 网络端口加入 EIGRP
R2(config-router)#end
```

第三,路由器 R3 启用 EIGRP。

```
R3(config)#router eigrp 1                      //启用 EIGRP 路由协议
R3(config-router)#network 192.168.2.0          //将 192.168.2.0 网络端口加入 EIGRP
R3(config-router)#end                          //退出
R3#
```

(3) 查看邻居关系及路由表。

首先,查看路由器 R1 邻居关系。

```
R1#show ip eigrp neighbors
IP-EIGRP neighbors for process 1
H  Address       Interface     Hold Uptime     SRTT   RTO   Q     Seq Type
                               (sec)           (ms)         Cnt   Num
0  192.168.1.2   Se1/0         14 00:00:41     12     200   0     2
```

其次,查看路由器 R1 的路由表。

```
R1#show ip route
Codes: C -connected, S -static, I -IGRP, R -RIP, M -mobile, B -BGP
       D -EIGRP, EX -EIGRP external, O -OSPF, IA -OSPF inter area
       N1 -OSPF NSSA external type 1, N2 -OSPF NSSA external type 2
       E1 -OSPF external type 1, E2 -OSPF external type 2, E -EGP
       i -IS-IS, L1 -IS-IS level-1, L2 -IS-IS level-2, ia -IS-IS inter area
       * -candidate default, U -per-user static route, o -ODR
       P -periodic downloaded static route
Gateway of last resort is not set
C    192.168.1.0/24 is directly connected, Serial1/0
D    192.168.2.0/24 [90/2681856] via 192.168.1.2, 00:01:40, Serial1/0
```

通过查看邻居关系及路由表,可以发现该网络通过动态路由协议 EIGRP 实现互联互通。

(4) 启用路由器 R1 端口 s1/0 的 EIGRP 邻居认证。

启用 EIGRP 邻居认证基本配置。

```
R1#config t                                            //进入全局配置模式
R1(config)#key chain cisco                             //创建密钥链
R1(config-keychain)#key 1                              //创建 Key-id 表示不同的密钥
R1(config-keychain-key)#key-string ttt                 //创建密钥
R1(config-keychain-key)#exit                           //退出
R1(config-keychain)#exit                               //退出
R1(config)#interface serial 1/0                        //进入路由器端口 s1/0
R1(config-if)#ip authentication mode eigrp 1 md5       //指定 EIGRP 接口采用 MD5 认证
```

这里要注意的是,进程号也就是“Autonomous system number”一定要与前面的配置一致。本例中的进程号都是 1。

```
R1(config-if)#ip authentication key-chain eigrp 1 cisco
                                                    //指定端口在身份验证时使用的密钥链
```

这里的进程号也就是“Autonomous system number”同样要与前面的一致,都为 1。

```
R1(config-if)#end                                      //退出
```

(5) 查看路由器 R1 的邻居关系及路由表。

首先,查看路由器 R1 邻居关系。

```
R1#show ip eigrp neighbors
IP-EIGRP neighbors for process 1
```

其次,查看路由器 R1 路由表。

```
R1#show ip route
Codes: C -connected, S -static, I -IGRP, R -RIP, M -mobile, B -BGP
       D -EIGRP, EX -EIGRP external, O -OSPF, IA -OSPF inter area
       N1 -OSPF NSSA external type 1, N2 -OSPF NSSA external type 2
       E1 -OSPF external type 1, E2 -OSPF external type 2, E -EGP
       i -IS-IS, L1 -IS-IS level-1, L2 -IS-IS level-2, ia -IS-IS inter area
       * -candidate default, U -per-user static route, o -ODR
       P -periodic downloaded static route
Gateway of last resort is not set
C    192.168.1.0/24 is directly connected, Serial1/0
R1#
```

结果表明,路由器 R1 端口 s1/0 启用了 EIGRP 端口认证,而与之相连的路由器 R2 的端口 s1/0 没有启用 EIGRP 端口认证,路由器 R1 和路由器 R2 之间的邻居关系丢失,路由表信息相应也丢失,不能进行互联互通。

(6) 启用路由器 R2 端口 s1/0 的 EIGRP 邻居认证。

首先,启用 EIGRP 邻居认证基本配置。

```
R2(config)#key chain cisco                             //创建密钥链
```

```
R2(config-keychain)#key 1                                    //创建 Key-id 表示不同的密钥
R2(config-keychain-key)#key-string ttt                       //创建密钥
R2(config-keychain-key)#exit                                 //退出
R2(config-keychain)#exit                                     //退出
R2(config)#interface serial 1/0                              //进入路由器端口 s1/0
R2(config-if)#ip authentication mode eigrp 1 md5             //指定 EIGRP 接口采用 MD5 认证
R2(config-if)#ip authentication key-chain eigrp 1 cisco
                                                             //指定端口在身份验证时使用的密
                                                             //钥链
R2(config-if)#end                                            //退出
```

其次,查看路由器 R1 邻居关系。

```
R1#show ip eigrp neighbors
IP-EIGRP neighbors for process 1
H  Address       Interface     Hold Uptime     SRTT    RTO  Q    Seq Type
                                 (sec)         (ms)         Cnt  Num
0  192.168.1.2   Se1/0         13 00:02:02     12      200  0    2
R1#
```

(7) 查看路由器 R1 的路由表。

```
R1#show ip route
Codes: C -connected, S -static, I -IGRP, R -RIP, M -mobile, B -BGP
       D -EIGRP, EX -EIGRP external, O -OSPF, IA -OSPF inter area
       N1 -OSPF NSSA external type 1, N2 -OSPF NSSA external type 2
       E1 -OSPF external type 1, E2 -OSPF external type 2, E -EGP
       i -IS-IS, L1 -IS-IS level-1, L2 -IS-IS level-2, ia -IS-IS inter area
       * -candidate default, U -per-user static route, o -ODR
       P -periodic downloaded static route
Gateway of last resort is not set
C    192.168.1.0/24 is directly connected, Serial1/0
D    192.168.2.0/24 [90/2681856] via 192.168.1.2, 00:01:30, Serial1/0
R1#
```

(8) 结果分析。

结果表明,与路由器 R1 的端口 s1/0 相连的路由器 R2 的端口 s1/0 启用了 EIGRP 邻居认证,路由器 R1 和路由器 R2 之间的邻居关系再次建立,路由表再次完整,网络再次互联互通。

完成这个实验的一个注意事项是,进程号也就是"Autonomous system number"一定要一致。

6.18 实验十八:配置混合路由协议

实验要求

构建如图 6.87 所示网络拓扑结构,两台路由器之间利用串口相连时需要在两台路由器上均要添加广域网模块,网络拓扑结构中涉及设备的 IP 地址见表 6.7。实验要求信息工程系采用 OSPF 路由协议,工商管理系采用 RIP 路由协议,最终实现网络的互联互通。该实验在 Packet Tracer 仿真环境下完成。

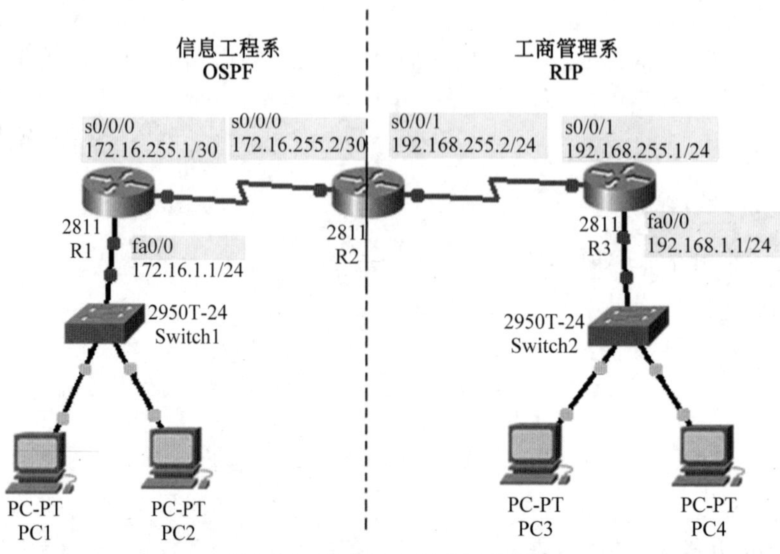

图 6.87　混合路由实验拓扑结构

表 6.7　端口和终端 IP 地址分配

	s0/0/0	s0/0/1	f0/0
R1	172.16.255.1/30		172.16.1.1/24
R2	172.16.255.2/30	192.168.255.2/24	
R3		192.168.255.1/24	192.168.1.1/24
PC1/PC2	172.16.1.0/24 网关：172.16.1.1		
PC3/PC4	192.168.1.0/24 网关：192.168.1.1		

实验过程

(1) 对网络设备进行基本配置。

首先,对路由器 R1 进行基本配置。

```
RoRouter>en                                            //进入特权模式
Router#config t                                        //进入全局配置模式
Router(config)#hostname R1                             //为路由器命名
R1(config)#interface fastEthernet 0/0                  //进入路由器 R1 端口 fa0/0
R1(config-if)#ip address 172.16.1.1 255.255.255.0     //配置 IP 地址
R1(config-if)#no shu                                   //激活
R1(config-if)#exit                                     //退出
R1(config)#interface serial 0/0/0                      //进入路由器串行端口 s0/0/0
R1(config-if)#ip address 172.16.255.1 255.255.255.252 //配置 IP 地址
R1(config-if)#no shu                                   //激活路由器端口 s0/0/0
```

其次，对路由器 R2 进行基本配置。

```
Router>en                                               //进入特权模式
Router#config t                                         //进入全局配置模式
Router(config)#hostname R2                              //为路由器命名
R2(config)#interface serial 0/0/0                       //进入路由器串行端口 s0/0/0
R2(config-if)#ip address 172.16.255.2 255.255.255.252 //配置 IP 地址
R2(config-if)#no shu                                    //激活
R2(config-if)#clock rate 64000                          //设置端口的时钟频率
R2(config-if)#exit                                      //退出
R2(config)#interface serial 0/0/1                       //进入路由器串行端口 s0/0/1
R2(config-if)#ip address 192.168.255.2 255.255.255.0  //配置 IP 地址
R2(config-if)#no shu                                    //激活路由器串行端口 s0/0/1
R2(config-if)#clock rate 64000                  //设置路由器串行端口 s0/0/1 的时钟频率
```

第三，对路由器 R3 进行基本配置。

```
Router>en                                               //进入特权模式
Router#config t                                         //进入全局配置模式
Router(config)#hostname R3                              //为路由器命名
R3(config)#interface fastEthernet 0/0                   //进入路由器的端口 fa0/0
R3(config-if)#ip address 192.168.1.1 255.255.255.0     //配置 IP 地址
R3(config-if)#no shu                                    //激活路由器端口 fa0/0
R3(config-if)#exit                                      //退出
R3(config)#interface serial 0/0/1                       //进入路由器串行端口 s0/0/1
R3(config-if)#ip address 192.168.255.1 255.255.255.0  //配置 IP 地址
R3(config-if)#no shu                                    //激活路由器串行端口 s0/0/1
```

基本配置完成后，通过 ping 命令确认各路由器的直连口的互通性。测试结果为全通。

(2) 配置路由器 R1 与路由器 R2 之间的 OSPF 路由协议和路由器 R2 与路由器 R3 之间的 RIP 路由协议。

首先，配置 R1 与 R2 的 OSPF 路由协议。

```
R1>en                                                //进入特权模式
R1#config t                                          //进入全局配置模式
R1(config)#router ospf 1                             //启动路由器 1 的动态路由协议 OSPF
R1(config-router)#network 172.16.1.0 0.0.0.255 area 0 //宣告网络地址和区域号
R1(config-router)#network 172.16.255.0 0.0.0.3 area 0 //宣告网络地址和区域号
R1(config-router)#end
R2>en                                                //进入特权模式
R2#config t                                          //进入全局配置模式
R2(config)#router ospf 1                             //启动路由器 1 的动态路由协议 OSPF
R2(config-router)#network 172.16.255.0 0.0.0.3 area 0
                                                     //宣告和路由器 1 连接的网络
                                                     //的网络地址和区域号
R2(config-router)#end
```

其次,配置R2与R3的RIP路由协议。

```
R2#config t                                   //进入特权模式
R2(config)#router rip                         //启动路由器1的动态路由协议(RIP)
R2(config-router)#version 2                   //启动动态路由协议RIP的版本2
R2(config-router)#no auto-summary             //取消自动汇总功能
R2(config-router)#network 192.168.255.0       //宣告和路由器3连接的网络的网络地址
R2(config-router)#end
R3>en                                            //进入特权模式
R3#config t                                      //进入全局配置模式
R3(config)#router rip                            //启动路由器3的动态路由协议(RIP)
R3(config-router)#version 2                      //启动动态路由协议RIP的版本2
R3(config-router)#no auto-summary                //取消自动汇总功能
R3(config-router)#network 192.168.255.0          //宣告网络地址
R3(config-router)#network 192.168.1.0            //宣告网络地址
R3(config-router)#end
```

(3) 查看R1、R2和R3的路由表。

首先,查看路由器R1的路由表。

```
R1#show ip route
    172.16.0.0/16 is variably subnetted, 2 subnets, 2 masks
C       172.16.1.0/24 is directly connected, FastEthernet0/0
C       172.16.255.0/30 is directly connected, Serial0/0/0
```

结果没有学习到动态路由信息。

其次,查看路由器R2的路由表。

```
R2#show ip route
    172.16.0.0/16 is variably subnetted, 2 subnets, 2 masks
O       172.16.1.0/24 [110/65] via 172.16.255.1, 00:05:38, Serial0/0/0
C       172.16.255.0/30 is directly connected, Serial0/0/0
R     192.168.1.0/24 [120/1] via 192.168.255.1, 00:00:12, Serial0/0/1
C     192.168.255.0/24 is directly connected, Serial0/0/1
```

第三,查看路由器R3的路由表。

```
R3#show ip route
C     192.168.1.0/24 is directly connected, FastEthernet0/0
C     192.168.255.0/24 is directly connected, Serial0/0/1
```

结果表明,没有学习到动态路由信息。

从show ip route命令可以看出,只有路由器R2才可以学习到整个网络的完整路由,因为路由器R2处于OSPF与RIP网络的边界,其同时运行了两种不同的路由协议。

(4) 为了确保路由器R1和路由器R2能够学习到整个网络路由,可在路由器R2上配置路由重发布。具体配置如下。

```
R2#config t                                      //进入全局配置模式
R2(config)#router ospf 1                         //进入动态路由协议OSPF
```

```
R2(config-router)#redistribute rip metric 200 subnets
//将 RIP 网络的路由重发布到 OSPF 的网络中。并且指定其度量为 200, Subnets 命令可以确保
//RIP 网络中的无类子网路由能够正确地被发布
R2(config-router)#exit                          //退出
R2(config)#router rip                           //进入动态路由协议(RIP)
R2(config-router)#redistribute ospf 1 metric 10
//将 OSPF 网络路由重发布到 RIP 中,并指定其度量跳数为 10
R2(config-router)#exit                          //退出
```

(5) 查看路由器 R1 和路由器 R3 的路由表。

首先,查看路由器 R1 的路由表。

```
R1#show ip route
   172.16.0.0/16 is variably subnetted, 2 subnets, 2 masks
C      172.16.1.0/24 is directly connected, FastEthernet0/0
C      172.16.255.0/30 is directly connected, Serial0/0/0
O E2 192.168.1.0/24 [110/200] via 172.16.255.2, 00:00:57, Serial0/0/0
O E2 192.168.255.0/24 [110/200] via 172.16.255.2, 00:00:57, Serial0/0/0
R1#
```

结果表明,R1 已经通过重发布的配置,学习到了 RIP 网络的路由。

其次,查看路由器 R3 的路由表。

```
R3#show ip route
   172.16.0.0/16 is variably subnetted, 2 subnets, 2 masks
R      172.16.1.0/24 [120/10] via 192.168.255.2, 00:01:02, Serial0/0/1
R      172.16.255.0/30 [120/10] via 192.168.255.2, 00:01:02, Serial0/0/1
C   192.168.1.0/24 is directly connected, FastEthernet0/0
C   192.168.255.0/24 is directly connected, Serial0/0/1
R3#
```

结果表明,路由器 R3 学习到了 OSPF 的路由。

(6) 实验结果验证。

```
PC>ping 192.168.1.2
Pinging 192.168.1.2 with 32 bytes of data:
Request timed out.
Reply from 192.168.1.2: bytes=32 time=188ms TTL=125
Reply from 192.168.1.2: bytes=32 time=172ms TTL=125
Reply from 192.168.1.2: bytes=32 time=172ms TTL=125
Ping statistics for 192.168.1.2:
    Packets: Sent =4, Received =3, Lost =1 (25% loss),
Approximate round trip times in milli-seconds:
    Minimum =172ms, Maximum =188ms, Average =177ms
PC>
```

通过信息工程系的一台计算机 PC1 ping 工商管理系的一台计算机 PC3,结果是连通的。说明信息工程系和工商管理系的网络通过动态路由协议的重分发而起作用,结果整个网络是互联互通的。

第7章　三层交换、VLAN间通信及DHCP技术

7.1　实验一：利用路由器实现VLAN间通信

实验要求

构建如图7.1所示网络拓扑结构图。拓扑中各设备的具体IP地址规划见表7.1。实验要求利用路由器实现不同VLAN间主机的相互通信。该实验在Packet Tracer仿真环境下完成。

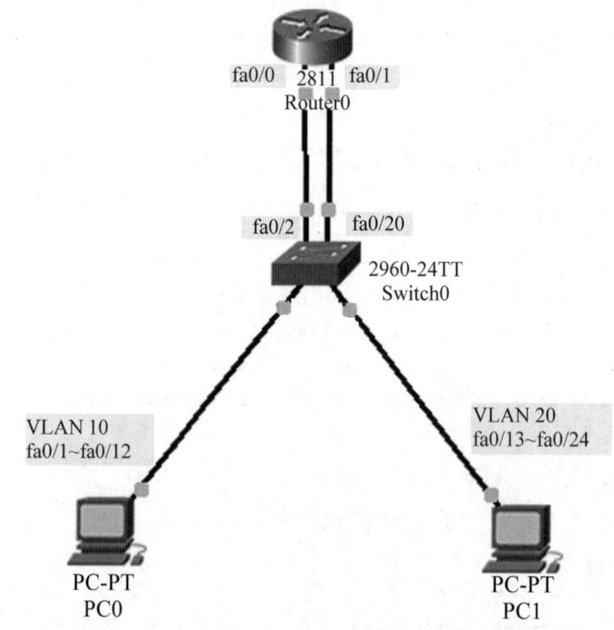

图7.1　将路由器与交换机上的每个VLAN分别连接网络拓扑

表7.1　IP地址规划

设　备	接　　口	IP地址	子网掩码	默认网关
路由器	fa0/0	192.168.10.1	255.255.255.0	/
	fa0/1	192.168.20.1	255.255.255.0	/
PC0	网卡	192.168.10.100	255.255.255.0	192.168.10.1
PC1	网卡	192.168.20.200	255.255.255.0	192.168.20.1

实验过程

(1) 配置两台计算机的网络参数，如图7.2和图7.3所示。

(2) 对交换机进行配置，具体配置过程如下。

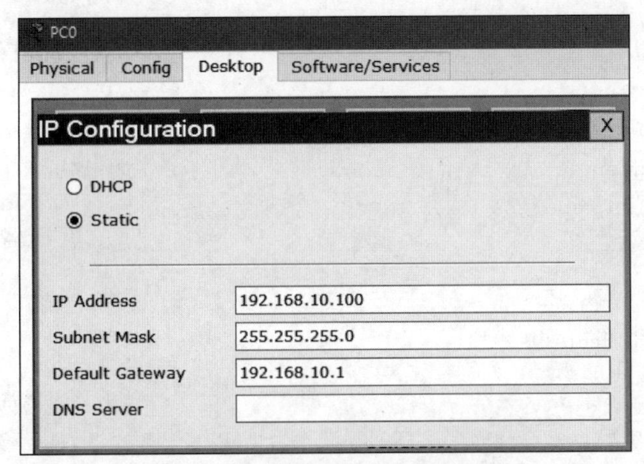

图 7.2　计算机 PC0 网络参数配置

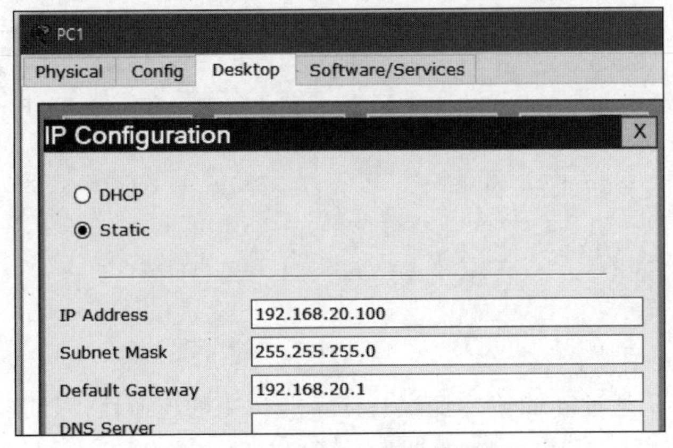

图 7.3　计算机 PC1 网络参数配置

```
Switch(config)#hostname S1                                  //为交换机命名
S1(config)#vlan 10                                          //创建 VLAN 10
S1(config-vlan)#vlan 20                                     //创建 VLAN 20
S1(config-vlan)#exit                                        //退出
S1(config)#interface range fastEthernet 0/1 -12             //进入交换机端口 fa0/1～fa0/12
S1(config-if-range)#switchport access vlan 10
                                                  //将端口 fa0/1～fa0/12 划分到 VLAN 10 中
S1(config-if-range)#exit                                    //退出
S1(config)#interface range fastEthernet 0/13 -24            //进入交换机端口 fa0/13～fa0/24
S1(config-if-range)#switchport access vlan 20
                                                  //将端口 fa0/13～fa0/24 划分到 VLAN 20 中
S1(config-if-range)#exit                                    //退出
```

(3) 配置路由器端口参数。

```
Router(config)#hostname R1                                  //为路由器命名
R1(config)#interface fastEthernet 0/0                       //进入路由器端口 fa0/0
```

```
R1(config-if)#ip address 192.168.10.1 255.255.255.0
                                                    //为路由器端口 fa0/0 配置 IP 地址
R1(config-if)#no shu                                //激活
R1(config-if)#exit                                  //退出
R1(config)#interface fastEthernet 0/1               //进入路由器端口 fa0/1
R1(config-if)#ip address 192.168.20.1 255.255.255.0
                                                    //为路由器端口 fa0/1 配置 IP 地址
R1(config-if)#no shu                                //激活
```

(4) 查看路由器路由表。

```
R1#show ip route                                    //查看路由器路由表
Codes: C -connected, S -static, I -IGRP, R -RIP, M -mobile, B -BGP
       D -EIGRP, EX -EIGRP external, O -OSPF, IA -OSPF inter area
       N1 -OSPF NSSA external type 1, N2 -OSPF NSSA external type 2
       E1 -OSPF external type 1, E2 -OSPF external type 2, E -EGP
       i -IS-IS, L1 -IS-IS level-1, L2 -IS-IS level-2, ia -IS-IS inter area
       * -candidate default, U -per-user static route, o -ODR
       P -periodic downloaded static route
Gateway of last resort is not set
C    192.168.10.0/24 is directly connected, FastEthernet0/0
C    192.168.20.0/24 is directly connected, FastEthernet0/1
R1#
```

(5) 测试网络连通性。

在计算机 PC0 上通过 ping 命令测试与计算机 PC1 的连通性,测试结果如图 7.4 所示。图 7.4 中的 TTL 值为 127(128－1),表明经过了一台路由器,要减 1。另外,从图 7.4 中可以看出,处于不同 VLAN 的两台计算机之间通过路由器可以互相访问。

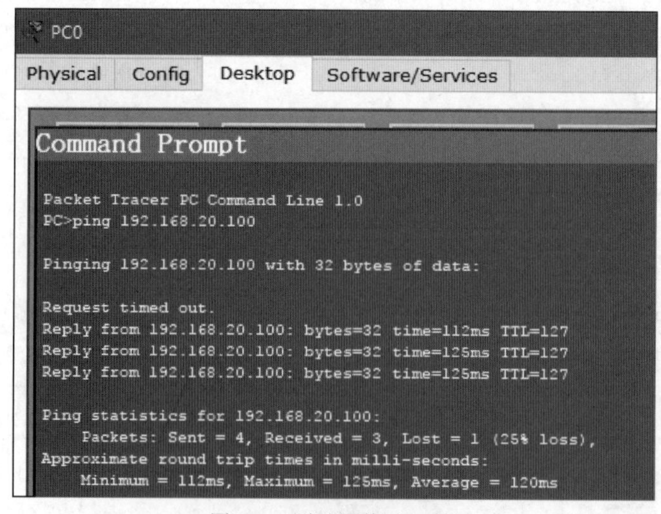

图 7.4　测试网络连通性

7.2　实验二：配置单臂路由

实验要求 1

构建如图 7.5 所示的网络拓扑结构，要求使用单臂路由实现网络的互联互通。该实验在 Packet Tracer 仿真环境下完成。

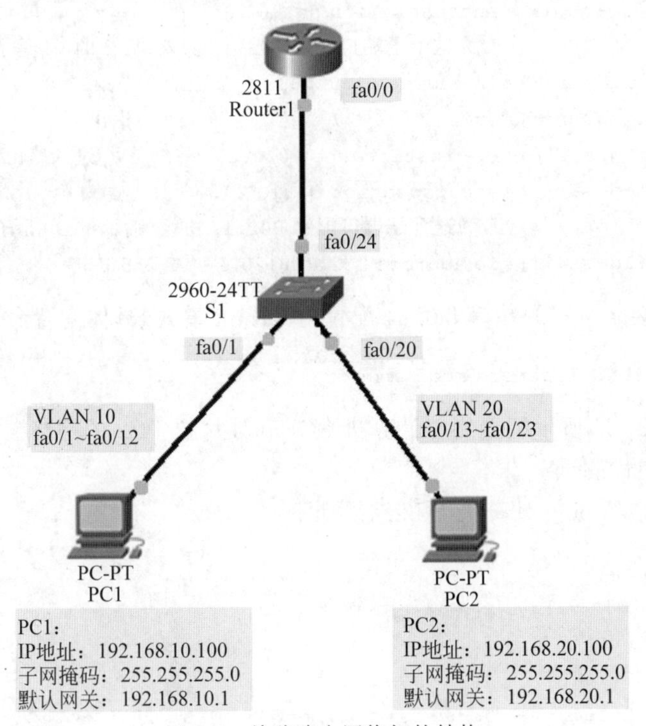

图 7.5　单臂路由网络拓扑结构

实验过程

(1) 对交换机进行配置。

将交换机端口 fa0/1～fa0/12 划分到 VLAN 10 中，交换机端口 fa0/13～fa0/23 划分到 VLAN 20 中。

```
Switch(config)#hostname S1                         //为交换机命名
S1(config)#vlan 10                                 //为交换机创建 VLAN 10
S1(config-vlan)#vlan 20                            //为交换机创建 VLAN 20
S1(config-vlan)#exit                               //退出
S1(config)#interface range fastEthernet 0/1 -12    //进入交换机端口 fa0/1～fa0/12
S1(config-if-range)#switchport access vlan 10
                                         //将端口 fa0/1～fa0/12 划分到 VLAN 10 中
S1(config-if-range)#exit                           //退出
S1(config)#interface range fastEthernet 0/13 -23   //进入交换机端口 fa0/13～fa0/23
S1(config-if-range)#switchport access vlan 20
                                        //将端口 fa0/13～fa0/23 划分到 VLAN 20 中
S1(config-if-range)#exit                           //退出
```

(2) 对路由器进行配置。

```
Router(config)#hostname Router1                          //为路由器命名
Router1(config)#interface fastEthernet 0/0               //进入路由器端口 fa0/0
Router1(config-if)#no shu                                //激活
Router1(config-if)#exit                                  //退出
Router1(config)#interface fastEthernet 0/0.10            //进入路由器 fa0/0 子端口
Router1(config-subif)#encapsulation dot1Q 10
                    //为这个子端口配置 802.1Q 协议,后面的 10 是子端口连接的 VLAN 号
Router1(config-subif)#ip address 192.168.10.1 255.255.255.0  //配置 IP 地址
Router1(config-subif)#exit                               //退出
Router1(config)#interface fastEthernet 0/0.20            //进入路由器 fa0/0 另一子端口
Router1(config-subif)#encapsulation dot1Q 20
                    //为这个子端口配置 802.1Q 协议,后面的 20 是子端口连接的 VLAN 号
Router1(config-subif)#ip address 192.168.20.1 255.255.255.0  //配置 IP 地址
```

将交换机连接路由器的端口 fa0/24 配置为 Trunk 模式,具体配置命令如下。

```
S1(config-if)#switchport mode trunk
```

(3) 按照如图 7.5 所示配置终端计算机 PC1 和计算机 PC2 的网络参数。

(4) 网络连通性测试。

通过计算机 PC1 ping 计算机 PC2 结果如下。

```
PC>ping 192.168.20.100
Pinging 192.168.20.100 with 32 bytes of data:
Request timed out.
Reply from 192.168.20.100: bytes=32 time=125ms TTL=127
Reply from 192.168.20.100: bytes=32 time=54ms TTL=127
Reply from 192.168.20.100: bytes=32 time=10ms TTL=127
Ping statistics for 192.168.20.100:
    Packets: Sent =4, Received =3, Lost =1 (25% loss),
Approximate round trip times in milli-seconds:
    Minimum =10ms, Maximum =125ms, Average =63ms
PC>
```

结果表明,网络是连通的。

实验要求 2

构建如图 7.6 所示的网络拓扑结构,要求使用单臂路由实现网络的互联互通。该实验在 Packet Tracer 仿真环境下完成。

实验过程

如图 7.6 所示为利用单臂路由实现 VLAN 间通信综合实验拓扑图,该拓扑结构在图 7.5 的基础上增加了一个同样的拓扑,然后将这两个拓扑互连起来。左边部分配置见本单元单臂路由配置实验要求 1,右边部分配置如下。

(1) 对交换机进行配置。

在交换机上划分 VLAN,将交换机端口 fa0/1~fa0/12 划分到 VLAN 30 中,交换机端

口 fa0/13～fa0/23 划分到 VLAN 40 中。

```
Switch(config)#hostname S2                          //为交换机命名
S1(config)#vlan 30                                  //为交换机创建 VLAN 30
S1(config-vlan)#vlan 40                             //为交换机创建 VLAN 40
S1(config-vlan)#exit                                //退出
S1(config)#interface range fastEthernet 0/1 -12     //进入交换机端口 fa0/1～fa0/12
S1(config-if-range)#switchport access vlan 30
                                            //将端口 fa0/1～fa0/12 划分到 VLAN 30 中
S1(config-if-range)#exit                            //退出
S1(config)#interface range fastEthernet 0/13 -23
                                            //进入交换机端口 fa0/13～fa0/23 中
S1(config-if-range)#switchport access vlan 40
                                            //将端口 fa0/13～fa0/23 划分到 VLAN 40 中
S1(config-if-range)#exit                            //退出
```

(2) 配置路由器。

```
Router(config)#hostname Router1                     //为路由器命名
Router1(config)#interface fastEthernet 0/0          //进入路由器端口 fa0/0
Router1(config-if)#no shu                           //激活
Router1(config-if)#exit                             //退出
Router1(config)#interface fastEthernet 0/0.30       //进入路由器子端口 fa0/0
Router1(config-subif)#encapsulation dot1Q 30
//为这个端口配置 IEEE 802.1Q 协议,后面的 30 是子端口连接的 VLAN 号
Router1(config-subif)#ip address 192.168.30.1 255.255.255.0  //配置 IP 地址
Router1(config-subif)#exit                          //退出
Router1(config)#interface fastEthernet 0/0.40       //进入路由器 fa0/0 另一子端口
Router1(config-subif)#encapsulation dot1Q 40
//为这个端口配置 IEEE 802.1Q 协议,后面的 40 是子端口连接的 VLAN 号
Router1(config-subif)#ip address 192.168.40.1 255.255.255.0  //配置 IP 地址
```

将交换机连接路由器的端口 fa0/24 配置为 Trunk 模式,具体配置命令如下。

```
S1(config-if)#switchport mode trunk
```

(3) 按照如图 7.6 所示配置终端计算机 PC3 和计算机 PC4 的网络参数。

(4) 最后进行网络连通性测试,通过计算机 PC1 ping 计算机 PC2 的结果如下。

```
PC>ping 192.168.40.100
Pinging 192.168.20.100 with 32 bytes of data:
Request timed out.
Reply from 192.168.20.100: bytes=32 time=125ms TTL=127
Reply from 192.168.20.100: bytes=32 time=54ms TTL=127
Reply from 192.168.20.100: bytes=32 time=10ms TTL=127
Ping statistics for 192.168.20.100:
    Packets: Sent =4, Received =3, Lost =1 (25% loss),
Approximate round trip times in milli-seconds:
```

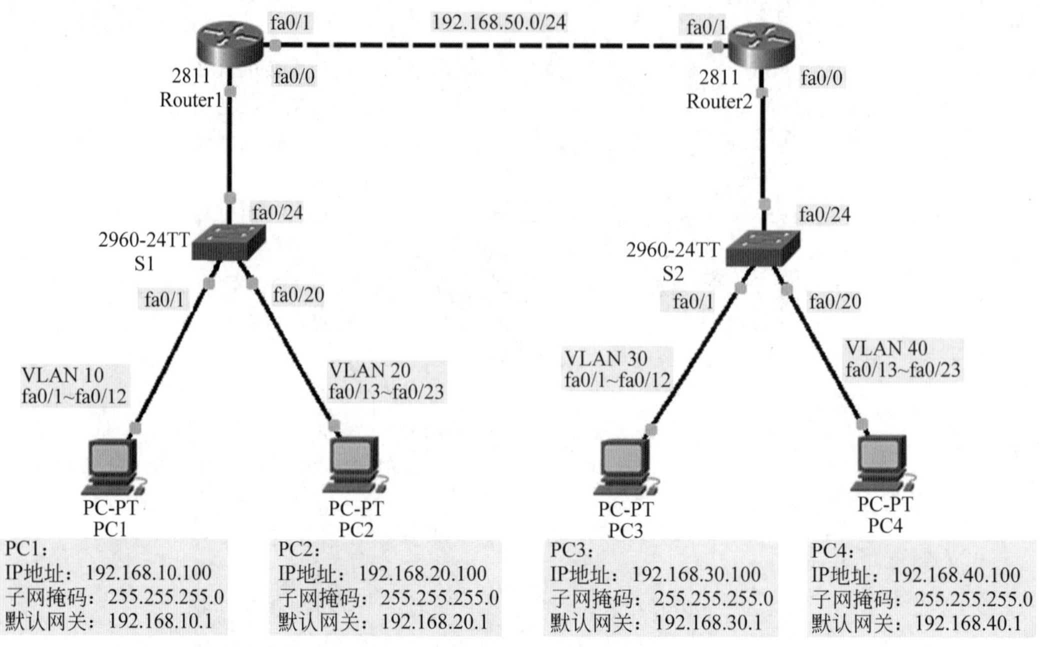

图 7.6　利用单臂路由实现 VLAN 间通信综合实验拓扑结构

```
    Minimum = 10ms, Maximum = 125ms, Average = 63ms
PC>
```

结果表明,网络是连通的。

(5) 配置两台路由器,使整个网络互联互通。

首先,配置路由器 Router1。

```
Router1(config)#interface fastEthernet 0/1                    //进入路由器端口 fa0/1
Router1(config-if)#ip address 192.168.50.1 255.255.255.0     //配置 IP 地址
Router1(config-if)#no shu                                      //激活
```

其次,启用动态路由协议 RIP。

```
Router1(config)#router rip                                     //启用动态路由协议 RIPv1
Router1(config-router)#network 192.168.10.0
                                    //宣告 RIP 要通告的网络,在该网络端口上启用 RIP 进程
Router1(config-router)#network 192.168.20.0
                                    //宣告 RIP 要通告的网络,在该网络端口上启用 RIP 进程
Router1(config-router)#network 192.168.50.0
                                    //宣告 RIP 要通告的网络,在该网络端口上启用 RIP 进程
Router1(config-router)#
```

第三,配置路由器 Router2。

```
Router2(config)#interface fastEthernet 0/1                    //进入路由器端口 fa0/1
Router2(config-if)#ip address 192.168.50.2 255.255.255.0     //配置 IP 地址
Router2(config-if)#no shu                                      //激活
```

第四，启用动态路由协议 RIP。

```
Router2(config)#router rip                              //启用动态路由协议 RIPv1
Router2(config-router)#network 192.168.10.0
                                    //宣告 RIP 要通告的网络，在该网络端口上启用 RIP 进程
Router2(config-router)#network 192.168.20.0
                                    //宣告 RIP 要通告的网络，在该网络端口上启用 RIP 进程
Router2(config-router)#network 192.168.50.0
                                    //宣告 RIP 要通告的网络，在该网络端口上启用 RIP 进程
Router2(config-router)#
```

第五，测试网络连通性。

```
PC>ping 192.168.40.100
Pinging 192.168.40.100 with 32 bytes of data:
Reply from 192.168.40.100: bytes=32 time=130ms TTL=126
Reply from 192.168.40.100: bytes=32 time=70ms TTL=126
Reply from 192.168.40.100: bytes=32 time=43ms TTL=126
Reply from 192.168.40.100: bytes=32 time=40ms TTL=126
```

结果表明，网络是连通的。

7.3　实验三：配置三层交换机实现 VLAN 间通信

实验要求 1

构建如图 7.7 所示的网络拓扑结构，该拓扑结构由一台三层交换机和两台计算机组成，计算机 PC0 属于 VLAN 10，IP 地址为 192.168.1.100，默认网关为 192.168.1.1，计算机 PC1 属于 VLAN 20，IP 地址为 192.168.2.100，默认网关为 192.168.2.1。计算机 PC0 连接交换机的端口 fa0/1，计算机 PC1 连接交换机的端口 fa0/20。计算机 PC0 和计算机 PC1 属于两个不同的 VLAN。实验要求利用三层交换机实现 VLAN 间通信。该实验在 Packet Tracer 仿真环境下完成。

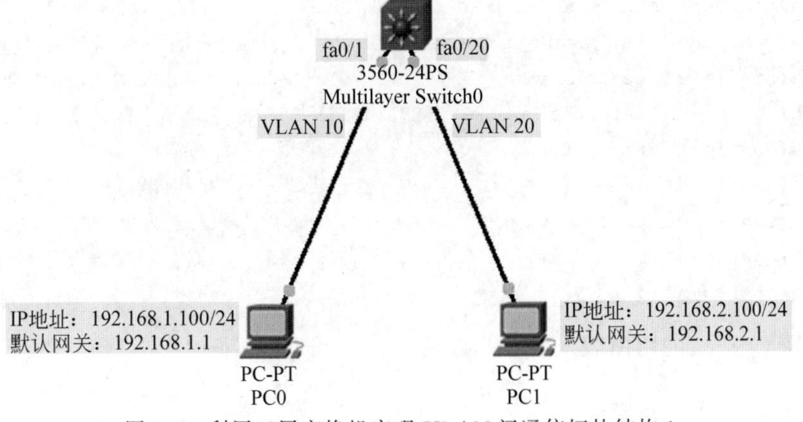

图 7.7　利用三层交换机实现 VLAN 间通信拓扑结构 1

实验过程

(1) 配置两台计算机的网络参数。

根据图 7.7 为计算机 PC0 配置网络参数,结果如图 7.8 所示,同样配置计算机 PC1。

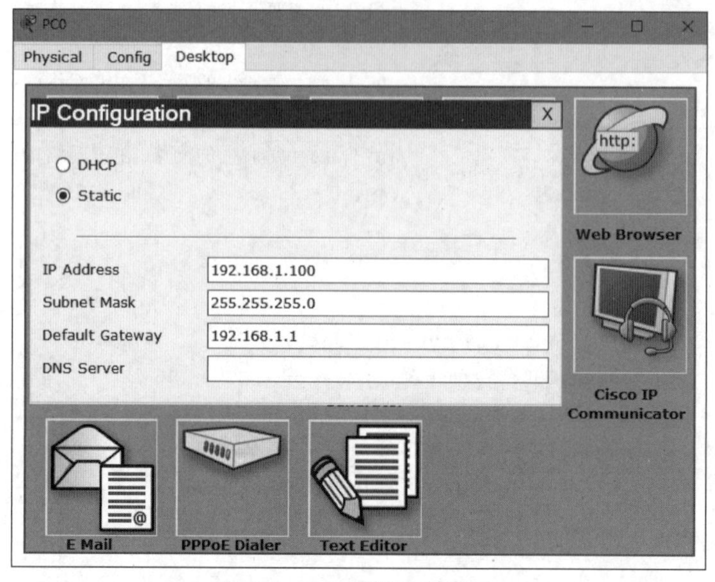

图 7.8 PC0 网络参数配置

(2) 配置交换机。

为交换机创建两个 VLAN,分别为 VLAN 10 和 VLAN 20,并且根据如图 7.7 所示将端口分配到相应的 VLAN 中。

```
Switch(config)#vlan 10                                        //创建 VLAN 10
Switch(config-vlan)#vlan 20                                   //创建 VLAN 20
Switch(config-vlan)#exit                                      //退出
Switch(config)#interface fastEthernet 0/1                     //进入交换机端口 fa0/1
Switch(config-if)#switchport access vlan 10                   //将端口 fa0/1 划分到 VLAN 10 中
Switch(config-if)#exit                                        //退出
Switch(config)#interface fastEthernet 0/20                    //进入交换机端口 fa0/20
Switch(config-if)#switchport access vlan 20                 //将端口 fa0/20 划分到 VLAN 20 中
Switch(config)#interface vlan 10                              //进入 VLAN 端口模式
Switch(config-if)#ip address 192.168.1.1 255.255.255.0    //配置 IP 地址
Switch(config-if)#no shu                                      //激活
Switch(config-if)#exit                                        //退出
Switch(config)#interface vlan 20                              //进入 VLAN 端口模式
Switch(config-if)#ip address 192.168.2.1 255.255.255.0    //配置 IP 地址
Switch(config-if)#no shu                                      //激活
```

(3) 查看交换机的路由表。

```
Switch#show ip route
Codes: C - connected, S - static, I - IGRP, R - RIP, M - mobile, B - BGP
       D - EIGRP, EX - EIGRP external, O - OSPF, IA - OSPF inter area
```

```
       N1 -OSPF NSSA external type 1, N2 -OSPF NSSA external type 2
       E1 -OSPF external type 1, E2 -OSPF external type 2, E -EGP
       i -IS-IS, L1 -IS-IS level-1, L2 -IS-IS level-2, ia -IS-IS inter area
       * -candidate default, U -per-user static route, o -ODR
       P -periodic downloaded static route
Gateway of last resort is not set
C    192.168.1.0/24 is directly connected, vlan10
C    192.168.2.0/24 is directly connected, vlan20
```

结果表明，出现两条直连路由。

(4) 测试网络连通性。

从计算机 PC0 ping 计算机 PC1 来测试网络连通性，结果如下。

```
PC>ping 192.168.2.100
Pinging 192.168.2.100 with 32 bytes of data:
Reply from 192.168.2.100: bytes=32 time=7ms TTL=127
Reply from 192.168.2.100: bytes=32 time=8ms TTL=127
Reply from 192.168.2.100: bytes=32 time=11ms TTL=127
Reply from 192.168.2.100: bytes=32 time=11ms TTL=127
Ping statistics for 192.168.2.100:
    Packets: Sent =4, Received =4, Lost =0 (0% loss),
Approximate round trip times in milli-seconds:
    Minimum =7ms, Maximum =11ms, Average =9ms
PC>
```

实验结果表明，网络是连通的。

实验要求 2

构建如图 7.9 所示的网络拓扑结构，要求使用三层交换机实现网络互联互通。该实验在 Packet Tracer 仿真环境下完成。

实验过程

(1) 配置二层交换机 Switch1。

```
Switch>en                                            //进入特权模式
Switch#config t                                      //进入全局配置模式
Switch(config)#hostname Switch1                      //为交换机命名
Switch1(config)#vlan 10                              //创建 VLAN 10
Switch1(config-vlan)#vlan 20                         //创建 VLAN 20
Switch1(config-vlan)#exit                            //退出
Switch1(config-if-range)#interface range fastEthernet 0/1-12
                                                    //进入交换机端口 fa0/1～fa0/12
Switch1(config-if-range)#switchport access vlan 10   //将端口划分到 VLAN 10 中
Switch1(config-if-range)#exit                        //退出
Switch1(config)#interface range fastEthernet 0/13-24
                                                    //进入交换机端口 fa0/13～fa0/24
Switch1(config-if-range)#switchport access vlan 20   //将端口划分到 VLAN 20 中
Switch1(config-if-range)#exit                        //退出
```

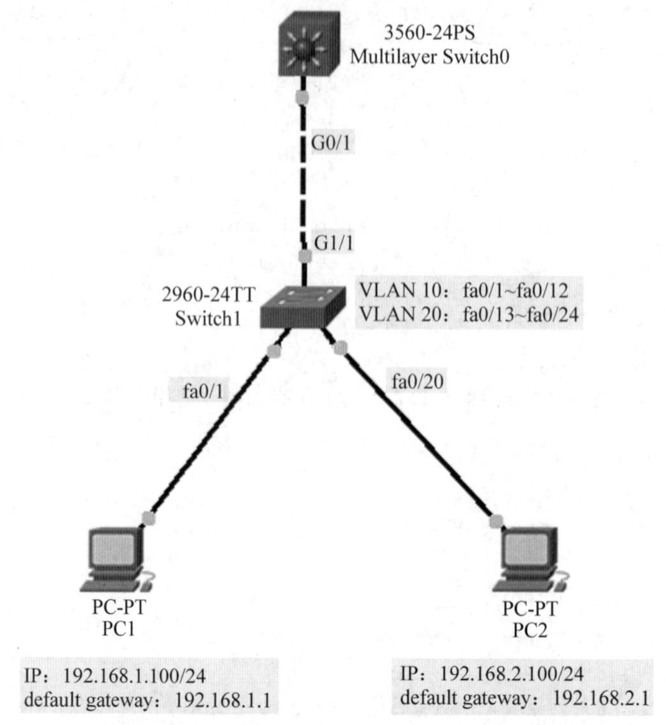

图 7.9　三层交换机实现 VLAN 间通信拓扑结构 2

(2) 配置三层交换机 Switch0。

```
Switch>en                                             //进入特权模式
Switch#config t                                       //进入全局配置模式
Switch(config)#vlan 10                                //创建 VLAN 10
Switch(config-vlan)#exit                              //退出
Switch(config)#vlan 20                                //创建 VLAN 20
Switch(config-vlan)#exit                              //退出
Switch(config)#interface vlan 10                      //进入虚拟端口 VLAN 10
Switch(config-if)#ip address 192.168.1.1 255.255.255.0  //配置 IP 地址
Switch(config-if)#no shu                              //激活
Switch(config-if)#exit                                //退出
Switch(config)#interface vlan 20                      //进入虚拟端口 VLAN 20
Switch(config-if)#ip address 192.168.2.1 255.255.255.0  //配置 IP 地址
Switch(config-if)#no shu                              //激活
Switch(config-if)#exit                                //退出
```

(3) 将两台交换机之间连接端口配置成 Trunk 模式。

首先，配置三层交换机。

```
Switch(config)#interface gigabitEthernet 0/1          //进入交换机端口 G0/1
Switch(config-if)#switchport trunk encapsulation dot1q //将端口封装成 dot1q
Switch(config-if)#switchport mode trunk               //将端口配置成 Trunk 模式
```

其次，配置二层交换机。

```
Switch1(config)#interface gigabitEthernet 1/1          //进入交换机端口 G1/1
Switch1(config-if)#switchport mode trunk               //将端口配置成 Trunk 模式
Switch1(config-if)#
```

(4) 配置两台终端主机网络参数信息。

(5) 测试网络连通性。

```
PC>ping 192.168.2.100
Pinging 192.168.2.100 with 32 bytes of data:
Reply from 192.168.2.100: bytes=32 time=102ms TTL=127
Reply from 192.168.2.100: bytes=32 time=125ms TTL=127
Reply from 192.168.2.100: bytes=32 time=92ms TTL=127
Reply from 192.168.2.100: bytes=32 time=93ms TTL=127
```

实验结果表明，网络是连通的。

实验要求 3

构建如图 7.10 所示的网络拓扑结构，该拓扑结构由 4 台二层交换机和 2 台三层交换机组成，其中，每台二层交换机划分为两个 VLAN，交换机 SW1 划分为 VLAN 10 和 VLAN 20，VLAN 10 的网络地址为 192.168.1.0/24，VLAN 20 的网络地址为 192.168.2.0/24；交换机 SW2 划分为 VLAN 30 和 VLAN 40，VLAN 30 的网络地址为 192.168.3.0/24，VLAN 40 的网络地址为 192.168.4.0/24；交换机 SW3 划分为 VLAN 50 和 VLAN 60，VLAN 50 的网络地址为 192.168.5.0/24，VLAN 60 的网络地址为 192.168.6.0/24；交换机 SW4 划分为 VLAN 70 和 VLAN 80，VLAN 70 的网络地址为 192.168.7.0/24，VLAN 80 的网络地址为 192.168.8.0/24。终端计算机的网络地址规划见表 7.2，要求使用三层交换机实现网络的互联互通。该实验在 Packet Tracer 仿真环境下完成。

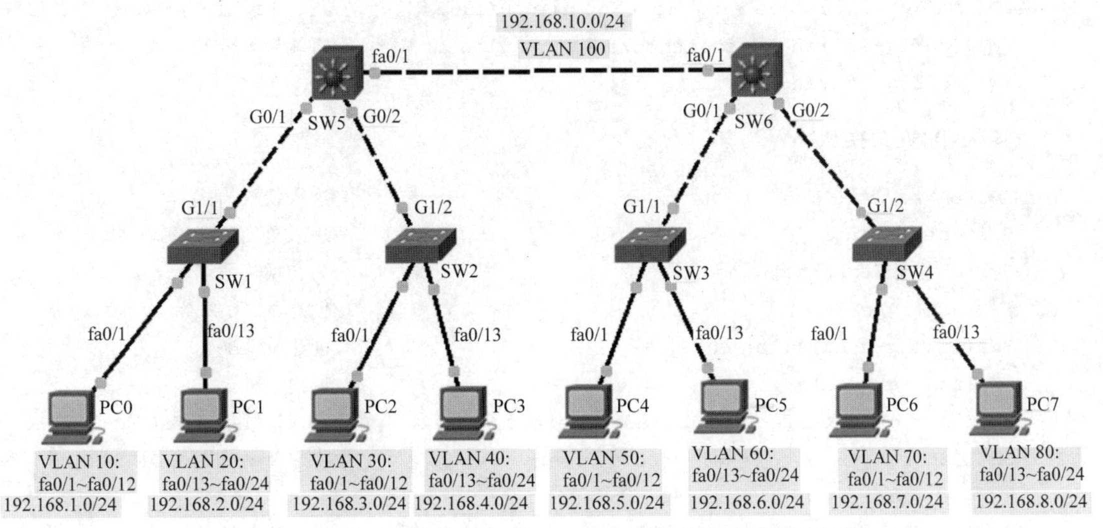

图 7.10　利用三层交换机实现 VLAN 间通信综合实验拓扑结构

表 7.2 图 7.10 中 8 台主机的网络参数配置

设 备	端 口	IP 地 址	子 网 掩 码	默 认 网 关
PC0	网卡	192.168.1.10	255.255.255.0	192.168.1.1
PC1	网卡	192.168.2.10	255.255.255.0	192.168.2.1
PC2	网卡	192.168.3.10	255.255.255.0	192.168.3.1
PC3	网卡	192.168.4.10	255.255.255.0	192.168.4.1
PC4	网卡	192.168.5.10	255.255.255.0	192.168.5.1
PC5	网卡	192.168.6.10	255.255.255.0	192.168.6.1
PC6	网卡	192.168.7.10	255.255.255.0	192.168.7.1
PC7	网卡	192.168.8.10	255.255.255.0	192.168.8.1

实验过程

(1) 对二层交换机进行基本配置。

首先,配置交换机 SW1。

```
Switch>en                                               //进入特权模式
Switch#config t                                         //进入全局配置模式
Switch(config)#hostname SW1                             //为交换机命名
SW1(config)#vlan 10                                     //创建虚拟局域网 VLAN 10
SW1(config-vlan)#vlan 20                                //创建虚拟局域网 VLAN 20
SW1(config-vlan)#exit                                   //退出
SW1(config)#interface range fastEthernet 0/1-12         //进入连续端口 fa0/1～fa0/12
SW1(config-if-range)#switchport access vlan 10          //将端口划分别 VLAN 10 中
SW1(config-if-range)#exit                               //退出
W1(config)#interface range fastEthernet 0/13-24         //进入连续端口 fa0/13～fa0/24
SW1(config-if-range)#switchport access vlan 20          //将端口划分别 VLAN 20 中
SW1(config-if-range)#
```

其次,配置交换机 SW2。

```
Switch>en                                               //进入特权模式
Switch#config t                                         //进入全局配置模式
Switch(config)#hostname SW2                             //为交换机命名
SW2(config)#vlan 30                                     //创建 VLAN 30
SW2(config-vlan)#vlan 40                                //创建 VLAN 40
SW2(config-vlan)#exit                                   //退出
SW2(config)#interface range fastEthernet 0/1-12         //进入连续端口 fa0/1～fa0/12
SW2(config-if-range)#switchport access vlan 30          //将端口划分别 VLAN 30 中
SW2(config-if-range)#exit                               //退出
SW2(config)#interface range fastEthernet 0/13-24        //进入连续端口 fa0/13～fa0/24
SW2(config-if-range)#switchport access vlan 40          //将端口划分别 VLAN 40 中
SW2(config-if-range)#
```

第三，配置交换机 SW3。

```
Switch>en                                                    //进入特权模式
Switch#config t                                              //进入全局配置模式
Switch(config)#hostname SW3                                  //为交换机命名
SW3(config)#vlan 50                                          //创建虚拟局域网 VLAN 50
SW3(config-vlan)#vlan 60                                     //创建虚拟局域网 VLAN 60
SW3(config-vlan)#exit                                        //退出
SW3(config)#interface range fastEthernet 0/1-12              //进入连续端口 fa0/1～fa0/12
SW3(config-if-range)#switchport access vlan 50               //将端口划分别 VLAN 50 中
SW3(config-if-range)#exit                                    //退出
SW3(config)#interface range fastEthernet 0/13-24             //进入连续端口 fa0/13～fa0/24
SW3(config-if-range)#switchport access vlan 60               //将端口划分别 VLAN 60 中
SW3(config-if-range)#
```

第四，配置交换机 SW4。

```
Switch>en                                                    //进入特权模式
Switch#config t                                              //进入全局配置模式
Switch(config)#hostname SW4                                  //为交换机命名
SW4(config)#vlan 70                                          //创建虚拟局域网 VLAN 70
SW4(config-vlan)#vlan 80                                     //创建虚拟局域网 VLAN 80
SW4(config-vlan)#exit                                        //退出
SW4(config)#interface range fastEthernet 0/1-12              //进入连续端口 fa0/1～fa0/12
SW4(config-if-range)#switchport access vlan 70               //将端口划分别 VLAN 70 中
SW4(config-if-range)#exit                                    //退出
SW4(config)#interface range fastEthernet 0/13-24             //进入连续端口 fa0/13～fa0/24
SW4(config-if-range)#switchport access vlan 80               //将端口划分别 VLAN 80 中
SW4(config-if-range)#exit                                    //退出
SW4(config)#
```

(2) 对三层交换机进行基本配置。

首先，配置三层交换机 SW5。

```
Switch>en                                                    //进入特权模式
Switch#config t                                              //进入全局配置模式
Switch(config)#hostname SW5                                  //为交换机命名
SW5(config)#vlan 10                                          //创建虚拟局域网 VLAN 10
SW5(config-vlan)#vlan 20                                     //创建虚拟局域网 VLAN 20
SW5(config-vlan)#vlan 30                                     //创建虚拟局域网 VLAN 30
SW5(config-vlan)#vlan 40                                     //创建虚拟局域网 VLAN 40
SW5(config-vlan)#exit                                        //退出
SW5(config)#interface vlan 10                                //进入虚拟端口 VLAN 10
SW5(config-if)#ip address 192.168.1.1 255.255.255.0          //配置网络地址参数
SW5(config-if)#no shu
SW5(config-if)#exit
SW5(config)#interface vlan 20                                //进入虚拟端口 VLAN 20
```

```
SW5(config-if)#ip address 192.168.2.1 255.255.255.0       //配置网络地址参数
SW5(config-if)#no shu
SW5(config-if)#exit
SW5(config)#interface vlan 30                             //进入虚拟端口 VLAN 30
SW5(config-if)#ip address 192.168.3.1 255.255.255.0       //配置网络地址参数
SW5(config-if)#no shu
SW5(config-if)#exit
SW5(config)#interface vlan 40                             //进入虚拟端口 VLAN 40
SW5(config-if)#ip address 192.168.4.1 255.255.255.0       //配置网络地址参数
SW5(config-if)#no shu
SW5(config-if)#
```

其次,配置三层交换机 SW6。

```
Switch>en                                                 //进入特权模式
Switch#config t                                           //进入全局配置模式
Switch(config)#hostname SW6                               //为交换机命名
SW6(config)#vlan 50                                       //创建虚拟局域网 VLAN 50
SW6(config-vlan)#vlan 60                                  //创建虚拟局域网 VLAN 60
SW6(config-vlan)#vlan 70                                  //创建虚拟局域网 VLAN 70
SW6(config-vlan)#vlan 80                                  //创建虚拟局域网 VLAN 80
SW6(config-vlan)#exit
SW6(config)#interface vlan 50                             //进入虚拟端口 VLAN 50
SW6(config-if)#ip address 192.168.5.1 255.255.255.0       //配置网络地址参数
SW6(config-if)#no shu
SW6(config-if)#exit
SW6(config)#interface vlan 60                             //进入虚拟端口 VLAN 60
SW6(config-if)#ip address 192.168.6.1 255.255.255.0       //配置网络地址参数
SW6(config-if)#no shu
SW6(config-if)#exit
SW6(config)#interface vlan 70                             //进入虚拟端口 VLAN 70
SW6(config-if)#ip address 192.168.7.1 255.255.255.0       //配置网络地址参数
SW6(config-if)#no shu
SW6(config-if)#exit
SW6(config)#interface vlan 80                             //进入虚拟端口 VLAN 80
SW6(config-if)#ip address 192.168.8.1 255.255.255.0       //配置网络地址参数
SW6(config-if)#no shu
SW6(config-if)#
```

(3) 配置级联端口工作模式。

首先,将三层交换机和二层交换机之间的级联端口配置成 Trunk 模式。

三层交换机 SW5 与二层交换机 SW1 以及二层交换机 SW2 之间级联端口配置成 Trunk 模式的配置过程如下。

```
SW5>en                                                    //进入特权模式
SW5#config t                                              //进入全局配置模式
Enter configuration commands, one per line. End with CNTL/Z.
```

```
SW5(config)#interface range gigabitEthernet 0/1-2           //进入连续端口 g0/1-2
SW5(config-if-range)#switchport trunk encapsulation dot1q   //将端口封装成 dot1q
SW5(config-if-range)#switchport mode trunk                  //将端口配置成 Trunk 模式
SW5(config-if-range)#
```

二层交换机 SW1 的级联端口 G1/1 与二层交换机 SW2 的级联端口 G1/2 自适应成 Trunk 模式，可以不用配置。

其次，三层交换机 SW6 与二层交换机 SW3 以及 SW4 之间级联端口配置成 Trunk 模式的配置过程如下。

```
SW6(config)#interface range gigabitEthernet 0/1-2           //进入连续端口 g0/1-2
SW6(config-if-range)#switchport trunk encapsulation dot1q   //将端口封装成 dot1q
SW6(config-if-range)#switchport mode trunk                  //将端口配置成 Trunk 模式
SW6(config-if-range)#
```

二层交换机 SW3 的级联端口 G1/1 与二层交换机 SW4 的级联端口 G1/2 自适应成 Trunk 模式，可以不用配置。

经过以上的配置过程，可以利用三层交换机 SW5 实现 VLAN 10、VLAN 20、VLAN 30 以及 VLAN 40 这 4 个 VLAN 间的通信问题以及利用三层交换机 SW6 实现 VLAN 50、VLAN 60、VLAN 70 以及 VLAN 80 这 4 个 VLAN 间的通信问题。

（4）配置主机 IP 地址并进行网络连通性测试。

配置 8 台主机的网络参数见表 7.2。计算机 PC0 和计算机 PC3 的连通性测试结果如图 7.11 所示。

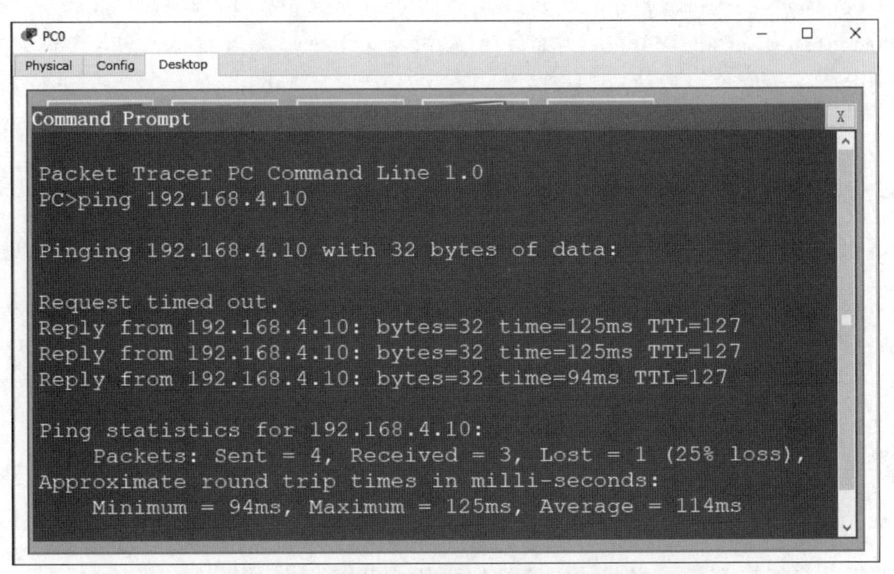

图 7.11　计算机 PC0 和计算机 PC3 连通性测试结果

同样进行计算机 PC4 与计算机 PC7 之间的连通性测试，结果是连通的。

以上只是解决同一台三层交换机相连的不同 VLAN 之间的通信问题，接下来解决三层交换机之间不同 VLAN 的通信问题。

(5) 配置两台三层交换机之间的 SVI 端口。

首先,对三层交换机 SW5 进行配置,创建 SVI 端口。

```
SW5>en                                              //进入特权模式
SW5#config t                                        //进入全局配置模式
SW5(config)#vlan 100                                //创建虚拟局域网 VLAN 100
SW5(config-vlan)#exit                               //退出
SW5(config)#interface vlan 100                      //进入虚拟端口 VLAN 100
SW5(config-if)#ip address 192.168.10.1 255.255.255.0   //配置网络地址参数
SW5(config-if)#no shu
```

其次,对三层交换机 SW6 进行配置,创建 SVI 端口。

```
SW6>en                                              //进入特权模式
SW6#config t                                        // 进入全局配置模式
SW6(config)#vlan 100                                //创建虚拟局域网 VLAN 100
SW6(config-vlan)#exit                               //退出
SW6(config)#interface vlan 100                      //进入虚拟端口 VLAN 100
SW6(config-if)#ip address 192.168.10.2 255.255.255.0   //配置网络地址参数
SW6(config-if)#no shu
```

(6) 在三层交换机上配置动态路由协议,使网络互联互通。

首先,在三层交换机 SW5 上配置动态路由协议 OSPF。

```
SW5(config)#router ospf 1                      //路由器启动 OSPF,其进程号为 1
SW5(config-router)#network 192.168.1.0 0.0.0.255 area 0
SW5(config-router)#network 192.168.2.0 0.0.0.255 area 0
SW5(config-router)#network 192.168.3.0 0.0.0.255 area 0
SW5(config-router)#network 192.168.4.0 0.0.0.255 area 0
SW5(config-router)#network 192.168.10.0 0.0.0.255 area 0
SW5(config-router)#
```

其次,在三层交换机 SW6 上配置动态路由协议 OSPF。

```
SW6(config)#router ospf 1                      //路由器启动 OSPF,其进程号为 1
SW6(config-router)#network 192.168.5.0 0.0.0.255 area 0
SW6(config-router)#network 192.168.6.0 0.0.0.255 area 0
SW6(config-router)#network 192.168.7.0 0.0.0.255 area 0
SW6(config-router)#network 192.168.8.0 0.0.0.255 area 0
SW6(config-router)#network 192.168.10.0 0.0.0.255 area 0
SW6(config-router)#
```

(7) 将两台三层交换机之间的级联端口配置成 Trunk 模式。

将三层交换机 SW5 的级联端口 fa0/1 配置成 Trunk 模式,三层交换机 SW6 的级联端口 fa0/1 的端口自适应成 Trunk 模式。

```
SW5(config)#interface fastEthernet 0/1                  //进入端口 fa0/1
SW5(config-if)#switchport trunk encapsulation dot1q     //将端口封装成 dot1q
```

```
SW5(config-if)#switchport mode trunk                    //将端口配置成 Trunk 模式
SW5(config-if)#
```

(8) 查看路由表并测试网络连通性。

首先,查看三层交换机 SW5 的路由表如图 7.12 所示。

```
SW5#show ip route
Codes: C - connected, S - static, I - IGRP, R - RIP, M - mobile, B - BGP
       D - EIGRP, EX - EIGRP external, O - OSPF, IA - OSPF inter area
       N1 - OSPF NSSA external type 1, N2 - OSPF NSSA external type 2
       E1 - OSPF external type 1, E2 - OSPF external type 2, E - EGP
       i - IS-IS, L1 - IS-IS level-1, L2 - IS-IS level-2, ia - IS-IS inter area
       * - candidate default, U - per-user static route, o - ODR
       P - periodic downloaded static route

Gateway of last resort is not set

C    192.168.1.0/24 is directly connected, Vlan10
C    192.168.2.0/24 is directly connected, Vlan20
C    192.168.3.0/24 is directly connected, Vlan30
C    192.168.4.0/24 is directly connected, Vlan40
O    192.168.5.0/24 [110/2] via 192.168.10.2, 00:01:44, Vlan100
O    192.168.6.0/24 [110/2] via 192.168.10.2, 00:01:44, Vlan100
O    192.168.7.0/24 [110/2] via 192.168.10.2, 00:01:44, Vlan100
O    192.168.8.0/24 [110/2] via 192.168.10.2, 00:01:44, Vlan100
C    192.168.10.0/24 is directly connected, Vlan100
SW5#
```

图 7.12　三层交换机 SW5 的路由表

其次,网络连通性测试结果如图 7.13 所示。

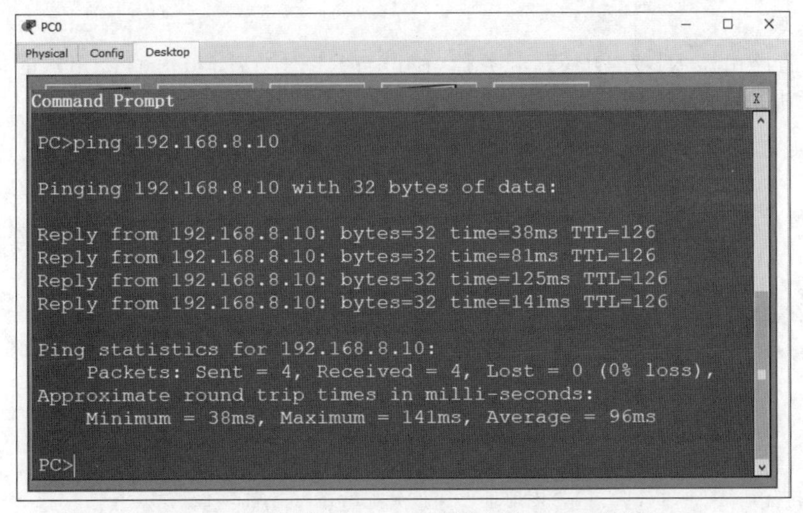

图 7.13　计算机 PC0 ping 测试主机 PC7 的结果

结果表明,整个网络互联互通。

7.4　实验四:配置 DHCP 服务器

实验要求:

构建如图 7.14 所示的网络拓扑结构,设两个不同的部门为信息工程系和工商管理系,这两个部门的终端计算机均通过路由器 R1 自动获得相关网络参数。两台路由器之间利用串口相连时需要在两台路由器上均添加广域网模块。

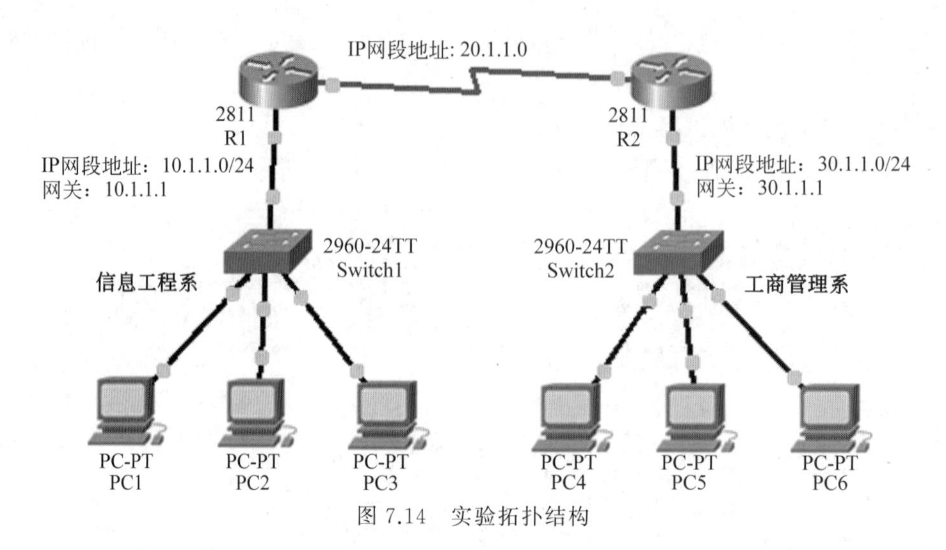

图 7.14　实验拓扑结构

规划信息工程系的 IP 网段地址为 10.1.1.0,网关地址为 10.1.1.1,该网关地址也就是路由器 R1 的端口 fa0/0 的地址。工商管理系的 IP 网段地址为 30.1.1.0,网关地址为 30.1.1.1,该网关地址就是路由器 R2 的端口 fa0/0 的地址。两台路由器之间的网络地址为 20.1.1.0,该地址通过手工设置。实验要求信息工程系和工商管理系的终端计算机的网络地址信息通过 DHCP 服务器自动获得。该实验在 Packet Tracer 仿真环境下完成。

实验过程

(1) 配置路由器 R1 为 DHCP 服务器,使得与 R1 的端口 fa0/0 直接相连的信息工程系网络自动获得 IP 配置信息。

首先,配置路由器 R1。

```
Router>en                                          //进入特权模式
Router#config t                                    //进入全局配置模式
Router(config)#hostname R1                         //为路由器命名
R1(config)#interface fastEthernet 0/0              //进入路由器端口 fa0/0
R1(config-if)#ip address 10.1.1.1 255.255.255.0    //配置 IP 地址
R1(config-if)#no shu                               //激活
R1(config-if)#exit                                 //退出
R1(config)#ip dhcp excluded-address 10.1.1.1
//设置排除地址 10.1.1.1,因为该地址已经被分配给路由器端口 fa0/0
R1(config)#ip dhcp pool xinxi                      //定义 DHCP 地址池名称为 xinxi
R1(dhcp-config)#default-router 10.1.1.1            //设置默认网关地址
R1(dhcp-config)#dns-server 10.1.1.254              //设置 DNS 服务器地址
R1(dhcp-config)#network 10.1.1.0 255.255.255.0     //设置可分配的网络地址范围
```

通过以上的配置,路由器 R1 就具有了 DHCP 服务器的功能,可以分配 IP 地址。

其次,测试实验结果。

① 单击需要获得 IP 地址的终端计算机,在弹出的窗口中选择 Desktop。

② 在 Desktop 窗口中有两个选项,分别为 DHCP 和 Static,选择 DHCP。当出现 "DHCP request successful"信息时,说明已成功获得 IP 地址,结果如图 7.15 所示。

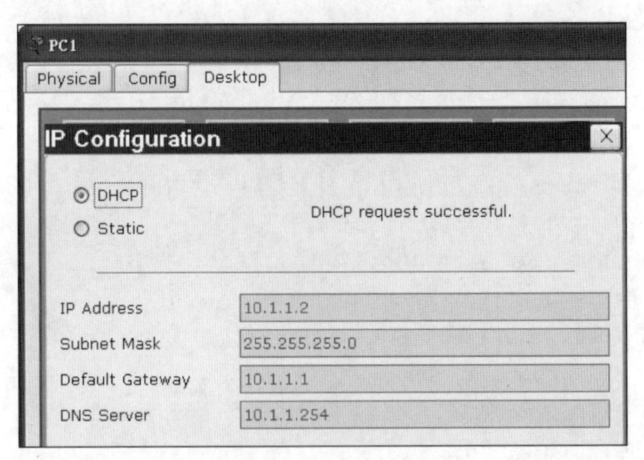

图 7.15　信息工程系计算机成功获得 IP 地址的窗口

(2) 配置路由器动态路由协议,使整个网络互联互通。

首先,对路由器 R1 进行配置。

```
R1>en                                          //进入特权模式
R1#config t                                    //进入全局配置模式
R1(config)#interface serial 0/0/0              //进入路由器端口 s0/0/0
R1(config-if)#ip address 20.1.1.1 255.255.255.0  //配置 IP 地址
R1(config-if)#no shu                           //激活
R1(config-if)#clock rate 64000                 //配置时钟频率
R1(config-if)#exit                             //退出
```

其次,对路由器 R2 进行配置。

```
Router>en                                      //进入特权模式
Router#config t                                //进入全局配置模式
Router(config)#hostname R2                     //为路由器命名
R2(config)#interface serial 0/0/0              //进入路由器 R2 的端口 s0/0/0
R2(config-if)#ip address 20.1.1.2 255.255.255.0  //配置 IP 地址
R2(config-if)#no shu                           //激活
R2(config-if)#exit                             //退出
R2(config)#interface fastEthernet 0/0          //进入路由器端口 fa0/0
R2(config-if)#ip address 30.1.1.1 255.255.255.0  //配置 IP 地址
R2(config-if)#no shu                           //激活
```

第三,运行动态路由协议,使网络互联互通。

```
R1(config)#router rip                          //运行动态路由协议(RIP)
R1(config-router)#version 2                    //运行动态路由协议(RIP)的版本 2
R1(config-router)#no auto-summary              //取消自动汇总功能
R1(config-router)#network 10.0.0.0             //宣告网络 10.0.0.0
R1(config-router)#network 20.0.0.0             //宣告网络 20.0.0.0
R2(config)#router rip                          //运行动态路由协议(RIP)
R2(config-router)#version 2                    //运行动态路由协议(RIP)的版本 2
R2(config-router)#no auto-summary              //取消自动汇总功能
```

```
R2(config-router)#network 20.0.0.0                    //宣告网络 20.0.0.0
R2(config-router)#network 30.0.0.0                    //宣告网络 30.0.0.0
```

第四,通过查看路由表,确保整个网络互联互通。

```
R1#show ip route
    10.0.0.0/24 is subnetted, 1 subnets
C      10.1.1.0 is directly connected, FastEthernet0/0
    20.0.0.0/24 is subnetted, 1 subnets
C      20.1.1.0 is directly connected, Serial0/0/0
    30.0.0.0/24 is subnetted, 1 subnets
R      30.1.1.0 [120/1] via 20.1.1.2, 00:00:01, Serial0/0/0
R2#show ip route
    10.0.0.0/24 is subnetted, 1 subnets
R      10.1.1.0 [120/1] via 20.1.1.1, 00:00:03, Serial0/0/0
    20.0.0.0/24 is subnetted, 1 subnets
C      20.1.1.0 is directly connected, Serial0/0/0
    30.0.0.0/24 is subnetted, 1 subnets
C      30.1.1.0 is directly connected, FastEthernet0/0
```

可以看出,路由器 R1 和路由器 R2 均通过动态路由协议(RIP)获得了动态路由条目,可以确定整个网络是互联互通的。

(3) 配置路由器 R1 的 DHCP 服务器,使工商管理系网络的终端计算机能够自动获得网络配置信息。

```
R1#config t                                          //进入全局配置模式
R1(config)#ip dhcp pool gongshang               //设置 DHCP 地址池的名称为 gongshang
R1(config)#ip dhcp excluded-address 30.1.1.1
//设置排除地址 30.1.1.1,因为该地址已经被分配给路由器端口 fa0/0
R1(dhcp-config)#default-router 30.1.1.1              //设置默认网关地址
R1(dhcp-config)#dns-server 10.1.1.254                //设置 DNS 服务器的地址
R1(dhcp-config)#network 30.1.1.0 255.255.255.0       //设置可分配的网络的网络地址
R2#config t                                          //进入特权模式
R2(config)#interface fastEthernet 0/0                //进入路由器 R2 端口 fa0/0
R2(config-if)#ip helper-address 20.1.1.1             //设置帮助地址
```

通过以上过程的设置,路由器 R1 同时具有为工商管理系的计算机分配 IP 地址的功能。具体验证过程如下:①单击需要获得 IP 地址的工商管理系的一台终端计算机,在弹出的窗口中选择 Desktop;②在 Desktop 选项卡中有两个选项,分别为 DHCP 和 Static,选择 DHCP。当出现 DHCP request successful 信息时,说明已成功获得 IP 地址。结果如图 7.16 所示。

(4) 网络连通性测试。

路由器 R1 已经成功成为 DHCP 服务器,可以同时为信息工程系和工商管理系两个不同部门不同网段的计算机分配 IP 地址信息。

接下来验证整个网络的连通性,以信息工程系的一台计算机 ping 工商管理系的计算机为例进行测试。

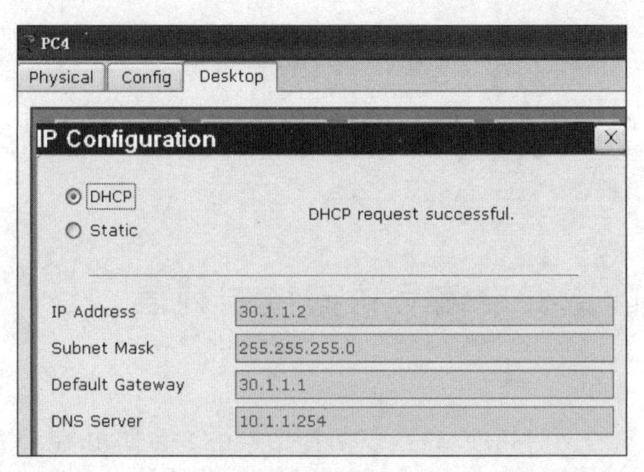

图 7.16　工商管理系计算机成功获得 IP 地址的窗口

```
PC>ping 30.1.1.2
Pinging 30.1.1.2 with 32 bytes of data:
Request timed out.
Reply from 30.1.1.2: bytes=32 time=156ms TTL=126
Reply from 30.1.1.2: bytes=32 time=112ms TTL=126
Reply from 30.1.1.2: bytes=32 time=157ms TTL=126
Ping statistics for 30.1.1.2:
    Packets: Sent =4, Received =3, Lost =1 (25% loss),
Approximate round trip times in milli-seconds:
Minimum =112ms, Maximum =157ms, Average =141ms
```

结果表明,通过路由器 R1 分配的网络地址信息在整个网络的连通性测试中起到了作用,分配的地址有效。

第 8 章　访问控制列表及端口安全技术

8.1　实验一：配置标准编号访问控制列表

实验要求 1

构建如图 8.1 所示的网络拓扑结构，该拓扑结构由 2 台路由器、4 台交换机以及 4 台计算机组成，该拓扑结构模拟了校园网的 4 个不同的部门，分别为校长、财务、教师以及学生。相关地址规划见表 8.1。

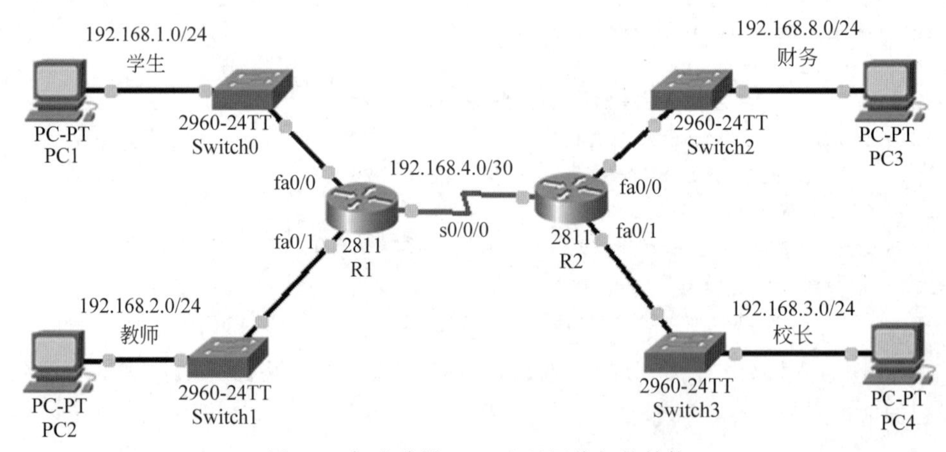

图 8.1　标准编号 ACL 配置网络拓扑结构

表 8.1　IP 地址规划

设　备	接　　口	IP 地 址	子 网 掩 码
R1	s0/0/0	192.168.4.1	255.255.255.252
	fa0/0	192.168.1.1	255.255.255.0
	fa0/1	192.168.2.1	255.255.255.0
R2	s0/0/0	192.168.4.2	255.255.255.252
	fa0/0	192.168.8.1	255.255.255.0
	fa0/1	192.168.3.1	255.255.255.0
PC1	网卡	192.168.1.100	255.255.255.0
PC2	网卡	192.168.2.100	255.255.255.0
PC3	网卡	192.168.8.100	255.255.255.0
PC4	网卡	192.168.3.100	255.255.255.0

实验要求利用标准编号访问控制列表实现如下要求：①不允许学生计算机访问财务计算机；②其他部门的计算机都可以访问财务计算机。该实验在 Packet Tracer 仿真环境下完成。

实验过程

(1) 配置网络设备，保证网络互联互通。

首先，对路由器 R1 进行基本配置。

```
Router(config)#hostname R1                                  //为路由器命名
R1(config)#interface fastEthernet 0/0                       //进入路由器端口 fa0/0
R1(config-if)#ip address 192.168.1.1 255.255.255.0         //配置 IP 地址
R1(config-if)#no shu                                        //激活
R1(config-if)#exit                                          //退出
R1(config)#interface fastEthernet 0/1                       //进入路由器端口 fa0/1
R1(config-if)#ip address 192.168.2.1 255.255.255.0         //配置 IP 地址
R1(config-if)#no shu                                        //激活
R1(config-if)#exit                                          //退出
R1(config)#interface serial 0/0/0                           //进入路由器端口 s0/0/0
R1(config-if)#ip address 192.168.4.1 255.255.255.0         //配置 IP 地址
R1(config-if)#no shu                                        //激活
R1(config-if)#clock rate 64000                              //配置时钟频率
```

其次，对路由器 R2 进行基本配置。

```
Router(config)#hostname R2                                  //为路由器命名
R2(config)#interface fastEthernet 0/0                       //进入路由器端口 fa0/0
R2(config-if)#ip address 192.168.8.1 255.255.255.0         //配置 IP 地址
R2(config-if)#no shu                                        //激活
R2(config-if)#exit                                          //退出
R2(config)#interface fastEthernet 0/1                       //进入路由器端口 fa0/1
R2(config-if)#ip address 192.168.3.1 255.255.255.0         //配置 IP 地址
R2(config-if)#no shu                                        //激活
R2(config-if)#exit                                          //退出
R2(config)#interface serial 0/0/0                           //进入路由器端口 s0/0/0
R2(config-if)#ip address 192.168.4.2 255.255.255.252       //配置 IP 地址
R2(config-if)#no shu                                        //激活
```

第三，利用静态路由或者动态路由协议使网络互联互通。

① 路由器 R1 配置静态路由如下。

```
R1(config)#ip route 192.168.8.0 255.255.255.0 192.168.4.2  //配置静态路由
R1(config)#ip route 192.168.3.0 255.255.255.0 192.168.4.2  //配置静态路由
```

② 路由器 R2 配置静态路由如下。

```
R2(config)#ip route 192.168.1.0 255.255.255.0 192.168.4.1  //配置静态路由
R2(config)#ip route 192.168.2.0 255.255.255.0 192.168.4.1  //配置静态路由
```

第四，为终端计算机配置网络参数。

具体参数见表 8.1。计算机 PC1 参数配置如图 8.2 所示,同样配置计算机 PC2、计算机 PC3 以及计算机 PC4。

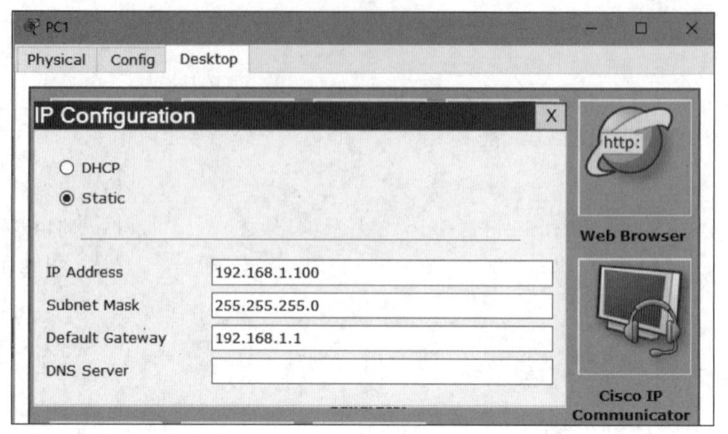

图 8.2　PC1 参数配置

第五,网络连通性测试。

用学生机 ping 测试财务计算机,结果如下。

```
PC>ping 192.168.8.100
Pinging 192.168.8.100 with 32 bytes of data:
Reply from 192.168.8.100: bytes=32 time=111ms TTL=126
Reply from 192.168.8.100: bytes=32 time=140ms TTL=126
Reply from 192.168.8.100: bytes=32 time=156ms TTL=126
Reply from 192.168.8.100: bytes=32 time=141ms TTL=126
Ping statistics for 192.168.8.100:
    Packets: Sent =4, Received =4, Lost =0 (0% loss),
Approximate round trip times in milli-seconds:
    Minimum =111ms, Maximum =156ms, Average =137ms
```

结果表明,网络是互联互通的。

(2) 在路由器 R2 上定义访问控制列表。

首先,定义规则。

```
R2(config)#access-list 1 deny 192.168.1.0 0.0.0.255      //定义标准编号 ACL
R2(config)#access-list 1 permit any                      //定义标准编号 ACL
```

其次,应用规程。

将规则应用于路由器 R2 连接财务计算机的端口 fa0/0,对出该端口的流量做规则匹配。

```
R2(config)#interface fastEthernet 0/0                    //进入路由器端口 fa0/0
R2(config-if)#ip access-group 1 out                      //应用规则
```

(3) 测试访问控制列表实现的效果。

利用学生机 ping 测试财务计算机,结果如下。

```
PC>ping 192.168.8.100
Pinging 192.168.8.100 with 32 bytes of data:
Reply from 192.168.4.2: Destination host unreachable.
Reply from 192.168.4.2: Destination host unreachable.
Reply from 192.168.4.2: Destination host unreachable.
Reply from 192.168.4.2: Destination host unreachable.
Ping statistics for 192.168.8.100:
    Packets: Sent =4, Received =0, Lost =4 (100% loss),
PC>
```

结果表明，学生机不能 ping 通财务计算机，访问拒绝。

实验要求 2

构建如图 8.1 所示网络拓扑结构，实验要求利用标准编号访问控制列表实现如下要求：仅允许校长访问财务计算机，其他部门计算机均不允许访问财务计算机。该实验在 Packet Tracer 仿真环境下完成。

实验过程

在标准编号 ACL 基本配置(1)的配置基础上进行该实验。

(1) 确定访问控制列表规则应用的网络设备。

由于路由器 R2 和财务计算机以及校长室计算机直接相连，所以访问控制列表在路由器 R2 上实现。

(2) 在路由器 R2 上定义访问控制列表。

首先，定义规则。

删除刚才定义的访问控制列表。

```
R2(config)#no ip access-list standard 1                //清除已有的访问控制规则
R2(config-if)#no ip access-group 1 out                 //清除已有的访问控制规则
```

只允许校长室计算机访问财务计算机，规则定义如下。

```
R2(config)#access-list 2 permit 192.168.3.0 0.0.0.255  //定义规则
```

由于有一条默认规则拒绝所有，所以不需要添加拒绝语句。

其次，应用规则。

将该规则应用到路由器 R2 的出端口 fa0/0。

```
R2(config)#interface fastEthernet 0/0                  //进入路由器端口 fa0/0
R2(config-if)#ip access-group 2 out                    //应用规则
```

(3) 测试网络连通性。

首先，测试校长计算机与财务计算机连通性情况。

```
PC>ping 192.168.8.100
Pinging 192.168.8.100 with 32 bytes of data:
Reply from 192.168.8.100: bytes=32 time=125ms TTL=127
Reply from 192.168.8.100: bytes=32 time=96ms TTL=127
Reply from 192.168.8.100: bytes=32 time=125ms TTL=127
```

```
Reply from 192.168.8.100: bytes=32 time=110ms TTL=127
Ping statistics for 192.168.8.100:
    Packets: Sent =4, Received =4, Lost =0 (0%loss),
Approximate round trip times in milli-seconds:
    Minimum =96ms, Maximum =125ms, Average =114ms
PC>
```

结果表明,网络是连通的。

其次,测试教师计算机访问财务计算机情况。

```
PC>ping 192.168.8.100
Pinging 192.168.8.100 with 32 bytes of data:
Reply from 192.168.4.2: Destination host unreachable.
Reply from 192.168.4.2: Destination host unreachable.
Reply from 192.168.4.2: Destination host unreachable.
Reply from 192.168.4.2: Destination host unreachable.
Ping statistics for 192.168.8.100:
    Packets: Sent =4, Received =0, Lost =4 (100%loss),
PC>
```

结果表明,访问是拒绝的,这和实际要求是相符的。

实验要求 3

构建如图 8.3 所示的网络拓扑结构,该拓扑结构由一台路由器以及两台计算机组成。路由器 R1 连接计算机 PC1 和计算机 PC2,要求通过标准编号访问控制列表实现只允许计算机 PC1 通过 Telnet 或 SSH 登录路由器 R1。该实验在 Packet Tracer 仿真环境下完成。

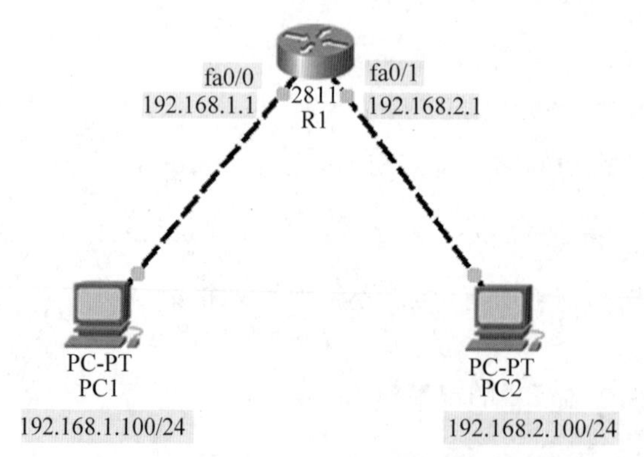

图 8.3 限制对路由器 VTY 访问网络拓扑结构

实验过程

(1) 为网络配置相关参数。

```
Router(config)#hostname R1                                  //为路由器命名
R1(config)#interface fastEthernet 0/0                       //进入路由器端口 fa0/0
R1(config-if)#ip address 192.168.1.1 255.255.255.0          //配置 IP 地址
R1(config-if)#no shu                                        //激活
R1(config-if)#exit                                          //退出
R1(config)#interface fastEthernet 0/1                       //进入路由器端口 fa0/1
```

```
R1(config-if)#ip address 192.168.2.1 255.255.255.0        //配置 IP 地址
R1(config-if)#no shu                                       //激活
```

(2) 配置访问控制列表。

① 定义访问控制列表。

```
R1(config)#access-list 1 permit 192.168.1.100 0.0.0.0  //定义访问控制规则
```

② 应用规则。

```
R1(config)#line vty 0 4
R1(config-line)#access-class 1 in                         //应用规则
```

③ 由于需要对路由器进行远程访问,所以需要为路由器设置远程访问密码。

```
R1 (config)#line vty 0 4
R1(config-line)#password 123
```

(3) 验证效果。

首先,通过计算机 PC1 远程登录路由器。

```
PC>telnet 192.168.1.1
Trying 192.168.1.1 ...Open
[Connection to 192.168.1.1 closed by foreign host]
PC>telnet 192.168.1.1
Trying 192.168.1.1 ...Open
User Access Verification
Password:
Router>
```

结果表明,登录成功。

其次,利用计算机 PC2 远程登录路由器。

```
Packet Tracer PC Command Line 1.0
PC>telnet 192.168.1.1
Trying 192.168.1.1 ...
%Connection refused by remote host
PC>telnet 192.168.2.1
Trying 192.168.2.1 ...
%Connection refused by remote host
```

结果表明,不允许登录,与实际结果相符。

8.2　实验二:配置路由器扩展编号访问控制列表过滤 ICMP 流量

实验要求

构建如图 8.4 所示网络拓扑结构,该拓扑仿真了 4 个不同的部门,分别为学生、教师、校长和网络中心。IP 地址规划见表 8.2,实验要求通过扩展编号访问控制列表实现不允许学生机 ping 测试校长计算机。该实验在 Packet Tracer 仿真环境下完成。

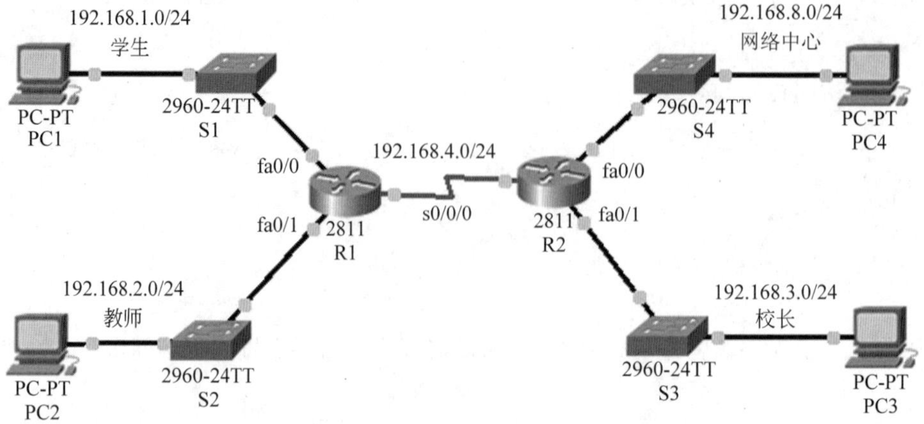

图 8.4 扩展编号访问控制列表实验拓扑结构

表 8.2 整个网络的 IP 地址规划

设 备	接 口	IP 地 址	子 网 掩 码
R1	s0/0/0	192.168.4.1	255.255.255.252
	fa0/0	192.168.1.1	255.255.255.0
	fa0/1	192.168.2.1	255.255.255.0
R2	s0/0/0	192.168.4.2	255.255.255.252
	fa0/0	192.168.8.1	255.255.255.0
	fa0/1	192.168.3.1	255.255.255.0
PC1	网卡	192.168.1.100	255.255.255.0
PC2	网卡	192.168.2.100	255.255.255.0
PC3	网卡	192.168.3.100	255.255.255.0
PC4	网卡	192.168.8.100	255.255.255.0

实验过程

(1) 对网络设备进行基本配置。

首先,配置路由器 R1。

```
Router(config)#hostname R1                                  //为路由器命名
R1(config)#interface fastEthernet 0/0                       //进入路由器端口 fa0/0
R1(config-if)#ip address 192.168.1.1 255.255.255.0          //配置 IP 地址
R1(config-if)#no shu                                        //激活
R1(config-if)#exit                                          //退出
R1(config)#interface fastEthernet 0/1                       //进入路由器端口 fa0/1
R1(config-if)#ip address 192.168.2.1 255.255.255.0          //配置 IP 地址
R1(config-if)#no shu                                        //激活
R1(config-if)#exit                                          //退出
```

```
R1(config)#interface serial 0/0/0                  //进入路由器端口 s0/0/0
R1(config-if)#ip address 192.168.4.1 255.255.255.252   //配置 IP 地址
R1(config-if)#no shu                               //激活
R1(config-if)#clock rate 64000                     //为端口配置时钟频率
```

其次，配置路由器 R2。

```
Router(config)#hostname R2                         //为路由器命名
R2(config)#interface fastEthernet 0/0              //进入路由器端口 fa0/0
R2(config-if)#ip address 192.168.8.1 255.255.255.0     //配置 IP 地址
R2(config-if)#exit                                 //退出
R2(config)#interface fastEthernet 0/1              //进入路由器端口 fa0/1
R2(config-if)#ip address 192.168.3.1 255.255.255.0     //配置 IP 地址
R2(config-if)#no shu                               //激活
R2(config-if)#exit                                 //退出
R2(config)#interface serial 0/0/0                  //进入路由器端口 s0/0/0
R2(config-if)#ip address 192.168.4.2 255.255.255.252   //配置 IP 地址
```

(2) 配置动态路由协议 OSPF。

首先，配置路由器 R1。

```
R1(config)#router ospf 1                          //开启路由器动态路由协议 OSPF
R1(config-router)#network 192.168.1.0 0.0.0.255 area 0
R1(config-router)#network 192.168.2.0 0.0.0.255 area 0
R1(config-router)#network 192.168.4.0 0.0.0.3 area 0
```

其次，配置路由器 R2。

```
R2(config-router)#router ospf 1                   //开启路由器动态路由协议 OSPF
R2(config-router)#network 192.168.3.0 0.0.0.255 area 0
R2(config-router)#network 192.168.8.0 0.0.0.255 area 0
R2(config-router)#network 192.168.4.0 0.0.0.3 area 0
```

(3) 查看路由表。

首先，查看路由器 R1 路由表。

```
R1#show ip route
Codes: C -connected, S -static, I -IGRP, R -RIP, M -mobile, B -BGP
       D -EIGRP, EX -EIGRP external, O -OSPF, IA -OSPF inter area
       N1 -OSPF NSSA external type 1, N2 -OSPF NSSA external type 2
       E1 -OSPF external type 1, E2 -OSPF external type 2, E -EGP
       i -IS-IS, L1 -IS-IS level-1, L2 -IS-IS level-2, ia -IS-IS inter area
       * -candidate default, U -per-user static route, o -ODR
       P -periodic downloaded static route
Gateway of last resort is not set
C    192.168.1.0/24 is directly connected, FastEthernet0/0
C    192.168.2.0/24 is directly connected, FastEthernet0/1
O    192.168.3.0/24 [110/65] via 192.168.4.2, 00:00:25, Serial0/0/0
```

```
     192.168.4.0/30 is subnetted, 1 subnets
C       192.168.4.0 is directly connected, Serial0/0/0
O    192.168.8.0/24 [110/65] via 192.168.4.2, 00:00:25, Serial0/0/0
R1#
```

其次,查看路由器 R2 路由表。

```
R2#show ip route
Codes: C -connected, S -static, I -IGRP, R -RIP, M -mobile, B -BGP
       D -EIGRP, EX -EIGRP external, O -OSPF, IA -OSPF inter area
       N1 -OSPF NSSA external type 1, N2 -OSPF NSSA external type 2
       E1 -OSPF external type 1, E2 -OSPF external type 2, E -EGP
       i -IS-IS, L1 -IS-IS level-1, L2 -IS-IS level-2, ia -IS-IS inter area
       * -candidate default, U -per-user static route, o -ODR
       P -periodic downloaded static route
Gateway of last resort is not set
O    192.168.1.0/24 [110/65] via 192.168.4.1, 00:00:43, Serial0/0/0
O    192.168.2.0/24 [110/65] via 192.168.4.1, 00:00:43, Serial0/0/0
C    192.168.3.0/24 is directly connected, FastEthernet0/1
     192.168.4.0/30 is subnetted, 1 subnets
C       192.168.4.0 is directly connected, Serial0/0/0
C    192.168.8.0/24 is directly connected, FastEthernet0/0
R2#
```

查看路由表的结果表明,两台路由器的路由表是全的,整个网络可以实现互联互通。

(4) 为终端计算机及服务器配置网络地址并测试网络连通性。

按照如表 8.2 所示为终端计算机及服务器配置相关网络参数,测试学生计算机 ping 校长计算机的情况如图 8.5 所示。返回值为 126,表明经过了两台路由器。至此,整个网络实现互联互通。

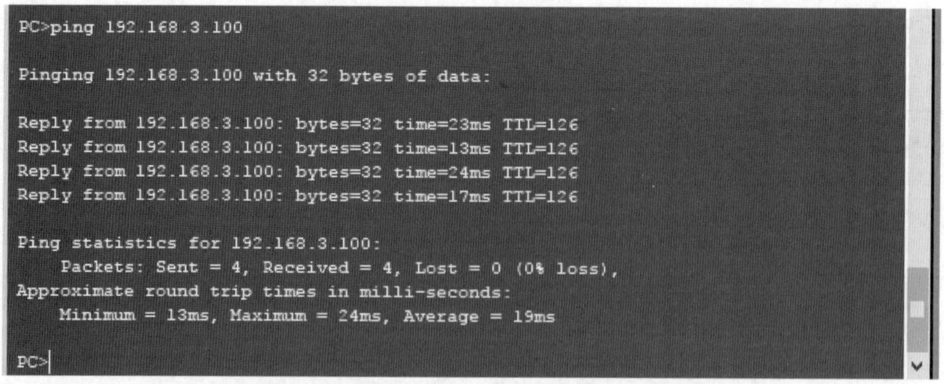

```
PC>ping 192.168.3.100

Pinging 192.168.3.100 with 32 bytes of data:

Reply from 192.168.3.100: bytes=32 time=23ms TTL=126
Reply from 192.168.3.100: bytes=32 time=13ms TTL=126
Reply from 192.168.3.100: bytes=32 time=24ms TTL=126
Reply from 192.168.3.100: bytes=32 time=17ms TTL=126

Ping statistics for 192.168.3.100:
    Packets: Sent = 4, Received = 4, Lost = 0 (0% loss),
Approximate round trip times in milli-seconds:
    Minimum = 13ms, Maximum = 24ms, Average = 19ms

PC>
```

图 8.5　学生计算机访问校长计算机连通性测试

(5) 配置扩展访问控制列表要求不允许学生计算机 ping 校长计算机。

首先,定义规则。

```
R1(config)#access-list 100 deny icmp 192.168.1.0 0.0.0.255 host 192.168.3.100
```

```
R1(config)#access-list 100 permit ip any any
R1(config)#
```

其次,应用规则。

在路由器 R1 的端口 fa0/0 应用规则。

```
R1(config)#interface fastEthernet 0/0
R1(config-if)#ip access-group 100 in
```

最后,测试最终结果。

测试结果如图 8.6 和图 8.7 所示。结果表明,学生计算机可以 ping 通网络中心计算机,不能 ping 通校长计算机。

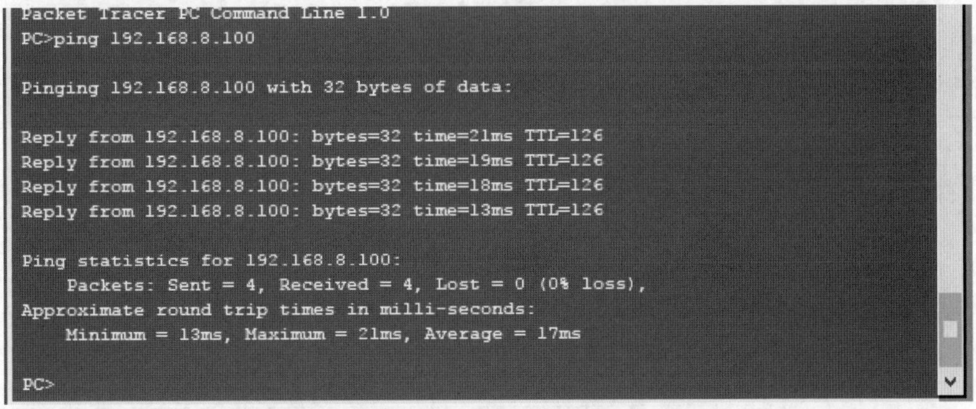

```
Packet Tracer PC Command Line 1.0
PC>ping 192.168.8.100

Pinging 192.168.8.100 with 32 bytes of data:

Reply from 192.168.8.100: bytes=32 time=21ms TTL=126
Reply from 192.168.8.100: bytes=32 time=19ms TTL=126
Reply from 192.168.8.100: bytes=32 time=18ms TTL=126
Reply from 192.168.8.100: bytes=32 time=13ms TTL=126

Ping statistics for 192.168.8.100:
    Packets: Sent = 4, Received = 4, Lost = 0 (0% loss),
Approximate round trip times in milli-seconds:
    Minimum = 13ms, Maximum = 21ms, Average = 17ms

PC>
```

图 8.6　学生计算机可以 ping 通网络中心计算机

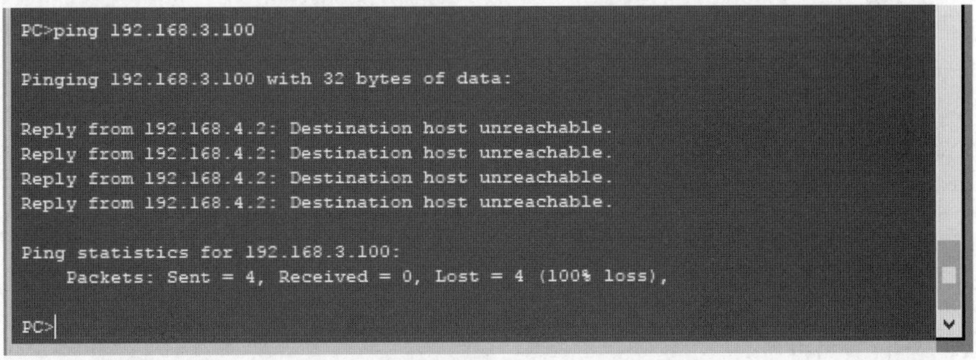

```
PC>ping 192.168.3.100

Pinging 192.168.3.100 with 32 bytes of data:

Reply from 192.168.4.2: Destination host unreachable.
Reply from 192.168.4.2: Destination host unreachable.
Reply from 192.168.4.2: Destination host unreachable.
Reply from 192.168.4.2: Destination host unreachable.

Ping statistics for 192.168.3.100:
    Packets: Sent = 4, Received = 0, Lost = 4 (100% loss),

PC>
```

图 8.7　学生计算机不能 ping 校长计算机

8.3　实验三:配置路由器扩展编号访问控制列表限制相关应用

实验要求

构建如图 8.8 所示网络拓扑结构,该拓扑仿真了 4 个不同部门,分别为学生、教师、校长和网络中心。IP 地址规划见表 8.3。实验要求不允许学生计算机访问网络中心的 Web 服务以及 FTP 服务,该实验在 Packet Tracer 仿真环境下完成。

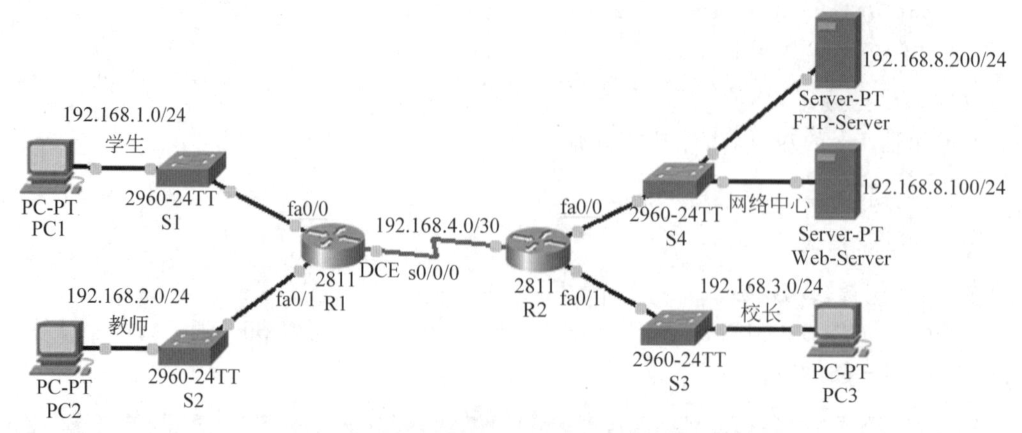

图 8.8　扩展编号访问控制列表实验拓扑结构

表 8.3　整个网络的 IP 地址规划

设　备	接　口	IP 地 址	子 网 掩 码
R1	s0/0/0	192.168.4.1	255.255.255.252
	fa0/0	192.168.1.1	255.255.255.0
	fa0/1	192.168.2.1	255.255.255.0
R2	s0/0/0	192.168.4.2	255.255.255.252
	fa0/0	192.168.8.1	255.255.255.0
	fa0/1	192.168.3.1	255.255.255.0
PC1	网卡	192.168.1.100	255.255.255.0
PC2	网卡	192.168.2.100	255.255.255.0
PC3	网卡	192.168.3.100	255.255.255.0
Web-Server	网卡	192.168.8.100	255.255.255.0
FTP-Server	网卡	192.168.8.200	255.255.255.0

实验过程

(1) 对网络设备进行基本配置。

首先,配置路由器 R1。

```
Router(config)#hostname R1                              //为路由器命名
R1(config)#interface fastEthernet 0/0                   //进入路由器端口 fa0/0
R1(config-if)#ip address 192.168.1.1 255.255.255.0      //配置 IP 地址
R1(config-if)#no shu                                    //激活
R1(config-if)#exit                                      //退出
R1(config)#interface fastEthernet 0/1                   //进入路由器端口 fa0/1
R1(config-if)#ip address 192.168.2.1 255.255.255.0      //配置 IP 地址
R1(config-if)#no shu                                    //激活
R1(config-if)#exit                                      //退出
```

```
R1(config)#interface serial 0/0/0                     //进入路由器端口 s0/0/0
R1(config-if)#ip address 192.168.4.1 255.255.255.252  //配置 IP 地址
R1(config-if)#no shu                                  //激活
R1(config-if)#clock rate 64000                        //为端口配置时钟频率
```

其次,配置路由器 R2。

```
Router(config)#hostname R2                            //为路由器命名
R2(config)#interface fastEthernet 0/0                 //进入路由器端口 fa0/0
R2(config-if)#ip address 192.168.8.1 255.255.255.0    //配置 IP 地址
R2(config-if)#exit                                    //退出
R2(config)#interface fastEthernet 0/1                 //进入路由器端口 fa0/1
R2(config-if)#ip address 192.168.3.1 255.255.255.0    //配置 IP 地址
R2(config-if)#no shu                                  //激活
R2(config-if)#exit                                    //退出
R2(config)#interface serial 0/0/0                     //进入路由器端口 s0/0/0
R2(config-if)#ip address 192.168.4.2 255.255.255.252  //配置 IP 地址
```

(2) 配置动态路由协议 OSPF 使网络互联互通。

首先,配置路由器 R1。

```
R1(config)#router ospf 1                             //开启路由器动态路由协议 OSPF
R1(config-router)#network 192.168.1.0 0.0.0.255 area 0
R1(config-router)#network 192.168.2.0 0.0.0.255 area 0
R1(config-router)#network 192.168.4.0 0.0.0.3 area 0
```

其次,配置路由器 R2。

```
R2(config-router)#router ospf 1                      //开启路由器动态路由协议 OSPF
R2(config-router)#network 192.168.3.0 0.0.0.255 area 0
R2(config-router)#network 192.168.8.0 0.0.0.255 area 0
R2(config-router)#network 192.168.4.0 0.0.0.3 area 0
```

(3) 查看路由表。

首先,查看路由器 R1 的路由表。

```
R1#show ip route
Codes: C -connected, S -static, I -IGRP, R -RIP, M -mobile, B -BGP
       D -EIGRP, EX -EIGRP external, O -OSPF, IA -OSPF inter area
       N1 -OSPF NSSA external type 1, N2 -OSPF NSSA external type 2
       E1 -OSPF external type 1, E2 -OSPF external type 2, E -EGP
       i -IS-IS, L1 -IS-IS level-1, L2 -IS-IS level-2, ia -IS-IS inter area
       * -candidate default, U -per-user static route, o -ODR
       P -periodic downloaded static route
Gateway of last resort is not set
C    192.168.1.0/24 is directly connected, FastEthernet0/0
C    192.168.2.0/24 is directly connected, FastEthernet0/1
```

```
O    192.168.3.0/24 [110/65] via 192.168.4.2, 00:00:25, Serial0/0/0
    192.168.4.0/30 is subnetted, 1 subnets
C      192.168.4.0 is directly connected, Serial0/0/0
O    192.168.8.0/24 [110/65] via 192.168.4.2, 00:00:25, Serial0/0/0
R1#
```

其次,查看路由器 R2 的路由表。

```
R2#show ip route
Codes: C -connected, S -static, I -IGRP, R -RIP, M -mobile, B -BGP
       D -EIGRP, EX -EIGRP external, O -OSPF, IA -OSPF inter area
       N1 -OSPF NSSA external type 1, N2 -OSPF NSSA external type 2
       E1 -OSPF external type 1, E2 -OSPF external type 2, E -EGP
       i -IS-IS, L1 -IS-IS level-1, L2 -IS-IS level-2, ia -IS-IS inter area
       * -candidate default, U -per-user static route, o -ODR
       P -periodic downloaded static route
Gateway of last resort is not set
O    192.168.1.0/24 [110/65] via 192.168.4.1, 00:00:43, Serial0/0/0
O    192.168.2.0/24 [110/65] via 192.168.4.1, 00:00:43, Serial0/0/0
C    192.168.3.0/24 is directly connected, FastEthernet0/1
    192.168.4.0/30 is subnetted, 1 subnets
C      192.168.4.0 is directly connected, Serial0/0/0
C    192.168.8.0/24 is directly connected, FastEthernet0/0
R2#
```

查看路由表的结果表明,两台路由器的路由表是全的,整个网络可以实现互联互通。

(4) 配置终端计算机。

接着为终端计算机以及服务器按照如表 8.3 所示配置相关网络参数。

(5) 查看 Web-Server 以及 FTP-Server 服务器情况。

图 8.9 为 Web-Server 配置界面,图 8.10 为 FTP-Server 配置界面。可以看出,FTP 服务器的默认登录用户名和密码均为 cisco。

(6) 测试学生计算机访问网络中心 FTP-Server 和 Web-Server 情况。

在学生计算机利用 FTP 登录命令远程登录到 IP 地址为 192.168.8.200 的 FTP-Server。结果如图 8.11 所示。结果表明登录成功,并且能够通过 dir 命令显示当前文件列表。

通过学生机浏览器访问 Web-Server,访问结果如图 8.12 所示。结果表明网站访问正常。

(7) 配置扩展访问控制列表满足不允许学生计算机访问网络中心的 Web-Server 以及 FTP-Server。

首先,选择配置访问控制列表的路由器。

该拓扑中有两个路由器分别为路由器 R1 和路由器 R2,Web-Server 和 FTP-Server 通过交换机 S4 和路由器 R2 相连,在路由器 R1 上实施扩展访问控制列表。

其次,定义规则。

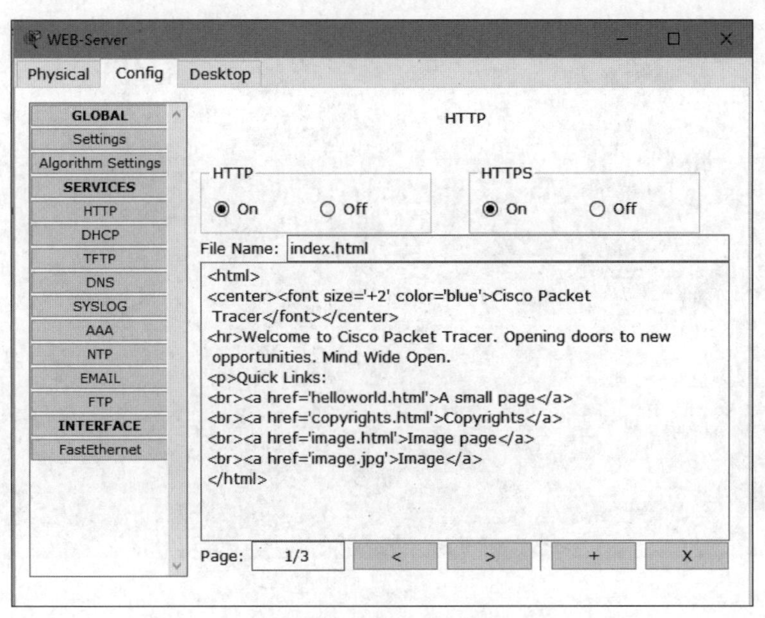

图 8.9　Web-Server 配置界面

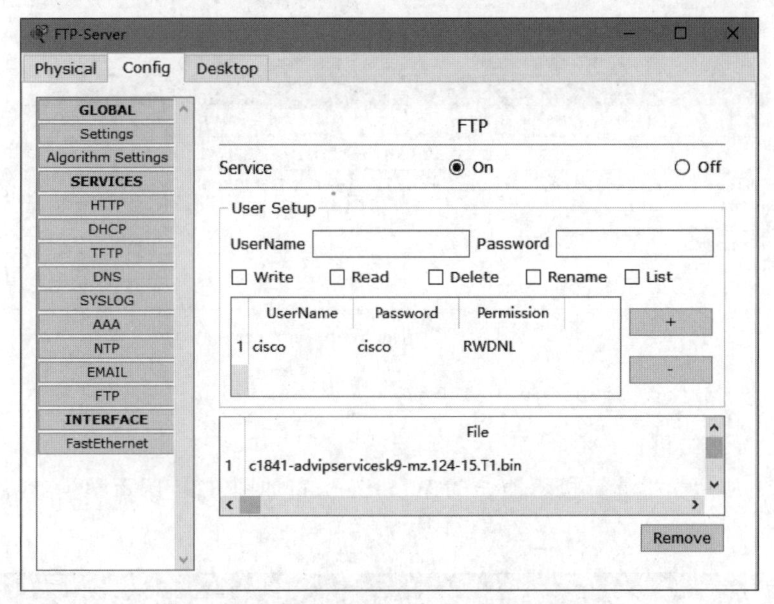

图 8.10　FTP-Server 配置界面

```
R1(config)# access-list 100 deny tcp 192.168.1.0 0.0.0.255 host 192.168.8.100
eq www
R1(config)# access-list 100 deny tcp 192.168.1.0 0.0.0.255 host 192.168.8.200
eq ftp
R1(config)#access-list 100 permit ip any any
```

最后，应用规则。

```
R1(config)#interface fastEthernet 0/0
```

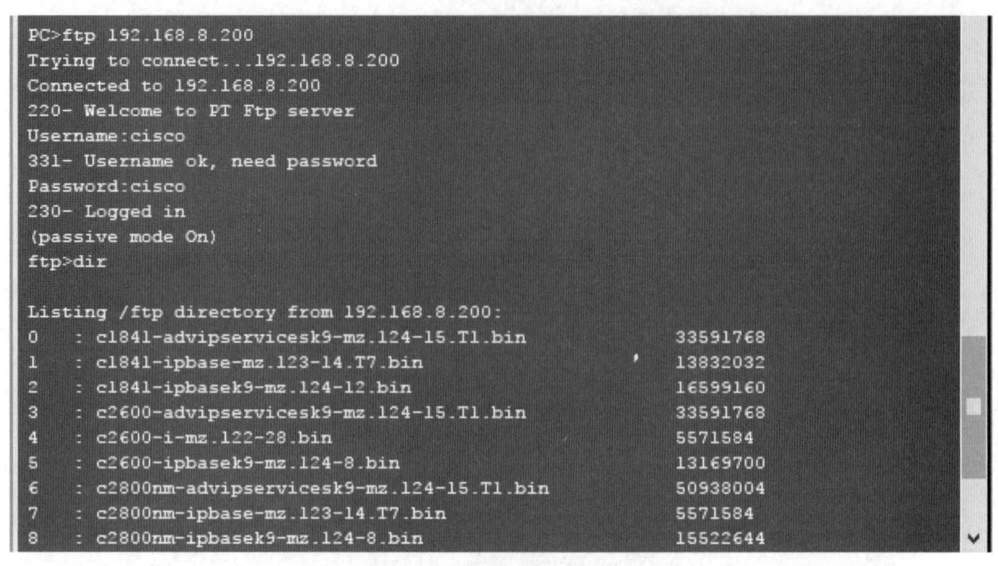

图 8.11 访问 FTP-Server

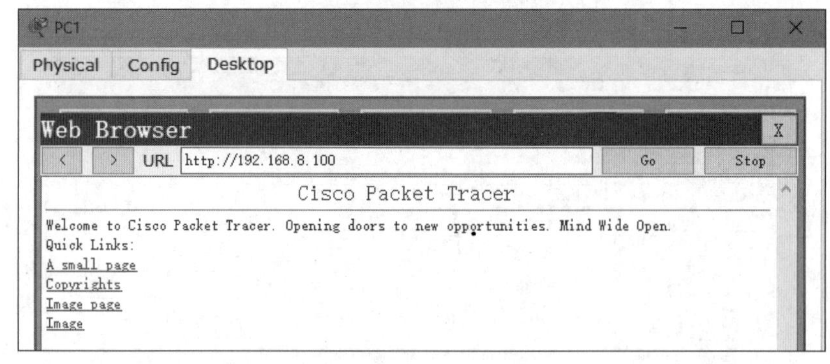

图 8.12 访问 Web-Server

```
R1(config-if)#ip access-group 100 in
```

(8) 测试最终结果。

如图 8.13 所示学生计算机不能访问 Web-Server;如图 8.14 所示学生计算机不能访问 FTP-Server。

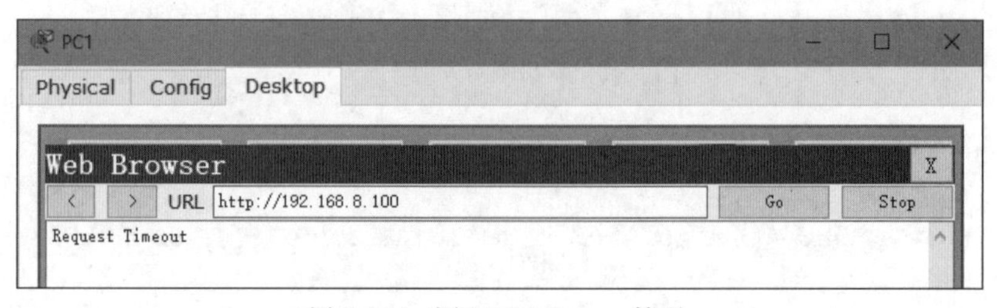

图 8.13 访问 Web-Server 情况

```
PC>ftp 192.168.8.200
Trying to connect...192.168.8.200

%Error opening ftp://192.168.8.200/ (Timed out)
.



Packet Tracer PC Command Line 1.0
PC>(Disconnecting from ftp server)



Packet Tracer PC Command Line 1.0
PC>
```

图 8.14　访问 FTP-Server 情况

8.4　实验四：配置三层交换机扩展编号访问控制列表

实验要求

如图 8.15 所示网络拓扑结构，两台三层交换机连接 4 个部门，分别为学生、教师、校长和网络中心，这 4 个部门处于不同的 VLAN，VLAN 划分和 IP 地址规划见表 8.4 和表 8.5。实验配置三层交换机扩展访问控制列表实现：

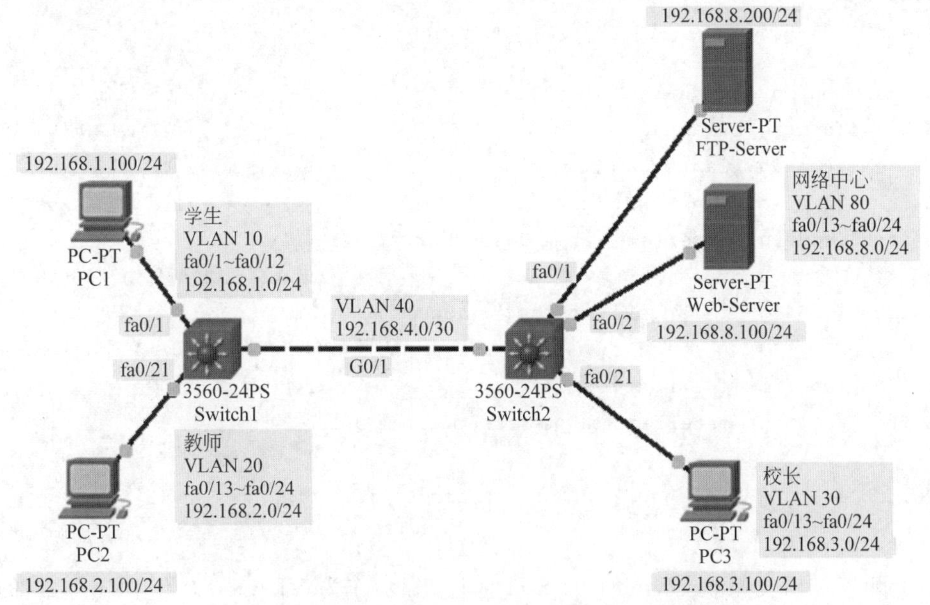

图 8.15　三层交换机实现扩展编号访问控制列表拓扑结构

表 8.4　具体 VLAN 划分

部门名称	VLAN 号	网络地址	端口划分
学生	VLAN 10	192.168.1.0/24	fa0/1～fa0/12
教师	VLAN 20	192.168.2.0/24	fa0/13～fa0/24

续表

部门名称	VLAN 号	网络地址	端口划分
校长	VLAN 30	192.168.3.0/24	fa0/1～fa0/12
网络中心	VLAN 80	192.168.8.0/24	fa0/13～fa0/24

表 8.5　终端计算机及服务器地址配置

设备名称	IP 地址	默认网关
PC1	192.168.1.100/24	192.168.1.1
PC2	192.168.2.100/24	192.168.2.1
PC3	192.168.3.0/24	192.168.3.1
Web-Server	192.168.8.100/24	192.168.8.1
FTP-Server	192.168.8.200/24	192.168.8.1

(1) 不允许学生计算机访问网络中心的 Web-Server 以及 FTP-Server。

(2) 不允许学生计算机 ping 测试校长计算机。

该实验在 Packet Tracer 仿真环境下完成。

实验过程

(1) 对三层交换机 Switch1 进行 VLAN 划分配置。

```
Switch(config)#hostname Switch1                        //交换机命名
Switch1(config)#vlan 10                                //创建 VLAN 10
Switch1(config-vlan)#vlan 20                           //创建 VLAN 20
Switch1(config-vlan)#exit                              //退出
Switch1(config)#interface range fastEthernet 0/1 -12
                                            //进入交换机端口 fa0/1～fa0/12
Switch1(config-if-range)#switchport access vlan 10
                                  //将端口 fa0/1～fa0/12 划分到 VLAN 10 中
Switch1(config-if-range)#exit               //退出
Switch1(config)#interface range fastEthernet 0/13 -24
                                            //进入交换机端口 fa0/13～fa0/24
Switch1(config-if-range)#switchport access vlan 20
                                  //将端口 fa0/13～fa0/24 划分到 VLAN 20 中
```

(2) 配置三层交换机 Switch1 的 SVI 地址,分别作为 VLAN 10 和 VLAN 20 的网关地址。

```
Switch1(config)#interface vlan 10                      //进入 VLAN 端口模式
Switch1(config-if)#ip address 192.168.1.1 255.255.255.0  //配置 IP 地址
Switch1(config-if)#no shu                              //激活
Switch1(config-if)#exit                                //退出
Switch1(config)#interface vlan 20                      //进入 VLAN 端口模式
Switch1(config-if)#ip address 192.168.2.1 255.255.255.0  //配置 IP 地址
```

```
Switch1(config-if)#no shu                                       //激活
```

(3) 对三层交换机 Switch2 进行 VLAN 划分配置。

```
Switch(config)#hostname Switch2                                 //交换机命名
Switch2(config)#vlan 80                                         //创建 VLAN 80
Switch2(config-vlan)#vlan 30                                    //创建 VLAN 30
Switch2(config-vlan)#exit                                       //退出
Switch2(config)#interface range fastEthernet 0/1 -12
                                                  //进入交换机端口 fa0/1～fa0/12
Switch2(config-if-range)#switchport access vlan 80              //将端口 fa0/1～fa0/12
                                                                //划分到 VLAN 80 中
Switch2(config-if-range)#exit                                   //退出
Switch2(config)#interface range fastEthernet 0/13 -24
                                                  //进入交换机端口 fa0/13～fa0/24
Switch2(config-if-range)#switchport access vlan 30
                                        //将端口 fa0/13～fa0/24 划分到 VLAN 30 中
```

(4) 配置三层交换机 Switch2 的 SVI 地址,分别作为 VLAN 80 和 VLAN 30 的网关地址。

```
Switch2(config)#interface vlan 30                               //进入 VLAN 端口模式
Switch2(config-if)#ip address 192.168.3.1 255.255.255.0         //配置 IP 地址
Switch2(config-if)#no shu                                       //激活
Switch2(config-if)#exit                                         //退出
Switch2(config)#interface vlan 80                               //进入 VLAN 端口模式
Switch2(config-if)#ip address 192.168.8.1 255.255.255.0         //配置 IP 地址
Switch2(config-if)#no shu                                       //激活
```

(5) 两台三层交换机之间通过 VLAN 40 相连。

首先,配置三层交换机 Switch1。

```
Switch1(config)#vlan 40                                         //创建 VLAN 40
Switch1(config-vlan)#exit                                       //退出
Switch1(config)#interface vlan 40                               //进入 VLAN 端口模式
Switch1(config-if)#ip address 192.168.4.1 255.255.255.252//配置 IP 地址
Switch1(config-if)#no shu                                       //激活
Switch1(config-if)#exit                                         //退出
```

其次,将连接两台三层交换机的端口 G0/1 配置成 Trunk 模式。

```
Switch1(config)#interface gigabitEthernet 0/1                   //进入端口 G0/1
Switch1(config-if)#switchport trunk encapsulation dot1q //将端口封装成 dot1q
Switch1(config-if)#switchport mode trunk                        //将端口配置成 Trunk 模式
```

第三,配置交换机 Switch2。

```
Switch2(config)#vlan 40                                         //创建 VLAN 40
Switch2(config-vlan)#exit                                       //退出
```

```
Switch2(config)#interface vlan 40                                   //进入 VLAN 端口模式
Switch2(config-if)#ip address 192.168.4.2 255.255.255.252           //配置 IP 地址
Switch2(config-if)#no shu                                           //激活
Switch2(config-if)#exit                                             //退出
```

第四,将连接两台交换机的端口 G0/1 配置成 Trunk 模式。

```
Switch2(config)#interface gigabitEthernet 0/1                       //进入端口 G0/1
Switch2(config-if)#switchport trunk encapsulation dot1q             //将端口封装成 dot1q
Switch2(config-if)#switchport mode trunk                            //将端口配置成 Trunk 模式
```

一般情况下,将 Switch1 交换机连接交换机 Switch2 的端口设置为 Trunk 模式后,交换机 Switch2 连接两台交换机的端口自适应成 Trunk 模式。

(6) 配置动态路由协议 OSPF,使网络互联互通。

首先,配置交换机 Switch1。

```
Switch1(config)#router ospf 1                         //开启路由器动态路由器协议 OSPF
Switch1(config-router)#network 192.168.1.0 0.0.0.255 area 0
Switch1(config-router)#network 192.168.2.0 0.0.0.255 area 0
Switch1(config-router)#network 192.168.4.0 0.0.0.3 area 0
```

其次,配置交换机 Switch2。

```
Switch2(config)#router ospf 1                         //开启路由器动态路由器协议 OSPF
Switch2(config-router)#network 192.168.3.0 0.0.0.255 area 0
Switch2(config-router)#network 192.168.8.0 0.0.0.255 area 0
Switch2(config-router)#network 192.168.4.0 0.0.0.3 area 0
Switch2(config-router)#
```

(7) 查看路由表。

首先,查看三层交换机 Switch1 的路由表。

```
Switch1#show ip route
Codes: C -connected, S -static, I -IGRP, R -RIP, M -mobile, B -BGP
       D -EIGRP, EX -EIGRP external, O -OSPF, IA -OSPF inter area
       N1 -OSPF NSSA external type 1, N2 -OSPF NSSA external type 2
       E1 -OSPF external type 1, E2 -OSPF external type 2, E -EGP
       i -IS-IS, L1 -IS-IS level-1, L2 -IS-IS level-2, ia -IS-IS inter area
       * -candidate default, U -per-user static route, o -ODR
       P -periodic downloaded static route
Gateway of last resort is not set
C    192.168.1.0/24 is directly connected, vlan 10
C    192.168.2.0/24 is directly connected, vlan 20
O    192.168.3.0/24 [110/2] via 192.168.4.2, 00:00:37, vlan 40
     192.168.4.0/30 is subnetted, 1 subnets
C       192.168.4.0 is directly connected, vlan 40
O    192.168.8.0/24 [110/2] via 192.168.4.2, 00:00:37, vlan 40
Switch1#
```

其次,查看三层交换机 Switch2 的路由表。

```
Switch2#show ip route
Codes: C -connected, S -static, I -IGRP, R -RIP, M -mobile, B -BGP
       D -EIGRP, EX -EIGRP external, O -OSPF, IA -OSPF inter area
       N1 -OSPF NSSA external type 1, N2 -OSPF NSSA external type 2
       E1 -OSPF external type 1, E2 -OSPF external type 2, E -EGP
       i -IS-IS, L1 -IS-IS level-1, L2 -IS-IS level-2, ia -IS-IS inter area
       * -candidate default, U -per-user static route, o -ODR
       P -periodic downloaded static route
Gateway of last resort is not set
O    192.168.1.0/24 [110/2] via 192.168.4.1, 00:01:06, vlan 40
O    192.168.2.0/24 [110/2] via 192.168.4.1, 00:01:06, vlan 40
C    192.168.3.0/24 is directly connected, vlan 30
   192.168.4.0/30 is subnetted, 1 subnets
C      192.168.4.0 is directly connected, vlan 40
C    192.168.8.0/24 is directly connected, vlan 80
Switch2#
```

通过查看两台三层交换机的路由表,结果显示路由表完整。

(8) 配置终端计算机以及服务器网络参数,验证学生计算机访问 Web-Server 的结果如图 8.16 所示,结果表明,学生计算机能够成功访问 Web-Server。

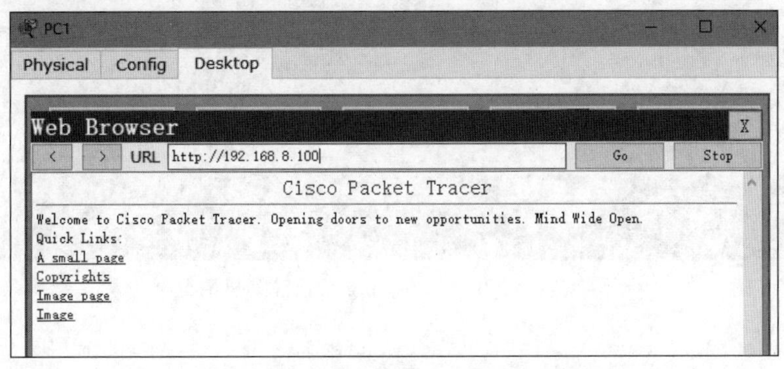

图 8.16　学生计算机访问 Web-Server 情况

验证学生计算机访问 FTP-Server,结果如图 8.17 所示,表明访问成功。

验证学生计算机 ping 校长计算机,结果如图 8.18 所示,表明能够成功 ping 通。

(9) 配置三层交换机的扩展编号访问控制列表实现本实验的目的。

首先,定义规则。

配置不允许学生计算机访问网络中心的 Web-Server 以及 FTP-Server,不允许学生计算机 ping 校长计算机的访问控制列表规则定义如下。

```
Switch1(config)#access-list 100 deny tcp 192.168.1.0 0.0.0.255 host 192.168.8.100
eq www
Switch1(config)#access-list 100 deny tcp 192.168.1.0 0.0.0.255 host 192.168.8.200
eq ftp
```

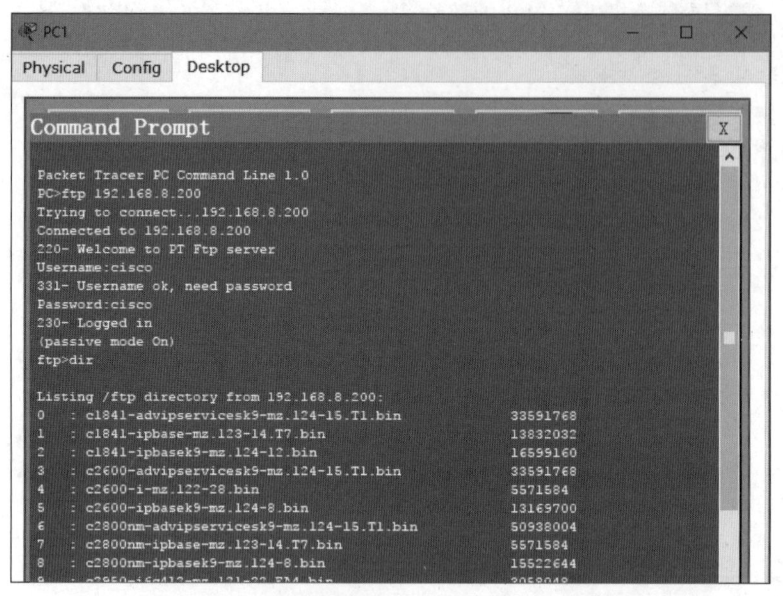

图 8.17 学生计算机访问 FTP-Server 情况

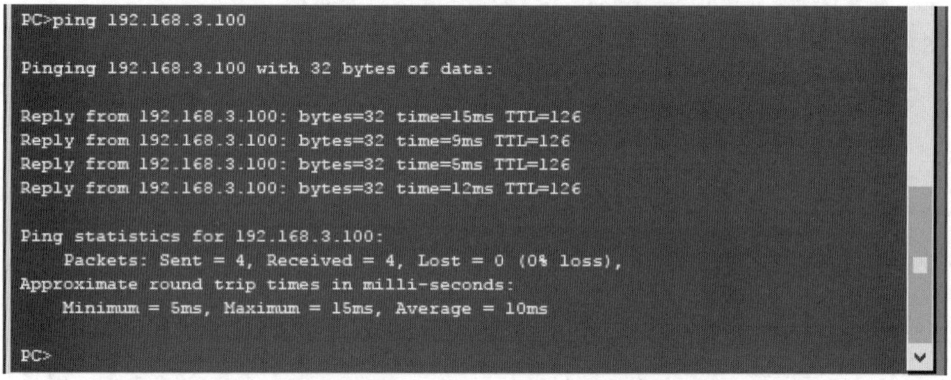

```
PC>ping 192.168.3.100

Pinging 192.168.3.100 with 32 bytes of data:

Reply from 192.168.3.100: bytes=32 time=15ms TTL=126
Reply from 192.168.3.100: bytes=32 time=9ms TTL=126
Reply from 192.168.3.100: bytes=32 time=5ms TTL=126
Reply from 192.168.3.100: bytes=32 time=12ms TTL=126

Ping statistics for 192.168.3.100:
    Packets: Sent = 4, Received = 4, Lost = 0 (0% loss),
Approximate round trip times in milli-seconds:
    Minimum = 5ms, Maximum = 15ms, Average = 10ms

PC>
```

图 8.18 学生计算机 ping 校长计算机情况

```
Switch1(config)# access-list 100 deny icmp 192.168.1.0 0.0.0.255 host 192.168.
3.100
Switch1(config)#access-list 100 permit ip any any
Switch1(config)#
```

其次,应用规则。

将规则应用到 VLAN 10,具体配置如下。

```
Switch1(config)#interface vlan 10
Switch1(config-if)#ip access-group 100 in
```

最后,测试实验效果。

学生计算机访问 Web-Server 的结果如图 8.19 所示,表明学生计算机不能访问 Web-Server。

学生计算机访问 FTP-Server 的结果如图 8.20 所示,表明学生计算机不能访问 FTP-

PC1
Physical
Config
Desktop
Web Browser
X
URL
http://192.168.8.100
Go
Stop
Request Timeout

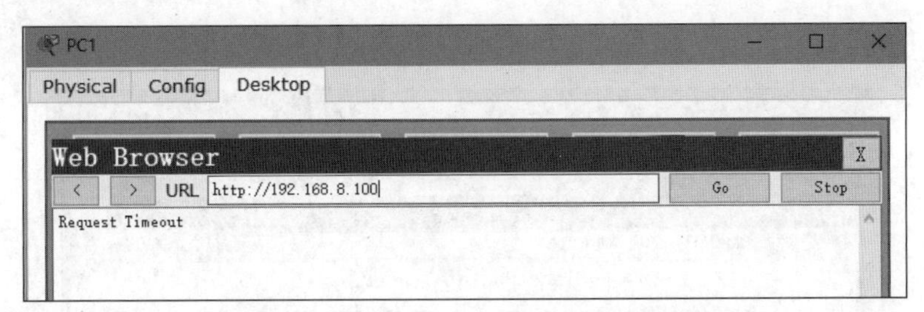

图 8.19　学生计算机访问 Web-Server 情况

Server。

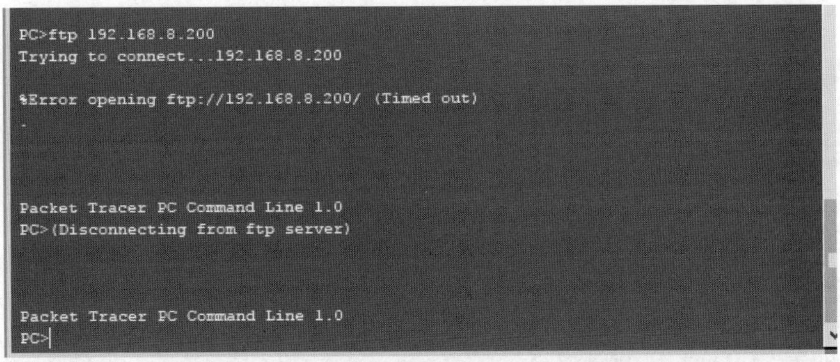

PC>ftp 192.168.8.200
Trying to connect...192.168.8.200
%Error opening ftp://192.168.8.200/ (Timed out)
Packet Tracer PC Command Line 1.0
PC>(Disconnecting from ftp server)
Packet Tracer PC Command Line 1.0
PC>

图 8.20　学生计算机访问 FTP-Server 情况

用学生计算机 ping 校长计算机，结果如图 8.21 所示，表明不能 ping 通。

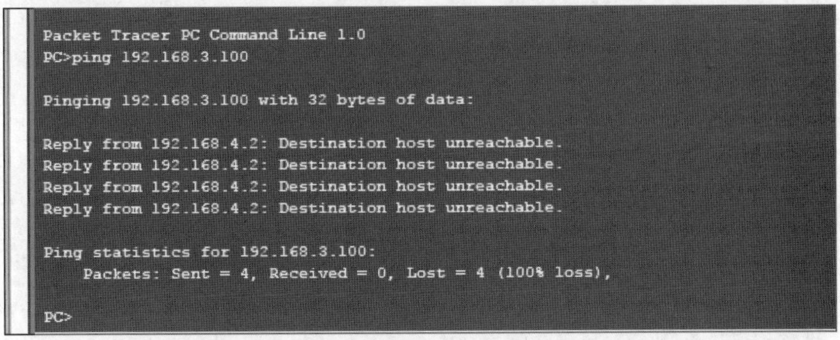

Packet Tracer PC Command Line 1.0
PC>ping 192.168.3.100
Pinging 192.168.3.100 with 32 bytes of data:
Reply from 192.168.4.2: Destination host unreachable.
Reply from 192.168.4.2: Destination host unreachable.
Reply from 192.168.4.2: Destination host unreachable.
Reply from 192.168.4.2: Destination host unreachable.
Ping statistics for 192.168.3.100:
Packets: Sent = 4, Received = 0, Lost = 4 (100% loss),
PC>

图 8.21　学生计算机 ping 校长计算机情况

同样，用教师计算机 ping 校长计算机，是可以 ping 通的，结果如图 8.22 所示。

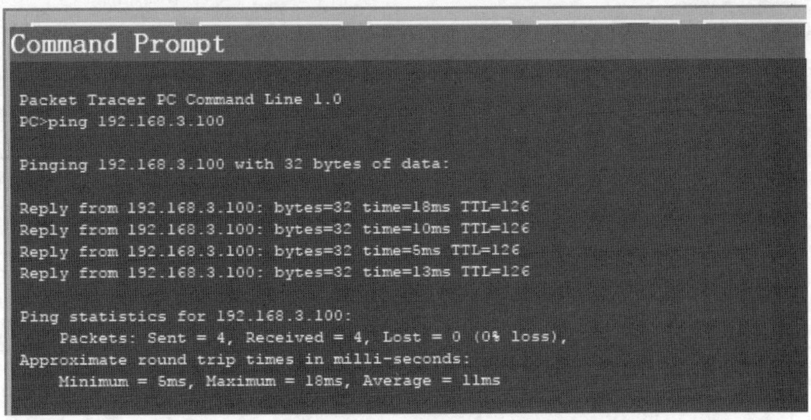

Command Prompt
Packet Tracer PC Command Line 1.0
PC>ping 192.168.3.100
Pinging 192.168.3.100 with 32 bytes of data:
Reply from 192.168.3.100: bytes=32 time=18ms TTL=126
Reply from 192.168.3.100: bytes=32 time=10ms TTL=126
Reply from 192.168.3.100: bytes=32 time=5ms TTL=126
Reply from 192.168.3.100: bytes=32 time=13ms TTL=126
Ping statistics for 192.168.3.100:
Packets: Sent = 4, Received = 4, Lost = 0 (0% loss),
Approximate round trip times in milli-seconds:
Minimum = 5ms, Maximum = 18ms, Average = 11ms

图 8.22　教师计算机 ping 校长计算机情况

用教师计算机访问 Web-Server 的结果如图 8.23 所示,表明能够成功访问。

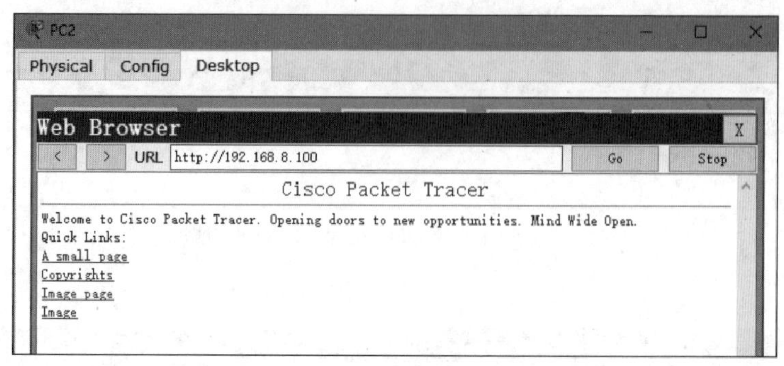

图 8.23 教师计算机访问 Web-Server 情况

8.5 实验五:配置命名访问控制列表

实验要求 1

构建如图 8.24 所示的网络拓扑结构,该拓扑结构涉及 4 个部门,分别为校长、教师、网络中心和学生。IP 地址规划见表 8.6。实验要求配置标准命名访问控制列表,禁止学生对教师计算机的一切访问。该实验在 Packet Tracer 仿真环境下完成。

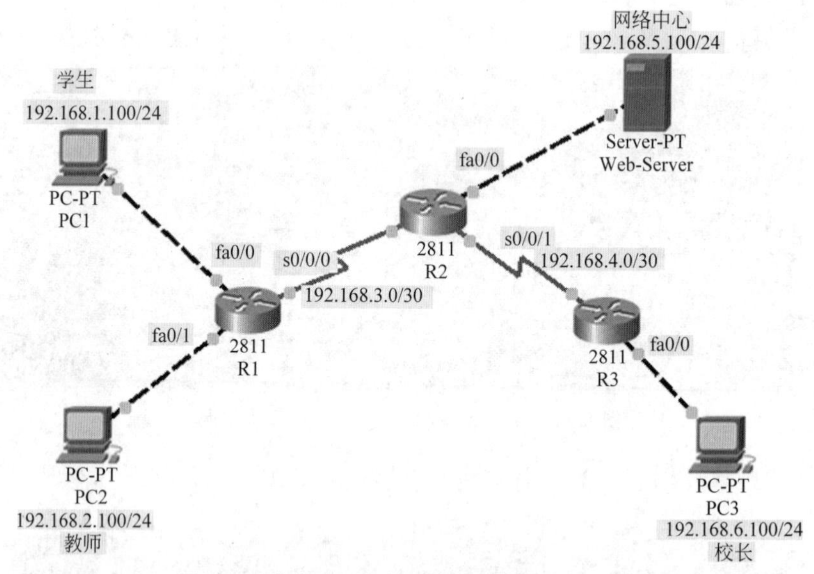

图 8.24 命名访问控制列表配置网络拓扑结构

表 8.6 IP 地址规划

设　备	接　口	IP 地 址	子 网 掩 码
R1	s0/0/0	192.168.3.1	255.255.255.252
	fa0/0	192.168.1.1	255.255.255.0
	fa0/1	192.168.2.1	255.255.255.0

续表

设　　备	接　　口	IP 地 址	子 网 掩 码
R2	s0/0/0	192.168.3.2	255.255.255.252
	s0/0/1	192.168.4.1	255.255.255.252
	fa0/0	192.168.5.1	255.255.255.0
	fa0/1	192.168.3.1	255.255.255.0
R3	s0/0/1	192.168.4.2	255.255.255.252
	fa0/0	192.168.6.1	255.255.255.0
PC1	网卡	192.168.1.100	255.255.255.0
PC2	网卡	192.168.2.100	255.255.255.0
PC3	网卡	192.168.6.100	255.255.255.0
Web-Server	网卡	192.168.5.100	255.255.255.0

实验过程

(1) 对网络设备进行基本配置。

首先,配置路由器 R1。

```
Router(config)#hostname R1                                 //为路由器命名
R1(config)#interface fastEthernet 0/0                      //进入路由器端口 fa0/0
R1(config-if)#ip address 192.168.1.1 255.255.255.0         //配置 IP 地址
R1(config-if)#no shu                                       //激活
R1(config-if)#exit                                         //退出
R1(config)#interface fastEthernet 0/1                      //进入路由器端口 fa0/1
R1(config-if)#ip address 192.168.2.1 255.255.255.0         //配置 IP 地址
R1(config-if)#no shu                                       //激活
R1(config-if)#exit                                         //退出
R1(config)#interface serial 0/0/0                          //进入路由器端口 s0/0/0
R1(config-if)#ip address 192.168.3.1 255.255.255.252       //配置 IP 地址
R1(config-if)#no shu                                       //激活
R1(config-if)#clock rate 64000                             //配置端口时钟频率
```

其次,配置路由器 R2。

```
Router(config)#hostname R2                                 //为路由器命名
R2(config)#interface fastEthernet 0/0                      //进入路由器端口 fa0/0
R2(config-if)#ip address 192.168.5.1 255.255.255.0         //配置 IP 地址
R2(config-if)#no shu                                       //激活
R2(config-if)#exit                                         //退出
R2(config)#interface serial 0/0/1                          //进入路由器端口 s0/0/1
R2(config-if)#ip address 192.168.4.1 255.255.255.252       //配置 IP 地址
R2(config-if)#clock rate 64000                             //配置时钟频率
R2(config-if)#no shu                                       //激活
```

```
R2(config-if)#exit                                      //退出
R2(config)#interface serial 0/0/0                       //进入路由器端口 s0/0/0
R2(config-if)#ip address 192.168.3.2 255.255.255.252    //配置 IP 地址
R2(config-if)#no shu                                    //激活
```

第三,配置路由器 R3。

```
Router(config)#hostname R3                              //为路由器命名
R3(config)#interface serial 0/0/1                       //进入路由器端口 s0/0/1
R3(config-if)#ip address 192.168.4.2 255.255.255.252    //配置 IP 地址
R3(config-if)#no shu                                    //激活
R3(config-if)#exit                                      //退出
R3(config)#interface fastEthernet 0/0                   //进入路由器端口 fa0/0
R3(config-if)#ip address 192.168.6.1 255.255.255.0      //配置 IP 地址
R3(config-if)#no shu                                    //激活
```

(2) 配置动态路由协议 EIGRP。

首先,配置路由器 R1。

```
R1(config)#router eigrp 1                          //启用 EIGRP 路由协议
R1(config-router)#network 192.168.1.0 0.0.0.255
                                                   //将 192.168.1.0/24 网络端口加入 EIGRP
R1(config-router)#network 192.168.2.0 0.0.0.255
                                                   //将 192.168.2.0/24 网络端口加入 EIGRP
R1(config-router)#network 192.168.3.0 0.0.0.3
                                                   //将 192.168.3.0/30 网络端口加入 EIGRP
```

其次,配置路由器 R2。

```
R2(config)#router eigrp 1                          //启用 EIGRP 路由协议
R2(config-router)#network 192.168.3.0 0.0.0.3      //将 192.168.3.0/30 端口加入 EIGRP
R2(config-router)#network 192.168.4.0 0.0.0.3      //将 192.168.4.0/30 端口加入 EIGRP
R2(config-router)#network 192.168.5.0 0.0.0.255
                                                   //将 192.168.5.0/24 网络端口加入 EIGRP
```

第三,配置路由器 R3。

```
R3(config)#router eigrp 1                          //启用 EIGRP 路由协议
R3(config-router)#network 192.168.4.0 0.0.0.3      //将 192.168.4.0/30 端口加入 EIGRP
R3(config-router)#network 192.168.6.0 0.0.0.255 //将 192.168.6.0/24 端口加入 EIGRP
```

(3) 配置终端计算机以及服务器的网络参数。

图 8.25 为 Web-Server 的网络参数配置情况。

计算机 PC1 的默认网关为 192.168.1.1,计算机 PC2 的默认网关为 192.168.2.1,计算机 PC3 的默认网关为 192.168.6.1。

(4) 测试连通性。

学生计算机访问网络中心 Web-Server,结果如图 8.26 所示。

学生计算机 ping 校长计算机的情况如图 8.27 所示,表明能够 ping 通。

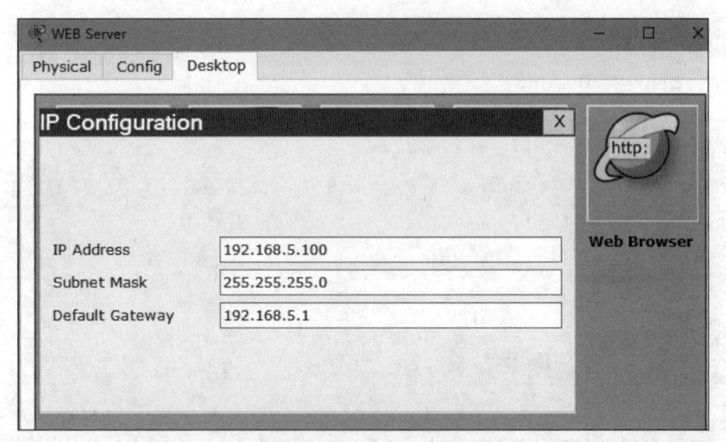

图 8.25　Web-Server 的网络参数配置情况

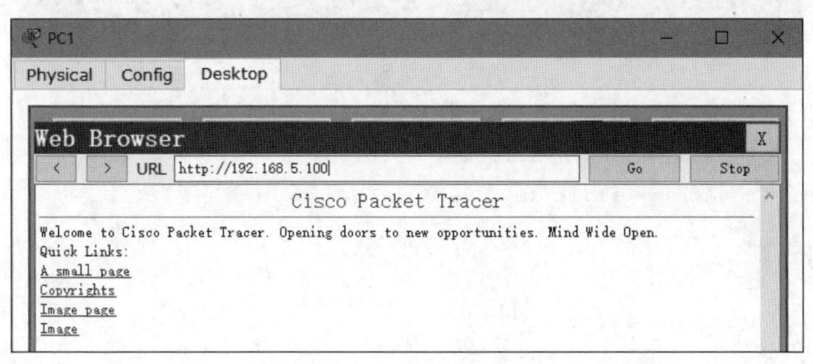

图 8.26　学生计算机访问 Web-Server 情况

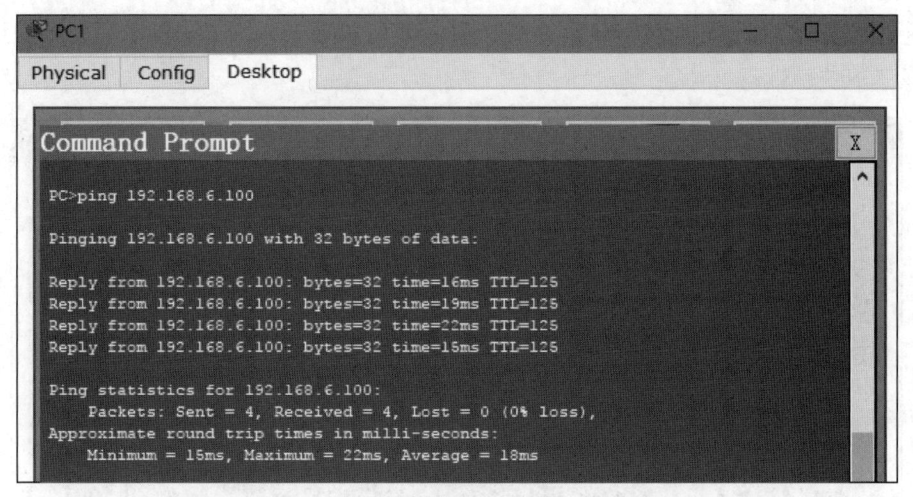

图 8.27　学生计算机 ping 校长计算机情况

学生计算机 ping 教师计算机的情况如图 8.28 所示，表明能够 ping 通。

(5) 配置标准命名访问控制列表，禁止学生计算机对教师计算机的一切访问。

该标准命名访问控制列表在路由器 R1 上实施。

首先，定义规则。

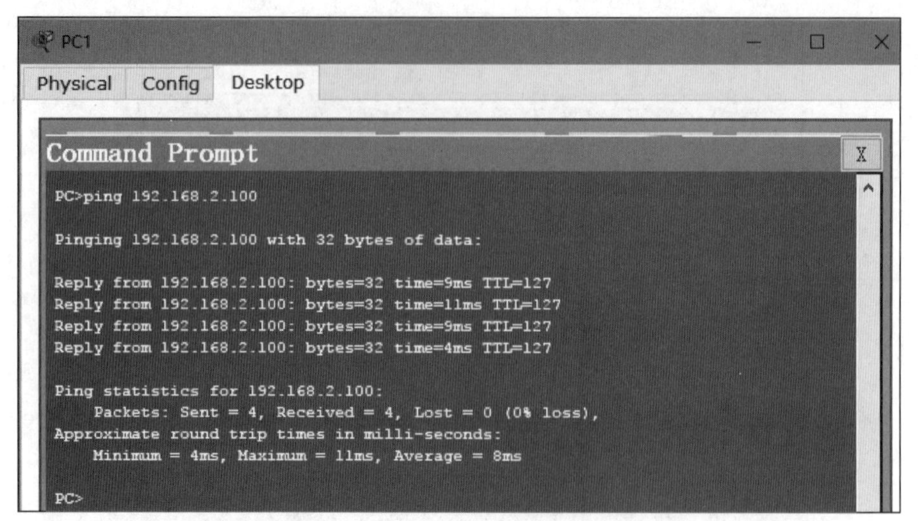

图 8.28　学生计算机 ping 教师计算机情况

```
R1(config)#ip access-list standard tdp
R1(config-std-nacl)#deny 192.168.1.0 0.0.0.255
R1(config-std-nacl)#permit any
```

其次,应用规则。

```
R1(config)#interface fastEthernet 0/1
R1(config-if)#ip access-group tdp out
```

第三,验证实验效果。

通过学生计算机 ping 测试教师计算机,实验结果如图 8.29 所示,表明学生计算机不能 ping 通教师计算机。

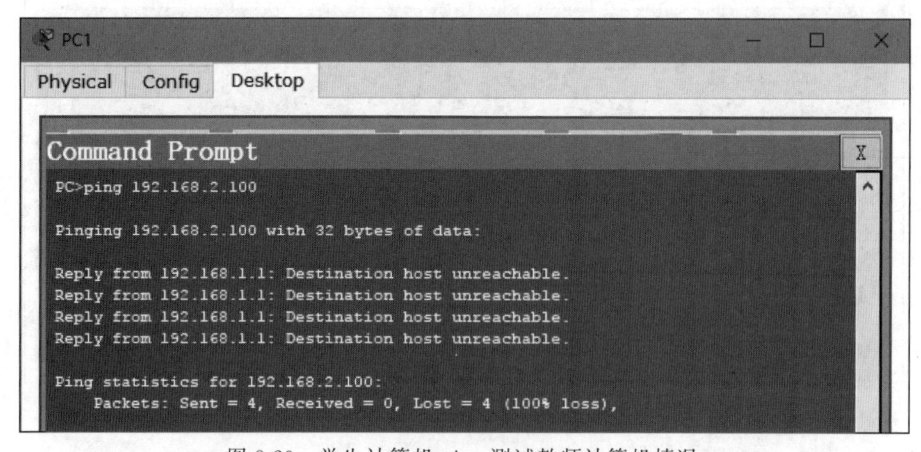

图 8.29　学生计算机 ping 测试教师计算机情况

校长计算机仍然能够 ping 通教师计算机,如图 8.30 所示。

实验要求 2

构建如图 8.24 所示的网络拓扑结构,该拓扑结构涉及 4 个部门,分别为校长、教师、网

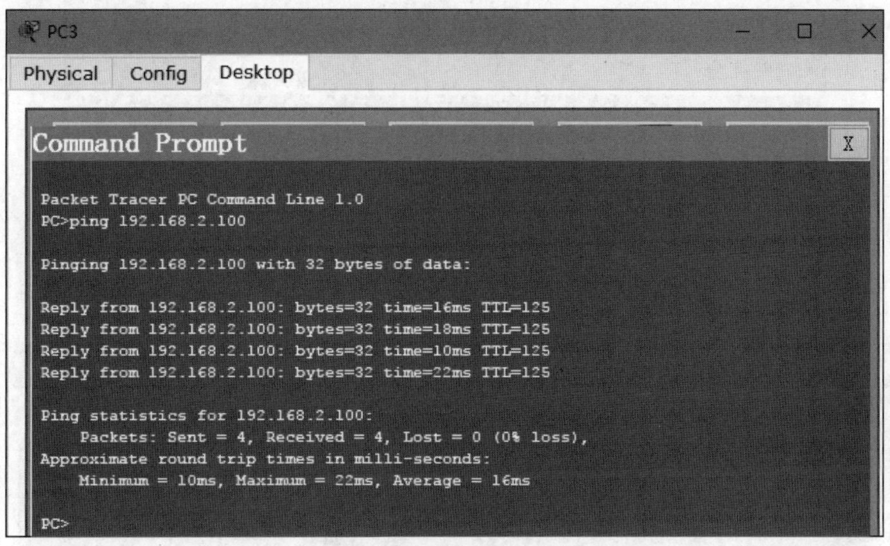

图 8.30　校长计算机 ping 测试教师计算机情况

络中心和学生。IP 地址规划见表 8.6。实验要求配置扩展命名访问控制列表，实现：

(1) 不允许学生计算机访问网络中心 Web-Server 的 Web 站点。

(2) 不允许学生计算机 ping 测试校长计算机。

该实验在 Packet Tracer 仿真环境下完成。

实验过程

(1) 配置网络设备使网络互联互通，配置方法见本次实验的实验要求 1。

(2) 配置扩展命名访问控制列表。

扩展命名访问控制列表规则在路由器 R1 上定义。

首先，在路由器 R1 上定义扩展命名访问控制列表规则。

```
R1(config)#ip access-list extended tdp2
R1(config-ext-nacl)#deny tcp 192.168.1.0 0.0.0.255 host 192.168.5.100 eq www
R1(config-ext-nacl)#deny icmp 192.168.1.0 0.0.0.255 host 192.168.6.100
R1(config-ext-nacl)#permit ip any any
R1(config-ext-nacl)#
```

其次，应用规则。

```
R1(config)#interface fastEthernet 0/0
R1(config-if)#ip access-group tdp2 in
R1(config-if)#
```

(3) 验证实验效果。

首先，验证学生计算机访问 Web-Server 情况，结果如图 8.31 所示。结果表明，学生计算机不能访问 Web 站点。

其次，验证学生计算机 ping 测试校长计算机的情况，结果如图 8.32 所示。结果表明，学生计算机不能 ping 通校长计算机。

PC1
Physical
Config
Desktop
Web Browser
X
URL
http://192.168.5.100
Go
Stop
Request Timeout

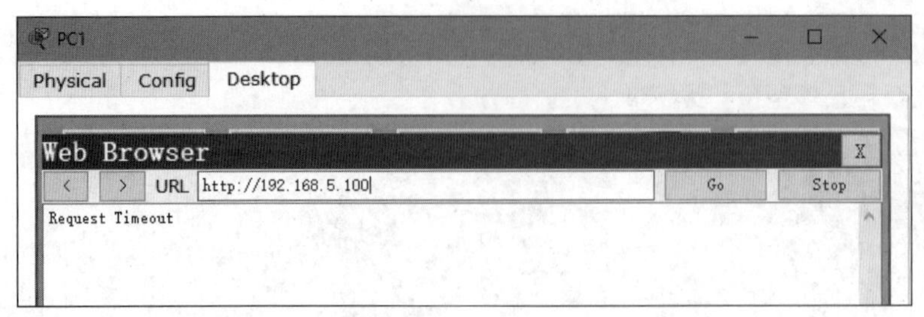

图 8.31　学生计算机访问 Web-Server 情况

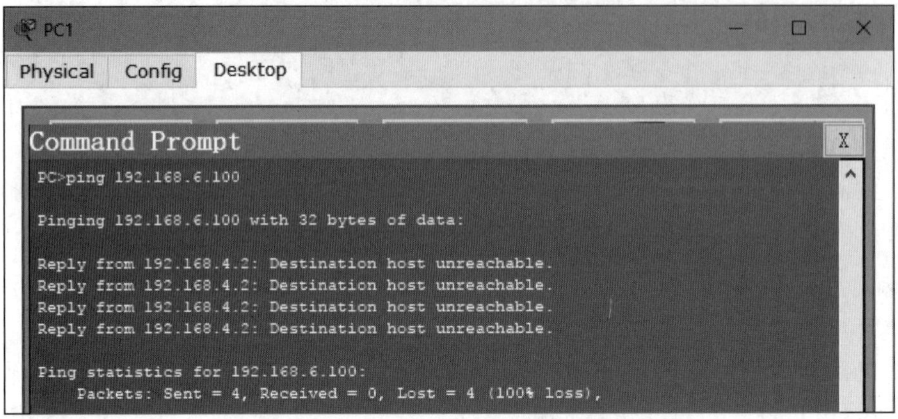

PC1
Physical
Config
Desktop
Command Prompt
X
PC>ping 192.168.6.100
Pinging 192.168.6.100 with 32 bytes of data:
Reply from 192.168.4.2: Destination host unreachable.
Reply from 192.168.4.2: Destination host unreachable.
Reply from 192.168.4.2: Destination host unreachable.
Reply from 192.168.4.2: Destination host unreachable.
Ping statistics for 192.168.6.100:
Packets: Sent = 4, Received = 0, Lost = 4 (100% loss),

图 8.32　学生计算机 ping 测试校长计算机情况

8.6　实验六：设置交换机端口最大连接数的安全配置

实验要求

构建如图 8.33 所示网络拓扑结构，依据该拓扑结构实现交换机端口最大连接数的安全配置，具体要求交换机 Switch0 的端口 fa0/1 最多连接两台计算机，若超过两台计算机则交换机端口 fa0/1 将自动关闭。该实验在 Packet Tracer 仿真环境下完成。

实验过程

对交换机 Switch0 进行配置。

```
switch0 (config)#interface fastEthernet 0/1              //进入交换机端口 fa0/1
switch0(config-if)#switchport mode access                //配置交换机端口模式
switch0(config-if)#switchport port-security              //开启交换机端口安全
switch0(config-if)#switchport port-security violation ?  //定义端口违规模式
protect Security violation protect mode
restrict Security violation restrict mode
shutdown Security violation shutdown mode
shutdown 是默认模式，当违规时，将端口变成 error-disabled 且将端口关掉
Switch0(config-if)#switchport port-security maximum 2
                                                         //将端口的最大连接数设置为 2
Switch0(config-if)#
```

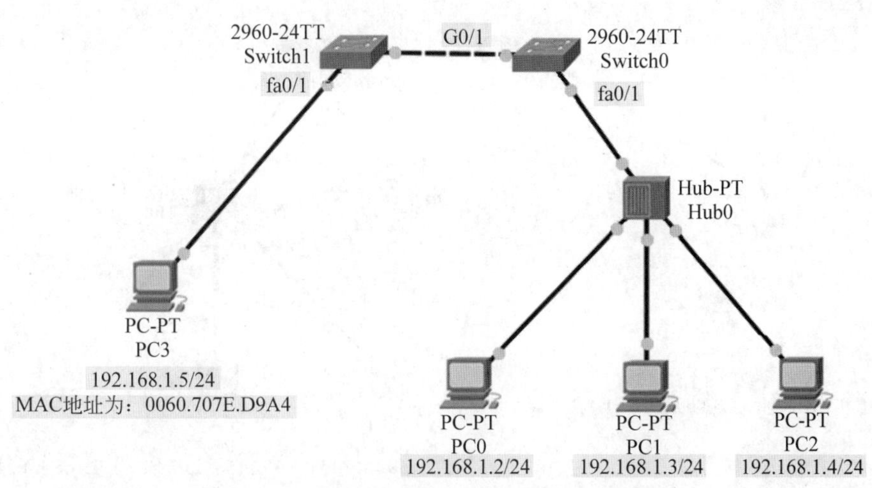

图 8.33　设置端口最大连接数网络拓扑结构

当终端计算机配置上如图 8.33 所示的网络参数时，可以发现交换机 Switch0 端口 fa0/1 自动变为 shutdown 状态，如图 8.34 所示。

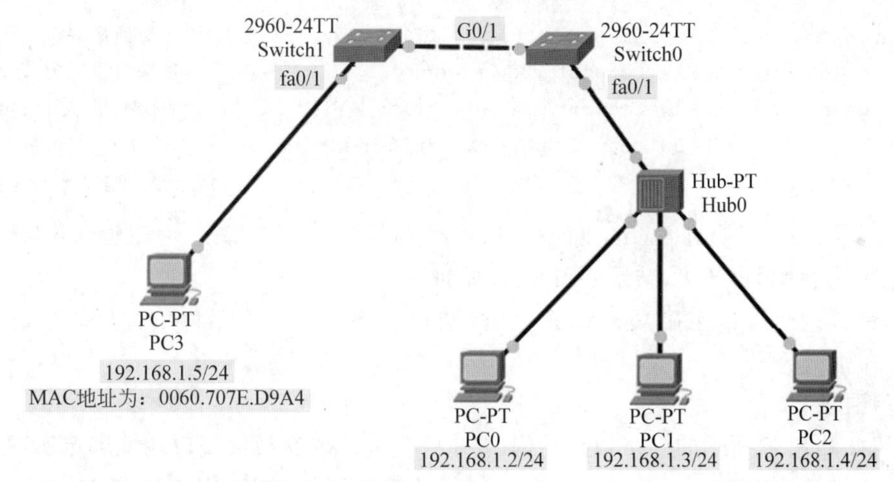

图 8.34　超过网络最大连接数时交换机 Switch0 端口 fa0/1 变化情况

可以看出，由于交换机 Switch0 端口 fa0/1 连接的主机数量大于两台，交换机端口自动关掉。

8.7　实验七：交换机端口地址绑定安全配置

实验要求 1

构建如图 8.35 所示的网络拓扑结构，通过静态手动一对一交换机端口地址绑定方式，要求交换机 Switch1 的端口 fa0/1 只能连接计算机 PC3，不能连接其他计算机，否则交换机端口自动关掉。该实验在 Packet Tracer 仿真环境下完成。

实验过程

将终端计算机 PC3 的 MAC 地址 0060.707E.D9A4 与交换机 Switch1 的端口 fa0/1 进

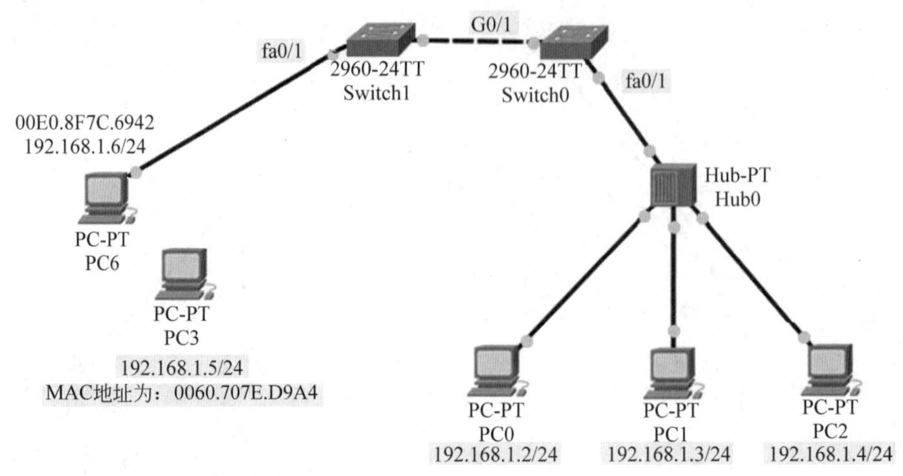

图 8.35　将交换机 Switch1 的端口 fa0/1 连接其他计算机情况

行绑定,即交换机的这个端口只能连接该计算机,不能连接其他计算机。

具体配置过程如下。

```
Switch(config)#interface fastEthernet 0/1                    //进入交换机端口 fa0/1
Switch(config-if)#switchport mode access                     //设置端口模式为 access
Switch(config-if)#switchport port-security                   //开启交换机端口安全性
Switch(config-if)#switchport port-security mac-address 0060.707E.D9A4
                                                             //静态地址绑定
```

配置的结果是交换机 Switch1 的端口 fa0/1 与计算机 PC3 绑定,为了验证效果,将计算机 PC3 换一台计算机连接,结果如图 8.35 所示。

实验结果表明,当连接其他计算机时,交换机 Switch1 的端口 fa0/1 立即处于关闭状态。

实验要求 2

构建如图 8.36 所示的网络拓扑结构,要求通过 sticky 交换机端口地址绑定实现交换机 Switch3 的端口 fa0/1、fa0/2 以及 fa0/3 自动绑定计算机 PC1、PC2 以及 PC3,该实验在 Packet Tracer 仿真环境下完成。

实验过程

将交换机 Switch3 端口地址绑定配置为 sticky,初始状态下交换机的端口 fa0/1、fa0/2 以及 fa0/3 分别与计算机 PC1、PC 2 以及 PC3 的 MAC 地址进行绑定。验证将 PC4、PC5 以及 PC6 这 3 台计算机连接交换机的端口 fa0/1、fa0/2 以及 fa0/3,查看实验效果。

(1) 按照如图 8.36 所示,为每台终端计算机配置网络地址。

(2) 配置交换机端口地址绑定。

```
Switch(config)#hostname Switch3
Switch3(config)#interface range fastEthernet 0/1 - 3
Switch3(config-if-range)#switchport mode access
Switch3(config-if-range)#switchport port-security
Switch3(config-if-range)#switchport port-security maximum 1
```

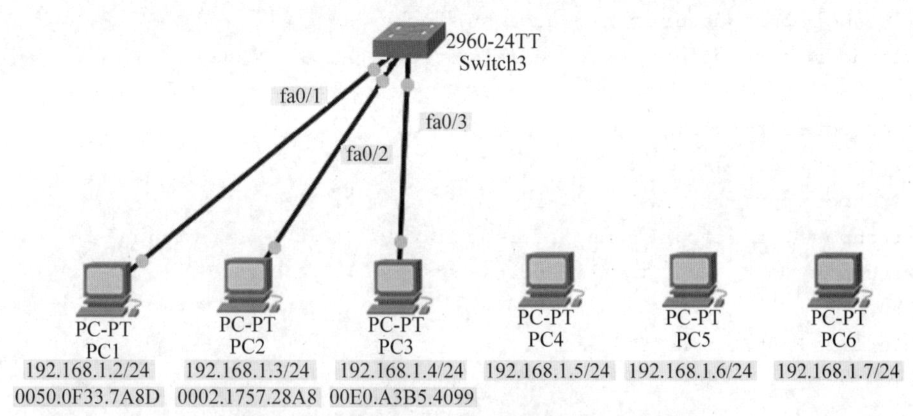

图 8.36　交换机端口黏性绑定网络拓扑结构

```
Switch3(config-if-range)#switchport port-security mac-address sticky
```

(3) 通过 ping 命令测试终端计算机之间的连通性。

(4) 通过 show run 命令可以查看端口绑定情况。

可以看出,交换机端口 fa0/1、fa0/2 以及 fa0/3 分别绑定了计算机 PC1、PC2 以及 PC3。

```
Switch3#show run
Building configuration...

Current configuration : 1514 bytes
!
version 12.2
no service timestamps log datetime msec
no service timestamps debug datetime msec
no service password-encryption
!
hostname Switch3
!
!
!
!
!
spanning-tree mode pvst
!
interface FastEthernet0/1
switchport mode access
switchport port-security
switchport port-security mac-address sticky
switchport port-security mac-address sticky 0050.0F33.7A8D
!
interface FastEthernet0/2
switchport mode access
switchport port-security
```

```
switchport port-security mac-address sticky
switchport port-security mac-address sticky 0002.1757.28A8
!
interface FastEthernet0/3
switchport mode access
switchport port-security
switchport port-security mac-address sticky
switchport port-security mac-address sticky 00E0.A3B5.4099
!
interface FastEthernet0/4
以下省略。
```

(5) 计算机 PC4、PC5 以及 PC6 连接交换机端口 fa0/1、fa0/2 以及 fa0/3 的情况。

将交换机的端口 fa0/1、fa0/2 以及 fa0/3 分别连接计算机 PC4、PC5 以及 PC6，当这 3 台计算机之间存在访问需求时，交换机端口将关闭，结果如图 8.37 所示。

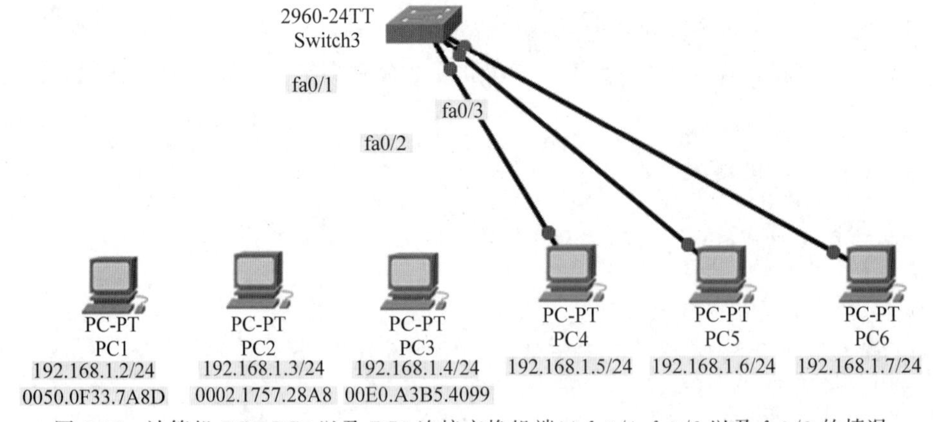

图 8.37 计算机 PC4、PC5 以及 PC6 连接交换机端口 fa0/1、fa0/2 以及 fa0/3 的情况

第 9 章　网络地址转换(NAT)技术

9.1　实验一：配置静态 NAT

实验要求

构建如图 9.1 所示网络拓扑结构，模拟校园网访问 Internet 的情况，为了测试网络连通性，在 Internet 上有一台提供 Web 服务的计算机。各设备的 IP 地址规划见表 9.1。实验要求配置静态 NAT，使得内部计算机能够访问 Internet。该实验在 Packet Tracer 仿真环境下完成。

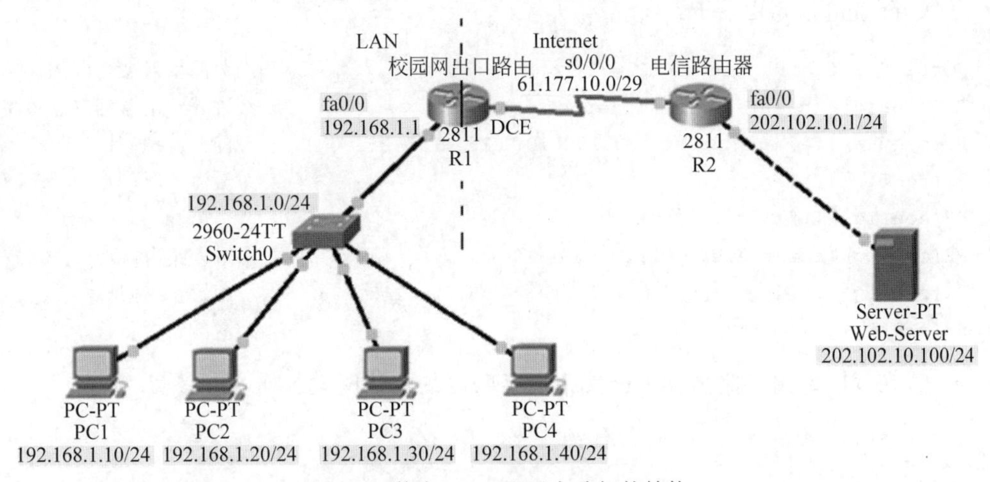

图 9.1　静态 NAT 配置实验拓扑结构

表 9.1　IP 地址规划

设　　备	接　　口	IP 地 址	子 网 掩 码
R1	s0/0/0	61.177.10.1	255.255.255.248
	fa0/0	192.168.1.1	255.255.255.0
R2	s0/0/0	61.177.10.2	255.255.255.248
	fa0/0	202.102.10.1	255.255.255.0
PC1	网卡	192.168.1.10	255.255.255.0
PC2	网卡	192.168.1.20	255.255.255.0
PC3	网卡	192.168.1.30	255.255.255.0
PC4	网卡	192.168.1.40	255.255.255.0
Web-Server	网卡	202.102.10.100	255.255.255.0

实验过程

(1) 对网络设备进行基本配置。

要求内部计算机能够 ping 通网关,外部服务器能够 ping 通校园网出口路由器连接外网端口,具体配置如下。

首先,配置校园网出口路由器 R1。

```
Router(config)#hostname R1                                  //为路由器命名
R1(config)#interface fastEthernet 0/0                       //进入路由器端口 fa0/0
R1(config-if)#ip address 192.168.1.1 255.255.255.0         //配置 IP 地址
R1(config-if)#no shu                                        //激活
R1(config-if)#exit                                          //退出
R1(config)#interface serial 0/0/0                           //进入路由器端口 s0/0/0
R1(config-if)#ip address 61.177.10.1 255.255.255.248       //配置 IP 地址
R1(config-if)#clock rate 64000                              //配置时钟频率
```

其次,配置电信路由器 R2。

```
Router(config)#hostname R2                                  //为路由器命名
R2(config)#interface fastEthernet 0/0                       //进入路由器端口 fa0/0
R2(config-if)#ip address 202.102.10.1 255.255.255.0        //配置 IP 地址
R2(config-if)#no shu                                        //激活
R2(config-if)#exit                                          //退出
R2(config)#interface serial 0/0/0                           //进入路由器端口 s0/0/0
R2(config-if)#ip address 61.177.10.2 255.255.255.248       //配置 IP 地址
R2(config-if)#no shu                                        //激活
```

第三,在校园网出口路由器上配置指向互联网的默认网关。

```
R1(config)#ip route 0.0.0.0 0.0.0.0 61.177.10.2
```

第四,配置互联网 Web-Server 的网络参数,如图 9.2 所示。

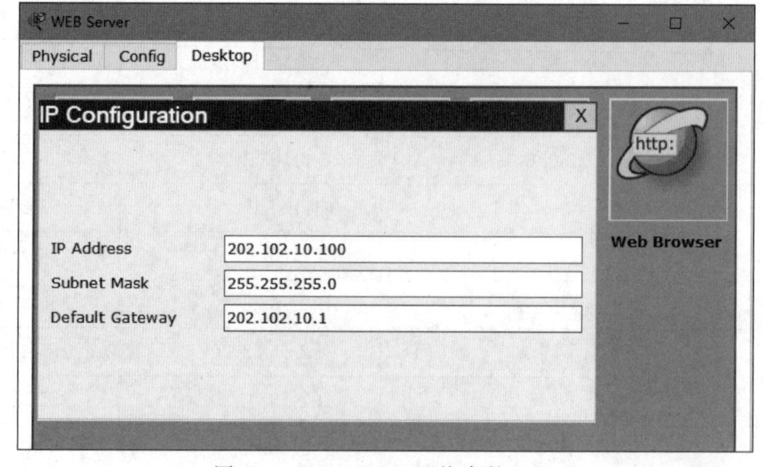

图 9.2　Web-Server 网络参数配置

(2) 测试连通性情况。

首先，测试 Web-Server 与校园网出口路由器的端口 s0/0/0 的连通情况，如图 9.3 所示。

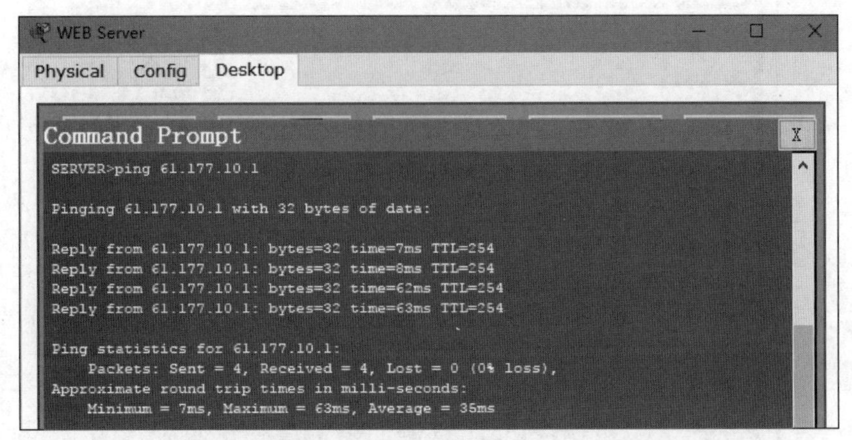

图 9.3　Web-Server 与路由器出口连通性测试

其次，测试校园网出口路由器与 Internet Web-Server 连通情况，结果如图 9.4 所示。

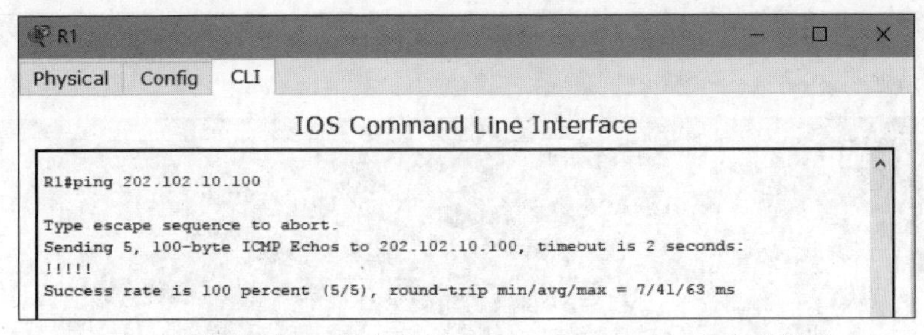

图 9.4　校园网出口路由器与 Internet Web-Server 连通性测试

(3) 配置校园网内部 4 台计算机的网络参数并测试连通性。

如图 9.5 所示为计算机 PC1 的配置情况，其他 3 台计算机配置类似。

测试终端计算机与网关的连通性，结果是连通的，如图 9.6 所示。

测试内部计算机访问 Internet 上的 Web-Server 的 Web 站点的情况，结果无法访问，如图 9.7 所示。

(4) 在校园网的出口路由器上配置静态 NAT。

首先，定义内网端口和外网端口。

```
R1(config)#interface fastEthernet 0/0            //进入路由器的端口 fa0/0
R1(config-if)#ip nat inside                      //宣告连接内部网络
R1(config-if)#exit                               //退出
R1(config)#interface serial 0/0/0                //进入路由器端口 s0/0/0
R1(config-if)#ip nat outside                     //宣告连接外部网络
R1(config-if)#exit                               //退出
```

其次，建立映射关系。

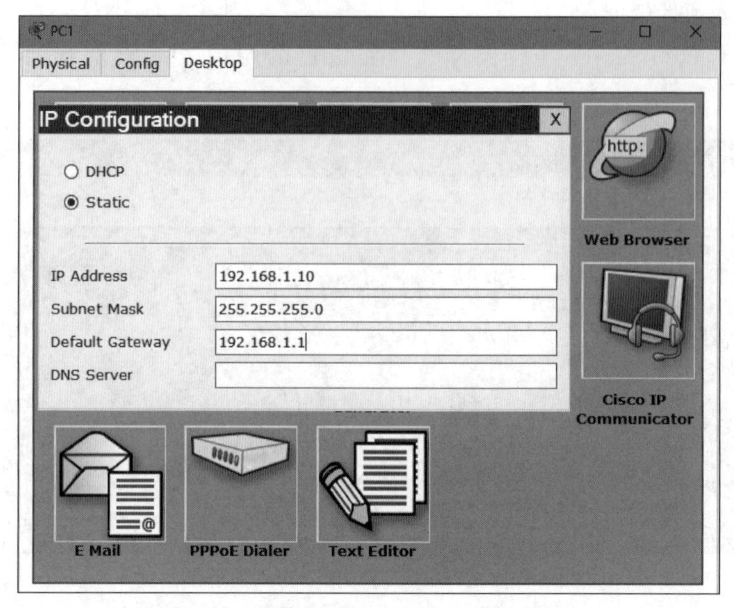

图 9.5 计算机 PC1 网络参数配置情况

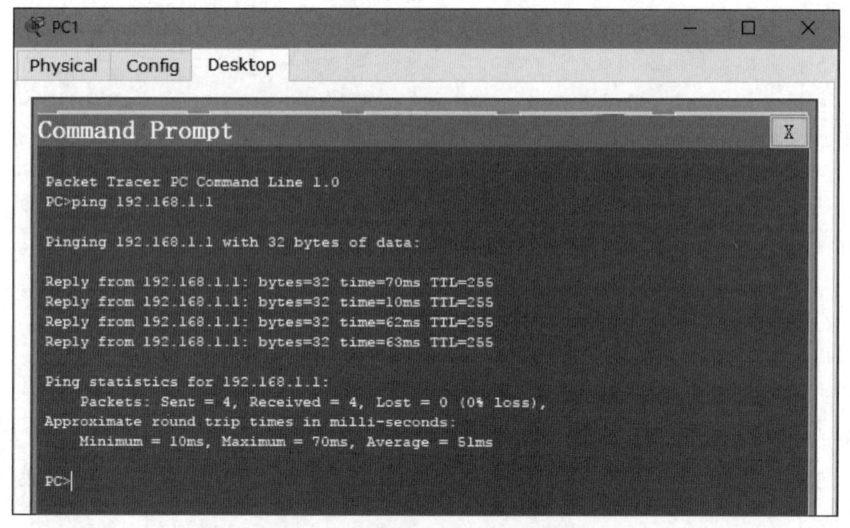

图 9.6 计算机与网关连通性测试情况

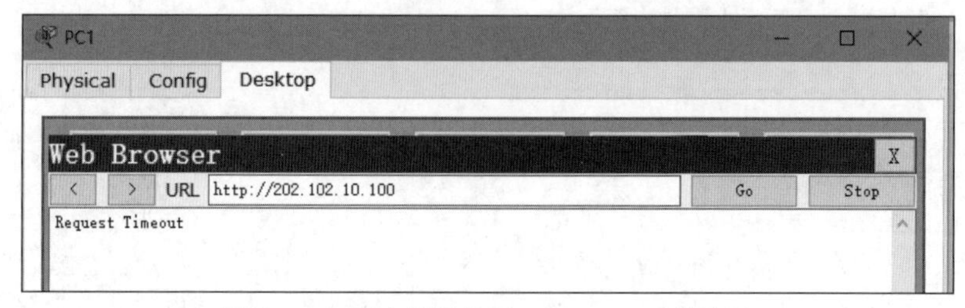

图 9.7 内部计算机访问 Web-Server 的情况

```
R1(config)#ip nat inside source static 192.168.1.10 61.177.10.1    //建立映射关系
```

第三,测试网络连通性。

在内部 IP 地址为 192.168.1.10 的计算机上测试访问 Internet 的情况,如图 9.8 所示。结果表明,内部 IP 地址为 192.168.1.10 的计算机可以访问 Internet。

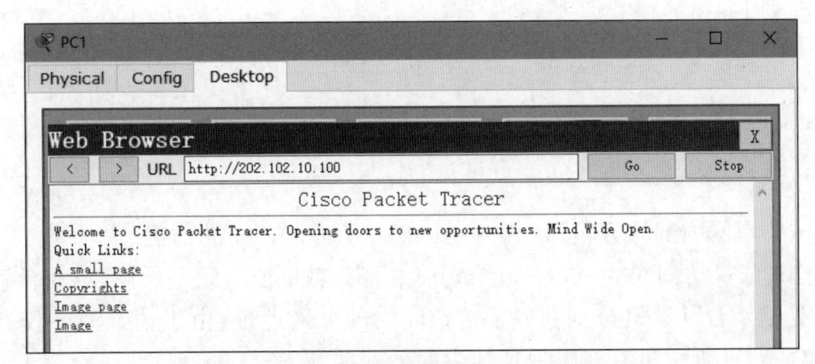

图 9.8　内部计算机访问 Web-Server 的情况

第四,通过"show ip nat translations"命令查看具体转换情况,如图 9.9 所示。

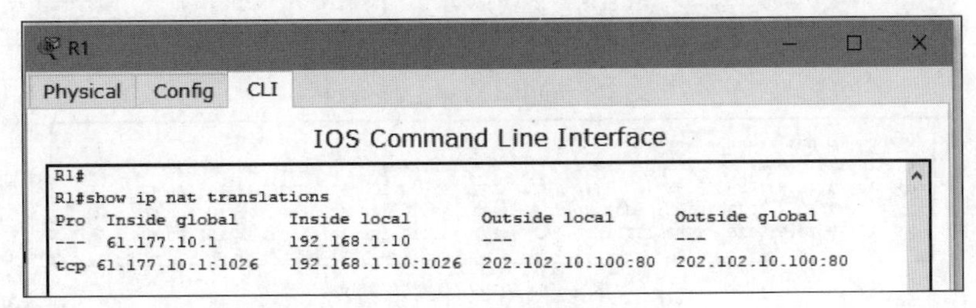

图 9.9　地址转换情况

9.2　实验二:配置动态 NAT

实验要求

构建如图 9.1 所示网络拓扑结构,模拟校园网访问 Internet 的情况。各设备的地址配置情况见表 9.1,实验要求配置动态 NAT 从而实现内部计算机访问 Internet。该实验在 Packet Tracer 仿真环境下完成。

实验过程

(1) 默认基本配置已经完成,包括:①基本 IP 地址配置;②内部计算机 ping 通网关,外部 Web-Server ping 通校园网出口路由器连接外网的端口。

(2) 路由器 R1 配置动态 NAT。

首先,宣告连接内网端口以及连接外网端口。

```
R1(config)#interface fastEthernet 0/0        //进入路由器端口 fa0/0
R1(config-if)#ip nat inside                  //宣告内网端口
R1(config-if)#exit                           //退出
R1(config)#interface serial 0/0/0            //进入路由器端口 s0/0/0
R1(config-if)#ip nat outside                 //宣告外网端口
R1(config-if)#exit                           //退出
```

其次,定义内部本地地址范围。

```
R1(config)#access-list 1 permit any
```

第三,定义内部全局地址池。

```
R1(config)#ip nat pool tdp 61.177.10.3 61.177.10.5 netmask 255.255.255.248
```

第四,建立映射关系。

```
R1(config)#ip nat inside source list 1 pool tdp
```

(3) 测试校园网内部计算机访问 Internet 上 Web-Server 的情况。

4 台计算机依次访问 Web-Server,结果前 3 台计算机能够顺利访问,第 4 台计算机不能访问。原因是前 3 台计算机分别获得了地址池中的公网地址,由于地址池中仅有 3 个公网地址,所以第 4 台计算机没有获得地址池中的公网地址。

(4) 通过"show ip nat translations"命令查看地址转换情况,结果如图 9.10 所示。

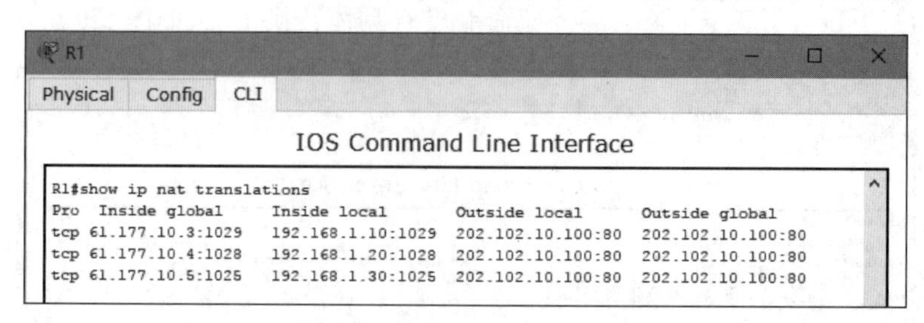

图 9.10 网络地址转换情况

从图 9.10 中可以看出,内部本地地址 192.168.1.10 转换成内部全局地址 61.177.10.3。内部本地地址 192.168.1.20 转换成内部全局地址 61.177.10.4,内部本地地址 192.168.1.30 转换成内部全局地址 61.177.10.5。

9.3 实验三:配置 PAT

实验要求

构建如图 9.1 所示网络拓扑结构,模拟仿真校园网访问 Internet 情况,具体网络参数配置见表 9.1,实验要求在校园网出口路由器 R1 上配置 PAT,使得校园网计算机能够访问 Internet。该实验在 Packet Tracer 仿真环境下完成。

实验过程

方案一:内部全局地址为校园网出口路由器端口 s0/0/0。

(1) 对网络进行基本配置,满足两方面的要求:①校园网内部计算机能够 ping 通网关(地址 192.168.1.1);②Web-Server 计算机 ping 通校园网出口路由器 R1 连接外网端口 s0/0/0。前面已经有这部分的完整配置。

(2) 配置 PAT。

首先,定义内网端口和外网端口。

```
R1(config)#interface fastEthernet 0/0                //进入路由器端口 fa0/0
```

```
R1(config-if)#ip nat inside                          //宣告内部网络
R1(config-if)#exit                                   //退出
R1(config)#interface serial 0/0/0                    //进入路由器端口 s0/0/0
R1(config-if)#ip nat outside                         //宣告外部网络
R1(config-if)#exit                                   //退出
```

其次,定义内部本地地址范围。

```
R1(config)#access-list 1 permit any
```

最后,建立映射关系。

```
R1(config)#ip nat inside source list 1 interface serial 0/0/0 overload
```

(3) 结果分析。

测试校园网内部计算机访问 Internet 上 Web-Server 的情况。结果表明,内部计算机都可以访问 Internet。

通过"show ip nat translations"命令可以看出,内部私有地址通过 PAT 转换后都转换为同一个内部全局地址 61.177.10.1,唯一不同的是,对应同一内部全局地址的不同的端口号,如图 9.11 所示。

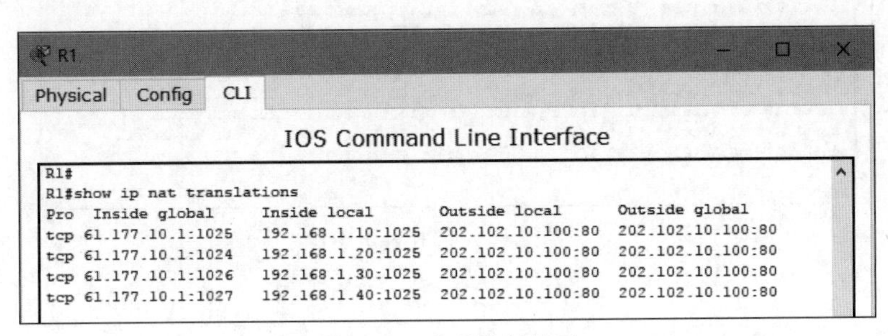

图 9.11　查看映射关系

方案二:使用内部全局地址池进行转换。

(1) 对网络进行基本配置,满足以下两方面要求:①校园网内部计算机能够 ping 通网关(地址 192.168.1.1);②Web-Server 计算机能够 ping 通校园网出口路由器 R1 连接外网端口 s0/0/0。前面已经有这部分的完整配置。

(2) 配置 PAT。

首先,定义内网端口和外网端口。

```
R1(config)#interface fastEthernet 0/0                //进入路由器端口 fa0/0
R1(config-if)#ip nat inside                          //宣告内部端口
R1(config-if)#exit                                   //退出
R1(config)#interface serial 0/0/0                    //进入路由器端口 s0/0/0
R1(config-if)#ip nat outside                         //宣告外部端口
R1(config-if)#exit                                   //退出
```

其次,定义内部本地地址范围。

```
R1(config)#access-list 1 permit any
```

然后,定义内部全局地址池。

```
R1(config)#ip nat pool tdp 61.177.10.3 61.177.10.5 netmask 255.255.255.248
```

最后,建立映射关系。

```
R1(config)#ip nat inside source list 1 pool tdp overload
```

(3) 测试校园网内部计算机访问 Internet 上 Web-Server 的情况。

测试结果表明,内部计算机都可以访问 Internet。通过"show ip nat translations"命令查看结果,如图 9.12 所示。

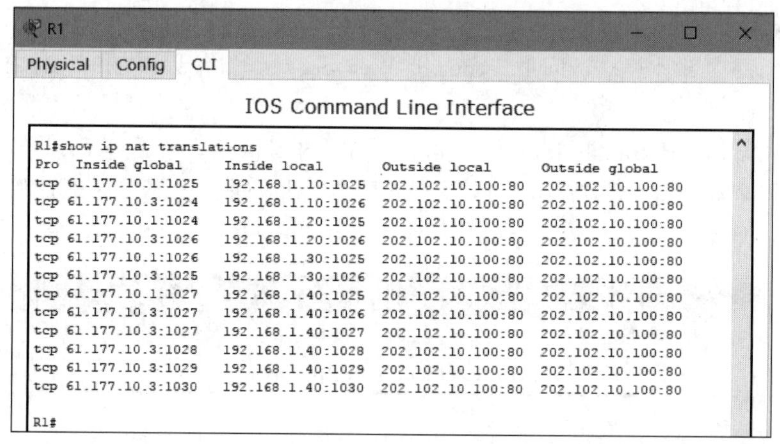

图 9.12　映射关系图

第10章　广域网技术

10.1　实验一：配置 PAP 单向认证

实验要求

构建如图 10.1 所示网络拓扑结构，将两台路由器的串口封装成 PPP。实验要求开启路由器 R2 的 PAP 认证方式，路由器 R2 为认证端，对被认证端路由器 R1 进行单向认证。该实验在 Packet Tracer 仿真环境下完成。

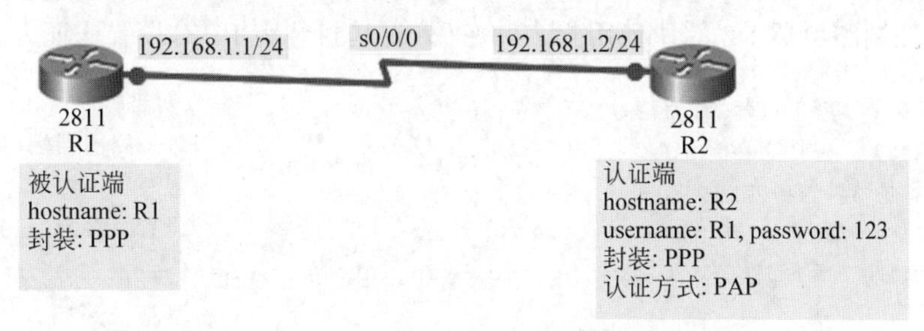

图 10.1　单向 PAP 认证实验拓扑

实验过程

(1) 对网络设备进行基本配置。

首先，配置路由器 R1。

```
Router>en                                            //进入特权模式
Router#config t                                      //进入全局配置模式
Router(config)#hostname R1                           //为路由器命名
R1(config)#interface serial 0/0/0                    //进入路由器端口 s0/0/0
R1(config-if)#ip address 192.168.1.1 255.255.255.0   //配置 IP 地址
R1(config-if)#no shu                                 //激活
R1(config-if)#clock rate 64000                       //配置时钟频率
R1(config-if)#end                                    //退出
R1#
```

其次，配置路由器 R2。

```
Router>en                                            //进入特权模式
Router#config t                                      //进入全局配置模式
Router(config)#hostname R2                           //为路由器命名
R2(config)#interface serial 0/0/0                    //进入路由器端口 s0/0/0
R2(config-if)#ip address 192.168.1.2 255.255.255.0   //配置 IP 地址
R2(config-if)#no shu                                 //激活
R2(config-if)#exit                                   //退出
```

```
R2(config)#
```

(2) 网络连通性测试。

测试结果如下。

```
R1#ping 192.168.1.2

Type escape sequence to abort.
Sending 5, 100-byte ICMP Echos to 192.168.1.2, timeout is 2 seconds:
!!!!!
Success rate is 100 percent (5/5), round-trip min/avg/max =1/23/32 ms
```

结果表明,网络是连通的。

(3) PAP 单向认证配置。

首先,配置认证端路由器 R2。

配置认证端路由器 R2 的认证用户名和密码,将其封装为 PPP,设置认证方式为 PAP。

```
R2(config)#username R1 password 123                    //创建用户名和口令
R2(config)#interface serial 0/0/0                      //进入路由器端口 s0/0/0
R2(config-if)#encapsulation ppp                        //封装成 PPP
R2(config-if)#ppp authentication pap                   //设置 PPP 认证方式为 PAP
%LINEPROTO-5-UPDOWN: Line protocol on Interface Serial0/0/0, changed state
to down
```

当认证端路由器 R2 的端口 s0/0/0 设置 PPP 认证方式为 PAP,而被认证端路由器 R1 的端口 s0/0/0 没有设置的情况下,两台路由器之间的链路处于关闭状态,不能通信,测试结果如下。

```
R1#ping 192.168.1.2

Type escape sequence to abort.
Sending 5, 100-byte ICMP Echos to 192.168.1.2, timeout is 2 seconds:
...
Success rate is 0 percent (0/5)
```

其次,配置被认证端路由器 R1。

配置封装方式及发送验证信息。

```
R1(config-if)#encapsulation ppp                        //封装成 PPP
R1(config-if)#ppp pap sent-username R1 password 123    //发送认证端设备路由器 R2
                                                       //设定的用户名 R1 和口令 123
```

注意:这里仅与认证端设备设定的用户名和口令有关。与其他设备没有关系,如设备名称等。

```
R1(config-if)#
%LINEPROTO-5-UPDOWN: Line protocol on Interface Serial0/0/0, changed state to up
```

当被认证端路由器 R1 的端口 s0/0/0 设置 PPP 认证方式为 PAP,并且配置发送正确的用户名和口令后,两台路由器之间的链路处于打开状态。

(4) 网络连通性测试。

测试结果如下,网络是连通的。

```
R1#ping 192.168.1.2
Type escape sequence to abort.
Sending 5, 100-byte ICMP Echos to 192.168.1.2, timeout is 2 seconds:
!!!!!
Success rate is 100 percent (5/5), round-trip min/avg/max =1/2/9 ms
R1#
```

10.2　实验二:配置 PAP 双向认证

实验要求

构建如图 10.2 所示网络拓扑结构,将两台路由器的串口封装成 PPP。实验要求开启两台路由器的 PAP 认证方式,路由器 R1 和路由器 R2 既是认证端又是被认证端。该实验在 Packet Tracer 仿真环境下完成。

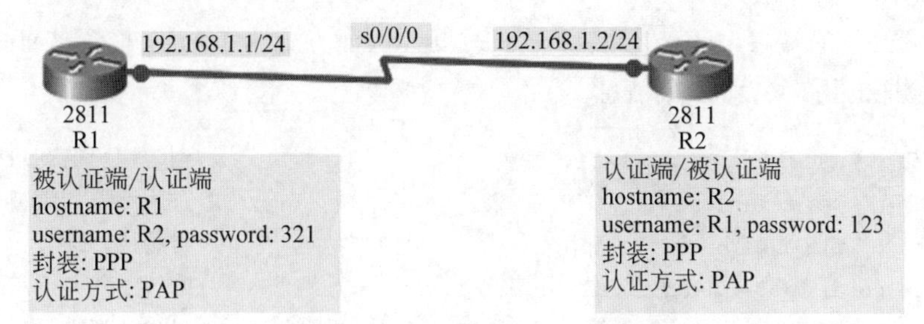

图 10.2　双向 PAP 认证实验拓扑

实验过程

(1) 对网络设备进行基本配置。

首先,配置路由器 R1。

```
Router>en                                                //进入特权模式
Router#config t                                          //进入全局配置模式
Router(config)#hostname R1                               //为路由器命名
R1(config)#interface serial 0/0/0                        //进入路由器端口 s0/0/0
R1(config-if)#ip address 192.168.1.1 255.255.255.0       //配置 IP 地址
R1(config-if)#no shu                                     //激活
R1(config-if)#clock rate 64000                           //配置时钟频率
R1(config-if)#exit                                       //退出
R1(config)#
```

其次,配置路由器 R2。

```
Router>en                                                //进入特权模式
Router#config t                                          //进入全局配置模式
Router(config)#hostname R2                               //为路由器命名
```

```
R2(config)#interface serial 0/0/0                      //进入路由器端口 s0/0/0
R2(config-if)#ip address 192.168.1.2 255.255.255.0     //配置 IP 地址
R2(config-if)#no shu                                   //激活
R2(config-if)#exit                                     //退出
R2(config)#
```

(2) 网络连通性测试。

测试结果如下。

```
R1#ping 192.168.1.2

Type escape sequence to abort.
Sending 5, 100-byte ICMP Echos to 192.168.1.2, timeout is 2 seconds:
!!!!!
Success rate is 100 percent (5/5), round-trip min/avg/max =1/23/32 ms
```

结果表明,网络是连通的。

(3) 配置 PAP 双向认证。

首先,配置路由器 R1。

将路由器 R1 的端口 s0/0/0 封装为 PPP,设置认证方式为 PAP。配置认证的用户名和密码,发送验证的用户名和口令信息。

```
R1(config)#username R2 password 321                    //创建用户名和口令
R1(config)#interface serial 0/0/0                      //进入路由器端口 s0/0/0
R1(config-if)#encapsulation ppp                        //封装成 PPP
R1(config-if)#ppp authentication pap                   //配置 PPP 认证方式为 PAP
R1(config-if)#ppp pap sent-username R1 password 123    //发送认证端设备路由器 R2
                                                       //设定的用户名 R1 和口令 123
```

其次,配置路由器 R2。

```
R2(config)#interface serial 0/0/0                      //进入路由器端口 s0/0/0
R2(config)#username R1 password 123                    //设置用户名和口令
R2(config)#interface serial 0/0/0                      //进入路由器端口 s0/0/0
R2(config-if)#encapsulation ppp                        //封装成 PPP
R2(config-if)#ppp authentication pap                   //设置 PPP 认证方式为 PAP
R2(config-if)#ppp pap sent-username R2 password 321    //发送认证端设备路由器 R1
                                                       //设定的用户名 R2 和口令 321
```

(4) 测试网络连通性。

```
Router#ping 192.168.1.2
Type escape sequence to abort.
Sending 5, 100-byte ICMP Echos to 192.168.1.2, timeout is 2 seconds:
!!!!!
Success rate is 100 percent (5/5), round-trip min/avg/max =1/3/15 ms
Router#
```

10.3　实验三：CHAP 单向认证配置

实验要求

构建如图 10.3 所示网络拓扑结构，将两台路由器的串口封装成 PPP。实验要求开启路由器 R2 的 CHAP 认证方式，其中，路由器 R1 为被认证端，路由器 R2 为认证端，路由器 R2 对路由器 R1 进行单向认证。该实验在 GNS3 仿真环境下完成。

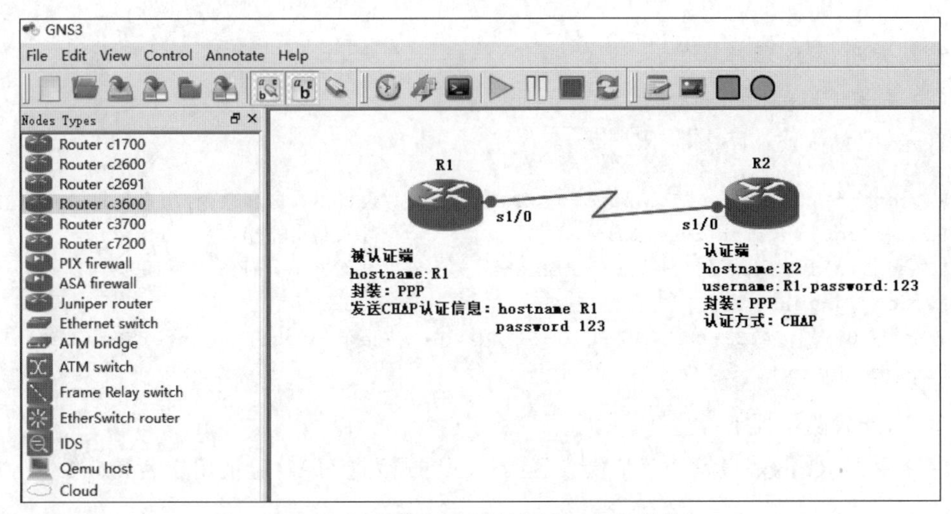

图 10.3　单向 CHAP 认证实验拓扑结构

实验过程

(1) 对网络设备进行基本配置。

首先，配置路由器 R1。

```
R1>en                                             //进入特权模式
R1#config t                                       //进入全局配置模式
R1(config)#interface serial 1/0                   //进入路由器端口 s1/0
R1(config-if)#ip address 192.168.1.1 255.255.255.0  //配置 IP 地址
R1(config-if)#no shu                              //激活
R1(config-if)#encapsulation ppp                   //封装成 PPP
R1(config-if)#exit                                //退出
R1(config)#
```

其次，配置路由器 R2。

```
R2>en                                             //进入特权模式
R2#config t                                       //进入全局配置模式
R2(config)#interface serial 1/0                   //进入路由器端口 s1/0
R2(config-if)#ip address 192.168.1.2 255.255.255.0  //配置 IP 地址
R2(config-if)#no shu                              //激活
R2(config-if)#encapsulation ppp                   //封装成 PPP
R2(config-if)#exit                                //退出
```

```
R2(config)#
```

最后,测试网络连通性。

```
R1#ping 192.168.1.2
Type escape sequence to abort.
Sending 5, 100-byte ICMP Echos to 192.168.1.2, timeout is 2 seconds:
!!!!!
Success rate is 100 percent (5/5), round-trip min/avg/max =1/3/13 ms
R1#
```

结果表明,网络是连通的。

(2) 配置 CHAP 单向认证。

首先,配置认证端路由器 R2。

```
R2(config)#username R1 password 123          //设置用户名和口令,用户名是对方的主机名
R2(config)#interface serial 1/0              //进入路由器端口 s0/0/0
R2(config-if)#ppp authentication chap        //设置 PPP 认证方式为 CHAP
R2(config-if)#
*Mar 1 00:03:04.339: %LINEPROTO-5-UPDOWN: Line protocol on Interface Serial1/0,
changed state to down
```

其次,配置路由器 R1。

将路由器 R1 的端口发送认证端设置的认证方式为 CHAP 验证用户名和口令。

```
R1#config                                    //进入全局配置模式
R1(config)#interface serial 1/0              //进入路由器端口 s1/0
R1(config-if)#ppp chap hostname R1           //发送认证端设备路由器 R2 设定的用户名 R1
R1(config-if)#ppp chap password 123          //发送认证端设备路由器 R2 设定的口令 123
R1(config-if)#
*Mar 1 00:03:24.207: %LINEPROTO-5-UPDOWN: Line protocol on Interface Serial1/0,
changed state to up
```

(3) 测试网络连通性。

```
R1(config-if)#end
R1#ping
R1#ping 192.168.1.2
Type escape sequence to abort.
Sending 5, 100-byte ICMP Echos to 192.168.1.2, timeout is 2 seconds:
!!!!!
Success rate is 100 percent (5/5), round-trip min/avg/max =28/34/48 ms
```

结果表明,网络是连通的。

10.4 实验四:CHAP 双向认证配置

实验要求

构建如图 10.4 所示网络拓扑结构,将两台路由器的串口封装成 PPP,实验要求开启路

由器 R1 和路由器 R2 的 CHAP 认证方式，路由器 R1 和路由器 R2 既是认证端又是被认证端。该实验在 GNS3 仿真环境下完成。

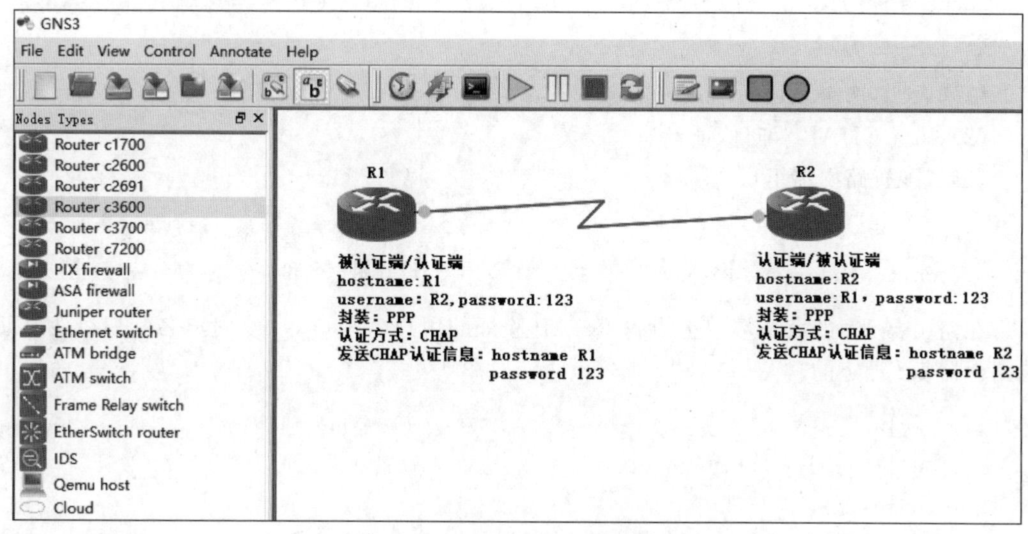

图 10.4　双向 CHAP 认证实验拓扑结构

实验过程

(1) 对网络设备进行基本配置。

首先，配置路由器 R1。

```
R1>en                                          //进入特权模式
R1#config t                                    //进入全局配置模式
R1(config)#interface serial 1/0                //进入路由器端口 s1/0
R1(config-if)#ip address 192.168.1.1 255.255.255.0   //配置 IP 地址
R1(config-if)#no shu                           //激活
R1(config-if)#encapsulation ppp                //封装成 PPP
R1(config-if)#exit                             //退出
R1(config)#
```

其次，配置路由器 R2。

```
R2>en                                          //进入特权模式
R2#config t                                    //进入全局配置模式
R2(config)#interface serial 1/0                //进入路由器端口 s1/0
R2(config-if)#ip address 192.168.1.2 255.255.255.0   //配置 IP 地址
R2(config-if)#no shu                           //激活
R2(config-if)#encapsulation ppp                //封装成 PPP
R2(config-if)#exit                             //退出
R2(config)#
```

最后，测试网络连通性。

```
R1#ping 192.168.1.2
Type escape sequence to abort.
```

```
Sending 5, 100-byte ICMP Echos to 192.168.1.2, timeout is 2 seconds:
!!!!!
Success rate is 100 percent (5/5), round-trip min/avg/max =1/3/13 ms
R1#
```

结果表明,网络是连通的。

(2) 配置 CHAP 双向认证。

首先,配置路由器 R1。

```
R1#config t                                       //进入全局配置模式
R1(config)#username R2 password 123               //设置用户名和口令,用户名是对方的主机名
```

在路由器 R1 的发送端口上设置 CHAP 验证的用户名和口令,该用户名和口令为认证端路由器 R2 设定的。

```
R1(config)#interface serial 1/0                   //进入路由器端口 s1/0
R1(config-if)#ppp authentication chap             //设置 PPP 认证方式为 CHAP
R1(config-if)#
*Mar 1 00:01:47.227: %LINEPROTO-5-UPDOWN: Line protocol on Interface Serial1/0,
changed state to down
R1(config-if)#ppp chap hostname R1                //发送认证端设备路由器 R1 设定的用户名 R1
R1(config-if)#ppp chap password 123               //发送认证端设备路由器 R1 设定的口令 123
```

其次,配置认证端路由器 R2。

```
R2(config)#username R1 password 123               //设置用户名和口令,用户名是对方的主机名
R2(config)#interface serial 1/0                   //进入路由器端口 s1/0
R2(config-if)#ppp authentication chap             //设置 PPP 认证方式为 CHAP
R2(config-if)#ppp chap hostname R2                //发送认证端设备路由器 R2 设定的用户名 R2
R2(config-if)#ppp chap password 123               //发送认证端设备路由器 R2 设定的口令 123
```

(3) 测试网络连通性。

```
R1(config-if)#end
R1#ping 192.168.1.2
Type escape sequence to abort.
Sending 5, 100-byte ICMP Echos to 192.168.1.2, timeout is 2 seconds:
!!!!!
Success rate is 100 percent (5/5), round-trip min/avg/max =28/34/48 ms
```

结果表明,网络是连通的。

注意:用户名要是对方的主机名,两端密码必须要保持一致。

10.5 实验五:帧中继配置

实验要求

构建如图 10.5 所示网络拓扑结构,将一个大学的 3 个不同的校区——北校区、西校区

和东校区通过帧中继网络互联起来，以达到资源共享的目的。整个拓扑由 3 台 2811 路由器、3 台终端设备和帧中继云组成，3 台终端设备代表 3 个不同的网络，也就是 3 个不同的校区，它们分别和 3 台路由器的端口 fa0/0 相连。3 台路由器均使用 s0/0/0 口与帧中继云相连。

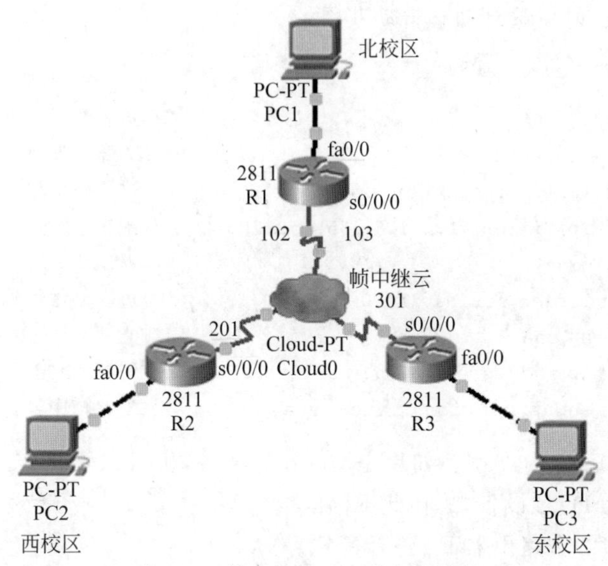

图 10.5　帧中继实验网络拓扑结构

在具体组建拓扑时注意以下两点。

(1) 分别为 3 台 2811 路由器插入广域网模块。

(2) 路由器和帧中继云相连时，将帧中继云设置为 DCE 端，将 3 台路由器的 s0/0/0 均设置为 DTE 端。具体连接为，帧中继云的端口 s0 连接路由器 R1 的端口 s0/0/0，端口 s1 连接路由器 R2 的端口 s0/0/0，端口 s2 连接路由器 R3 的端口 s0/0/0。

其中，IP 地址规划为：将计算机 PC1 所在的北校区的网络地址设置为 1.1.1.0/24，将计算机 PC2 所在的西校区的网络地址设置为 2.2.2.0/24，将计算机 PC3 所在的东校区的网络地址设置为 3.3.3.0/24，帧中继云所在的网络地址为 10.0.0.0/24 和 12.0.0.0/24。

实验要求将该所大学的 3 个不同的校区通过帧中继网络将其互联起来，能够实现资源共享。该实验在 Packet Tracer 仿真环境下完成。

实验过程

(1) 在帧中继云中配置 DLCI 映射关系建立 PVC 通道。

具体通过以下两个步骤实现。

① 创建 DLCI 号：在帧中继的端口 s0 创建两个 DLCI，分别为 102 和 103，在端口 s1 创建 DLCI 为 201，在端口 s2 创建 DLCI 为 301。具体操作如下。

- 单击帧中继云，在弹出的窗口中选择 Config 菜单。
- 单击 Interface 下的 s0，在右边窗口的 DLCI 中输入 102，在 Name 中也输入 102，单击 Add 按钮。采用同样的方法添加 103。再用同样的方法在 s1 中添加 201，在 s2 中添加 301。

② 建立 PVC 通道：选择 Connections 菜单中的 Frame Relay，在右边的窗口中将 s0 的

102 和 s1 的 201 相连,也就是将 s0 的 102 和 s1 的 201 建立映射关系,将 s0 的 103 和 s2 的 301 相连,也就是将 s0 的 103 和 s2 的 301 建立映射关系,建立了两条 PVC 通道。可以看出,将路由器 R1 的 s0/0/0 物理端口分成了两个不同的逻辑通道。

(2) 设置 IP 和 DLCI 的动态反转 ARP 映射。

IP 和 DLCI 的映射关系是动态自动获得的。

首先配置路由器 R1。

```
Router#config t                                   //进入全局配置模式
Router(config)#hostname R1                        //为路由器命名
R1(config)#interface fastEthernet 0/0             //进入路由器端口 fa0/0
R1(config-if)#ip address 1.1.1.1 255.255.255.0    //配置 IP 地址
R1(config-if)#exit                                //退出
R1(config)#interface serial 0/0/0                 //进入路由器端口 s0/0/0
R1(config-if)#no shu                              //激活
R1(config-if)#ip address 10.0.0.1 255.255.255.0   //配置 IP 地址
R1(config-if)#encapsulation frame-relay           //配置帧中继封装格式
```

这里可以指定 LMI 的类型。如果是 Cisco 的设备,也可以不指定,默认类型为 Cisco。由于路由器 R1 作为 DTE 设备,故在此不同配时钟。

同样对路由器 R2 和路由器 R3 进行配置。

配置完成后,可以查看动态映射表。

```
R1#show frame-relay map                          //查看路由器 R1 中的帧中继动态映射表
Serial0/0/0 (up): ip 10. 0. 0. 2 dlci 102, dynamic, broadcast, CISCO, status
defined, active
Serial0/0/0 (up): ip 10. 0. 0. 3 dlci 103, dynamic, broadcast, CISCO, status
defined, active
```

可以看出是对端的 IP 地址和本端的 DLCI 号形成的动态映射关系,使用 LMI 为 Cisco 协议。

```
R2#show frame-relay map                          //查看 R2 路由器中帧中继动态映射表
Serial0/0/0 (up): ip 10. 0. 0. 1 dlci 201, dynamic, broadcast, CISCO, status
defined, active
R3#show frame-relay map                          //查看 R3 路由器中帧中继动态映射表
Serial0/0/0 (up): ip 10. 0. 0. 1 dlci 301, dynamic, broadcast, CISCO, status
defined, active
```

均为对端的 IP 地址和本端的 DLCI 号形成的动态映射关系,使用的 LMI 均为 Cisco 协议,建立好动态映射后就可以进行网络连通性测试了。分别从路由器 R1 ping 路由器 R2 和路由器 R3,结果是通的。

(3) IP 和 DLCI 的静态映射实验。

IP 和 DLCI 的映射关系是手动指定的。

```
R1#clear frame-relay inarp                       //清除路由器 R1 中的帧中继动态映射表
R1#config t                                      //进入路由器 R1 的全局配置模式
```

```
R1(config)#interface serial 0/0/0                  //进入路由器 R1 端口 s0/0/0
R1(config-if)#frame-relay map ip 10.0.0.1 102 broadcast
//手动指定帧中继静态映射,遵循对端的 IP 地址 10.0.0.1 和本端的 DLCI 号 102 形成映射关系
R1(config-if)#frame-relay map ip 10.0.0.2 102 broadcast
//手动指定帧中继静态映射,遵循对端的 IP 地址 10.0.0.2 和本端的 DLCI 号 102 形成映射关系
R1(config-if)#frame-relay map ip 10.0.0.3 103 broadcast
//手动指定帧中继静态映射,遵循对端的 IP 地址 10.0.0.3 和本端的 DLCI 号 103 形成映射关系
R1#show frame-relay map                            //查看 R1 路由器中帧中继静态映射表
Serial0/0/0 (up): ip 10.0.0.1 dlci 102, static, CISCO, status defined, active
Serial0/0/0 (up): ip 10.0.0.2 dlci 102, static, CISCO, status defined, active
Serial0/0/0 (up): ip 10.0.0.3 dlci 103, static, CISCO, status defined, active
```

采用同样的方法设置路由器 R2 和路由器 R3。

```
R2#show frame-relay map                            //查看路由器 R2 中的帧中继静态映射表
Serial0/0/0 (up): ip 10.0.0.1 dlci 201, static, CISCO, status defined, active
Serial0/0/0 (up): ip 10.0.0.2 dlci 201, static, CISCO, status defined, active
Serial0/0/0 (up): ip 10.0.0.3 dlci 201, static, CISCO, status defined, active
R3#show frame-relay map                            //查看路由器 R3 中的帧中继静态映射表
Serial0/0/0 (up): ip 10.0.0.1 dlci 301, static, CISCO, status defined, active
Serial0/0/0 (up): ip 10.0.0.2 dlci 301, static, CISCO, status defined, active
Serial0/0/0 (up): ip 10.0.0.3 dlci 301, static, CISCO, status defined, active
//均为手动指定的对端的 IP 地址和本端的 DLCI 号形成映射关系
```

建立好静态映射后可以进行网络连通性测试。3 台路由器互相 ping,结果是通的。

(4) 帧中继子端口。

水平分割是一种避免路由环出现的技术,也就是从一个端口收到的路由更新不会把这条路由更新从这个端口再发送出去。水平分割在 Hub-and-Spoke 结构帧中继网络中会带来问题。Spoke 路由器中的路由更新不能很好地被 Hub 路由器进行转发,导致网络路由信息不能得到更新。解决的方法有 3 种:①当把一个端口用 Cisco 类型封装的时候,Cisco 默认是关闭水平分割的;②手动关闭某个端口的水平分割功能,命令是 no ip split;③使用子端口。子端口有两种类型:point-to-point 和 point-to-multipoint。这里介绍 point-to-point,在路由器 R1 上创建两个点到点子端口,分别与路由器 R2 和路由器 R3 上创建的点到点子端口形成点到点连接,拓扑结构采用 Hub-and-Spoke 结构,整个网络运行 RIP 路由协议。

具体为:在路由器 R1 的 s0/0/0 上创建两个子端口,分别为 s0/0/0.102 和 s0/0/0.103。在路由器 R2 的 s0/0/0 上创建子端口 s0/0/0.201,在路由器 R3 的 s0/0/0 上创建子端口 s0/0/0.301,最终使不同的 PVC 逻辑上属于不同的子网。将路由器 R1 的 s0/0/0.102 和路由器 R2 的 s0/0/0 上子端口 s0/0/0.201 连接的 PVC 的网络地址设置为 10.0.0.0/24,将路由器 R1 的 s0/0/0.103 和路由器 R3 的 s0/0/0 上子端口 s0/0/0.301 连接的 PVC 的网络地址设置为 12.0.0.0/24。

```
R1(config)#interface serial 0/0/0                  //进入路由器 R1 端口 s0/0/0
R1(config-if)#no ip add                            //去掉端口的 IP 地址
R1(config-if)#no shu                               //激活
R1(config-if)#encapsulation frame-relay            //配置帧中继封装格式
```

```
R2(config)#interface serial 0/0/0                   //进入路由器 R2 端口 s0/0/0
R2(config-if)#no ip add                             //去掉端口的 IP 地址
R2(config-if)#no shu                                //激活
R2(config-if)#encapsulation frame-relay             //配置帧中继封装格式
R3(config)#interface serial 0/0/0                   //进入路由器 R3 端口 s0/0/0
R3(config-if)#no ip add                             //去掉端口的 IP 地址
R3(config-if)#no shu                                //激活
R3(config-if)#encapsulation frame-relay             //配置帧中继封装格式
R1(config)#interface serial 0/0/0.102 point-to-point  //进入 s0/0/0.102 点到点子端口
R1(config-subif)#ip address 10.0.0.1 255.255.255.0 //配置 IP 地址
R1(config-subif)#frame-relay interface-dlci 102   //点到点的子端口,只要指定从
                                    //DLCI 号为 102 的通道出去就可以直接到达对方
R1(config-subif)#exit                               //退出
R1(config)#interface serial 0/0/0.103 point-to-point  //进入 s0/0/0.103 点到点子端口
R1(config-subif)#ip address 12.0.0.1 255.255.255.0   //配置 IP 地址
R1(config-subif)#frame-relay interface-dlci 103
                //点到点的子端口,只要指定从 DLCI 号为 103 的通道出去就可以直接到达对方
R2(config)#interface serial 0/0/0.201 point-to-point
                                                    //进入 s0/0/0.201 点到点子端口
R2(config-subif)#ip address 10.0.0.2 255.255.255.0 //配置 IP 地址
R2(config-subif)#frame-relay interface-dlci 201
                                      //点到点的子端口,只要指定从 DLCI 号为 201
                                                    //的通道出去就可以直接到达对方
R3(config)#interface serial 0/0/0.301 point-to-point  //进入 s0/0/0.301 点到点子端口
R3(config-subif)#ip address 12.0.0.2 255.255.255.0   //配置 IP 地址
R3(config-subif)#frame-relay interface-dlci 301   //点到点的子端口,只要指定从
                                    //DLCI 号为 301 的通道出去就可以直接到达对方
R1#show frame-relay map                             //查看路由器 R1 中的帧中继映射表
Serial0/0/0.102 (up): point - to - point dlci, dlci 102, broadcast, status
defined, active
Serial0/0/0.103 (up): point - to - point dlci, dlci 103, broadcast, status
defined, active
R2#show frame-relay map                             //查看路由器 R2 中的帧中继映射表
Serial0/0/0.201 (up): point - to - point dlci, dlci 201, broadcast, status
defined, active
R3#show frame-relay map                             //查看路由器 R3 中的帧中继映射表
Serial0/0/0.301 (up): point - to - point dlci, dlci 301, broadcast, status
defined, active
```

以上输出表明,路由器使用了点对点子端口,在每条映射条目中,只看到该子端口下的DLCI,没有对端的 IP 地址。

(5) 帧中继上的路由协议的配置,使整个网络互联起来。

通过帧中继云将 3 个不同网段连接起来,需要在帧中继上配置路由协议。下面以配置RIP 路由协议为例,实现不同网段的互联。

```
R1(config)#router rip                               //启用动态路由协议(RIP)
```

```
R1(config-router)#version 2                          //启用版本 2
R1(config-router)#no au                              //取消自动汇总功能
R1(config-router)#network 10.0.0.0
R1(config-router)#network 12.0.0.0
R1(config-router)#network 1.0.0.0
R2#config t
R2(config)#router rip                                //启用动态路由协议(RIP)
R2(config-router)#version 2                          //启用版本 2
R2(config-router)#no auto-summary                    //取消自动汇总功能
R2(config-router)#network 10.0.0.0
R2(config-router)#network 2.0.0.0
R3#config t
R3(config)#router rip                                //启用动态路由协议(RIP)
R3(config-router)#version 2                          //启用版本 2
R3(config-router)#no auto-summary                    //取消自动汇总功能
R3(config-router)#network 12.0.0.0
R3(config-router)#network 3.0.0.0
```

(6) 效果验证。

通过"R1#show ip route"命令查看路由表,获得了动态路由信息,可以确定整个网络互联,通过计算机 PC1 ping 计算机 PC2 对结果进行验证。

```
PC>ping 2.2.2.2
Pinging 2.2.2.2 with 32 bytes of data:
Request timed out.
Reply from 2.2.2.2: bytes=32 time=125ms TTL=126
Reply from 2.2.2.2: bytes=32 time=94ms TTL=126
Reply from 2.2.2.2: bytes=32 time=125ms TTL=126
```

结果是连通的。

计算机 PC1 和计算机 PC3 的连通性测试结果如下。

```
PC>ping 3.3.3.3
Pinging 3.3.3.3 with 32 bytes of data:
Request timed out.
Reply from 3.3.3.3: bytes=32 time=188ms TTL=125
Reply from 3.3.3.3: bytes=32 time=172ms TTL=125
Reply from 3.3.3.3: bytes=32 time=187ms TTL=125
```

结果表明,该所大学的 3 个不同的校区通过帧中继网络将其互联起来,能够实现资源共享。

10.6　实验六:IPSec VPN 配置

实验要求

构建如图 10.6 所示网络拓扑结构,其仿真环境为:苏州大学文正学院远离苏州大学本部实行两地办学,两地都有规模庞大的校园网络。由于两地相距很远,导致校园网联网困难,这给日常工作带来了麻烦。现要求使用 IPSec VPN 技术将两地校园网安全地联接起来,实现互联互通。该拓扑结构包括 4 台 2811 路由器、两台 2960 交换机、两台 PC 和一台服务器。默认的 2811 路由器是没有广域网模块的,需要添加。该实验在 Packet Tracer 仿真环境下完成。

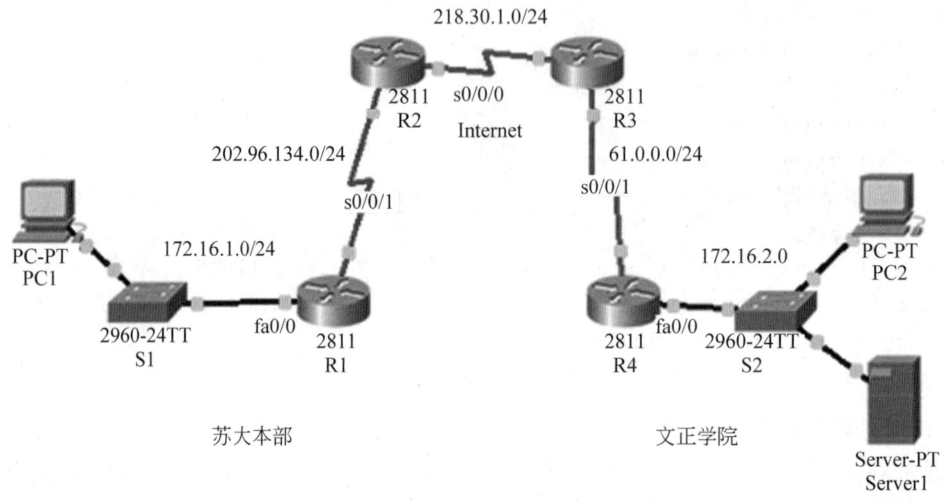

图 10.6　IPSec VPN 配置实验拓扑结构图

实验过程

(1) IP 地址规划。

在规划 IP 地址时将校园网内部设置为私有 IP 地址,苏大本部为 172.16.1.0/24,文正学院为 172.16.2.0/24。苏大本部和 Internet 之间 IP 网段设置为 202.96.134.0/24,文正学院和 Internet 之间 IP 网段设置为 61.0.0.0/24。两个外网路由器之间的 IP 网络设置为 218.30.1.0/24。

苏大本部计算机 PC1 的 IP 地址设置为 172.168.1.2,子网掩码为 255.255.255.0,网关地址为 172.16.1.1。将文正学院计算机 PC2 的 IP 地址设置为 172.16.2.2,子网掩码为 255.255.255.0,网关为 172.16.2.1。服务器 Server1 的 IP 地址设置为 172.16.2.3,子网掩码为 255.255.255.0,网关为 172.16.2.1。

(2) 模拟 Internet。

```
Router#config t                                   //进入全局配置模式
Router(config)#hostname R2                        //为路由器命名
R2(config)#interface serial 0/0/0                 //进入路由器端口 s0/0/0
R2(config-if)#no shu                              //激活路由器端口 s0/0/0
R2(config-if)#clock rate 64000                    //设置端口的时钟频率为 64000
R2(config-if)#ip address 218.30.1.1 255.255.255.0    //配置 IP 地址
R2(config-if)#exit                                //退出
R2(config)#interface serial 0/0/1                 //进入路由器端口 s0/0/1
R2(config-if)#ip address 202.96.134.2 255.255.255.0  //配置 IP 地址
R2(config-if)#no shu                              //激活
```

```
R2(config-if)#clock rate 64000                          //配置时钟频率
R2(config-if)#exit                                      //退出
R2(config)#ip route 61.0.0.0 255.255.255.0 218.30.1.2   //为路由器 R2 配置静态路由
Router#config t                                    //进入第三台路由器的全局配置模式
Router(config)#hostname R3                              //为路由器命名
R3(config)#interface serial 0/0/0                       //进入路由器端口 s0/0/0
R3(config-if)#no shu                                    //激活
R3(config-if)#ip address 218.30.1.2 255.255.255.0       //配置 IP 地址
R3(config-if)#clock rate 64000                          //配置时钟频率
R3(config-if)#exit                                      //退出
R3(config)#interface serial 0/0/1                       //进入路由器端口 s0/0/1
R3(config-if)#ip address 61.0.0.1 255.255.255.0         //配置 IP 地址
R3(config-if)#no shu                                    //激活
R3(config-if)#clock rate 64000                          //配置时钟频率
R3(config-if)#exit                                      //退出
R3(config)#ip route 202.96.134.0 255.255.255.0 218.30.1.1
                                                        //为路由器 R3 设置静态路由
```

经过以上的设置，模拟的 Internet 就组建起来了。

(3) 对路由器 R1 和路由器 R4 进行 IPSec VPN 设置。

首先，配置路由器 R1。

```
Router#config t                  //进入苏大本部连入 Internet 路由器的全局配置模式
Router(config)#hostname R1                              //为路由器命名
R1(config)#interface serial 0/0/1                       //进入路由器端口 s0/0/1
R1(config-if)#no shu                                    //激活
R1(config-if)#ip address 202.96.134.1 255.255.255.0     //配置 IP 地址
R1(config-if)#exit                                      //退出
R1(config)#interface fastEthernet 0/0                   //进入路由器端口 fa0/0
R1(config-if)#ip address 172.16.1.1 255.255.255.0       //配置 IP 地址
R1(config-if)#no shu                                    //激活
R1(config-if)#exit                                      //退出
R1(config)#ip route 0.0.0.0 0.0.0.0 202.96.134.2        //为路由器 R1 设置默认路由
R1(config)#crypto isakmp policy 10
//创建一个 isakmp 策略,编号为 10。可以有多个策略
R1(config-isakmp)#hash md5
//配置 isakmp 采用什么 Hash 算法,可以选择 SHA 和 MD5,这里选择 MD5
R1(config-isakmp)#authentication pre-share
//配置 isakmp 采用什么身份认证算法,这里采用预共享密码。如果有 CA 服务器,也可以使用
//CA(电子证书)进行身份认证
R1(config-isakmp)#group 5
//配置 isakmp 采用什么密钥交换算法,这里采用 DH group5,可以选择 1,2 和 5
R1(config-isakmp)#exit                                  //退出
R1(config)#crypto isakmp key cisco address 61.0.0.2
//配置对等体 61.0.0.2 的预共享密码为 cisco,双方配置的密码要一致才行
R1(config)#access-list 110 permit ip 172.16.1.0 0.0.0.255 172.16.2.0 0.0.0.255
```

//定义一个 ACL,用来指明什么样的流量要通过 VPN 加密发送,这里限定的是从苏大本部发出到达文正学院的流量才进行加密,其他流量(如到 Internet)不要加密

```
R1(config)#crypto ipsec transform-set TRAN esp-des esp-md5-hmac
```

//创建一个 IPSec 转换集,名称为 TRAN,该名称本地有效,这里的转换集采用 ESP 封装,加密算法为 AES,Hash 算法为 SHA。双方路由器要有一个参数一致的转换集

```
R1(config)#crypto map MAP 10 ipsec-isakmp
```

//创建加密图,名为 MAP,10 为该加密图的其中之一的编号,名称和编号都本地有效,如果有多个编号,路由器将从小到大逐一匹配

```
R1(config-crypto-map)#set peer 61.0.0.2             //指明路由器对等体为路由器 R4
R1(config-crypto-map)#set transform-set TRAN        //指明采用之前已经定义的转换集 TRAN
R1(config-crypto-map)#match address 110
//指明匹配 ACL 为 110 的定义流量就是 VPN 流量
R1(config-crypto-map)#exit                          //退出
R1(config)#interface serial 0/0/1                   //进入接口 s0/0/1
R1(config-if)#crypto map MAP                        //在接口上应用之前创建的加密图 MAP
```

其次,配置路由器 R4。

```
Router#config t
//进入文正学院连入 Internet 的路由器的全局配置模式
Router(config)#hostname R4                              //为该路由器命名为 R4
R4(config)#interface serial 0/0/1                       //进入路由器端口 s0/0/1
R4(config-if)#ip address 61.0.0.2 255.255.255.0         //为路由器端口 s0/0/1 配置 IP 地址
R4(config-if)#no shu                                    //激活
R4(config-if)#exit                                      //退出
R4(config)#interface fastEthernet 0/0                   //进入路由器 R4 的以太网口 fa0/0
R4(config-if)#no shu                                    //激活
R4(config-if)#ip address 172.16.2.1 255.255.255.0       //为以太网口配置 IP 地址
R4(config-if)#no shu                                    //激活
R4(config-if)#exit                                      //退出
R4(config)#ip route 0.0.0.0 0.0.0.0 61.0.0.1            //为路由器 R1 设置默认路由
R4(config)#crypto isakmp policy 10  //创建一个 isakmp 策略,编号为 10。可以有多个策略
R4(config-isakmp)#hash md5
//配置 isakmp 采用什么 Hash 算法,可以选择 SHA 和 MD5,这里选择 MD5
R4(config-isakmp)#authentication pre-share
//配置 isakmp 采用什么身份认证算法,这里采用预共享密码。如果有 CA 服务器,也可以使用
//CA(电子证书)进行身份认证
R4(config-isakmp)#group 5
//配置 isakmp 采用什么密钥交换算法,这里采用 DH group5,可以选择 1,2 和 5
R4(config-isakmp)#exit                                  //退出
R4(config)#crypto isakmp key cisco address 202.96.134.1
//配置对等体 61.0.0.2 的预共享密码为 cisco,双方配置的密码要一致才行
R4(config)#access-list 110 permit ip 172.16.2.0 0.0.0.255 172.16.1.0 0.0.0.255
//定义一个 ACL,用来指明什么样的流量要通过 VPN 加密发送,这里限定的是从文正学院
//发出到达苏大本部的流量才进行加密,其他流量(如到 Internet)不要加密
```

```
R4(config)#crypto ipsec transform-set TRAN esp-des esp-md5-hmac
//创建一个 IPSec 转换集,名称为 TRAN,该名称本地有效,这里的转换集采用 ESP 封装,
//加密算法为 AES,Hash 算法为 SHA。双方路由器要有一个参数一致的转换集
R4(config)#crypto map MAP 10 ipsec-isakmp
//创建加密图,名为 MAP,10 为该加密图的其中之一的编号,名称和编号都本地有效,
//如果有多个编号,路由器将从小到大逐一匹配
R4(config-crypto-map)#set peer 202.96.134.1       //指明路由器对等体为路由器 R1
R4(config-crypto-map)#set transform-set TRAN      //指明采用之前已经定义的转换
                                                  //集 TRAN
R4(config-crypto-map)#match address 110
//指明匹配 ACL 为 110 的定义流量就是 VPN 流量
R4(config-crypto-map)#exit                        //退出
R4(config)#interface serial 0/0/1                 //进入路由器端口 s0/0/1
R4(config-if)#crypto map MAP                      //在接口上应用之前创建的加密图 MAP
```

(4) 实验的运行与测试、实验效果验证。

经过以上的配置过程,对实验结果进行测试。

从苏大本部的 PC ping 文正学院的服务器 S1 结果如下。

```
Packet Tracer PC Command Line 1.0
PC>ping 172.16.2.3
Pinging 172.16.2.3 with 32 bytes of data:
Request timed out.
Request timed out.
Reply from 172.16.2.3: bytes=32 time=157ms TTL=126
Reply from 172.16.2.3: bytes=32 time=203ms TTL=126
```

从苏大本部的 PC ping 文正学院的计算机 PC2 结果如下。

```
PC>ping 172.16.2.2
Pinging 172.16.2.2 with 32 bytes of data:
Request timed out.
Reply from 172.16.2.2: bytes=32 time=203ms TTL=126
Reply from 172.16.2.2: bytes=32 time=219ms TTL=126
Reply from 172.16.2.2: bytes=32 time=203ms TTL=126
```

以上结果表明,苏大本部已经和文正学院能够实现互联互通。

10.7　实验七:GRE over IPSec VPN 配置

实验要求

构建如图 10.7 所示的网络拓扑结构,该拓扑结构总体分为三部分:上海总公司、北京分公司以及连接两地的 Internet。利用 4 台路由器和两台计算机简单描述该网络拓扑。其中,微机 PC0 表示上海总公司的一台普通的计算机,路由器 R1 为上海总公司的出口路由器,路由器 R3 为上海总公司连接的 Internet 服务提供商的路由器。计算机 PC1 为北京分公司的一台普通的计算机,路由器 R2 为北京分公司的出口路由器,路由器 R4 为北京分公

司连接的 Internet 服务提供商的路由器。上海总公司的 Internet 服务提供商和北京分公司的 Internet 服务提供商通过 Internet 互联起来。

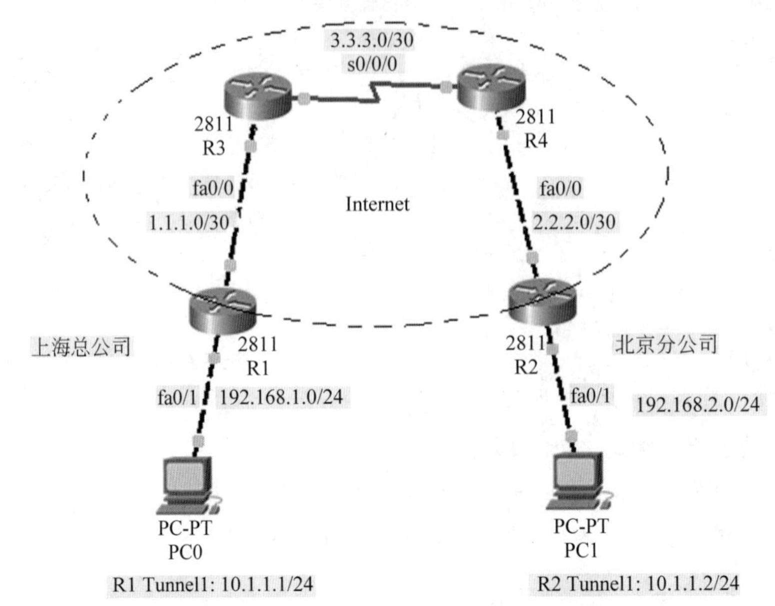

图 10.7　GRE over IPSec VPN 实现异地网络互联网络拓扑结构

实验要求通过配置 GRE over IPSec VPN 实现网络互联互通。该实验在 Packet Tracer 仿真环境下完成。

实验过程

(1) 网络地址规划。

由于上海总公司和北京分公司的内部局域网规模均不大,故将它们规划为 C 类私有地址,上海总公司的网络地址规划为 192.168.1.0/24,北京分公司的网络地址规划为 192.168.2.0/24。上海总公司出口路由器连接 Internet 服务提供商的网络地址为 1.1.1.0/30,北京分公司为 2.2.2.0/30,上海和北京之间的网络地址为 3.3.3.0/30。

由于两地之间要借助于 GRE 隧道进行互联,路由器 R1 连接路由器 R2 的隧道的地址为 10.1.1.1/24,路由器 R2 连接路由器 R1 的隧道的地址为 10.1.1.2/24。

(2) 配置路由器 R1 与路由器 R2 的 Internet 连通性。

对路由器 R1、路由器 R2、路由器 R3 以及路由器 R4 进行基本配置,包括端口地址的配置、端口的激活以及广域网 DCE 端口的时钟配置。具体端口地址见表 10.1。

表 10.1　具体端口地址分配

<table>
<tr><th></th><th>R1</th><th>R2</th><th>R3</th><th>R4</th><th>PC0</th><th>PC1</th></tr>
<tr><td>fa0/0</td><td>1.1.1.1/30</td><td>2.2.2.2/30</td><td>1.1.1.2/30</td><td>2.2.2.1/30</td><td rowspan="3">IP 地址:
192.168.1.2/24
默认网关:
192.168.1.1</td><td rowspan="3">IP 地址:
192.168.2.2/24
默认网关:
192.168.2.1</td></tr>
<tr><td>fa0/1</td><td>192.168.1.1/24</td><td>192. 168. 2. 1/24</td><td></td><td></td></tr>
<tr><td>s0/0/0</td><td></td><td></td><td>3.3.3.1/30</td><td>3.3.3.2/30</td></tr>
</table>

(3) 配置路由使得 Internet 联通。

首先,在路由器 R1 和路由器 R2 上配置默认路由,使非内网数据包指向 Internet。

```
R1(config)#ip route 0.0.0.0 0.0.0.0 1.1.1.2        //配置路由器 R1 指向 Internet 的默认路由
R2(config)#ip route 0.0.0.0 0.0.0.0 2.2.2.1        //配置路由器 R2 指向 Internet 的默认路由
```

其次,在路由器 R3 和路由器 R4 上配置静态路由,使其互相联通。

```
R3(config)#ip route 2.2.2.0 255.255.255.252 3.3.3.2
                                                   //配置路由器 R3 指向路由器 R4 的静态路由
R4(config)#ip route 1.1.1.0 255.255.255.252 3.3.3.1
                                                   //配置路由器 R4 指向路由器 R3 的静态路由
```

最后,测试连通性。在路由器 R1 上 ping 路由器 R2 的端口 fa0/0 的 IP 地址 2.2.2.2。结果是通的。

(4) 对路由器 R1 和路由器 R2 进行 GRE 隧道配置。

首先,配置路由器 R1。

```
R1(config)#interface tunnel 1                      //在路由器 R1 上创建隧道 1
R1(config-if)#ip address 10.1.1.1 255.255.255.0    //为路由器 R1 的隧道 1 设置 IP 地址
R1(config-if)#tunnel source fastEthernet 0/0       //指定隧道的源端口为 fa0/0
R1(config-if)#tunnel destination 2.2.2.2           //指定隧道的目的端口地址为 2.2.2.2
```

其次,配置路由器 R2。

```
R2(config)#interface tunnel 1                      //在路由器 R2 上创建隧道 1
R2(config-if)#ip address 10.1.1.1 255.255.255.0    //为路由器 R2 的隧道 1 设置 IP 地址
R2(config-if)#tunnel source fastEthernet 0/0       //指定隧道的源端口为 fa0/0
R2(config-if)#tunnel destination 1.1.1.1           //指定隧道的目的端口地址为 1.1.1.1
```

(5) 在路由器 R1 和路由器 R2 上配置动态路由协议。

首先,配置路由器 R1。

```
R1(config)#router rip                              //在路由器 R1 上启用动态路由协议(RIP)
R1(config-router)#version 2                        //启用动态路由协议 RIP 的版本 2
R1(config-router)#no auto-summary                  //取消自动汇总功能
R1(config-router)#network 192.168.1.0              //宣告网络地址 192.168.1.0
R1(config-router)#network 10.0.0.0                 //宣告网络地址 10.0.0.0
```

其次,配置路由器 R2。

```
R2(config)#router rip                              //在路由器 R2 上启用动态路由协议(RIP)
R2(config-router)#version 2                        //启用动态路由协议 RIP 的版本 2
R2(config-router)#no auto-summary                  //取消自动汇总功能
R2(config-router)#network 192.168.2.0              //宣告网络地址 192.168.2.0
R2(config-router)#network 10.0.0.0                 //宣告网络地址 10.0.0.0
```

最后,测试网络的连通性。

计算机 PC0 ping 计算机 PC1 结果是通的。

```
PC>ping 192.168.2.2
Reply from 192.168.2.2: bytes=32 time=156ms TTL=126
Reply from 192.168.2.2: bytes=32 time=139ms TTL=126
```

(6) 配置 R1 的 IKE 参数和 IPSec 参数。

首先,配置 R1 的 IKE 参数。

```
R1(config)#crypto isakmp policy 1                 //创建 IKE 策略
R1(config-isakmp)#encryption 3des                 //使用 3DES 加密算法
R1(config-isakmp)#authentication pre-share        //使用预共享密钥验证方式
R1(config-isakmp)#hash sha                        //使用 SHA-1 算法
R1(config-isakmp)#group 2                         //使用 DH 组 2
R1(config-isakmp)#exit
R1(config)#crypto isakmp key 123456 address 2.2.2.2   //配置预共享密钥
```

其次,配置 R1 的 IPSec 参数。

```
R1(config)#crypto ipsec transform-set 3des_sha esp-sha-hmac
                                                  //配置 IPSec 转换集,使用 ESP 协议,
                                                  //3DES 算法和 SHA-1 散列算法
R1(cfg-crypto-trans)#mode transport               //指定 IPSec 工作模式为传输模式
R1(config)#access-list 100 permit gre host 1.1.1.1 host 2.2.2.2
                                                  //针对 GRE 隧道的流量进行保护
R1(config)#crypto map to_R2 1 ipsec-isakmp        //配置 IPSec 加密映射
R1(config-crypto-map)#match address 100           //应用加密访问控制列表
R1(config-crypto-map)#set transform-set 3des_sha   //应用 IPSec 转换集
R1(config-crypto-map)#set peer 2.2.2.2            //配置 IPSec 对等体地址
R1(config-crypto-map)#exit
R1(config)#interface fastEthernet 0/0
R1(config-if)#crypto map to_R2                    //将 IPSec 加密映射应用到接口
```

(7) 配置 R2 的 IKE 参数和 IPSec 参数。

首先,配置 R2 的 IKE 参数。

```
R2(config)#crypto isakmp policy 1                 //创建 IKE 策略
R2(config-isakmp)#encryption 3des                 //使用 3DES 加密算法
R2(config-isakmp)#authentication pre-share        //使用预共享密钥验证方式
R2(config-isakmp)#hash sha                        //使用 SHA-1 算法
R2(config-isakmp)#group 2                         //使用 DH 组 2
R2(config-isakmp)#exit
R2(config)#crypto isakmp key 123456 address 1.1.1.1   //配置预共享密钥
```

其次,配置 R2 的 IPSec 参数。

```
R2(config)#crypto ipsec transform-set 3des_sha esp-sha-hmac
                                                  //配置 IPSec 转换集,使用 ESP 协议,
                                                  //3DES 算法和 SHA-1 散列算法
```

```
R2(cfg-crypto-trans)#mode transport                //配置 IPSec 工作模式为传输模式
R2(config)#access-list 100 permit gre host 2.2.2.2 host 1.1.1.1
                                                   //针对 GRE 隧道的流量进行保护
R2(config)#crypto map to_R1 1 ipsec-isakmp         //配置 IPSec 加密映射
R2(config-crypto-map)#match address 100            //应用加密访问控制列表
R2(config-crypto-map)#set transform-set 3des_sha   //应用 IPSec 转换集
R2(config-crypto-map)#set peer 1.1.1.1             //配置 IPSec 对等体地址
R2(config-crypto-map)#exit
R2(config)#interface fastEthernet 0/0
R2(config-if)#crypto map to_R1                     //将 IPSec 加密映射应用到接口
```

(8) 实验的运行与测试、实验效果验证。

PC0 ping PC1 结果是通的，表示构建 GRE over IPSec VPN 隧道建立成功。

```
PC>ping 192.168.2.2
Reply from 192.168.2.2: bytes=32 time=156ms TTL=126
Reply from 192.168.2.2: bytes=32 time=139ms TTL=126
```

第 11 章　大型校园网组建

11.1　实验一：IPv4 校园网组建配置

实验要求

构建如图 11.1 所示网络拓扑结构图，该拓扑图体现三层网络架构，即核心层、汇聚层和接入层，其中，Switch3 为核心层三层交换机，Switch1 和 Switch2 为汇聚层三层交换机，接入层为 4 台普通二层交换机。在规划中将第一台和第二台接入层交换机的 1～8 号端口分配给电子信息系（VLAN 10），9～16 号端口分配给工商管理系（VLAN 20），17～23 号端口分配给城市轨道系（VLAN 30），它们的 24 号端口分别用于连接汇聚层交换机。第三台和第四台交换机的 1～8 号端口分配给自动控制系（VLAN 50），9～16 号端口分配给行政（VLAN 60），17～23 号端口分配给后勤（VLAN 70）。也可以根据实际情况变化而变化，在进行 IP 地址规划时将相同的部门分配同一个网段，不同的部门分配不同的网段。例如，电子信息系为 172.16.10.0/16，工商管理系为 172.16.20.0/16，城市轨道系为 172.16.30.0/16，自动控制系为 172.16.50.0/16，行政为 172.16.60.0/16，后勤为 172.16.70.0/16。

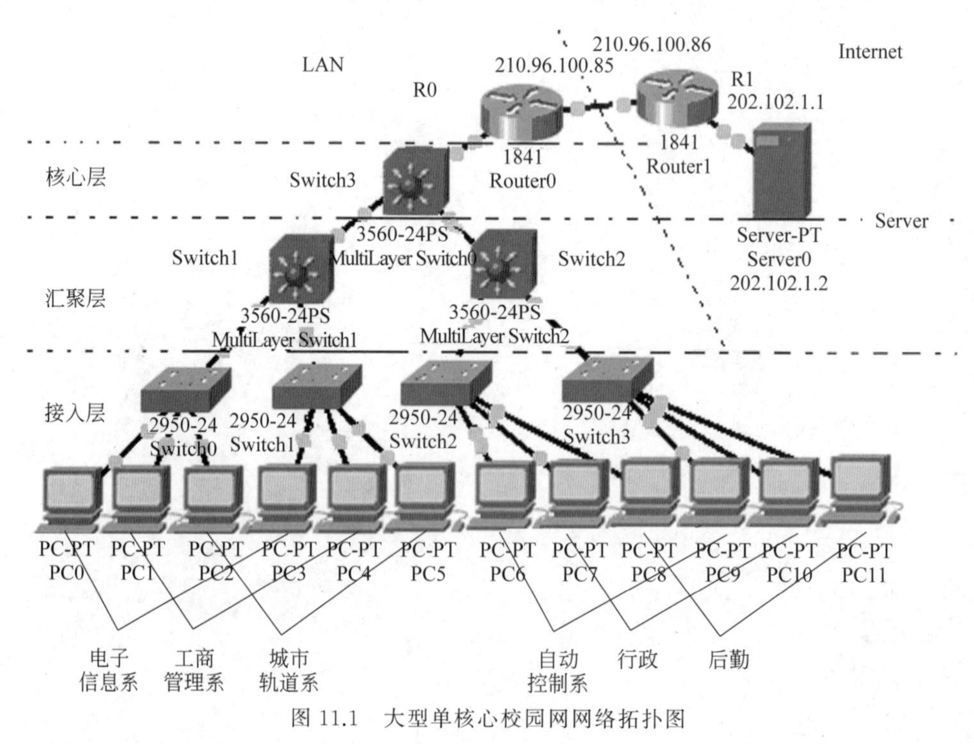

图 11.1　大型单核心校园网网络拓扑图

实验要求配置网络使网络互联互通。该实验在 Packet Tracer 仿真环境下完成。

实验过程

(1) 配置接入层交换机以实现局域网安全隔离。

按照部门将交换机进行 VLAN 划分，首先对第一台接入层交换机进行配置。

```
Switch>en                                              //进入特权模式
Switch#config t                                        //进入全局配置模式
Switch(config)#vlan 10                                 //创建电子信息系虚拟局域网 VLAN 10
Switch(config-vlan)#exit
Switch(config)#vlan 20                                 //创建工商管理系虚拟局域网 VLAN 20
Switch(config-vlan)#exit
Switch(config)#vlan 30                                 //创建城市轨道系虚拟局域网 VLAN 30
Switch(config-vlan)#exit
Switch(config)#interface range fastEthernet 0/1 -8
                                                       //进入 1～8 号端口
Switch(config-if-range)#switchport access vlan 10
                                                       //将第一台交换机的 1～8 号口分配
                                                       //给电子信息系 VLAN 10
Switch(config-if-range)#exit
Switch(config)#interface range fastEthernet 0/9 -16
                                                       //进入 9～16 号端口
Switch(config-if-range)#switchport access vlan 20
                                                       //将第一台交换机的 9～16 号端口
                                                       //分配给工商管理系 VLAN 20
Switch(config-if-range)#exit
Switch(config)#interface range fastEthernet 0/17 -23
                                                       //进入 17～23 号端口
Switch(config-if-range)#switchport access vlan 30
                                                       //将第一台交换机的 17～23 号端口
                                                       //分配给城市轨道系 VLAN 30
```

用同样的方法配置其他 3 台接入层交换机，其中，第二台接入层交换机创建 3 个 VLAN 分别为 VLAN 10、VLAN 20 以及 VLAN 30，将交换机的 1～8 号端口分配给电子信息系 VLAN 10，将交换机的 9～16 号端口分配给工商管理系 VLAN 20，将交换机的 17～23 号端口分配给城市轨道系 VLAN 30，第三台和第四台接入层交换机各创建三个 VLAN，分别为 VLAN 50、VLAN 60 以及 VLAN 70，将这两台交换机的 1～8 号端口分配给自动控制系 VLAN 50，9～16 号端口分配给行政 VLAN 60，17～23 号端口分配给后勤 VLAN 70。这两台交换机的 24 号端口均为连接汇聚层端口。最终达到相同的部门在相同的 VLAN 中，通过测试相同部门间的网络是可以互相通信的，而不同部门的网络是不可以互相通信的。这样就可以实现对接入层交换机配置以实现局域网安全隔离。

(2) 实现隔离网络间互联互通。

网络应该是互通的，接下来需要借助于三层交换机实现不同 VLAN 间网络的互联互通，在实现网络的互联互通时首先通过交换机 Switch1 解决第一台和第二台接入层交换机的互联互通问题。对 Switch1 配置如下。

```
Switch(config)#vlan 10                          //创建 VLAN 10
Switch(config-vlan)#exit
Switch(config)#vlan 20                          //创建 VLAN 20
Switch(config-vlan)#exit
Switch(config)#vlan 30                          //创建 VLAN 30
Switch(config-vlan)#exit
Switch(config)#interface vlan 10                //进入 VLAN 10 接口模式
Switch(config-if)#ip address 172.16.10.1 255.255.255.0
                                                //配置 VLAN 10 接口 IP 地址
                                                //作为 VLAN 10 网关地址
Switch(config-if)#no shu
Switch(config-if)#exit
Switch(config)#interface vlan 20                //进入 VLAN 20 接口模式
Switch(config-if)#ip address 172.16.20.1 255.255.255.0
                                                //配置 VLAN 20 接口 IP 地址
                                                //作为 VLAN 20 网关地址
Switch(config-if)#no shu
Switch(config-if)#exit
Switch(config)#interface vlan 30                //进入 VLAN 30 接口模式
Switch(config-if)#ip address 172.16.30.1 255.255.255.0
                                                //配置 VLAN 30 接口 IP 地址
                                                //作为 VLAN 30 网关地址
Switch(config-if)#no shu
```

这里需要注意的是,要将连接三层交换机 Switch1 的 1 号端口和第一台接入层交换机的连接 Switch1 的交换机的 24 号端口的模式均配置成 Trunk 模式。将连接三层交换机 Switch1 的 2 号端口和第二台接入层交换机的连接 Switch1 的交换机的 24 号端口的模式均配置成 Trunk 模式,首先配置第一台接入层交换机。

```
switch (config)#interface fastEthernet 0/24     //进入第一台接入层交换机 24 号端口
switch (config-if)#switchport mode trunk        //将第一台接入层交换机 24 号口配置
//成 Trunk 模式。同样对第二台接入层交换机的 24 号端口配置成 Trunk 模式
```

用同样的方法对三层交换机 Switch1 进行配置。

```
Switch (config)#interface fastEthernet 0/1      //进入 1 号端口
Switch(config-if)#switchport trunk encapsulation dot1q
                                                //把交换机接口封装类型改成 dot1q
Switch(config-if)#switchport mode trunk         //将 1 号端口配置成 Trunk 模式
```

同样将 2 号端口配置成 Trunk 模式。

经过以上的配置后,第一台接入层交换机和第二台接入层交换机的不同 VLAN 间就可以互相通信了。用电子信息系一台 IP 地址为 172.16.10.2 的计算机可以成功 Ping 通城市轨道系的一台 IP 地址为 172.16.30.2 的计算机,返回值为 127。

```
PC>ping 172.16.30.2
Pinging 172.16.30.2 with 32 bytes of data:
```

```
Reply from 172.16.30.2: bytes=32 time=174ms TTL=127
Reply from 172.16.30.2: bytes=32 time=49ms TTL=127
```

利用同样的方法可以将第三台和第四台接入层交换机所连接的自动控制系、行政、后勤互联起来达到网络互通的作用。其中，在交换机 Switch2 上创建三个 VLAN，分别为 VLAN 50、VLAN 60 和 VLAN 70，配置这三个 VLAN 的 IP 地址分别为 172.16.50.1/16、172.16.60.1/16 和 172.16.70.1/16。

接下来需要将第一、第二台交换机和第三、第四台交换机进行网络互联起来。这里需要利用核心层交换机 Switch3 来完成这个任务。首先配置核心层交换机 Switch3。

```
Switch(config)#vlan 100                                 //创建 VLAN 100
Switch(config-vlan)#exit
Switch(config)#vlan 200                                 //创建 VLAN 200
Switch(config-vlan)#exit
Switch(config)#interface vlan 100                       //进入 VLAN 100 端口模式
Switch(config-if)#ip address 192.168.128.45 255.255.255.248
                                                        //配置 VLAN 100 的 IP 地址
Switch(config-if)#exit
Switch(config)#interface vlan 200                       //进入 VLAN 200 端口模式
Switch(config-if)#ip address 192.168.129.45 255.255.255.248
                                                        //配置 VLAN 200 的 IP 地址
Switch(config-if)#exit
Switch(config)#router ospf 100                          //配置动态路由协议 OSPF
Switch(config-router)#network 192.168.128.40 0.0.0.7 area 0
Switch(config-router)#network 192.168.129.40 0.0.0.7 area 0
Switch(config-router)#
```

注意要将该交换机连接下面的汇聚层交换机的端口模式设置成 Trunk。

接下来对 Switch1 进行配置。

```
Switch(config)#vlan 100                                 //创建 VLAN 100
Switch(config-vlan)#exit
Switch(config)#interface vlan 100                       //进入 VLAN 100 端口模式
Switch(config-if)#ip address 192.168.128.44 255.255.255.248
                                                        //配置 VLAN 100 端口 IP 地址
Switch(config-if)#no shu
Switch(config-if)#exit
Switch(config)#router ospf 100                          //配置动态路由协议 OSPF
Switch(config-router)#network 192.168.128.40 0.0.0.7 area 0
Switch(config-router)#network 172.16.10.0 0.0.255.255 area 0
Switch(config-router)#network 172.16.20.0 0.0.255.255 area 0
Switch(config-router)#network 172.16.30.0 0.0.255.255 area 0
```

利用同样的方法对 Switch2 进行配置。在 Switch2 中创建 VLAN 200，IP 地址为 192.168.129.44/29，在该交换机上运行 OSPF 动态路由协议，所连接的网络分别为 172.16.50.0/16、172.16.60.0/16、172.16.70.0/16 以及 192.168.129.40/16。

最后别忘了将这两台交换机连接核心层交换机的端口的模式设置成 Trunk。

经过以上的配置,整个局域网就实现了互联互通,其中,用电子信息系的一台计算机 IP 地址为 172.16.10.2 去 ping 后勤的一台计算机 IP 地址为 172.16.70.2,结果是 ping 通的,返回值是 125,因为经过了三台三层交换机。

```
PC>ping 172.16.70.2
Pinging 172.16.70.2 with 32 bytes of data:
Reply from 172.16.70.2: bytes=32 time=156ms TTL=125
Reply from 172.16.70.2: bytes=32 time=109ms TTL=125
```

(3) 实现局域网与 Internet 互联配置。

局域网最终要连入 Internet,我们借助于一台 Cisco 1841 路由器和电信的 Cisco 1841 路由器相连,其中,电信局分配给单位使用的外部 IP 地址为 210.96.100.85,电信局连接单位路由器的一端的 IP 地址为 210.96.100.86。Internet 上有一台 Web 服务器其 IP 地址为 202.102.1.2,网关地址为 202.102.1.1,以下是对单位路由器的配置。

```
Router(config)#interface fastEthernet 0/0           //进入路由器端口 fa0/0
Router(config-if)#ip address 192.168.86.30 255.255.255.240
                                                    //配置该端口的 IP 地址
Router(config-if)#no shu                            //激活该端口
Router(config-if)#exit
Router(config)#interface fastEthernet 0/1           //进入路由器端口 fa0/1
Router(config-if)#ip address 210.96.100.85 255.255.255.0
                                                    //配置该端口的 IP 地址
Router(config-if)#exit
Router(config)#ip route 0.0.0.0 0.0.0.0 210.96.100.86
                                                    //配置默认路由指向外网的路由器
Router(config)#router ospf 100                      //运行动态路由协议 OSPF
Router(config-router)#network 192.168.86.16 0.0.0.15 area 0
Router(config-router)#network 210.96.100.84 0.0.0.15 area 0
Router(config-router)#default-information originate  //通过 OSPF 动态路由协议
                                                    //向内网宣告默认路由信息
```

现在需要对连接该路由器的三层交换机 Switch3 进行配置。

```
Switch(config)#interface fastEthernet 0/3           //进入 3 号端口,该端口是
                                                    //该交换机和路由器相连的端口
Switch(config-if)#no switchport                     //将该端口配置成路由口
Switch(config-if)#ip address 192.168.86.17 255.255.255.240
                                                    //为该端口配置 IP 地址
Switch(config-if)#exit
Switch(config)#router ospf 100
Switch(config-router)#network 192.168.86.16 0.0.0.15 area 0
```

接下来配置路由器的网络地址转换实现内网与 Internet 相连。具体配置如下。

```
Router(config)#interface fastEthernet 0/0           //进入路由器端口 fa0/0
Router(config-if)#ip nat inside                     //将端口 fa0/0 设置成内网口
```

```
Router(config-if)#exit
Router(config)#interface fastEthernet 0/1              //进入路由器端口 fa0/1
Router(config-if)#ip nat outside                       //将端口 fa0/1 设置成外网口
Router(config-if)#exit
Router(config)#access-list 1 permit any                //设置访问列表允许所有内部
                                                       //计算机访问外网
Router(config)#ip nat inside source list 1 interface fastEthernet 0/1 overload
    //配置网络地址转换,将内网地址转换成路由器 fa0/1 端口地址加端口号出去
```

接下来将电信局的路由器配置端口的 IP 地址就可以了,分别为:端口 fa0/0 的地址为 210.96.100.86,端口 fa0/1 的 IP 地址为 202.102.1.1。Web 服务器的 IP 地址为 202.102.1.2,网关地址设置为 202.102.1.1。

经过以上的网络配置,利用 Packet Tracer 模拟组建大型单核心网络就完成了。用内网的一台计算机 ping 外网的 Web 服务器,结果如下。

```
PC>ping 202.102.1.2
Pinging 202.102.1.2 with 32 bytes of data:
Reply from 202.102.1.2: bytes=32 time=172ms TTL=124
Reply from 202.102.1.2: bytes=32 time=141ms TTL=124
```

访问 Web 网站结果如图 11.2 所示。

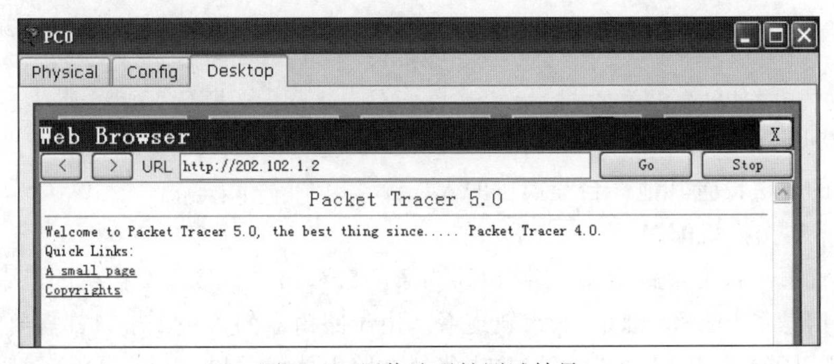

图 11.2　网络连通性测试结果

11.2　实验二:IPv6 校园网组建配置

实验要求

构建如图 11.1 所示三层架构的校园网网络拓扑结构图,即接入层、汇聚层和核心层。为了更好地实现基于 IPv6 的校园网组建,设计了 Packet Tracer 下的网络仿真拓扑图,该拓扑图的接入层交换机采用 Cisco 2950,汇聚层交换机采用 Cisco 3550,核心层交换机采用 Cisco 3550,出口路由器采用 Cisco 2811。

在 Packet Tracer 模拟软件中,三层交换机对 IPv6 的支持并不是太好,为了能够顺利地完成该项目,将三层交换机替换为路由器,通过路由器同样能够实现汇聚层和核心层的功能,达到很好的实验效果。实验要求通过配置网络环境,使网络互联互通。该实验在 Packet Tracer 仿真环境下完成。

实验过程

(1) 接入层配置。

首先根据网络地址规划设置每个部门的终端计算机的 IPv6 地址,其次为接入层交换机进行 VLAN 划分配置:每台交换机共有 24 个端口,划分为 3 个部门,每个部门 8 个端口,其中,1～8 号端口为一个部门,9～16 号端口为一个部门,17～24 号端口为一个部门,每个交换机的千兆口 Gigabit Ethernet 用于连接汇聚层交换机。具体 VLAN 划分如下。

```
SW1(config)#vlan 2                                  //创建 VLAN 2
SW1(config-vlan)#name dianzixinxi                   //为该 VLAN 命名
SW1(config)#vlan 3                                  //创建 VLAN 3
SW1(config-vlan)#name gongshangguanlixi             //为 VLAN 3 命名
SW1(config)#vlan 4                                  //创建 VLAN 4
SW1(config-vlan)#name jixiegongchengxi              //为 VLAN 4 命名
SW1(config)#interface range fastEthernet 0/1-8      //进入交换机 1～8 号端口
SW1(config-if-range)#switchport access vlan 2       //将交换机 1～8 号端口放入
                                                    //虚拟局域网 VLAN 2
SW1(config)#interface range fastEthernet 0/9 -16    //进入交换机 9～16 号端口
SW1(config-if-range)#switchport access vlan 3       //将交换机 9～16 号端口放入
                                                    //虚拟局域网 VLAN 3
SW1(config)#interface range fastEthernet 0/17 -24   //进入交换机 17～24 号端口
SW1(config-if-range)#switchport access vlan 4       //将交换机 17～24 号端口放入
                                                    //虚拟局域网 VLAN 4
SW1(config)#interface gigabitEthernet 1/1           //进入交换机千兆口
SW1(config-if)#switchport mode trunk                //将千兆口设置为 Trunk 模式
```

用同样的方法设置其他 3 台交换机的 VLAN。

(2) 汇聚层交换机配置。

首先配置第一台汇聚路由器,该路由器为第一台和第二台接入交换机的汇聚路由器,同时连接电子信息系、工商管理系、城市轨道系。由于路由器的每一个端口都需要连接 3 个不同的部门,所以需要使用路由器的子端口,将每个路由器的端口划分为 3 个子端口。具体配置如下。

```
R1(config)#interface fastEthernet 0/0              //进入路由器端口 fa0/0
R1(config-if)#no shu                               //激活
R1(config-if)#exit                                 //退出
R1(config)#interface fastEthernet 0/0.1            //进入端口 fa0/0 的第一个子端口模式
R1(config-subif)#encapsulation dot1q 2             //将该端口封装成 dot1q 模式,
                                                   //并将该端口归于 VLAN 2
R1(config-subif)#ipv6 address 2001:1::1/64         //配置该子端口的 IPv6 地址,该
                                                   //地址即为电子信息系的网关地址
R1(config-subif)#exit                              //退出
R1(config)#interface fastEthernet 0/0.2            //进入端口 fa0/0 的第二个子端
                                                   //口模式
R1(config-subif)#encapsulation dot1q 3             //将该端口封装成 dot1q 模式,
                                                   //并将该端口归于 VLAN 3
R1(config-subif)#ipv6 address 2001:2::1/64         //配置该子端口的 IPv6 地址,该
```

```
                                            //地址即为工商管理系的网关地址
R1(config-subif)#exit                       //退出
R1(config)#interface fastEthernet 0/0.3     //进入端口 fa0/0 的第三个子端
                                            //口模式
R1(config-subif)#
R1(config-subif)#encapsulation dot1q 4      //将该端口封装成 dot1q 模式,并
                                            //将该端口归于 VLAN 4
R1(config-subif)#ipv6 address 2001:3::1/64  //配置该子端口的 IPv6 地址,该
                                            //地址即为城市轨道系的网关地址
R1(config-subif)#no shu                     //激活该端口
```

通过以上的配置,通过单臂路由,可以让电子信息系、工商管理系以及城市轨道系的计算机通过路由器 R1 进行通信。结果是连通的,如图 11.3 所示。

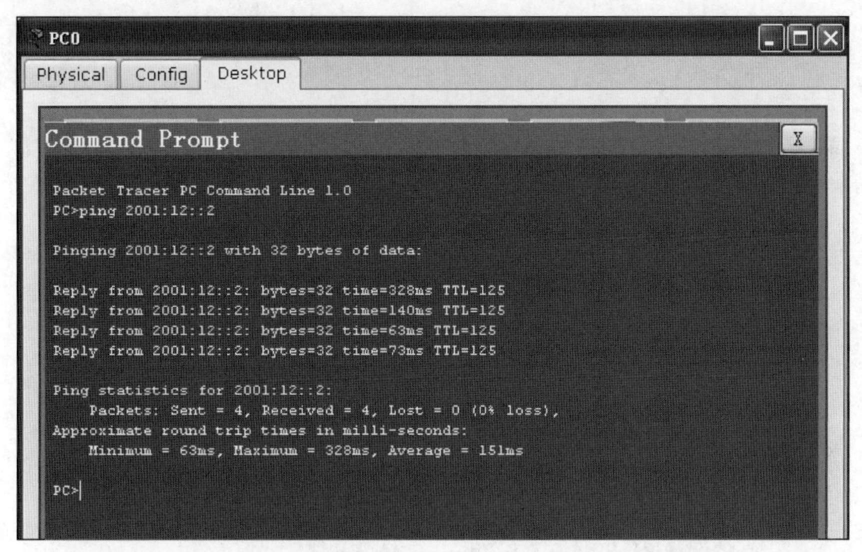

图 11.3　电子信息系计算机 ping 城市轨道系计算机的结果

利用同样的方法,配置路由器 R1 的端口 fa0/1,以及路由器 R2 的端口 fa0/0 和端口 fa0/1。

但是,连接在不同路由器上的不同部门计算机之间不能互相进行通信,它们的通信需要借助核心层路由器,并且需要借助动态路由协议实现。

(3) 核心层网络配置。

首先配置路由器 R1。

```
R1(config)#interface fastEthernet 1/0       //进入路由器端口 fa1/0
R1(config-if)#no shu                        //激活
R1(config-if)#ipv6 address 2001:13::1/64    //配置 IPv6 地址
R1(config-if)#exit                          //退出
R1(config)#ipv6 unicast-routing             //打开端口之间 IPv6 数据包转发过程
R1(config)#ipv6 router ospf 64              //设置动态路由协议 OSPF
R1(config-rtr)#router-id 2.2.2.2            //设置进程号
R1(config-rtr)#exit                         //退出
R1(config)#interface fastEthernet 0/0.1     //进入路由器端口 fa0/0 的子端口 1
```

```
R1(config-subif)#ipv6 ospf 64 area 0              //启动路由器的 IPv6 OSPF 路由功能
R1(config-subif)#exit                             //退出
R1(config)#interface fastEthernet 0/0.2           //进入路由器端口 fa0/0 的子端口 2
R1(config-subif)#ipv6 ospf 64 area 0              //启动路由器的 IPv6 OSPF 路由功能
R1(config-subif)#exit                             //退出
R1(config)#interface fastEthernet 0/0.3           //进入路由器端口 fa0/0 的子端口 3
R1(config-subif)#ipv6 ospf 64 area 0              //启动路由器的 IPv6 OSPF 路由功能
R1(config-subif)#exit                             //退出
R1(config)#interface fastEthernet 0/1.1           //进入路由器端口 fa0/0 的子端口 1
R1(config-subif)#ipv6 ospf 64 area 0              //启动路由器的 IPv6 OSPF 路由功能
R1(config-subif)#exit                             //退出
R1(config)#interface fastEthernet 0/1.2           //进入路由器端口 fa0/0 的子端口 2
R1(config-subif)#ipv6 ospf 64 area 0              //启动路由器的 IPv6 OSPF 路由功能
R1(config-subif)#exit                             //退出
R1(config)#interface fastEthernet 0/1.3           //进入路由器端口 fa0/0 的子端口 3
R1(config-subif)#ipv6 ospf 64 area 0              //启动路由器的 IPv6 OSPF 路由功能
R1(config-subif)#exit                             //退出
R1(config)#interface fastEthernet 1/0             //进入路由器端口 fa1/0
R1(config-if)#
```

其次配置路由器 R2。

```
R2(config)#ipv6 unicast-routing                //启动路由器的 IPv6 路由功能
R2(config)#ipv6 router ospf 64
R2(config-rtr)#router-id 3.3.3.3
R2(config-rtr)#exit                            //退出
R2(config)#interface fastEthernet 0/0.1        //进入路由器 R2 端口 fa0/0 的子端口 1
R2(config-subif)#ipv6 ospf 64 area 0           //启动路由器的 IPv6 OSPF 路由功能
R1(config-subif)#exit                          //退出
R2(config)#interface fastEthernet 0/0.2        //进入路由器 R2 端口 fa0/0 的子端口 2
R2(config-subif)#ipv6 ospf 64 area 0           //启动路由器的 IPv6 OSPF 路由功能
R2(config-subif)#exit
R2(config)#interface fastEthernet 0/0.3        //进入路由器 R2 端口 fa0/0 的子端口 3
R2(config-subif)#ipv6 ospf 64 area 0           //启动路由器的 IPv6 OSPF 路由功能
R2(config-subif)#exit
R2(config-if)#interface fastEthernet 0/1.1     //进入路由器 R2 端口 fa0/1 的子端口 1
R2(config-subif)#ipv6 ospf 64 area 0           //启动路由器的 IPv6 OSPF 路由功能
R2(config-subif)#exit
R2(config)#interface fastEthernet 0/1.2        //进入路由器 R2 端口 fa0/1 的子端口 2
R2(config-subif)#ipv6 ospf 64 area 0           //启动路由器的 IPv6 OSPF 路由功能
R2(config-subif)#exit
R2(config)#interface fastEthernet 0/1.3        //进入路由器 R2 端口 fa0/1 的子端口 3
R2(config-subif)#ipv6 ospf 64 area 0           //启动路由器的 IPv6 OSPF 路由功能
R2(config-subif)#exit
```

最后配置核心路由器 core。

首先对核心路由器进行基本的配置,主要配置端口的 IPv6 地址。

```
Router(config)#interface fastEthernet 0/1    //进入核心路由器端口 fa0/1
```

```
Router(config-if)#ipv6 address 2001:13::2/64      //配置 IPv6 地址
Router(config-if)#no shu                          //激活
Router(config-if)#exit                            //退出
Router(config)#interface fastEthernet 0/0         //进入核心路由器端口 fa0/1
Router(config-if)#ipv6 address 2001:14::2/64      //配置 IPv6 地址
Router(config-if)#no shu                          //激活
Router(config-if)#
```

其次配置动态路由协议。

```
core(config)#ipv6 unicast-routing                 //启动路由器的 IPv6 路由功能
core(config)#ipv6 router ospf 64                  //配置动态路由协议 OSPF
core(config-rtr)#router-id 4.4.4.4                //设置进程号
core(config)#interface fastEthernet 0/1           //进入核心路由器端口 fa0/1
core(config-if)#ipv6 ospf 64 area 0               //启动路由器的 IPv6 OSPF 路由功能
core(config-if)#exit
core(config)#interface fastEthernet 0/0           //进入核心路由器端口 fa0/0
core(config-if)#ipv6 ospf 64 area 0               //启动路由器的 IPv6 OSPF 路由功能
```

(4) 查看路由器的 IPv6 路由表。

```
Router#show ipv6 route
```

通过"show ipv6 route"命令查看路由器 R1、路由器 R2 的路由表。结果显示路由器的路由表都是全的。

(5) 测试网络的联通性。

通过电子信息系计算机 ping 学生公寓计算机 2001:1::2,结果如图 11.4 所示。通过 ping 的结果可以看出,整个校园网络的 IPv6 网络是连通的。

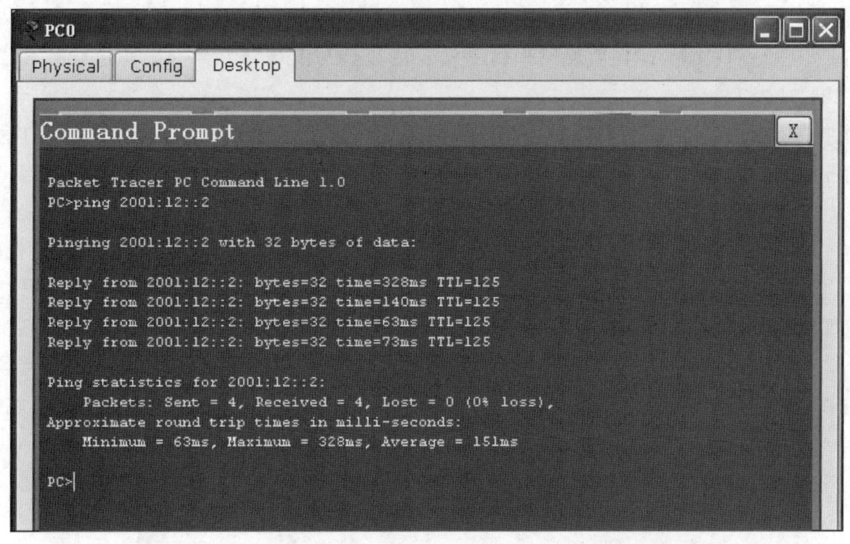

图 11.4　电子信息系计算机 ping 学生公寓计算机的结果图

参 考 文 献

[1] 谢希仁.计算机网络[M]. 6版. 北京：电子工业出版社，2014.

[2] (美) DEAL R. CCNA学习指南：exam 640-802中文版[M]. 张波，胡颖琼，等译.北京：人民邮电出版社，2009.

[3] 王达. 深入理解计算机网络[M]. 北京：中国水利水电出版社，2017.

[4] 张国清. CCNA学习宝典[M]. 北京：电子工业出版社，2008.

[5] (美) Jeremy C, David M, Heather S.CCNA标准教材：640-802[M].徐宏，程代伟，池亚平，译. 北京：电子工业出版社，2009.

[6] (美) Todd L. CCNA学习指南：(640-802)[M].袁国忠，徐宏，译. 7版. 北京：人民邮电出版社，2012.

[7] 刘晓辉.网络设备规划、配置与管理大全Cisco版[M]. 2版. 北京：电子工业出版社，2012.

[8] (美) Todd L. CCNA学习指南：路由和交换认证[M].袁国忠，译. 北京：人民邮电出版社，2014.

[9] 梁广民，王隆杰.思科网络实验室CCNA实验指南[M].北京：电子工业出版社，2009.

[10] 唐灯平.计算机网络安全技术原理与实验[M].北京：清华大学出版社，2023.

[11] 唐灯平.网络互联技术与实践[M].2版. 北京：清华大学出版社，2022.

[12] 唐灯平.计算机网络技术原理与实验[M].北京：清华大学出版社，2020.

[13] 唐灯平.整合GNS3 VMware搭建虚实结合的网络技术综合实训平台[J].浙江交通职业技术学院学报，2012(2)：41-44.

[14] 唐灯平.利用Packet Tracer模拟软件实现三层网络架构的研究[J].实验室科学，2010(3)：143-146.

[15] 唐灯平.利用Packet Tracer模拟组建大型单核心网络的研究[J].实验室研究与探索，2011(1)：186-189.

[16] 唐灯平，朱艳琴，杨哲，等.计算机网络管理仿真平台防火墙实验设计[J].实验技术与管理，2015(4)：156-160.

[17] 唐灯平，王进，肖广娣.ARP协议原理仿真实验的设计与实现[J].实验室研究与探索，2016(12)：126-129，196.

[18] 唐灯平，朱艳琴，杨哲，等. 计算机网络管理虚拟仿真实验平台设计[J].实验室科学，2016(4)：76-80.

[19] 唐灯平，朱艳琴，杨哲，等. 计算机网络管理仿真平台接入互联网实验设计[J].常熟理工学院学报，2016(2)：73-78.

[20] 唐灯平，朱艳琴，杨哲，等. 基于虚拟仿真的计算机网络管理课程教学模式探索[J].计算机教育，2016(2)：142-146.

[21] 唐灯平，朱艳琴，杨哲，等. 计算机网络管理仿真平台入侵防御实验设计[J].常熟理工学院学报，2015(4)：120-124.

[22] 唐灯平，朱艳琴，杨哲，等. 计算机网络管理仿真平台入侵防御实验设计[J].常熟理工学院学报，2015(4)：120-124.

[23] 唐灯平，凌云，王古月，等. 基于异地IPv6校园网的互联实现[J].常熟理工学院学报，2013(4)：119-124.

[24] 唐灯平，王古月，宋晓庆. 基于Packet Tracer的IPv6校园网组建[J].常熟理工学院学报，2012(10)：115-119.

[25] 唐灯平. 基于Packet Tracer的IPv6静态路由实验教学设计[J].张家口职业技术学院学报，2012(3)：53-56.

[26] 唐灯平.职业技术学院校园网建设的研究[J].网络安全知识与应用，2009(4)：71-73.
[27] 唐灯平.关于《网络设备配置与管理》精品课程的建设[J].职业教育研究，2010(3)：147-148.
[28] 唐灯平.利用三层交换机实现VLAN间通信[J].电脑知识与技术，2009(18)：4898-4899.
[29] 唐灯平，吴凤梅.利用路由器子接口解决的网络问题[J].电脑学习，2009(4)：66-67.
[30] 唐灯平.利用ACL构建校园网安全体系的研究[J].有线电视技术，2009(12)：34-35.
[31] 唐灯平.Windows Server 2003中OSPF路由实现的研究[J].电脑开发与应用，2010(7)：75-77.
[32] 唐灯平.利用Windows 2003实现静态路由实验的研究[J].有线电视技术，2010(8)：42-44.
[33] 唐灯平.大型校园网络建设方案的研究[J].安徽电子信息职业技术学院学报，2010(3)：19-21.
[34] 唐灯平，吴凤梅.大型校园网络IP编址方案的研究[J].电脑与电信，2010(1)：36-38.
[35] 唐灯平.基于Packet Tracer的访问控制列表实验教学设计[J].长沙通信职业技术学院学报，2011(1)：52-57.
[36] 唐灯平.基于Packet Tracer的帧中继仿真实验[J].实验室研究与探索，2011(5)：192-195，210.
[37] 唐灯平.基于GRE Tunnel的IPv6-over-IPv4的技术实现[J].南京工业职业技术学院学报，2010(4)：60-62，65.
[38] 唐灯平.基于Packet Tracer的IPSec VPN配置实验教学设计[J].张家口职业技术学院学报，2011(1)：70-73，78.
[39] 唐灯平.基于Packet Tracer的混合路由协议仿真通信实验[J].武汉工程职业技术学院学报，2011(2)：33-37.
[40] 唐灯平.基于Spanning Tree的网络负载均衡实现研究[J].常熟理工学院学报，2011(10)：112-116.
[41] 唐灯平，凌兴宏.基于EVE-NG模拟器搭建网络互联计算实验仿真平台[J].实验室研究与探索，2018(5)：145-148.
[42] 唐灯平.职业技术学院计算机网络实验室建设的研究[J].中国现代教育装备，2008(10)：132-134.
[43] 唐灯平，凌兴宏，魏慧.EVE-NG仿真环境下PPPoE和PAT综合实验设计与实现[J].实验室研究与探索，2018(10)：146-150.
[44] 唐灯平，凌兴宏，魏慧.EVE-NG与eNSP整合搭建跨平台仿真实验环境[J].实验室研究与探索，2018(11)：117-120.
[45] 唐灯平，凌兴宏，魏慧.新工科背景下的计算机网络类课程实践教学模式探索[J].计算机教育，2019(1)：72-75.
[46] 唐灯平.基于Packet Tracer数据链路层帧结构仿真实现[J].实验室研究与探索，2020(10)：126-130，140.
[47] 唐灯平，凌兴宏，王林.IP语音电话仿真实验设计与实现[J].实验室研究与探索，2019(1)：95-98，102.

图书资源支持

感谢您一直以来对清华版图书的支持和爱护。为了配合本书的使用，本书提供配套的资源，有需求的读者请扫描下方的“书圈”微信公众号二维码，在图书专区下载，也可以拨打电话或发送电子邮件咨询。

如果您在使用本书的过程中遇到了什么问题，或者有相关图书出版计划，也请您发邮件告诉我们，以便我们更好地为您服务。

我们的联系方式：

清华大学出版社计算机与信息分社网站：https://www.shuimushuhui.com/

地　　址：北京市海淀区双清路学研大厦 A 座 714

邮　　编：100084

电　　话：010-83470236　010-83470237

客服邮箱：2301891038@qq.com

QQ：2301891038（请写明您的单位和姓名）

资源下载：关注公众号“书圈”下载配套资源。

资源下载、样书申请

书圈

图书案例

清华计算机学堂

观看课程直播